ORAL HISTORY SERIES OF CHINESE ARCHITECTURE

Volume VII

中国建筑口述史文库

PHYSICAL SPACE WITH PEOPLE, EMOTIONS, AND EVENTS

物质空间与人、情、事

徐峰 肖灿 李雨薇 主编

上海文化出版社

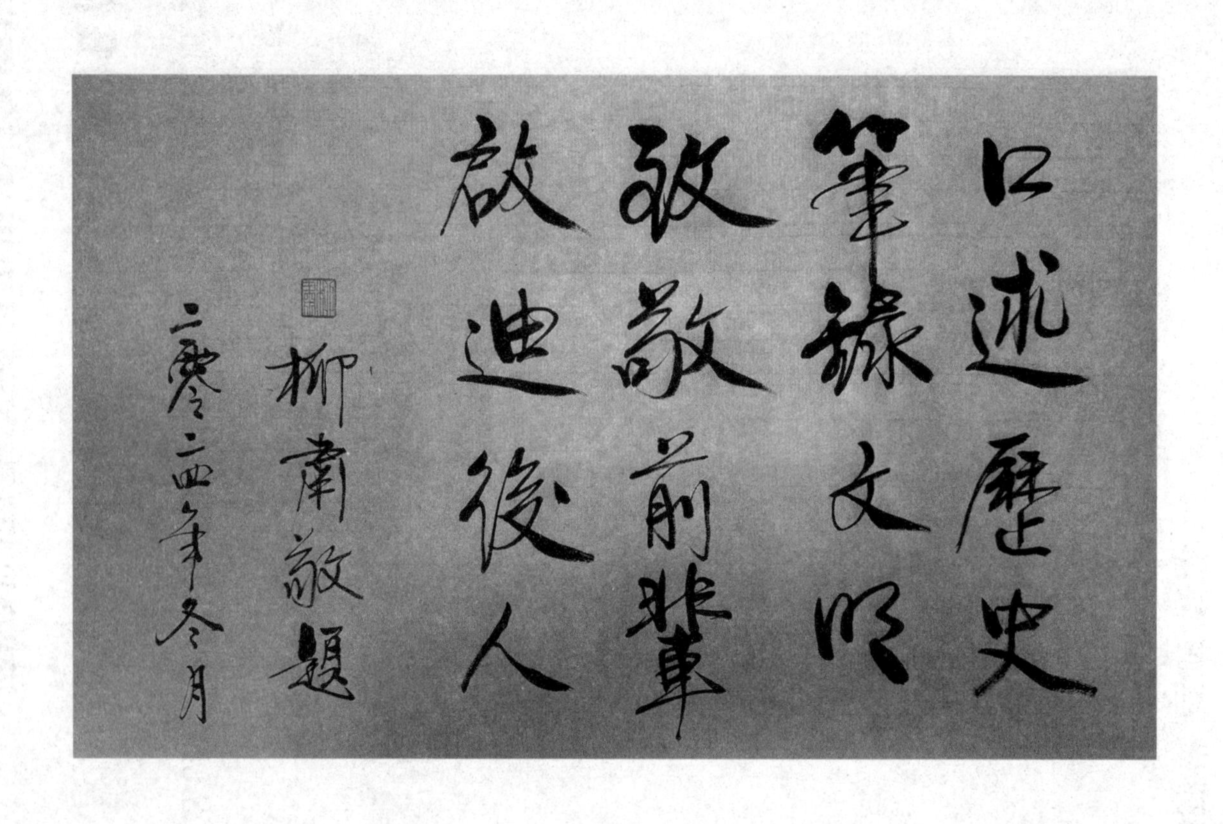
口述歷史
筆錄文明
致敬前輩
啟迪後人
柳肅敬題
二零二四年冬月

目录

“

湖南遗产保护与传统营建

巫纪光教授谈湖南大学建筑教育办学历程（1955—1998）和教学特色（陈平、李雨薇、徐峰）

与吴林勇、李奉安师傅谈湖南通道侗族营造技艺（郭宁、牛晓丽）

谢辟庸先生谈 20 世纪末《湖南省文物保护条例》制定与修订（谢丰、谢彦）

柳肃教授谈长沙历史文化名城保护（王晓婧）

湖南浏阳传统夯土民居营造技艺匠师杨庆才口述记录（罗明、郭阳军）

”

巫纪光教授谈湖南大学建筑教育办学历程（1955—1998）和教学特色

巫纪光先生

陈平访谈巫纪光先生

受访者简介

巫纪光

男，1935 年生，广东宝安人，教授，硕士研究生导师，国家一级注册建筑师。1960 年毕业于中南土木建筑学院并留校任教，历任助教、讲师、副教授、教授，1984 年任湖南大学建筑系副主任，1988—1998 年任湖南大学建筑系主任。1991 年发起并组织召开全国性的“建筑与文化学术研讨会”，1996 年在湖南大学组织召开“建筑与文化 1996 国际学术讨论会”；主编我国第一本一级注册建筑师考试培训教材《一级注册建筑师考试必读》（中国建筑工业出版社，1996）；著有《建筑设计方法导论》《湖南传统建筑》《中国建筑艺术全集 11：会馆 · 祠堂建筑》《中国建筑环境的人文观》等教材及专著；完成近百项建筑方案及工程实践。其中湖南大学图书馆曾获全国优秀文教建筑奖及国庆 70 周年全国优秀建筑奖。曾任全国建筑系学科专业指导委员会委员、中国建筑学会建筑史学分会建筑与文化学术委员会副主任、中国民族建筑研究会常务理事及民居学术委员会委员、中国建筑学历史分会建筑与文化学术委员会副主任、中国民族建筑研究会常务理事、民居学术委员会委员、全国建筑学专业指导委员会委员、湖南省土木建筑学会副理事长、湖南省建筑师学会会长、湖南省城市规划学会理事、湖南大学设计研究院顾问总建筑师等职务。

采访者：陈平（上海市历史建筑保护事务中心），李雨薇、徐峰（湖南大学）

访谈时间：2024 年 5 月 17 日

访谈地点：湖南省长沙市开福区社会福利中心

整理情况：陈平、章雪飞整理录音，由陈平整理成文，李雨薇、徐峰审定

审阅情况：经受访者审阅

访谈背景：湖南大学巫纪光教授1955年考入中南土木建筑学院（今湖南大学）工业与民用建筑专业建筑专门化方向，直至1998年退休，在校学习工作43年，从事建筑教育38年。从接受建筑教育到协助设立建筑学专业，到建筑学专业取消，在建筑教研室维持教学工作，再到改革开放以后恢复建筑系招生，90年代主持教学评估工作，对于今天的湖南大学建筑教育来说有着重大意义。2024年初陈平受湖南大学建筑与规划学院徐峰院长、李雨薇老师邀请，共同拟定采访提纲对巫纪光老师进行采访。

巫纪光 以下简称巫

陈平 以下简称陈

陈 巫老师，您是湖大建筑教育历史的见证者和前辈，虽然已有多位学者采访过您[1]，我希望再问两个问题，一是湖大建筑教育自1929年至今已近百年，历经起伏，包括蔡泽奉先生[2]离世、柳士英先生[3]接任和成立建筑组，以及1953年中南土木建筑学院时期改为工民建的建筑专门化、60年代恢复建筑专业，六三年又取消专业设置所经历的多次调整，希望了解湖大建筑办学的历史细节；二是您作为学生和教师怎么认识湖南大学建筑教育的特色。

巫丨在湖南大学建筑教育发展过程中，我可能算比较了解的。一毕业我就是助教和建筑学教研室秘书，除了教蔡道馨[4]、柳展辉[5]老师那两个年级，还负责教研室工作，每次开会我就要跑到每个人家里通知开会，那时候没有电话，副系主任杨慎初[6]老师每年还要带我上柳先生家里拜年。所以我对柳先生，对教研室都比较熟悉。

陈 太好了。柳士英在1963年的时候写过一篇文章，这一年刚好就是建筑学专业被撤销，他在《我与建筑》里面写道："湖南大学的建筑，这门课程是从无到有，然后从小到大，时而组，时而系，时而专门化，时而专业化，时进时退，它的发展道路是曲折迂回的。"某种意义上这其实是对湖南大学六三年之前建筑办学的总结，您怎么看这句话？

巫丨我觉得（这个表述）基本上是正确的。湖大建筑系就是在非常曲折的道路上成长起来的。解放前我不太清楚。我五五年来的时候，湖南大学已改成中南土木建筑学院，只把土木建筑留下，其他都并到别处了[7]。中南区域，包括江西在内，湖北、河南、广西（四省）所有土木建筑学都合并到中南土建学院，但广东的不肯来。而且是最后要来的时候不肯来了，开始没有说不肯来。现在湖南大学建设村有很多小房子，就是为他们来（准备的），教授们每人一栋。那时候就想成立建筑专业或者是建筑系，但是没有做成。当时湖南大学还有两个建筑设计专修科，有一个已经毕业，另外一个合并到广州。那里毕业的学生有很多，像武汉有很多学校和单位里有湖南大学的学生，其实他们都是这样的专科毕业的，比如说当时武汉城建[8]。到五三年为止，他们该走的走了，该来的来不了，柳先生还留在这，怎么办？那两年也没办什么，从五五年开始，他还是想办，但是不是建筑系的那种办法，是在工业与民用建筑专业里进行建筑专门化办学。

这种办学模式是他在日本留学（带回）的一种模式。日本有两种不同的（专业培养）模式，（一种）是东京高等工业学校建筑科，以工程为主；另一个就是以建筑艺术为主的综合大学模式。他按照以工程为主的模式，包含建筑、结构、施工三个方向。那时，我对建筑学、工民建和结构这些概念还不太了解。当时我在广州参加考试，父亲在香港，我问父亲要考什么好？他就跟我说，在香港最吃香的有三个，第一个是律师，第二个是医生，第三个是建筑师。这些都是自由职业，收入不错。我想，我们中国不是解放了吗，现在要建设，那我考建筑，反正是要建设国家。后来，我考了中南土木建筑学院，然后在这里待了六七十年。我们是偏重工程方面，侧重培养能做工程的人才，这种方式比较受欢迎，比较好赚钱。

后来我们跟日本鹿儿岛大学建立联系，他们邀请我去。我听了他们的课，他们的学生只有 10% 的人到设计部门和事务所，90% 的人都去建筑（施工）公司，做设计的人主要是完成设计方案，之后就不再参与。而那些建筑公司有很多像我们这样学工程的人，擅长画施工图。施工图画好了，很多技术问题都能够解决，所以工资也相对高，因为施工单位直接负责资金。那时，柳先生告诉我，我们采用以工程为对象的教育模式，学到后期会分方向，总共有 36 门课，涵盖建筑、结构、施工以及水暖电等。到了三年级和四年级，（根据兴趣）选方向，有人选建筑，有人选结构。比如，选择建筑，就不用学很多力学课程；选择施工，就要学工程机械的课程。所以也不能说五五级到五八级的学生没有学建筑学，他们确实学了，只是采用另一种模式[9]。

不过从 1958 年取消专门化以后，就不是这种模式，“工民结”就是以结构为主的四年制学习。而建筑学从那时就开始筹备，准备按五年制招收学生，到了六〇年就开始正式招生。

六〇年我正式留校，担任助教和教研室秘书，所以我对各位老师的情况比较熟悉。我每个礼拜都要找他们开会，等柳先生来交流。当然，柳先生也不是每个礼拜都参加教研室的会。当时教研室主任是樊哲晟[10]，他有什么想法都在教研室里面跟大家讲，柳士英先生也是这个时候到教研室，把他的想法和大家说，就不需要另外转述。

六〇级和六一级招生以后，1962 年停止本科招生，到了六六年，所有的学生都分配出去了。那时候学生很好分配，很多单位需要他们，而且主要分配到机械部的十几家直属设计院。长沙的八院、杭州的二院、重庆的都有。大部分分配得很好，后来我想让他们回来，

1955 级工业与民用建筑专业建筑学专门化方向 36 门课程

工业与民用建筑专业必修课（29）		建筑专门化课程（7）	
公共课（9）	高数、俄文、物理、普通化学、中国革命史、政治经济学、马列主义基础、体育、军事	设计基础理论课（1）	建筑学
技术基础课（7）	画法几何、建筑工程制图及绘画、理论力学、材料力学、结构力学、测量学、建筑材料	设计及规划课（2）	建筑设计、城市规划
专业技术课（13）	给水排水及暖气通风（包括水力学）、电工学及电力设备、钢结构、木结构、钢筋混凝土及砖石结构、房屋建筑学、热工概论、建筑生产技术、建筑组织与计划及建筑工业经济、工程地质、地基及基础、金属工学（包括焊接技术）、建筑机械（包括机械零件）	绘画课（1）	素描
		历史课（3）	中国建筑史、外国建筑史、近现代外国建筑史

根据丁振家《1960—1966 年湖南大学的建筑学专业教育研究》表 3.7 整理

但已经叫不回来了。闵玉林[11]老师就是这个时候来的，那时候建筑学还没有完全取消，他从哈尔滨调过来，他当时是副教授，我还只是一个小助教。所以我们都以他为首。

改革开放以后，重新恢复建筑系，但专业里没有什么人了，就剩我跟闵老师张罗。“文革”期间专业下马，人都离开了，就剩下十来个人，学校又要办工业造型设计系，因为那时候学校归机械部管，机械部要设计汽车的人才，办新专业又从我们这调走了 4 个人。最后，我们这边就剩下 8 个人[12]来恢复建筑学专业。在这期间我们做了一件（重要的）事，就是恢复研究生招生，第一个招进来的叫陈升信，是从机械工业第二设计研究院招来的，由樊哲晟、曾理[13]几位老教师带，做建筑学工业建筑方向的研究生。因为当时还没有学位授予权，我就到西安冶金学院请老师过来帮我们答辩。还找他们合作写书，写《学校建筑》。在当时建筑系没有完全恢复，还没有授权的时候，我们招了研究生。可惜陈升信留在教研室工作没有多久，就去了美国。

最后主要是我跟闵老师扛下来，还有另外 6 位同事。我们从七七、七八级招收了一些从工民建专业转过来的学生，读两年给予建筑学毕业。1981 年开始建筑学专业正式招生。在招生的同时，我一边教学，一边学习。1984 年，学校决定正式设立建筑系，并要求从土木系分出来，学校给了我们 5 万块钱。这笔钱就用在中楼地下室那一排房子，那时候主要靠手工画图，必须有图板和桌子，把桌椅板凳做了以后，钱就用完了。没钱怎么办？我跟闵老师商量，我在外头跑负责筹集资金，他负责内部

湖南大学建筑学专业招收研究生及指导教师名单（1989 年前）

入学年份	人数	姓名	指导教师
六二级	2	董孝论、魏泽斌	柳士英
七八级	1	陈升信	曾理
八二级	2	王胜平、何人可	王绍俊、闵玉林
八四级	2	杨建觉、王小凡	王绍俊、闵玉林
八五级	10	曹麻茹、魏春雨、汤羽扬、闵晓谷、张楠、童峰、黄丽、李美能、邹荣、罗小林（华南理工大学代培）	杨慎初、闵玉林、陈文琪、巫纪光、黄善言、王绍俊、曾理、陆元鼎（代培）
八六级	4	邱灿红、叶强、李剑川、黎宁	闵玉林、巫纪光、郑健华
八七级	5	汤洪、李伟、孔勇、彭学军、孙静	闵玉林、巫纪光、郑健华
八八级	3	顾静、王振军、刘存	巫纪光
八九级	3	楚键、何卫、李寅	闵玉林、陈文琪

徐关鑫《湖南大学 1981—1996 年建筑学专业的办学历程》

的事务多一点。八六年和土木系还没有完全分开的时候，我还在土木系。而那时候改革开放，很多人出去寻求机会。土木系在珠海接到一个高层建筑工程，组织人去做，但没人有高层建筑设计经验。系主任找我帮忙，因为我做过湖南大学图书馆。那是一个 9 层、45 米高的高层建筑。所以我和土木系同事到珠海去做高层建筑赚了一些钱回来。在这期间我们成功拿到建筑设计的硕士学位授予权。

后来 1992 年，建筑系要建筑评估，图纸资料没有，实验室没有，实验设备也没有，很多东西都没有。所以我又带一帮学生去珠海，大家拼命干赚到一点钱，系里就好过一点。

那时候的发展速度应该是最快速的一段，人员也是。我想方设法留下来的人，做方案可以，但做施工图和工地上解决问题还不行，缺乏经验。于是我就到处去寻找，把我同学叫回来帮忙，那些同学有在武汉水电学院的，长沙林业勘察设计院的，还有矿山设计院的。那时候他们刚刚退休，我叫他们回来，他们也愿意来。因为退休他们拿一份工资，我又发给他一份工资，当然就愿意来，他们来之后我就放心了。因为他们有做方案和施工图的经验，工地管理也有经验，配合起来就很好。这样话我就解决了实际工程问题，实现了柳先生办学的宗旨，不是说光画画就行，更要能解决实际问题，这样基本上稳定下来了。

再后来闵老师干了两年多到 60 岁，本来 60 岁本还可以再干，但学校发了一个退休通知。闵老师一听就火了，说："我还要当系主任，没当完他就要我退休，不干了。"结果他一气之下跑到海南去了。海南岛有很多我们工民建毕业的学生，他们在那里干得也蛮好，闵老师说他喜欢吃虾子，海南岛多的是虾。他不回来，就只剩我一个人。每个礼拜一系主任要开会，我们两三个礼拜没人去了，后来他们又叫我去，我说闵老师没有跟我交代，我怎么好去呢？不过后来实在没办法，就让我代替他。

那段时间专业办起来不是很容易，这种自己赚钱养活自己的搞法，也不是我发明的。当时重建工在广州建了好几栋高楼，建完后就有钱了。我到重建工去开会，每人发一台照相机，实验室有 100 台电脑。我说我们哪有那么多钱，我们只有两三台电脑，那怎么通过评估？没办法，还得干。主要有三个办法，第一个办法让那些不参与设计的老师，比如说教基础课的、教美术的、教一年级基础课的，我就提高工资，让他们能安心工作，保证他们不会离开。到学期末，有些老师可以拿到 1 万块钱。不然他们要出去（发展），我也很着急。第二个在前线，用最赚钱的项目来支援后方的基础工作。第三，在长沙邀请有经验的高级工程师和学者上本科生的课，帮我们带研究生。比如陈大卫[14]，他不仅是高级工程师，也是湘潭建筑学校的校长，有教学经验，我请他来帮助解决问题。

通过这三个办法，终于把建筑系建立起来了，1996 年我们通过了评估，也赚了些钱，建了 1100 平方米的系楼，花费了 110 万元，引进 30 台计算机，装备了一个计算机实验室，并把土木系专门搞计算机的老师调到我们这来。我带着大家终于把建筑系发展起来了。然后要在教学上做一些投资，比如说支持柳（肃）老师出国，支持举办学术会议。也从那时候开始，我和杨慎初老师一起发起建筑文化研究。我们俩一起提出，针对当时全国经济大发展的现象，比如说一些建筑不伦不类，既不是西方也不是中式。深圳那些公园里建的房子，屋顶是中国传统琉璃瓦，窗子却是西班牙风格的；中山建了一个休闲区，也是这个情况；珠海也出现这种现象。所以我们提出要研究建筑与文化的关系，也是柳肃老师现在的研究，要发展也要把我们国家的特色准确表达出来，不是盲目学别人，那会学得不伦不类。

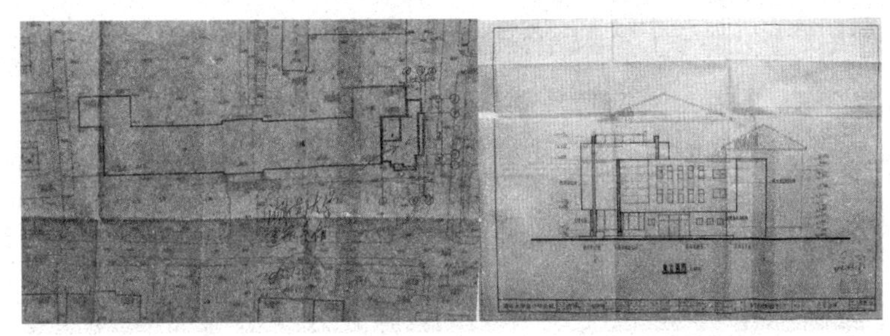

1993 年湖南大学建筑系馆图纸

湖南大学档案馆

评估通过后，我说我也不干了，问题是谁来接班，没有人有精力钻到学科发展里头去。后来没办法，我又坚持了一两年。后来建筑系要变成学院，但我再不愿意继续当院长。

陈 感谢您的介绍，我还想问，1953年为什么要在长沙成立中南土木建筑学院？

巫 | 这很难回答。当时周光龙[15]的家族在铁路建设方面很有影响力，在全国也相当有名。在土建领域，特别交通系统的，有一些人（才基础），所以选择湖南作为土木建筑方面的基地。当时土木建筑并不仅仅是土木系和建筑系，还包括桥梁隧道系、铁道系、公路等专业。特别是道路，在以前有好几位学者是湖南的，比如周光龙家上一代人好像都是这个领域的，所以选长沙。多年以后，广东等地交通厅等相关部门，有很多都是湖南大学毕业的。

陈 1953年的中南土木建筑学院，有营造建筑系、汽车干路与城市道路系、铁路建筑系与其他系，当时营造建筑系下面是有工民建和工民结两个专业，系主任是刘旋天。但据我所知，刘旋天是搞结构的，您读书的时候，建筑方向负责人是谁？

巫 | 建筑负责人是杨慎初。杨老师是从湖南省立克强学院[16]合并过来的。他是地下党员，解放后担任一定的领导职务，开始是到县里当领导。刚解放的时候，他是湖南大学的领导之一，那时就一个党支部，他是党支部书记。随着许多南下干部转来，他慢慢就不担任领导职务了。他自己选择专注专业工作，成为土木系副主任，负责建筑方向。我记得，五五年我进来的时候，他已经是土木系副系主任，但是不管教研室，教研室的工作是樊哲晟负责，还有曾理。樊哲晟是从江西水利学院过来的，专业不是建筑，是水利，毕业于武汉大学，在学校专门教建筑构造。他是负责人，因为他是教授，还有一些原来湖南大学的老师，当时都不是教授。后面曾理老师也当过一段教研室主任，他是湖南大学建筑学毕业的，解放后被派

到东北鞍山钢铁厂，从事恢复工作大约两年。所以他画施工图比谁都行，后面回湖大了。

陈 您是五五年入学的，1953—1955年之间有没有建筑教育？

巫丨五三到五五年之间，我的印象是没有，本来有两个专修科是湖南大学自己招进来的，但是后来有一个毕业了，另外一个合并到华南理工大学去了[17]。我们进来以后才有建筑教育的。[18]

陈 六〇年什么原因成立建筑专业？

巫丨中南土木建筑学院本来就计划要办建筑学专业，但因为华南理工的人不来，没办成。因为这里要积累一定的（师资）力量。虽然华南理工不来，但中南区凡是有建筑教育的都合并到中南土建来了。比如江西的、武汉的、广西的都来了。江西的，除了刚才我讲的樊哲晟老师外，还有一个专攻建筑的周行老师[19]，也是从江西过来的。还有武大的缪恩钊[20]，但后来又回武汉去了。他在这里住不惯，每天要去澡堂洗一次澡，过河也不方便，没有桥。后来周行又调到广西去了。因为广西也想恢复建筑教育，正好他自己愿意去，就调到广西去。他走的时候，我们这边已有 30 多个人了。

陈 1960年之前我们还是以工程导向为主，1960年后杨老师去南京工学院进修，当时南京工学院是学院派体系，湖大六〇年的建筑专业偏向于学院派，还是工程和学院派兼顾？

巫丨我没有完全倒向学院派的印象。还是以工程导向为主，只是当时好像比较倾向现代派，像美国赖特那些人的理念。大家感受到世界在变，对美国的一些建筑印象比较深。我们在 60 年代刚开始工作的时候，大家对现代主义都比较感兴趣。

陈 那时通过什么途径来了解美国的现代主义？

巫丨在“文化大革命”前，能够看到苏联、美国、罗马尼亚的建筑杂志，后来就没有了。

陈 60年代的学生作业有现代主义的吗？

巫丨照理讲应该有一点。我们当助教的时候，湖大建筑还是受到现代主义的影响的。我记得教六一级柳展辉老师那一班时，他做的火车站设计就比较有现代感。他画了一张效果图，火车站并没有完全画出来，以黑夜为背景。当时我觉得这样还蛮好，不过最后挨批评了。中南区教育系统检查处来检查，一看到黑天黑地，就问社会主义是这个样子吗？那时候很“左”，教育局的干部看到就质疑。我辅导学生画图，做一个中国式的亭子。我觉得只做个亭子不行，建议配个山景，结果检查处看了说这是什么？要跳楼吗？是不是要自杀？当时尽管有些现代主义的想法，但也不敢随便做，直到 80 年代才好一点。

陈 60年代新技术大厅（四无大厅）的建设，当时跟建筑教学是否相关？

巫丨当然是息息相关，新技术大厅就是四无大厅，是“大跃进”的结果。“大跃进”就是什么都要革命，所以建筑要四无，没钢铁、没水泥、没红砖、没木材，就要创新。学生用硅酸盐等材料，做成一块大砖，结构砌的全部是拱，也就不需要其他材料了。当时我们都参加了施工、挑土之类的活。后来发现那个房子有问题，下面的地基不行，就拆了盖宿舍。宿舍全部是空斗墙，红砖砌筑的 5 层楼。当时盖好也可以住，但是大家都非常担心，因为全部是空斗墙，所以后来又拆了建法学院。

陈 1960年的主楼就是现在的老化工楼，它的建设情况是什么样的？

巫 | 设计是 1960 年做的，我们毕业那一年的毕业设计题目。现在是一长条，本来后面还要伸过去，再过去又一长条，形成“Z”字形这样的两条。当时辅导我们的是王绍俊老师，他的教学理念既要现代又要符合传统，但不是在材料、色彩或空间上做文章，而是在某些小部件上做文章。比如檐口设计，檐口处的栏杆看上去有点像国外的，但实际上是传统特色的，很难分辨是中是西。后来因为资金问题，盖了一半就停工了。到七六年招收工农兵学员的时候，就盖了现在电机系的大楼。那时我和闵老师参与了，闵老师出的方案，我帮忙做施工图。

陈 成立建筑专业后，土木系有没有改名称？因为我看到一本六三年的资料《湖南大学土木建筑系：民用建筑专业研究生培养方案》，叫六三年土木建筑系。

巫 | 应该没有改过名字，当时因为建筑专业新成立没有多久。1962 年柳士英招了两个建筑学的研究生，请黄善言[21]和王绍俊协助他带。黄善言协助他带的是董孝论[22]，王绍俊则带魏泽斌[23]，做低层建筑、矿山工厂之类的研究。

研究生带了一届就不带了。当时土木系也招研究生，土木系老师常邀请我到他那里去，一起带研究生，我也没有去。当时就想专注自己的专业，培养研究生，把建筑专业搞起来。

四无大厅老照片

陈 我想问一下1962年为什么您没有考研究生？董孝论是您的师弟呢。

巫 | 说不清。谁不想考，而且当时并不是考，不考就把你收了。那时候专业刚成立，来的都是年轻教师。我这里有一份名单，记录了哪一年有多少人，哪些人进来了，干什么，后来去了哪里。我这上面都有。这些年轻人进来，虽然是工民建专业毕业的，实际上建筑学、城市规划都学过。但是年轻人刚进来做老师，为了提高教学水平，就要派他们出去进修，比如说派到同济大学、清华大学去，还有到同济大学进修建筑物理声学和建筑结构的。

湖南大学主楼老照片

《湖南大学画册》

当时领导就跟我说，我暂时不要去，因为我是党员，党小组有很多活动，这里有很多事需要我去做。

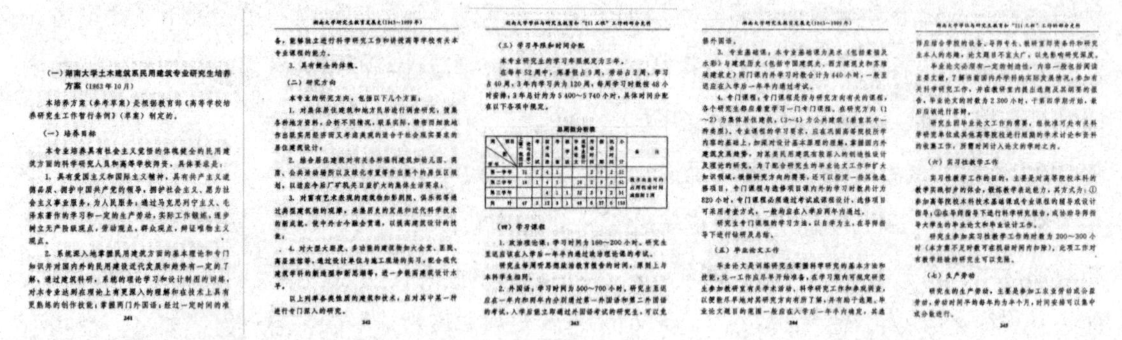

(一) 湖南大学土木建筑系民用建筑专业研究生培养方案（1963年10月）

本培养方案（参考草案）是根据教育部《高等学校培养研究生工作暂行条例》（草案）制定的。

（一）培养目标

本专业培养具有社会主义觉悟的体魄健全的民用建筑方面的科学研究人员和高等学校师资，具体要求是：

1. 具有爱国主义和国际主义精神，具有共产主义道德品质，拥护中国共产党的领导，拥护社会主义，愿为社会主义事业服务，为人民服务；通过马克思列宁主义、毛泽东著作的学习和一定的生产劳动，实际工作锻炼，逐步树立无产阶级观点，劳动观点，群众观点，辩证唯物主义观点。

2. 系统深入地掌握民用建筑方面的基本理论和专门知识并对国内外的民用建设近代发展和趋势有一定的了解，通过建筑科研，系统的理论学习和设计制图的训练，对本专业达到在理论上有更深入的理解和在技术上具有更熟练的创作技能；掌握两门外国语；经过一定时间的准

241

湖南大学研究生教育发展史（1943—1999年）

备，能够独立进行科学研究工作和讲授高等学校有关本专业课程的能力。

3. 具有健全的体魄。

（二）研究方向

本专业的研究方向，包括以下几个方面：

1. 对集体居住建筑和地方民居进行调查研究，搜集各种地方资料，分析不同情况，联系实际，精益求精地作出既实用经济而又考虑美观的适合于社会现实要求的居住建筑设计；

2. 结合居住建筑对有关各种福利建筑如幼儿园、商店、公共活动场所以及绿化布置等作出整个的居住区规划，以适应今后厂矿机关日益扩大的集体生活要求；

3. 对富有艺术表现的建筑物如影剧院、俱乐部等通过典型建筑物的观摩，承继历史的发展和近代科学技术的新成就，使中外古今融会贯通，以提高建筑设计的技巧；

4. 对大型大跨度、多功能的建筑物如大会堂、医院、高层旅馆等，通过设计单位与施工现场的实习，配合现代建筑学科的新造型和新思潮等，进一步提高建筑设计水平。

以上列举各类性质的建筑和技术，应对其中某一种进行专门深入的研究。

242

（三）学习年限和时间分配

本专业研究生的学习年限规定为三年。

总周数分配表

（四）学习课程

1. 政治理论课：学习时间为160～200小时。

2. 外国语：学习时间为500～700小时。

243

湖南大学研究生教育发展史（1943—1999年）

修外国语。

3. 专业基础课，本专业基础课为美术（包括素描及水彩）与建筑历史（包括中国建筑史、西方建筑史和苏维埃建筑史）两门课内外学习时数合计为440小时，一般至迟应在入学后一年半内通过考试。

4. 专门课程，专门课程是指与研究方向有关的课程，各个研究生都应着重学习一门专门课程。在研究方向（1～2）为集体居住建筑，（3～4）为公共建筑（着重其中一种类型）。专业课程的学习要求，应在巩固高等院校所学内容的基础上，加深对设计基本原理的理解，掌握国内外建筑发展趋势，对某类民用建筑有较深入的创造性设计及理论的研究。为了配合研究生的毕业论文工作和扩大知识领域，根据研究方向的需要，还可以指定一些其他选修项目，专门课程与选修项目课内外的学习时数共计为820小时，专门课程必须通过考试或课程设计，选修项目可采用考查方式，一般均应在入学后两年内通过。

研究生专门课程的学习方法，以自学为主，在导师指导下进行钻研及总结。

（五）毕业论文工作

毕业论文是训练研究生掌握科学研究的基本方法和技能，这一工作应尽早开始准备，在学习期内可规定研究生参加教研室有关学术活动、科学研究工作和参观调查，以便能尽早地对其研究方向有所了解，并有助于选题。毕业论文题目的范围一般应在入学后一年半内确定，其选

244

湖南大学学位与研究生教育和"211工程"工作的综合史料

择应结合学校的设备、导师专长、教研室师资条件和研究生本人的志趣，论文题目不宜太广，以免影响研究深度。

毕业论文必须有一定的创造性，内容一般包括阅读主要文献，了解作者国内外学科的实际发展情况，参加有关科学研究工作，并在教研室内提出选题及其纲要的报告。毕业论文的时数为2300小时，于第四学期开始，最后应该进行答辩。

研究生因毕业论文工作的需要，经批准可赴有关科学研究单位或其他高等院校进行短期的学术讨论和资料的收集工作，所需时间计入论文的学时之内。

（六）实习性教学工作

实习性教学工作的目的，主要是对高等院校本科的教学实践切身的体会，锻炼教学表达能力，其方式为：①参加高等院校本科技术基础课或专业课程的辅导或设计指导；②在导师指导下进行科学研究报告，或协助导师指导大学生的毕业论文和毕业设计工作。

研究生参加实习性教学工作的时数为200～300小时（本方案不足时数可在机动时间内扣除），此项工作对有教学经验的研究生可以免除。

（七）生产劳动

研究生的生产劳动，主要是参加工农业劳动或公益劳动，劳动时间平均每年约为半个月，时间安排可以集中或分散进行。

245

湖南大学土木建筑系民用建筑专业研究生培养方案（1963年10月）

《湖南大学研究生教育发展史（1943—1999年）》（湖南大学出版社，1999）

比如每周的会议，每个人都要通知到，要跑遍湖大。杨慎初是觉得我能干，暂时不让我去考研究生或进修。

陈 1963年又是什么原因取消了建筑学专业？当时争取过保留吗？

巫 | 六〇级是蔡道馨老师班，六一级是柳展辉那一级。1963年的时候，国家经济政策大调整。因为五八年以后建筑学专业办得太多了，稍后进的学校就撤销专业了。结果20个学校的建筑学都下马了，仅留下8个学校，今天被称为“老八校”。当时也没有争取保留，第一那时候学校不属于湖南省管，归机械部管。中南土木建筑学院归建设部管，后面归湖南省管，但只管了很短一段时间，并改为湖南工学院，办了不到两年。因资金问题，湖南省无法继续支持，机械部又接管。机械部说他们需要的是机械和化工专业，土木专业也要，因为它有十几家设计院，年年都要进人。但是那时候没考虑保留建筑专业，还是服从国家政策。当时没有考虑到后面再发展的问题，有很多设备都拆掉了，太可惜了。中楼大教室下面是一个隔声实验室，当时做了各种各样的板材，也全部拆掉了，光学仪器也有一些拆掉了，所以等到恢复时，真的非常困难。

陈 1963年取消建筑专业之后，建筑系以什么身份存在？“文革”期间呢？

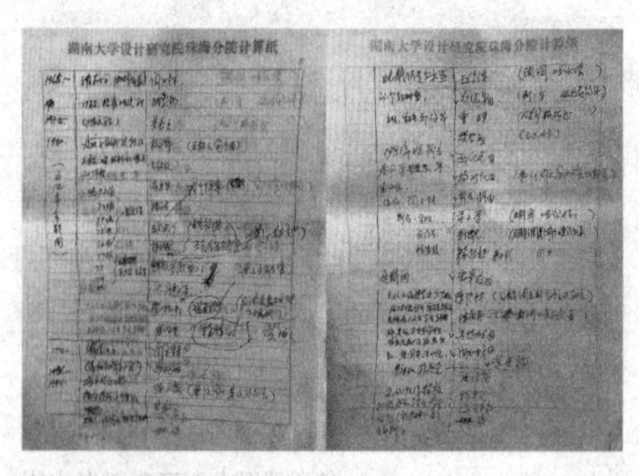

湖大建筑教育部分师资清单

巫纪光老师提供

巫 | 以建筑学教研室的身份存在，给工民建上课。从1972年开始恢复工民建专业招生，招工农兵学员保送生，没有建筑学专业的。1966年建筑专业正式停办，教研室本来有36个人，很多人都调走了，比如温福钰[24]老师调到武汉的国防工程工地，搞声学的廖幕侨调到武汉空军候选处。有些人是自己走，比如说教建筑设计的老师调广州，后来到澳大利亚去了。还有些人调广州华南理工学院，这样留下的人就越来越少了。后来只有十

来个人，要改革开放的时候，还要 4 个人去搞工业造型设计系，最后剩下 8 个人，还要兼工民建筑课，还要筹备恢复建筑学。

陈 从36个人变成8个人，是什么让您坚持下来，坚守建筑教育？

巫 | 我本来想要回深圳，学校不放。领导说不让你走，你就不能走。后来潮汕的李继生[25]也想走，但是把他调到工业造型设计系帮忙建系，后来他不干了，到学校说父亲在汕头没人管，最后学校同意他走。可是他后来没回汕头，跑到深圳去了。这可能跟性格有关系，湖南大学里有三个客家人，我一个，搞空调专业的汤广发[26]，还有一个温颂明，我们三个都是教授，都没走。广东有三个民系，第一个是客家人，第二个是潮州人，再一个就是广州附近的广佬。这三种人讲三种不同的方言，客家人是北方来的移民，所以比较老实，经过很多战乱，迁移到南方的；潮州人，喜欢做生意，香港首富李嘉诚就是潮州人；广州人，比较实在，如果说广佬得了一笔钱，问他干什么去，先叫上朋友吃一餐，然后再出去旅游。潮州人就不是，拿了这笔钱几个哥们一块要去做生意赚钱。客家人拿到这笔钱会到小镇上买个房子，好有面子，然后把钱放在墙壁里，给小孩上学，培养后代。三个民系性格不同。我们留下来的这三个人都是客家人。湖南大学那时候大概有 100 个广东人，改革开放基本全跑了。

陈 您觉得湖南大学建筑学院或者建筑系对湖南的建筑业，有什么贡献？

巫 | 我觉得还是有贡献的。第一，培养了那么多人，大部分还在湖南工作，这些学生有些人已很有成就；第二，湖大设计院也做了不少工程，有些项目很有影响力；第三，校内和校外合作。这些是体现我们建筑水平很重要的路径。

陈 您参与湖南大学教学工作快70年了，您觉得最骄傲的是什么？

巫 | 没什么骄傲的。看到你们我特别高兴，我们的学生那么多，他们到各个地方都是骨干，这一点我确实特别高兴。北京的王振军[27]和顾静[28]是我的研究生，重庆、四川、上海都有，现在全世界都有，美国有，欧洲也有。希望你们都能做得好，出成绩！

陈 谢谢巫老师。

”

致谢：湖南大学土木工程学院黄立葵老师在本文写作过程中提供的资料。

1 刘晖《湖南大学建筑学科办学历史回顾：访谈巫纪光教授》，王蔚《湖南大学建筑学发展轶事：访湖南省建筑设计院院长巫纪光》，丁振家《巫纪光老师访谈纪要》。

2 蔡泽奉（1888—1934），男，湖南湘潭人，近代建筑师和建筑学家。1918 年毕业于东京高等工业学校建筑科，1928 年任湖南大学土木系兼职教授，是建筑工程学程方向负责人，1934 年病逝。

3 柳士英（1893—1973），男，江苏吴县人，教授，近代建筑师和建筑学家。1920 年，毕业于东京高等工业学校建筑科。1923 年至苏州高等工业学校主持创办我国最早的建筑科。1934 年前往湖南大学主持土木系建筑组工作，同时任长沙高等工业学校、湖南省立克强学院建筑科主任。1949 年后，历任湖南大学土木系建筑系主任、中南土木建筑学院院长、湖南工学院院长、湖南大学副校长、高教部教材编审委员等职。1962 年起，任建筑学研究生导师。为民革湖南省委员、民革中央委员、全国政协委员、湖南省建筑学会首届理事长。1973 年 7 月 15 日病逝于长沙。

4 蔡道馨，男，1940 年生，教授、国家一级注册建筑师，1960 年考入湖南大学土木系建筑学专业学习，1993 年任教湖南大学建筑系。

5 柳展辉，男，1942 年生，教授、湖南大学建筑系原副主任、国家一级注册建筑师，1961 年考入湖南大学土木系建筑学专业学习。1981 年底调入湖南大学建筑学专业任教，1984 年湖南大学成立建筑系，任该系主管教学的副系主任。

6 杨慎初（1927—2000s），男，湖南湘阴人，曾任湖南大学建筑学教研组主任、土木系副主任。1947 年就读于湖南省立克强学院建筑科，1949 年随学院并入湖南大学土木系建筑组学习，1951 年留校任教，长期从事建筑历史及理论的教学与研究，修复了岳麓书院，著有《岳麓书院史略》《湖南传统建筑》等。

7 1953 年，全国高等学校进行院系调整，湖南大学撤销，在其址上以湖南大学土木系为基础、与武汉大学、南昌大学、广西大学等高校的土木、建筑专业一起组建成立中南土木建筑学院，湖南大学其他学科与专业也相继调出至其他高校。

8 1951 年，中南军政委员会建工局委托湖南大学开办了两个城市建设相关专业——建筑专修科和土木专修科，专门为计划建设中的中南建筑工程学校（武汉城建学院前身）培养师资力量。

9 注重实践和工程应用，培养能够直接参与建筑施工人才的模式。

10 樊哲晟（1914—2003），男，江西南昌人，教授，1937 年毕业于武汉大学工学院土木工程系，1953 年调入中南土木建筑学院任教授。

11 闵玉林（1927—2024），男，辽宁庄河人，教授、湖南大学建筑系主任，1947 年考人东北大学建筑系。1963 年起任湖南大学土木系讲师、副教授、教授，1984 年湖南大学成立建筑系时，任系主任。

12 即杨慎初、黄善言、闵玉林、巫纪光、杨新民、王绍俊、陈文琪、张举毅。

13 曾理（生卒年不详），男，湖南武冈人，副教授，湖南大学建筑学教研室主任，1947 年毕业于湖南大学土木系，后任本校助理工程师和教员，主讲住宅设计、建筑日照等课程。

14 陈大卫（1933—2019），贵州贵阳人，1952 年考人重庆建筑工程学院，1958 年分配至湖南省建五公司，担任施工员、技术员，1974 年起调入省建筑学校任教，历任教研组长、副校长、校长。1986 年任湖南省建筑设计院院长。退休后兼任湖南大学建筑系客座教授。

15 周光龙（1925—2000），男，湖南宁乡人，教授，1950 年毕业于武汉大学土木工程系，1953 年起在中南土木建筑学院、湖南工学院、湖南大学土木系任教。

16 湖南省立克强学院建立于 1947 年 2 月 1 日，是一所以农科为主的学校。湖南省政府以“集中人力物力和纪念黄兴（克强）先生的革命功勋”的名义，决定将省立农、工、商三所专科学校合并组建省立克强学院。柳士英曾任建筑科主任。建校后，校址曾经两次迁移，直到 1949 年 8 月 5 日长沙和平解放后并入湖南大学。

17 根据《华南理工大学校史 1952—1992》记录，1953 年 8—9 月湖南大学工业与民用建筑结构（本科学生 34 人）、建筑设计专修科（学生 80 人）调入建筑工程系。

18 根据笔者对于 1953—1955 年工业与民用建筑专业教学目标和大纲的考证，当时湖南大学应是在工业与民用建筑专业内进行建筑教学。

19 周行，日本东京高等工业学校毕业，民国时期在广西大学任教。建国初期在东北工学院建筑系任教；院系调整时期调入中南土木建筑学院营造建筑系，任建筑教研组主任；后调入广西大学土木系。1982 年 7 月曾主持林溪、八江、独峒三个侗族聚居地区的典型风雨桥、鼓楼及民居考察。

20 缪恩钊（1892—1959），江苏常州人，近代土木工程学专家。早年就读上海圣约翰大学，后入清华大学土木系。毕业后留学美国，先后从麻省理工学院、哈佛大学土木工程专业毕业。1919 年回国，历任上海路矿学校教授、湖北华洋义赈会堤工工程师、湖南大学土木系教授兼系主任、汉口亚细亚洋行工程部及汉口美孚洋行建筑部工程师。1929 年 3 月，与李四光共同主持武汉大学校舍建造工程，担任监造工程师、工程处负责人。1953 年调长沙土建学院，后于 1959 年湖南大学建筑学专业成立前夕离世，葬于岳麓山。

21 黄善言（1928—2010s），湖南溆浦人，教授，曾任永州市规划设计院总建筑师。1947 年就读于湖南省立克强学院建筑科，1949 年随学院并入湖南大学土木系建筑组学习，1951 年留校任教，参与湖南大学图书馆、湖南大学岳麓书院修复、湖南师范大学逸天图书馆等设计工程。著有《湖南名人胜迹》《湖南江华瑶族民居》等。

22 董孝论（1938—？），原籍浙江宁波，出生于湖北武汉。1965 年湖南大学土木系建筑学专业研究生毕业。曾任浙江省建筑设计院院长，高级建筑师。曾参与设计杭州机场候机楼（获国家优秀设计奖）、杭州剧院（评为1979年浙江省优秀工程）、厦门市中山医院病房楼（获1989年建设部优秀设计三等奖）等。发表论文《现代医院护理单元设计探讨》《建筑创作与外来文化的影响》等。

23 魏泽斌，清华大学建筑专业1956级本科生，1961年毕业，1962年由清华大学委托代招研究生。曾任深圳福田区建委总工程师。

24 温福钰（生卒年不详），毕业于清华大学研究生班，1955年于中南土木建筑学院营造建筑系任教，主讲建筑初步和建筑历史课程，后任长沙规划设计院总规划师、高级工程师等。1983年编订《长沙名城保护发展规划（征求意见稿）》，主编《中国历史文化名城：长沙》。

25 李继生，1936年生，男，广东汕头人，1955年考入中南土木建筑学院工业与民用建筑专业建筑专门化方向，1960年毕业于湖南大学土木工程系，早年从事建筑教育和建筑设计，曾任教于湖南大学建筑系和工业设计系，1984年调动到深圳大学建筑系任教多年，后来担任深圳工程咨询公司总建筑师。

26 汤广发（1937—2022），男，广东梅州人，湖南大学教授、环境工程系主任。1960年毕业于湖南大学土木工程系，后留校任教，主讲工业通风等课程。

27 王振军，男，教授级高级建筑师、国家一级注册建筑师，中国当代著名建筑师；1982年至1986年就读于湖南大学建筑学专业。现任中国电子工程院设计院集团副总工程师、总建筑师；北京时空筑诚建筑设计有限公司董事、总建筑师。

28 顾静，湖南大学建筑系88级硕士研究生，导师为巫纪光。

与吴林勇、李奉安师傅谈湖南通道侗族营造技艺

受访者简介

吴林勇

男，侗族，44 岁，通道侗族自治县非物质文化遗产保护中心主任。

李奉安

男，侗族，1941 年 8 月生，湖南省通道侗族自治县县溪镇老湾村人。高中毕业后回乡，跟随父亲李才华学习木工技艺，从事侗族木工建筑长达 50 余年。国家级侗族木构建筑营造技艺非遗项目湖南省级代表性传承人，著有《侗族传统建筑鉴》《建筑大观》《用具大观》《霜叶集》等。曾任村干部、县政协委员、法律工作者、省级民间文艺家协会会员、省级侗学研究会会员、市级作家协会会员。

采访者：郭宁（湖南科技大学）

文稿整理：郭宁、牛晓丽（湖南科技大学）

访谈时间：2022 年 8 月 22 日，2023 年 6 月 27 日

访谈地点：湖南省怀化市通道县双江镇文化旅游广电体育局

整理情况：2022 年郭宁初步整理，牛晓丽整理注释

审阅情况：经受访者审阅

访谈背景：侗族建筑具有强烈的民族性和地域性，侗族掌墨师在营造逻辑、营造方式上有独特的工艺。吴林勇负责侗族非物质文化遗产的申遗工作，李奉安师傅从事侗族建筑营造长达 50 多年，对于侗族建筑营造选址、定位、营造仪式等方面有着丰富的经验。

李奉安先生

郭宁 以下简称郭

吴林勇 以下简称吴

李奉安 以下简称李

“

作为非物质文化遗产保护的木构建筑营造技艺

郭 请问非物质文化遗产的保护有哪些困难?

吴 | 一是人才的培养比较难。因为我们是欠发达的地区，一般的人要到外面去讨生活，不可能单一从事木构建筑建造，或其他传统手工艺，不能维持一般生活。所以说年轻人必须到外面打工。反倒是中老年以后，才学非遗传统项目，导致人才的梯队不怎么衔接得好。

二是木构建筑营造技艺和传授过程比较复杂。与传统手工艺相比，木构结构是一个很庞大、很系统的项目，不像编一个竹篓。它还不同于其他非遗项目，比如音乐，唱也好，跳也好，弹也好，可以随时随地进行。木构技艺的研习和传承要有一定的场所、一定的空间、一定的时间，还有一定的资金，不可能想做就做，要准备很多的原材料才能完成。

三是当今生活需求与传统技艺的冲突。[1] 以前，建纯木构的房子就是谋生，建房都要找掌墨师，看哪个出名，还想拜他为师学技艺。可是到现在，都是建砖房子，装修才需要找木工师傅，群众没有需求，匠师怎么传承这门技艺？更何况还要受资金、人为和社会等方面的影响。

四是传承人员的管理比较难。对于传承人的管理，国家、省、市三级每年评估。因为他们都不是专门从事这个手艺的，很难管理。县级队伍比较庞大，县里没有足够的资金去支持他们。市级传承人一年只有 3000 块钱的补助，假如每年拿 3000 块钱专门从事这项技艺，可能生活都难以维持下去。

五是与现代人的生活需求相冲突。[2] 现在建筑上的发展特别快，都建砖房。装修的木工师傅用枪钉，榫卯结构很少，装修时间快、效益好，如果用榫卯结构可能要半天时间，要加工钱。现在很多人不愿意建木构有三个原因：一是须防火，二是要防潮，三是隔声差。如果要做好这三点，可能比砖结构成本还要高。

郭 营造技艺与其他非物质文化遗产的保护有什么不同?

吴 | 像我们现在做的非遗进校园，其他非遗就比较容易。小孩特别是小学阶段，用课后服务可以教侗歌。[3] 但是木构建筑营造技艺进学校开展比较难。第一点，木构建筑营造技艺进小学校，因为它有特殊性，要动用刀、斧头、锯子等工具，比较危险。第二点，对授课老师的要求比较高。我建议大学要设一个专门学科。现在高校很多注重文物考古，有研究这些方面的专业，因为修缮文物，特别是木构带榫卯的结构，还是要请民间的艺人和传承人去修的。

我相信这是一个潮流，慢慢地有很多人学了，又回归到以前的传统文化。现在很多建了砖房的，又想再建一个木构建筑。第一是受传统文化影响，木构建筑是传承文化的一个根，一个思想，侗族文化元素在那里。特别是那种文化意境比较高的人，会想建一个传统木构的房子。

因为现在社会发展太快了，很多传统文化是很好的，让后代去继承、去研究，那是文化的灵魂。每个地方、每个家族、每个人都有一个根脉。文化根脉就是我传给你，你传给下一代。就像木构一样，我相信虽然这项技艺现在传承比较难，经过以后的发展、保护，以后研究的人、喜欢的人会越来越多。

侗族营造技艺

郭 李师傅怎么选择从事木工工作的？

李 | 这个说起来话就多了。我是 1941 年出生的，当时是抗日战争很紧张的时候。我爸爸有四弟兄，我爸爸是大哥。国民政府到处抓壮丁，爷爷出了两个壮丁的钱，后来按四抽三的原则，还要抓一个壮丁去。我父亲人很聪明，那时候读了点书，又学了木匠手艺。到了 30 岁时，我正怀在我娘的肚子里头。当时衙门的官就要他去黄埔军校桂林第六分校那里去学习，算是抵了一个壮丁，后来叔叔们就免了壮丁的名额。他从黄埔军校第六分校毕业出来被授予中正剑[4]以后，就参加抗日前线作战。

我爸爸在四一年初时，还是桂林军校十九期学员，已在军校学了三年。当时我还没生下来，到 6 月底我出世，那时候抗日战争还没结束。我爸爸毕业以后，就分到张发奎[5]的部队，当时的第四战区。他参加了衡阳保卫战，后又参加桂林龙虎关阻击战。龙虎关位于湖南的江永县和广西的恭城县交界的地方。在龙虎关阻击战中父亲因负了伤，跟不上部队就回来了。

回来脚伤治好以后，当时县政府要他到土溪乡任乡队副，后到县政府任警察中队长、警察大队长。继后通道和平解放，属起义投诚人员，按政策应既往不咎，然而到了 1956 年被打成“历史反革命分子”，直到 1983 年才平反昭雪。我作为他的儿子，在以阶级斗争为纲的年代受到很大牵连，高中毕业后失去了参军、升学、招干、招工的机会。1962 年高中毕业后，1963 年冬天就跟随父亲当徒弟，学木工出师后就带徒弟外出起屋造房，为生产队挣钱搞副业，一直干了 50 多年。

李奉安著书

郭 请教您，房屋的向位是怎么决定的？

李 | 把指南针摆对就有南北方向，也就是子午向，便有了坐向。要不是坐北，而是坐南朝北，就成了一个反的向。整个圆一圈形成二十四个向。这个书是农家历，叫《望星

李奉安与岩寨寨门

屯里鼓楼外观

岩寨风雨桥

四合鼓楼

岩寨风雨桥中的聚会

屯里鼓楼内部结构

岩寨风雨桥内部结构

四合鼓楼内部结构

李奉安代表建筑

楼正宗通书》，每年刻印出版一辑。[6]

一般来说，公共建筑子午向的多。比如起栋木构房屋，面朝前方，背靠后方。如果是一座鼓楼，绝大多数是为正方形（平面），有四根主柱，象征春夏秋冬四季，一根主柱有三个衬柱，用枋片把它们连起来，变成两个正方形。成两个正方形的时候，衬柱四周都有挑枋穿出来，这匹长挑枋就是对角线（斜线枋）。如果这个四方形的边长是1，这匹斜线枋的长度就是根号2，2开根数就是1.4142，这就是三角几何学上的勾股定理。凡矩形的四角都是一样的，都有前有后，如果没有定向，这个矩形的四方，看不出哪个是前哪个是后，哪个是左哪个是右。因为这个正方形这么摆，也可以那么摆。但是拿罗盘来摆，罗盘的针是摆动的，对着后方的是北方，即坐北朝南，有了南北的定位，一边为东，另一边为西，东南西北就定位出来了。

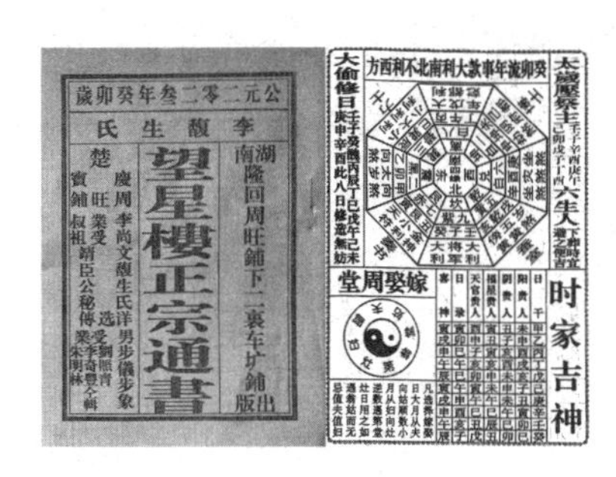

《望星楼正宗通书》

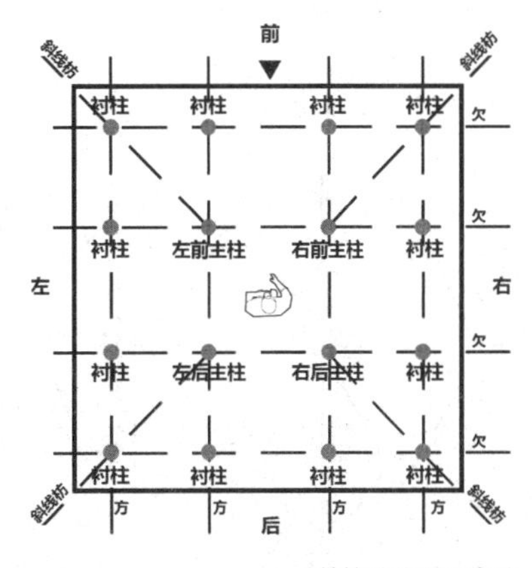

鼓楼平面图示意图

公共建筑，一般都是正南正北，鼓楼、庙宇等等都是公共建筑。但是这种仅凭肉眼观测日出方向定位是不准确的，不是百分之百。从这个传统来说，应当要正北正南，正南北的子午向的分针有三个方位，正北方有癸、子、壬三向；正南方有丙、午、丁三向，正中子午是正向，丙壬是倾斜一点，也是南北方向的范畴，那个癸丁也是南北向的范畴。南北有三个方位向，东西也各有三个方位向，这样东西南北四个方向，即有二十四个方位向。公共建筑虽说是在南北方向，但是有时候不一定在正子午向上。屋落到地基上的时候，再拿罗盘测量它是在哪个具体方位，如果倾斜一点，想要哪个方位，就把屋子扭一下，定在具体的方位上。侗寨的民居依山傍水，可以随便在二十四向中的任一向位，这叫四面八方方方有利，二十四向向向来朝。

民居中，屋是这个朝向，若不在正向，方位欠佳时，可以把大门连板壁的方向扭一点进入恰当的落向。侗寨的房子一般是要有靠山，依山来建；傍水而立，顺着山水的自然。后来就是二十四向，向向来朝，八方都是好方位。

郭 五九归六方[7]是什么意思?

李 | 这是父亲口传给我的，五九归六方，那方是五，那方是九，怎么能绘成六方。口诀是一句五九就能绘成一个正规的六边形出来，但是具体怎么绘，五是在哪个方位，九是哪个方位，都离不开师傅的传授，不教就绘不出来。正规的六边形，是六个等边三角形的组合。五九归六方是很近似，但不完全准确，达到 98% 的精确度。

你看我绘一个横向和纵向成 90° 的坐标，从横向交叉点上下，不管是取九尺、九寸、九分都可以，得上下两点，从上下两点各画出与这根横向坐标轴平行的两根直线。在上下两根直线与纵线相交中点，分别向左右各取五尺、五寸、五分都可以，而成上下各两点共四个点。把这上下两点分别交叉连接起来，就得到两个三角形。两个三角形各边长度是一样的。再在横向坐标上，从坐标的原点分别向左右取三角形的边长，横轴左右便有两点，再把两点和两个三角形的顶角用直线相连，就是一个六角形，60° 角的等边三角形。现在我用三角几何来解，六个等边三角形的每一个角，都是 60° 。[8]

郭 八角平面是怎么形成的?

李 | 重檐八角的鼓楼来自民间下的三三棋。它是三个嵌套、共对角线的“口”字棋，三个棋子连着就可以吃一个棋子。鼓楼平面从正方形变成八角形，是根据三三棋演变而来的。[9]

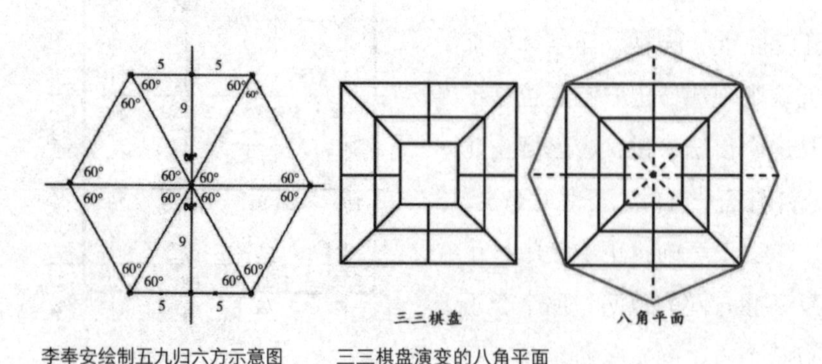

李奉安绘制五九归六方示意图　　三三棋盘演变的八角平面

1 纯木构的传统民居已不新建，更常见的是一层为砖砌，二层及以上为木构的建筑。目前建设的民居大多开始采用钢筋混凝土框架，外装饰木板。而村里新建的公共建筑，如鼓楼、风雨桥还是采用传统木构建造。

2 受现代建筑设计的影响，大多少数民族认为钢筋混凝土框架、砖砌墙体的住宅，才是流行的住宅，传统民居只是落后的代表。传统民居的确也有采光、排烟、没有卫生间等问题，这些不适应现代化生活的方面需要通过改造设计解决。

3 通道侗族自治县小学课后服务有侗族歌舞教学的课程。相较木建筑营造技艺的推广，侗族歌舞的推广比较容易，而且可以为文旅项目提供后备人才。通道侗族每年 4 月间举行大戊梁歌会，届时湖南、广西、贵州地区侗族成群结队前往参加热闹非凡。2023 年 5 月 29 日，通道侗族自治县第一次举办了为期 12 天的“2023 年通道县侗族木构建筑营造技艺培训班”，全县各乡镇木构建筑技艺代表性传承人、民间工匠共 30 人参加培训，为引导全县人民认识文化遗产、保护文化遗产、传承文化遗产发挥了积极作用。

4 中正剑是蒋介石赠给其黄埔学生的随身短剑，因为在其剑柄上刻有“蒋中正赠”字样，因此得名“中正剑”，进而成为一种荣耀的象征。

5 张发奎（1896 年 9 月 2 日—1980 年 3 月 10 日），又名逸斌，字向华，出生于广东省始兴县隘子镇。抗日战争期间，先后任集团军总司令、兵团总司令、战区司令长官、方面军司令官等职，率部参加过淞沪会战、武汉会战、昆仑关战役、粤北战役、桂柳会战等战役。

6 《望星楼正宗通书》现为隆回县级非物质文化遗产保护项目，在民间十分流行。主要根据明清御制《数理精蕴》《历象考成》《协记辨方》以及《紫徽斗数》《河洛理数》《罗传烈》等历法历书，用八卦、十二宫、二十八宿演算而成。加上节气分明，是农家破土开耕、抛粮下种的必备之书。《玉匣记》《董公择日要诀》为破土、建屋等看吉时用书。

7 侗族建筑的面、里，是以人坐在屋内，神龛“师”的方位坐北朝南的南方为面、北方为里。再以面、里为基础，区分建筑内部的各个构件的名称。建房方位根据《望星楼正宗通书》上方位图确定，每年吉利向位不同。

8 五九归六方，是利用勾股定理，按比例画出接近正六边形的平面。

9 三三棋，也称“侗棋”“打三棋”“棋三”，是侗族、壮族一种双人对弈的棋类游戏。棋盘由 3 个大小不等的正方形按重心重合套在一起，有 4 条连接 4 个顶角和 4 条连接 3 个正方形对角边中点的线，最小的正方形完全空心，共 24 个棋眼。其对角线的中点、中线的顶点连线刚好可以形成一个正八边形。

谢辟庸先生谈20世纪末《湖南省文物保护条例》制定与修订 *

谢辟庸先生

受访者简介

谢辟庸

男，生于1943年9月，湖南湘潭县人，副研究员。湖南师范大学历史专业本科毕业，1966年7月参加工作，历任中共湘区委员会旧址陈列馆馆长、湖南省文化厅文物处副处长、湖南省文物局副局长与局长（副厅级）。曾任中国文物保护工程责任设计师、中国博物馆学会理事、中国博物馆专家库专家、中国文物保护基金委员会专家、湖南师范大学兼职教授、湖南省博物馆学会副理事长、湖南省文物鉴定委员会副主任、湖南省世界文化遗产专家委员会副主任、湖南省城乡规划委员会专家委员等职。

采访者：谢丰（湖南大学岳麓书院），谢彦（长沙银行股份有限公司）

访谈时间：2024年3月3日、3月17日

访谈地点：湖南省文物局大院谢辟庸先生住宅

文稿整理：2024年3—5月

审阅情况：经受访者审阅修改

访谈背景：改革开放以来，中国文物保护工作最突出的问题是文物保护与大规模开发建设的矛盾。尤其是20世纪90年代以后，在体制转型、社会变革的大背景下，文物事业面临着巨大的冲击和挑战：城乡大规模的兴建成为地方发展经济的必然选择，城市建设造成的文物破坏屡禁不止，盗掘田野文物，甚至盗窃馆藏文物的事件层出不穷。文物保护和经济发展的关系在各级政府内部也一直争论不休，对“保”与“用”的认识出现了不少偏差和误区。往往因为主持开发者的文物保护意识淡薄或急于求功，致使文物在建设过程中被大量毁坏，造成无法弥补的损失。正因如此，国家先后制定并发布了一系列文物保护管理的法律法规，督促落实执行。1982年公布的《中华人民共和国文物保护法》（简称《文物法》），是文化领域第一部专门法律，确定文物保护的基本原则。围绕该法的执行，各省、市、自

治区先后制定文物保护条例，并在实践过程中不断总结经验，多次修订完善。

谢辟庸先生是长期担任湖南省文物工作的主要领导之一，参与了 1986 年《湖南省文物保护条例》（简称《条例》）的起草制定工作，主持了 1994 年《条例》修订工作。

谢彦，谢辟庸，谢丰采访现场

谢丰 以下简称丰

谢辟庸 以下简称庸

谢彦 以下简称彦

初涉立法就参与了《条例》制订

丰 能介绍一下您参与1986年《条例》制定的情况吗？

庸丨1984 年 8 月 4 日，我从中共湘区委员会旧址纪念馆[1]调到湖南省文化厅。当年 10 月接受了一个任务：省文化厅要在韶山开一个全省革命纪念根据地的座谈会，要我写厅领导的讲话稿。这是我第一次从全省的角度思考文物管理工作。韶山会议后，我又接到新任务：依据《中华人民共和国文物保护法》的要求，结合湖南文物保护的实际，参与起草《湖南省文物保护条例》。两年后（1986 年）该条例通过省人大审查，并于当年 9 月颁布。

彦 您在调到文化厅之前一直在纪念馆做具体工作，为什么新调入就将《条例》的任务交给您呢？

庸丨候良[2]处长说：“小谢，湖南要制定文物保护条例，有位老同志做了一些前期工作，出了初稿，你来接着做。”我问制定条例有什么方法或者什么参考资料吗？回复是都没有，只有初稿在这，要继续钻研学习做下去。

丰 当时这位老同志为什么没继续做下去？

庸丨80 年代初期，湖南和全国一样，盗窃、盗掘遗址、古墓葬，走私倒卖文物形势严峻，文物法规的制定难度很大。那位老同志是五〇年武汉大学历史专业毕业、分到湖南从事文物工作的，工作了 30 多年即将退休。从 1983 年冬到 1984 年初，他完成了初稿，厅里讨论没有通过，工作就停顿了。当时人们都以为制定条例就是“写文章”，我从长沙市调过来后不久，这项工作就交给了我。其实做这件事，需要丰富的文物保护管理工作的经验。我是一个从事纪念馆具体工作的人，接手做的难度可想而知。

彦 具体怎么做的？过程中遇到哪些困难，又是怎么解决的？

庸丨困难就是我对当时全省文物保护管理工作的发展计划、内容、要求、经验与问题，以及应对问题的办法、措施等，没有足够的认识。此外，当时社会的普遍情况是对文物保护没有概念，包括领导层在内，没有长远的设想，也没有成熟的方法，都要自己去探索。而且当时只有我一个人做这件事，可以讲困难是非常大的。但是我想，办法总比困难多，工作要做下去，争取做得好一些，只有向别人学习、多钻研，从实践中增长知识，积累经验。

具体的做法是：首先了解国家文物保护的方针，对文物保护各个方面的具体要求，国家出过的法规；还要研究出现过什么问题，通过什么办法来解决的；要理解、学习其他省份的相关制度，收集当前文物保护存在的问题及解决办法；学习研究原拟的初稿，对照省里存在的问题，明确要实现的目标。我当时抓紧跟各省联系，收集各省有关文保的文件，遇到疑问就打电话去请教。当时比较先进的地区，比如江浙两省和北京等地，给我们提供了很多经验。其次要抓重点，当时湖南文物保护存在的主要问题是盗窃馆藏文物、盗掘古遗址与古墓葬，以及走私倒卖文物的事件极为严重。盗墓（长期以来一直）是最大的安全隐患，盗窃问题也时有发生，比如湖南省博物馆的盗窃案[3]，1983 年珍贵文物被盗案，曾经震惊全国。这些迫切需要通过立法进行规范和制止。

我用最笨拙的办法，把国家的要求、我省文物条例初稿、外省的法规逐一列表对比，找出初稿有哪些不足。对外省的规定不理解的地方，会问为什么要这么写，要解决什么问题。这样下来，《条例》要解决什么问题、重点是什么就有底了。即便我省没有发生过的问题，确为重要的要求，也会写进条例初稿。从 1984 年 10 月起近两年的时间里，修改了十余次，完成后交到厅里。

《条例》认真研究了制定地方法规的技术问题，深入实际开展了调查研究，对《文物法》的实施细节进行了补充完善。1986 年 9 月 27 日，省人大常委会第二十一次会议讨论通过该《条例》，29 日颁布。《条例》颁布之后，各地根据《文物法》和《条例》，大力打击严重的文物犯罪行为，严格执法，产生了极为明显的效果。比如 1985 年前后几年，邵阳市所属各县被盗掘古墓及近现代墓近万座，其中新宁县就达 1500 座以上，至 1988 年，上述破坏文物的严重事件急剧减少，湖南省实现“文物安全年”。1989 年湖南省文物事业管理局《关于制定和执行 < 湖南省文物保护条例 > 情况汇报》文件认为，《条例》既依据国家《文物法》，又紧密结合了湖南省文物工作的实际，总结了全省三十多年来文物工作的经验教训，凝结着几辈文物工作者的心血，“是我省文物保护管理工作新的里程碑”。

因时修订，坚决制止大规模经济建设开发中破坏文物的严重问题

丰 《条例》1993年开始修订，主要原因是什么？

庸 | 1992 年我参加了在西安召开的全国文物工作会议[4]，落实会议精神，加大文物抢救力度，这是修订最直接的原因。

进入 90 年代，全国经济发展进入大开发、大发展时期，我省很多地方领导片面理解文物保护与经济建设的关系，片面解释“以经济建设为中心”“各项工作都要服从服务于经济建设这个中心的方针”，因此造成地下文物遭受严重破坏。当年似乎出现了一种“风气”，谁“解放”了思想，谁抓的新项目多、规模大，项目上得快，就是好干部。因此好多人是为了一己私利，为了自己的业绩（大干快上）。关于地下文物，国家早就有规定要保护，但都不按规定办事。当县长或什么长的，动不动就拍胸脯，“这个事你们挖啰，开车去推啰，我负责！”其实当时盗墓的高潮已经过了，比起盗墓的问题，大举建设对文物的破坏要严重好多倍。那时判定一个地方一个干部是否能够以经济建设为中心工作、服从和服务于经济建设，就看建设项目。其中某些人以改革的名义乱抓项目、乱挖地、乱挖掘，不顾一切地开发。文物部门也要这样做（配合），如果说搞不得，那就是改革的阻碍者。在这一评价体系下，好多人错误地理解中央的方针路线，造成极大的破坏。在改革开放的名义下造成破坏，在全国还是比较普遍的。（这个问题）在修订的条例上一定要有体现。

有人问，经济开发中的破坏与盗掘古遗址、古墓葬的犯罪有什么不同？其实个人盗掘对文物的破坏力，哪能跟经济开发中对文物的破坏程度相比呢？第一，盗掘的是坏人，是少数人偷偷摸摸的犯罪行为；第二，盗掘挖一个重要的墓要很长时间，长的要挖几个月，而建设项目，只要领导拍胸脯“负责”，推土机就上去了，那些墓哪经得起几下推咧！好多古墓区都是墓葬成群，（推土机）一开动可能就是几十、几百座甚至更多，这是比较多的情况，破坏力极强。他们这种机械化破坏、理直气壮地破坏，还教训我们：“这些墓葬与经济建设比起来算什么，这是党中央的方针，各行各业都要服从服务于经济建设，我们搞经济开发，你们要服从服务这个事，就是搞这个。至于文物，你们跟着推土机后面捡就是了。”我们做文物保护还变成阻力与破坏力，变成与党中央要求经济建设作对，这个状况，破坏力太大了，太大了！

彦 您当时已经在文物保护工作战线工作很多年了，应该很有经验了吧？

庸 | 我从 1984 年 10 月担任文物处副处长起，多数时间主管全省的文物安全工作，到 1993 年我做局长已有 9 年，对文保情况非常熟悉。1989 年公安部、国家文物局还授予我“全国文物安全保护先进个人”的称号。我非常了解这些破坏情况。这个破坏，就是领导干部违反文物保护法规的破坏。

丰 整片开发把文物都毁掉了。

庸丨我思来想去，这是天大的事，不做就不做，做就一定要坚决制止这种破坏。带着这个目标，我接受了这个修改《条例》的任务。1993 年修订这部法规时的压力其实好大。别的厅局修改一部法律，起码要成立一个办公室，“修订某某法律某某条例办公室”，要组织几个人做这件事，要有经验、文笔好的人来做。跟上级反映要成立办公室，没明确回复，那就我一个人先做起来。我当局长的同时自己执笔修改“条例”，确实为难。好在局里的同事们都非常支持。

那时我不分白天晚上，收集情况，召开很多很多的座谈会，听取大家的意见。经过 4 个月，到 1994 年 4 月，写了几轮稿子，最后递到省政府的稿子已是第六稿还是第七稿了。

为了使修订的《条例》能通过，要逐条解释文本，写很多辅助材料，尤其是为了保证某些特别重要的文字一定要保留，更要写好多辅助材料。除了文物条例本身，与国家法律和相关地方法律比较，找出修订需要的依据、写的理由、针对什么（问题），还要把破坏案例也找出来（作为修订说明），辅助材料如《〈湖南省文物保护条例〉修订说明》《中华人民共和国文物保护法》及有关法律条文、湖南省文物破坏重大案例、部分省市文物保护有关规定等 7 个辅助资料，最后写了 16 万多字。

丰 这个还在吗？省档案馆应该有吧？

庸丨按那时候档案管理规定，文物局档案交文化厅，文化厅交省档案馆，按理讲应该是留的，它是立法过程的重要历史记载。

新《条例》提出领导问责，在审议中遇到阻力

丰《条例》在审议时碰到阻力，具体是什么情况？

庸丨所有由人民代表大会讨论通过的法律，先要省政府常务会议通过。1994 年 6 月召开的湖南省人民政府常务会议，新《条例》讨论通过。在讨论之前，一定要省长拍板同意。我们先向主管副省长汇报，通过主管副省长向省长汇报。那时候碰到的主管领导很好，是来自民主党派的潘贵玉副省长[5]，原来长沙市的副市长到省里的。潘副省长听得进意见，之前几次遇到（文物相关的）事情，她都找我，说：“老谢，你看这事情怎么解决？”我会跟她讲按法律存在哪些问题，都找到了解决的办法，所以她很信任我。我们汇报的时候，讲到在大规模经济建设中，我省文物遭破坏的情况，她感到好震惊。因为她起先是中学校长，在教育条线，哪里了解文物的事情，特别是绝对想象不到文物的破坏与某些领导干部的行为有关。

她听了大吃一惊，说“我作为主管省长，有这样的事情，我一定要坚决制止。”她把我们汇报的情况找杨正午[6]省长汇报，说“杨省长，这个条例跟别的条例不同，如果在湖南出现这样的事情，要追究我们俩的责任，我们都要负责。首先是我主管领导负责，你作为省长也要负责。”向杨省长解释汇报不用花很多时间，因为《中华人民共和国文物保护法》有明确规定，保护各区域内的文物是人民政府的责任，他从基层做起，知道其重要性，加上一位民主党派的副省长来做这件事，她拍胸脯“出了事我要负责”，作为省长也会尊重她的意见。省政府常务会议上，两位省长表态支持，《条例》经省政府常务会议讨论后予以通过。

报省人大后，讨论的过程就非常艰难了。当时人大常委会主任是刘夫生[7]，曾经是我父亲的领导，在湘潭县当过县长和县委书记。他当县长的时候，我父亲在当地是中国人民银行行长，他们的关系很密切，我们见面他都叫我“小谢，小谢”，问有什么事。但是这个事，他必须真正理解这些条文，认为这样写是对的，才能够做出决断。这就要杨省长和潘副省长的支持，向他汇报。另外，为了获得人大各位领导的支持，我们要一一向他们做汇报，这也比较难，因为往往都是间接汇报。要通过这个省长、那个省长，先要他们有时间，还要能够听得懂，搞得清楚，所以材料必须要齐备，要及时反映。会前，文化厅的谢作孚厅长[8]帮助我们做过很多汇报工作，多次参与讨论过这件事，大家分别找相关常委和领导汇报。

第一次会议是人大主任办公会议，当时全省有 4 个条例要修订，其中包括《文物保护条例》。7 月 1 日人大常委会会议讨论到《文物保护条例》的时候，我在场只是列席，只能听，没有发言权。会上，刘夫生同志说：“我们讨论 4 个《条例》，现在先讨论《文物保护条例》，看大家有什么意见。这个修订稿你们已经看了，今天我们一起讨论。”当时大家都晓得这个条例最难，因为都太不熟悉了。

第一个人的发言是最重要的，我没想到开始发言的是省人大第一副主任董志文[9]。他也是常务副主任，是从湖南省人民政府到人大的，在省政府是常务副省长，主管最重要的经济部门。会议没有指定哪个发言，他第一个发言，就直接表态“我不同意”，我听了顿时一身冷汗。他讲的关键内容是，文物要保护，但是保护文物要钱，你们都晓得湖南很穷，但你们没我晓得，我是常务副省长，就是管钱的，湖南哪有那么多钱保护文物？没钱保护，文物破坏了还要追究我们的责任，修订草稿内容是“追究相关政府及其部门负责人的责任”，追究责任就有刑事责任和民事责任，我们不能同意这个条例。假如你们（这个条例）这样做了，那么别的条例呢，也会提出搞得不好要追究政府的责任，比如森林保护、农田水利保护条例都可以沿用《文物保护条例》这个规定追究政府的责任，那我们政府还搞什么，做不了事了。当时其他很多领导纷纷表态，不同意追责这一条。

听到这我们就急了。当时有几位很认真负责、很了解情况的人大领导，包括原任长沙市副市长到人大担任副主任的古建维修保护专家潘基礩[10]同志、原任省委秘书长到人大担任副主任的沈瑞庭[11]同志、湘西土家族苗族自治州的彭对喜[12]书记以及文化厅谢厅长等，我与几位紧急磋商，马上行动起来，继续找一些负责同志汇报情况，送资料。

这个条例在省人大有近十天的讨论时间。这个期间，我只差没住在人大，每天大清早就去，逮着机会就向相关领导送材料，进行汇报。16 万字的材料不能都给他们（没有时间看），就根据他们的发言和想法，找最突出的一两个案例给他们看。那期间，我基本天天在人大，与负责另外三个一起讨论的条例的其他厅局同志都熟了。他们讲，“老谢你现在到人大来工作了。”（笑）我说这是因为条例难通过，所以要向领导汇报。在两次会议期间，谢厅长还有支持我们的人大领导，都是懂文物又懂法律，而且很有影响力的人，都在一起抓紧做工作。

抓住关键问题，转变代表观念，最高得票率通过

彦 后来您又争取到什么机会吗?

庸 | 第二次主任会议前一天，我第二次跟刘夫生同志汇报，说形势比我们预计的更艰难，还是希望领导对这件事能够给予更多的关注与支持，特别是董主任提出的这条难通过。

丰 刘主任也是（和董主任一样）这个意见吗?

庸 | 我讲了为什么要加上这条。刘主任当时没表态，他是个非常冷静的人，要先听取大家意见。他说这样，明天开会的时候，给你五分钟发言时间。所以，我们回来通宵研究这个发言，（五分钟）讲什么。

7月4日开会，刘主任说：“我们今天研究《湖南省文物保护条例》的修订稿，上次讨论大家有些不同的意见，我们邀请省文物局的局长列席会议，请他发个言。”其实上次会议，大多数常委不支持追责条款，是因为有两个难处：一是没钱，哪里能够保护好？另一个是这个条例写了追责，其他条例也学样都要追责，政府怎么做事？这样讲也有道理，所以需要化解。

我发言的大意是：《文物保护法》规定，中华人民共和国境内地下、内陆、领海的文物，属国家所有；各级人民政府有保护（辖区内）文物的责任。我们提供的破坏文物典型案例中，反映了过去几年在经济开发中，一些地方因为领导头脑发热，“长官意志”膨胀，把经济建设与文物保护对立起来，完全不顾文化、文物等部门的劝阻与请求，乱决策、乱开挖，甚至在已探明的“文物埋藏区”和“可能埋藏文物的地方”强行命令推土机“大干快上”，大批文物在开发建设的名义下、在机械碾压中损毁，造成永远不可挽回的后果。我们认为，这种无视法律、严重破坏文物的现象，必须以严格的法律坚决制止。这个情况也说明，保护文物不只是钱的问题，更重要的是政府依法履责的问题。有的同志可能担心，《文物保护条例》有对政府追责一条，别的领域有关法规会“学样”。当然，政府对各方面资源保护都要负责，但文物保护有特殊性，这种特殊是源于文物“不可再生”的特性，退一万步讲，其他资源可能造成损失，但那些损失是可以挽回的，或用别的资源代替的（举例略），但文物一旦破坏，一旦损毁，就永远无法挽回，用再多的钱也是无法挽回的！有的人可能说，你再做一件嘛，可能更好看。但那不是文物，没有文物本身的历史价值、科学价值和艺术价值，所以文物的保护更严格是理所当然的，各个国家都是如此。

丰 您说得很好啊！常委们什么反应?

庸丨这些话说到委员们的内心里了。第一，大开发中破坏文物不是经济问题，是领导的问题，是领导的认识问题、决策问题。《中华人民共和国文物保护法》讲保护文物是人民政府的责任，既然是人民政府的责任，如果政府没负起责任，领导不按法律办事，就应该处分这级政府与相关领导；第二，文物是不可再生的，不要期望以后再想别的办法弥补，湖南开发这几年，许多古遗址、古墓葬被损毁，造成不可挽回的损失。所以这次会议之后，在后续的会议上，多数人认可这个观点。

刘夫生同志宣布安排常委进行分组讨论，我们在一些领导组的讨论中，讲些案例。这些案例讲了一些地区在工程建设中破坏文物的典型，让常委们很激动。有些常委拍桌子说："岂有此理，这是断子绝孙的事，哪个敢做！"有些常委讲："那个地方的工程就是当地县委的宣传部部长当指挥长搞的，要调查处理。任何领导干部都不能无法无天，把国家法律放在哪里？"（讲到地方具体案例）好多人情绪好激动。

7月7日《条例》修正案表决时，我心里还是很担心，虽然情况肯定会比之前好些，但是能不能通过，心里没底。如果没通过，还要重新起草、修订，再走一次流程，说不定还通不过，那就耽误时间了。记得当时会议表决的是57位常委，我在会场外等结果，谢厅长散会后马上告诉我，我们的条例只有一票反对，并激动地说："这是有史以来省人大通过的地方法律得票率最高的一次。我们任何人都没想到，以往其他条例表决反对或弃权的不少，这次《湖南省文物保护条例（修正案）》得票率这么高，是从来没有的现象。"[13]

在省人大这次审定《条例》过程中，有一件事让我非常震撼，那就是在讨论追责一条时，彭对喜同志的一个发言。他说："以后审定的法规，只要是省政府同意的，又不违反现在国家法律的，就应该同意，这要形成一个规定。"我不知道这个发言是否形成一条惯例，如果是，省文物保护条例的追责审定，就开了先例。任何改革都会有一个开头难的先例啊！

从1984年第一次参与起草，到1994年第二次主持起草《条例》（修正案）并获审查通过，整整经历10年，有同事笑言："老谢，您是十年磨一剑哦。"（笑）我深知：这一"剑"，是全省文物工作者，特别是省委、省人大、省政府、省文化厅加强领导和支持、帮助的同事们共同磨砺出来的。还有国家文物局，我每次讨论，都会及时向他们汇报，听取指导，他们给了我极大的支持。往事历历在目，我永远不能忘记他们！

停工令：贯彻执行《条例》，要从领导做起

彦 大家都统一了认识，真不容易！

庸丨多年以后，参加过此次条例修正案的老领导、老同志见面时，谈及此事，仍然激动不已。我很怀念他们！

过了一年多，一位省人大的常委参加文物保护的检查，在检查前的沟通会议上讲："老

谢，湖南省文物保护条例工作做得扎实，写得极好，好扎实，好具体，这次条例通过以后，大家的认识都提高了。”

事后我跟局里的同志讲，我们一讲文物保护法，讲法律，首先要向广大人民群众宣传，才能够贯彻执行。这是对的，但是我有不同意见：不能一概而论。我觉得在有些情况下，向领导宣传比向群众宣传更重要，向领导宣传好，他会帮你宣传。不是我老谢、我们文物局的同志宣传，是常委、是副省长去宣传，到地方上，是那些州长们、市长们、县长们宣传，他们讲话更有用。

我这个感慨是从哪里来的呢？有次我到一个县区调查，讲到文物保护的事情，县里开三级干部会议，县级、副县级、乡镇级领导参与。当时每年开两次会，这是年初第一次会议。开会的时候，县长在会上讲：“我告诉你们，搞开发你们注意地下的文物，这犯不得法，谁犯了法，我就把你帽子摘了！”他宣传的办法比我们强得多、有效得多、高明得多，只一句话，这些人不得不听。向领导的宣传比向所有乡镇干部的宣传有效得多，他们讲一句可能抵我们万句，这件事给了我启发。

1993 年这次修订《条例》，我的感慨是，有好多事情要深入研究难点在哪里、如何破解。难点是人们的认识，一定要搞清楚认识误区在哪里。现在的问题不是经济问题，而是认识问题，是对国家法律的态度问题；还没有讲到保护，只是不要破坏的问题。各级领导干部要争做保护文物的好领导，误区不在钱上面，是在思想上。其实每件事都可以按这个思路去想，会碰到什么问题、问题的障碍在哪里。

比如当年长沙市平和堂基建工地，在五一广场东南侧的走马楼，位于长沙古城的核心区域，只要动它，下面就是“宝贝”。这个地方动土的时候，省市（两级政府）都很重视，是 90 年代湖南省引进外资最多的一个项目[14]。我们知道这个地方是文物埋藏区，过去发现了很多文物，但是既要保护文物又要支持建设，如何做？省文物局、市文化局一起商量，向市里反映这是文物埋藏地，不晓得有多少文物，因为当时地面都是房子，不能拆除再做勘探，但是要讲清楚，政府要安排经费做这项工作。起初市里没有接受，我们商量派文物工作队日夜守护。结果施工方有一天趁夜深人静开动机器放肆挖，拖泥巴往郊区垃圾场送。第二天清早市文物工作队有同事报告，我马上召集文物局负责同志开会，提出我们必须坚决立即制止，如果不制止，可能会造成不可估量的损失，大家都同意这个意见。我说：“这样，做个开先例的事，文物局对这项工程指挥部下个通知，要求他们立即停工，如果不停工造成文物损毁的要追究他们的责任。”业内讲，这是下一次“停工令”，依据《中华人民共和国文物保护法》要求你们立即停工，我们派何强（副局长）和另外一位干部文博两人去送停工令，先送日方指挥长，再送中方指挥长，立即送。

事后回忆，这样的决策是对的。先送日方，日方指挥长看了吓一跳，我们告知已经在垃圾场清理出300多支三国时候的吴简，这还不是地下文物埋藏最核心的地方，现在破坏还在进行中。日方的答复是：有这样的事！我们这项工程一定不能违背贵国的法律，日方表态非常坚决。然后，我们送中方负责人，中方负责人讲，“不行，这项工程不能停”，态度也很坚决。

中午，省政府分管文化的领导打来电话，省里有领导要他通知我们撤销停工令。我说：“不行，停工令不能撤销。因为情况很紧急，时间也很紧迫，破坏还在进行。而且停工令已经同时分别报送省人民政府、省委、省人大，也报送了国家文物局，都是追不回的。另一方面，日方停工的态度也是非常明确的。”领导说：“你不知道这个项目好难，是省委领导向国务院常务副总理田纪云请求特批的，造成不良后果，对我们今后的改革开放、引进外资会造成极大的损失。”这也是实情，也是非常不容易，我向领导汇报了上午跟两个指挥部联系的情况。他说：“我马上向省委省政府报告，主要负责同志对这件事十分关心。”

事后没多久，就得到通知：第一停工；第二要计算出调查勘探、考古发掘需要多少费用。停工后，马上派文物考察人员现场勘探，等到调查勘探结束有结果，你们认为可以动工的时候，再通知动工。这件事就是这样制止了。最后调动考古队集中攻坚，发掘了三国时代17万片简牍，后面经清理剔除腐朽的还有14万多片竹简。

如何衡量这个成果呢？此前我国一百多年出土竹简、发现竹简、清理竹简大概有17次，所有发掘出土的竹简不到10万片。长沙一个工程发掘14万多片[15]，比一个世纪以来全国所有发现的竹简都要多，在国际上影响好大。湖南早就有个马王堆，又出现泥土里埋了两千多年的竹简，很了不得。

回头看这件事的关键，在于及时下了停工令。第一，如果按惯例汇报沟通，需要时间，这边还在大规模地挖，这个情况下必须抢救，时不等人。第二，找谁？一定要先找日方。我们去过日本，参加中日间文化交流，都知道他们很重视（文物保护）。（下令停工）中方怕日方有意见，我们事先沟通好，变成日方要保护，中方压力就很大了。所以事情的困难在哪里，如何去突破困难，把问题解决，选准对象、选准时机去做这件事，才能做好。每天叫好困难、好困难，找这个不行，找那个不行。平和堂这件事如果找这个、找那个，说好话，私人沟通是行不通的，一定要有正式的文件，并且先送日方。而且文件不仅送到指挥部，还抄报到省委、省政府、省人大，上报国家文物局，他们知道这件事是认真的。

1997年国家出台《关于加强和改善文物工作的通知》，明确提出文物保护“五纳入”的要求，即各地方、各部门应当将文物保护纳入经济和社会发展计划，纳入城乡规划、纳入财政预算、纳入体制改革、纳入各级领导责任制，文保工作开展情况就好很多了。

丰 事后你就这件事做了解释和汇报吗？

庸丨没有，领导们对此事很重视，早就知道了。还有一些，如益阳发电厂、火力发电厂，国家投入大量经费，建湖南最大的发电厂，那个事情搞得好难好难，做法也是如此。

丰 下次专门讲益阳发电厂的事情。

彦 先有国家法规再有地方条例，两者的关系是怎样的？

庸 | 总体保持一致，国家法律不会写得那么细，各地方法规要根据各地方实际情况有针对性地写，所以我们写到追究政府和有关部门的责任。国家《文物法》有保护文物是各级人民政府的责任的内容，我们修订条例的时候明确责任要如何落实：违背《文物法》并造成重大损失的，要追究相关地区相关单位相关领导人的责任。要修订到这个内容，非常难，原来法律是追究政府责任，湖南首次在地方条例中明确了追究政府负责人的责任。国家文物局的同志讲："你们在全国树立了典型！"

* 基金项目：2022JD011 湖南省社科基金项目《岳麓书院建设发展文献档案资料整理与口述历史研究》

1　中共湘区委员会旧址纪念馆，1986 年长沙市博物馆在其基础上成立，原址位于长沙市清水塘 22 号。2015 年 12 月，长沙市博物馆新馆开馆，更名为长沙博物馆，选址新河三角洲长沙滨江文化园。

2　侯良（1927 年 4 月 13 日—2011 年 8 月 24 日），原名侯国良，男，出生于河南省林县，1953 年加入中国共产党。曾任湖南省艺术学校副校长，湖南省文化局文物处副处长、处长，湖南省文化厅文博处处长、调研员等职。

3　湖南省博物馆盗窃案：1983 年，湖南省博物馆价值 10 亿元的文物被盗，共失窃 38 件文物，包括 10 件国宝文物，最珍贵的是马王堆汉墓出土的素纱襌衣。

4　国家在《文物法》公布后，还要起草颁布相关的决定文件，召开贯彻保护法的会议。1987 年《国务院关于进一步加强文物工作的通知》公布。1992 年 4 月国务院批准、国家文物局公布《中华人民共和国文物保护法实施细则》，5 月在西安召开我国历史上规模最大的全国性文物工作会议。国务院有关部门和 12 个省、自治区、直辖市政府负责人，各省、自治区、直辖市文物行政管理部门、博物馆、文物科研保护机构负责人和特邀代表共 300 人参加了会议。时任中共中央政治局常委、中央书记处书记李瑞环代表党中央、国务院明确提出“保护为主、抢救第一”的文物工作方针，还提出“先救命后治病”的观点（王军，《十六个字的工作方针更科学》，《光明日报》2019 年 10 月 1 日 11 版）。时任中共中央政治局委员、国务委员李铁映做了重要发言。1993 年，湖南省文物局针对文物工作方针和会议要求，立足地方具体情况开展条例修改工作。

5　潘贵玉，女，1946 年 8 月生，湖南安乡人，民进会员。曾任长沙市教育局局长助理、长沙市北区人民政府副区长、长沙市副市长、湖南省人民政府省长助理、湖南省人民政府副省长、国家计生委副主任、中国计划生育协会副会长、民进湖南省委会主委、民进中央副主席。第八、九届全国人大代表，第十一届全国政协副秘书长，第十二届全国政协常委、人口环境资源委员会副主任。

6　杨正午，男，土家族，1941 年 1 月生，湖南龙山人，1960 年 8 月参加工作，1969 年 8 月加入中国共产党。曾任中共湖南省委书记、湖南省人大常委会主任、湖南省省长。

7　刘夫生（1931 年 10 月—2021 年 2 月 19 日），男，山西省定襄县人，出生于定襄县河边村新堡。1945 年参加革命，1947 年加入中国共产党；曾担任中共湖南省委副书记、湖南省人大常委会主任、湖南省政协主席等职务。

8　谢作孚，男，1931 年 12 月生，历任《新创作》杂志社主编、《长沙晚报》副主编、长沙市文化局局长、长沙市文联主席、中共长沙市委宣传部部长、潇湘电影制片厂党委书记、湖南省文化厅厅长、湖南省人大常委会委员。

9　董志文（1933 年 9 月—2022 年 3 月 12 日），男，山西省忻州市人。1948 年 7 月参加革命工作，1950 年 7 月入党；曾任湖南省委原常委、省人民政府原常务副省长、省人大常委会原副主任。

10　潘基礩（1914 年 12 月 29 日—2011 年 4 月 26 日），男，湖南省宁乡人，著名城建专家。曾任湖南省人大常委会副主任、民革湖南省委名誉主委。

11　沈瑞庭，男，1933 年 5 月生，湖南省长沙人。1953 年 1 月加入中国共产党，曾任中共湖南省委常委、湖南省人大常委会副主任。

12　彭对喜，男，土家族，湖南永顺人。曾为中共湘西土家族苗族自治州委书记、湖南省政法委原副书记，2011 年退休。

13　《湖南省文物保护条例（1994 年 9 月 1 日修正版）》在 1994 年 7 月 7 日经湖南省第八届人民代表大会常务委员会第九次会议通过，于 9 月 1 日正式发布。1995 年 7 月，全国文物法制工作座谈会在湘召开，湖南省作经验介绍发言，获一致高度赞扬。1997 年，国务院颁发《关于加强和改善文物工作的通知》，强调文物保护的重要性及各级政府、领导的责任，明确提出文物工作“五纳入”的要求，特别是要求各地方、各有关部门必须把文物保护纳入各级领导责任制。1999 年 12 月国家五部委文物保护“五纳入”调查组高度评价《湖南省文物保护条例》的修订，并在全国推广。

14　前后累计投资 9600 万美元，约 8 亿元人民币。

15　这个发掘项目是 20 世纪继殷商甲骨文、敦煌石窟文书、西北屯戍简牍发现之后，中国文献档案方面的又一次重大发现，当年就被评为“1996 年中国十大考古新发现”，后来又被评为“20 世纪中国百项考古大发现”。

柳肃教授谈长沙历史文化名城保护 *

柳肃先生

受访者简介

柳肃

男，1956 年 6 月生，博士，毕业于日本鹿儿岛大学工学部建筑学科。现任湖南大学建筑与规划学院教授、博士导师，兼任中国科学技术史学会建筑史专业委员会主任委员、国家文物局古建筑专家委员会委员、岳麓书院首席顾问专家；享受国务院特殊津贴专家。主要研究建筑历史与理论、历史建筑修复和保护设计、历史城镇村落保护规划等。出版学术专著和教材 29 部，发表学术论文 190 多篇。承担过 2 项世界文化遗产、40 多项国家级和省市级重点文物建筑的修复保护设计和历史文化名城、名村的保护规划。

采访者：王晓婧（湖南大学建筑与规划学院博士生）

文字记录与摄像：龚昕、王一宁、米云娴、赵孟秋

访谈时间：2024 年 4 月 7 日

访谈地点：湖南大学未来乡村研究院

整理情况：王晓婧整理

审阅情况：经受访者审阅

访谈背景：长沙是一座经历了两千多年悠久历史却从未变换过位置且历史资源极其丰富的古城，文夕大火的摧残导致城中地上文物所剩无几。长沙古城的“特殊”也使得保护工作难上加难，城市重建与名城保护工作的矛盾尤其突出，这让本就稀缺的历史资源岌岌可危。正值文夕大火 86 周年之际，作者对长沙历史文化名城保护的一线工作者以及学者柳肃教授进行访谈，记录他在长沙名城保护过程中对代表项目的思考与总结。

柳肃 以下简称柳

王晓婧 以下简称王

“

王　柳老师，在您职业生涯中为长沙历史文化名城保护做了大量工作，您能谈谈让您印象深刻的经历吗？

柳丨我可以从为文物保护发声、实际保护工程项目和与风貌保护相关的项目三个方面回顾30年来经历的一些事情。

访谈现场柳肃（右）、王晓婧（左）

为文物保护发声

万达古城墙

柳丨当2012年除夕之前，我得知万达广场项目在挖地基时发现了120多米长的古城墙。长沙市考古所第一时间做了现场勘探，发现这段城墙是宋、元、明三个朝代叠加建造的，其中宋代砌筑得最为精美，元代在宋代城墙上叠加建造，制砖和砌筑工艺明显比宋代粗糙，而明代在原有城墙外加筑了条形麻石。多朝叠加砌筑的城墙遗存国内少有，我们通过考古可以了解到很多历史信息，比如城墙遗址保留有历史上金兵与蒙古军队两次攻打长沙城的攻城痕迹、宋代长沙城地坪比现在城市地坪要低四五米等。

王　这真的是很宝贵的文化遗产，见证了长沙古城的历史变迁。

柳丨当时我建议应全部原址保护这段古城墙，未来还应该做展示。于是便给当时长沙市市长写了一封信，但一直未收到回复。同时我还致信万达董事长王健林，三天后，万达一方与我联系，表示他们最终一定会服从政府的决定。在这之后的某天晚上，长沙市文物局的领导通知我城墙可能保不住了。那时我刚开始用微博不久，听闻这个消息，就发了一条内容为“城墙保不住了，我心里很难受”的微博便睡了。没想到此事一夜之间在全网传开，铺天盖地的转发，大量新闻媒体到我办公室门口排队等着采访。两天后，湖南卫视主持人汪涵来电，愿意出面促成我跟市领导商谈此事。次日在原长沙市博物馆（清水塘）办公室，我和刘三爹（刘叔华）、汪涵及其团队、《南方周末》的记者、媒体人龚小岳等一群“草民”，与市长、分管城建和文教的两位副市长、市规划局与文物局等的领导座谈。

王　这次座谈顺利吗？您和专家们提了些什么建议呢？

柳丨我们提出希望万达修改设计方案，“损失”部分地下停车空间，设计一个能原址展示古城墙的“长沙城建历史博物馆”，可以用玻璃盖着近距离参观遗址。会前我带着学生连夜做了一个初步方案，希望提供一个解决思路，但会上双方寸步不让，谈了三个小时无果。

长沙古城墙抢救性发掘现场

2012 年 2 月柳肃摄

光明日报 文化新闻 09

古城墙“保卫战”：历史与经济的较量

——长沙 120 米古城墙为何只保留 20 米？

传记文学如何追求历史的“真”？

2012 年 3 月 19 日《光明日报》第 9 版对长沙古城墙事件的报道

后来的事情我在很多采访中提过，那次会议后，我正式向省文物局和国家文物局报告此事，最终得到国家文物局的回复文件，文件提到“……要体现原址保护”。最后在双方的妥协下决定在万达商业广场 C2 栋地下室原址保留 20 米古城墙。

王 当时竭尽全力都没能完整原址保住古城墙，遗憾吗？

柳 | 因为是保护古城墙，当时有人说我是“长沙的梁思成”，我当然不能跟梁先生这样的大家比，但是我比他幸运，得到这么多的帮助，特别是媒体的帮助。这件事尘埃落定后，《光明日报》还发表一篇新闻稿，名为《古城墙“保卫战”：历史与经济的较量——长沙 120 米古城墙为何只保留 20 米？》，文章对城墙的价值以及在城市发展建设过程中文保工作的困难都有阐述。

天符宫

柳 | 长沙天符宫，是一座道教的小庙，历史上有记载。近年天符宫周围已经拆光了，只剩下这座破破烂烂的小庙。有一天学生跟我说天符宫可能不保，推土机都到现场了。后来我从其他渠道得到消息说，天符宫明天要“下地”（拆除）。

王 我记得当时的情况非常紧急，您当时是怎么处理的？

柳 | 听说第二天就要拆除，推土机上去只要几分钟建筑就没了，所以这次我不能像上次（古城墙事件）那样向上面写报告，然后被动地等消息。这次只能依靠网络了，我马上发了微博“天符宫要保不住了……”网上立刻扩散开来。第二天一早，天心区政府的人就来和我见面，他们解释说消息有误，“没有人说要拆天符宫”。我说“文夕大火”后长沙城里真正的古建筑扳着指头数，只有三四座了，每一座都很宝贵，必须好好保护。应该在优先保护的前提下进行周边地块的开发建设。一段时间后的某日，我得知天符宫墙角突然出现大洞，从现场照片推断这是人为所致，好好的建筑怎么突然出现破洞呢？于是，我又发了一条关于天符宫被人蓄意破坏的微博。就这样几番“博弈”，保护天符宫最终得到市委书记的肯定，才真正开始组织保护规划设计实

施。我当时提出，对于天符宫的保护不应仅针对建筑本身，更要保护其背后的传统文化，过去的天符宫庙会非常热闹，不亚于火宫殿庙会。我们要在修复保护好天符宫的同时，恢复天符宫庙会，把这一地域的经济带动起来。

赫曦台

柳丨古代赫曦台是在岳麓山上，是一座观日的亭台类建筑。因年久失修，破烂不堪，清乾隆年间岳麓书院山长罗典（1719—1808）将其拆除复建在岳麓书院大门外，延续至今。

十多年前，有人提议在岳麓山上重建赫曦台，甚至还找我做设计。当时我和岳麓书院院长朱汉民都不赞成这个项目，因为赫曦台已经建在岳麓书院，并且成为书院的一部分，也已经是历史，再在山上另建赫曦台会使历史发生错乱。在专家们的竭力反对下这个项目被取消。

王　这算是您一次成功的经历了。

柳丨但过了很多年后，有一天岳麓区领导跟我联系说市长派他们来见我，了解重建赫曦台项目。大概又有人重提这件事，而新来的市长不了解情况。当时我提了几条意见，区领导让我写下来，那阵子我正好业余时间在写毛笔字，便按传统方式用毛笔小楷写了一封信转交市长。没想到市长也是书法爱好者，他立刻也用毛笔在我的信上做了批复，“同意柳教授的意见”。因为特别，这封信的图片在网上传开，不过我更为开心的是市长听取了我的建议，没有同意建“假古董”，这个项目再次被取消。

天符宫被发现时现场情况

2022 年 4 月柳肅摄

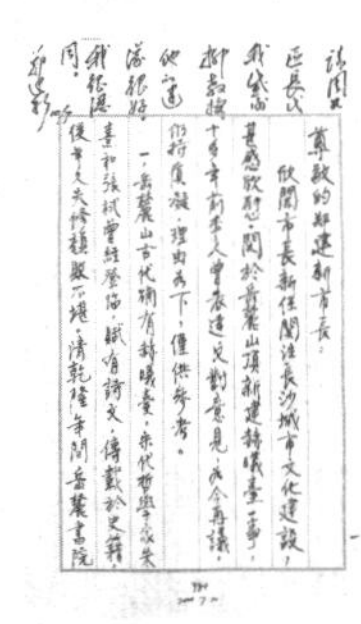

尊敬的鄭建新市長：
欣聞市長新任關注長沙城市文化建設，
甚感欣慰。關於岳麓山頂新建赫曦臺一事，
十多年前本人曾表達反對意見，今再議，
仍持質疑，理由如下，僅供參考。
一、岳麓山古代確有赫曦臺，宋代哲學家朱
熹和張栻曾經登臨，賦有詩文，傳載於史籍，
後年久失修殘敗不堪，清乾隆年間岳麓書院

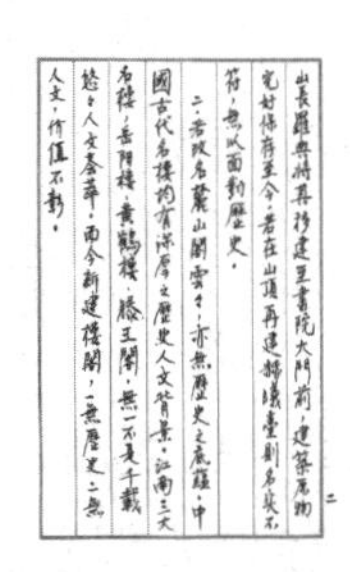

山長羅典將其移建至書院大門前，建築原物
完好保存至今。若在山頂再建赫曦臺則名實不
符，無以面對歷史。
二、若以名麓山閣云云，亦無歷史之底蘊。中
國古代名樓均有深厚之歷史人文背景，江南三大
名樓，岳陽樓、黃鶴樓、滕王閣，無一不是千載
悠悠人文薈萃。而今新建樓閣，一無歷史，二無
人文，價值不彰。

三、岳麓山為文化名山，儒釋道三家并存，國內
少有。然尚低調不張揚為其共同之精神，所謂「納
于大麓，藏之名山」是也。若山頂築立高大樓，則違
于初衷，有違岳麓山之文化精神。
四、岳麓山頂現有電視塔和雷達站，雖不甚協調，
但已成歷史。若再建古典樓閣，勢必風格雜亂，
輪廓線失調。
五、岳麓山是國家級風景名勝區，環境整控

極严，現代科技遙感，凡有异動，必被追問。十多
年前即因破壞環境部門叫停，此教訓仍
應切記。
以上各項僅為个人觀點，供參考。
順頌夏祺！
湖南大學柳肅敬上
二〇二〇年七月八日

关于岳麓山赫曦台问题
给郑建新市长的信及回复

实际保护工程项目

程潜公馆

柳丨程潜是民国时期湖南省主席，国民党元老，早年跟随孙中山参加国民革命，其最重要的功绩是领导了湖南和平起义，为湖南和平解放作出巨大的贡献。程潜公馆在白果园，因年久失修破烂不堪，里面仍然住着许多人。2005 年，市里委托我修复长沙 23 处历史旧宅，程潜公馆就在其中。年内就做完了全部设计，最终由于种种原因，23 栋中只修了 9 栋，程潜公馆修缮工作也被

搁置了。直到2009年国庆前夕，中央电视台派团队到湖南来拍摄湖南和平解放专题片，他们拍到的是破败不堪的程潜公馆。此后修缮之事再次被提上议程。

根据当时的情况，我又重新做了一次设计，终于让程潜公馆以原貌示人，修好后作为湖南和平解放纪念馆开放。现在对比修复前后的建筑照片，任何历史建筑，不管它破败到什么程度，都是可以修复好的。修好以后可以做各种利用，让它重新焕发青春。关键是它比新建的建筑更有价值，更有意义。

程潜公馆修缮前后对比

2005年5月和2011年8月柳肃摄

贾谊故居

王　现在看到的贾谊故居是重建的吗？

柳丨贾谊是中国古代著名思想家、文学家，生前曾担任长沙王太傅。他去世后，老百姓为纪念他，把他的故居改为贾太傅祠，明清时期又发展出一片园林，即文献里记载的“清湘别墅”。现在的贾谊故居建筑是90年代重建的，只有里面那口古井是真文物。2003年我们接受委托做贾谊故居的二期工程——修复清湘别墅园林，结果由于经济等方面的原因多次搁置，几经周折过去了20年，直到2023年才最终决定启动这一项目。

王　针对这次的项目您有什么计划？

柳丨长沙历史上有过很多漂亮的古典园林，例如浩园、蜕园、荷花池（葵园）、朱家花园等等[1]，由于战争的原因，毁得一个都不剩了。修复贾谊故居清湘别墅，是在长沙恢复古典园林唯一的机会，我有信心将清湘别墅建成一个不输苏州园林的长沙园林。现在设计方案已经完成，现场考古发掘也已完成，设计方案要根据考古发掘的结果作一些修改和调整，我希望尽快开工，在未来两三年里能在长沙城里看到一座古典园林。

田汉故居

柳丨田汉是著名的作家、革命家，是国歌《义勇军进行曲》的词作者，其故居在长沙县果园镇。然而令人遗憾的是，田汉先生的故居竟在50多年前被拆除，变成一片农田。在文物局的邀请下，我前往该地考察。在一位70多岁老人的指引下，我们找到50多年前被拆除的故居遗址，位于田地中央。经过考古队的挖掘，我们发现了明显的建筑遗迹，包括清晰的墙基和排水沟等。尽管地基尚存，但上面的建筑是什么样？当时并没留下照片，更没有图纸。为了尽可能还原故居的原貌，我组织了一次座谈会，邀请全村的老人参加。在座谈会上，我根据老人们的回忆，绘制了故居的草图，并现场请老人们察看，一边问一边修改。最后老人们确认草图与他们记忆中的故居相符，我们才以此作为建筑设计的依据。建成以后不仅得到当地老人们的认可，并且受到广大社会民众的青睐，成为人们参观访问的旅游点。这次项目经历告诉我们，面对这类拆除不久的历史建筑复原项目时，项目是否成功决定于亲历者的认可。

岳麓山忠烈祠（岳王庙）

柳 | 岳麓山忠烈祠在湖南师范大学（简称师大）校园内，又称“岳王庙”，是民国政府为纪念抗战英烈建的，后被师大当作仓库使用多年。我详细调研了忠烈祠，发现建筑主体屋架有部分断裂，屋顶造型有所改变，但屋脊制作精美，且保存完好。这是我见过的长沙历史建筑中最漂亮的屋脊。整个琉璃屋脊用透雕的方式做成二龙戏珠的造型，中间有葫芦形状宝顶。两条龙在云中穿梭，每一段的造型都不同，制作技艺高超，难以复制。我当时要求把每一段琉璃件编号后用麻袋麻绳捆扎保存，建筑修好后按照顺序安装回去。那是原物，不仅有真实的历史，而且今天再也做不出这么精美的屋脊了。这个建筑修好后我很满意，同时我又提议把后面半山腰的王东原（抗战时湖南省主席）公馆一并修好，统一改造成长沙抗战纪念馆。因为长沙四次会战是中国抗日战争史上的重大事件，在“二战”时期是轰动世界的大事。长沙会战的胜利鼓舞了整个反法西斯阵营，在欧洲报纸上都刊登了“长沙大捷”的新闻。然而长沙会战这么重要的历史，却没有一个正式的抗战纪念馆，而纪念馆设在这里非常合适。但由于种种原因这个提议最终被市领导批示“缓议”，至今无下文。

贾谊故居清湘别墅鸟瞰效果图

柳肃设计

田汉故居复原前后对比

2005 年 6 月和 2007 年 11 月柳肃摄

忠烈祠屋脊
2003 年 5 月柳肃摄

楠木厅 6 号

柳 | 抗战时期日军占领了整个朝鲜半岛，韩国国父金九先生领导韩国政府来到中国，建立韩国临时政府。最初设在上海，后迁至杭州，1938 年迁到长沙。潮宗街的楠木厅 6 号是长沙市内一户较为富裕人家的住宅，金九先生租住在这里并将其作为政府活动的场所。他在这里主持了重要的三党联合会议。不幸的是金九先生在一次会议中遭到内奸的刺杀，身中三枪，幸得湘雅医院的全力抢救，最终康复。21 世纪初，韩国方面委托长沙市政府寻找当年韩国临时政府的遗迹，最终找到这里，这座建筑还有一个长沙典型的过街楼，据老人们回忆，金九先生就住在过街楼上。我们计划修复这座建筑，韩国方面对此表示非常高兴。金九的儿子金信（原韩国空军司令）已经 80 多岁，当年在长沙雅礼中学读书，听闻此事后一定要来看，考虑到他年事已高和身体状况，最终没有同意他来。这段历史见证了中韩两国在抗战时期的深厚友谊。

王 要不是韩国方找过来，我们到现在可能都不了解这段历史。

柳 | 是的。可惜的是当时主体建筑已经修复了，但旁边的小楼住了一户人家，拿不下来。那是 2008 年，政府拿不出 200 万元，导致过街楼恢复不了，留下遗憾。可见要做遗产保护还是需要经济实力。

苏州会馆

柳 | 苏州会馆对我而言有着特殊的意义，我幼时曾在那里住过，是我父母所在省航运局的宿舍。苏州会馆建于清末民初，在长沙同时期算是一栋相当精美的建筑，具有早期现代主义建筑风格。它也是之前提到的 23 栋历史旧宅之一。

由于当时政府把整块地出售给一家地产公司，其中包含苏州会馆（两栋）、鸿记钱庄和红牌楼两栋建筑，一共四栋。最初我提出要原址保护，但地产公司只能接受异地保护，由他们出资在太平路边划出一块地重建四栋建筑。无奈我只能提出必须要保留原建筑的构件，随后我带着研究生用红油漆给每块石头编号。

王 最后他们按照您的意见修复了吗?

柳 | 三四年之后，对方通知我去验收。我到现场看，建筑做得极其糟糕，完全没有保留原构件，我们标号的石构件全换成新做的，而且根本没按原来构件的样子做。我一气之下拒绝验收，坚决不签字。后来我再也没去，听说这个项目很长时间都没有验收，不知道后来怎么样了。我很痛心的是那批精美的构件不知道哪里去了。

龙王庙

柳｜长沙地方志书上记载，过去长沙城南北各有一座龙王庙，但一直以来人们都以为全都毁于“文夕大火”。前些年在开福区开发过程中，淹没在一片棚户区中的一座小庙被发现。大殿的主体构架和雕刻装饰保存完好，墙上龛了一块清光绪年间的汉白玉碑，记载着修缮历史，同时也告诉我们，这就是志书上记载的北龙王庙。就在龙王庙被发现后不久的一个夜晚，墙上的玉碑遭人破坏。龛在墙里的碑被撬出来，摔在地上断成三截。我觉得是因为没有得到足够的重视，管理不善。后来我与意大利米兰理工大学教授 Francesco Augelli 和 Matteo Rigamonti 合作举办联合教学工作营，带领师生们在这里搞活动。尽可能扩大其影响力，促使政府尽快采取保护措施。如今龙王庙已经修好，尽管外观复原并不理想，但确保了内部文物的原样保护，这一经历突显了文物保护的紧迫性。

苏州会馆构件编号工作
2012 年 4 月柳肃摄

“保护龙王庙”工作营
2019 年 4 月柳肃摄

与风貌保护相关的项目

橘子洲防洪堤

柳｜曾经有人提议在橘子洲上建一圈防洪大堤把它围起来，一是防止洪水淹没，二是防止水流长年冲刷把橘子洲的泥沙冲走。当时我作为长沙市规划委员会委员，在会上坚决反对。先说所谓泥沙被冲走的问题，缺少基本常识。恰好相反，橘子洲本身就是湘江的水流带来的泥沙聚集而成，不会冲走，只会越积越多。再说所谓防洪，我们从小在湘江边长大，看着橘子洲每年被洪水淹一次。大河涨水，慢慢涨上来，慢慢退下去，没有危险性。橘子洲上千百年来就住着人，每年洪水的时候，躲一两天，等洪水过去了回来搞一下卫生继续居住，没有任何问题。建一圈水泥防洪堤，橘子洲就变成一条船。我们为了防止这一两天的洪水淹没，就把整个橘子洲的自然美景给消灭了。

王　最后他们按照您的意见修复了吗？

柳｜对的，现在橘子洲周围鹅卵石和沙滩自然延伸到水中，是天然的美景，建一道防洪堤就都完了。最后大家同意了我的意见，建防洪堤的提议被否决了。我这次反对成功了。

曾国藩墓

柳丨2002—2003 年，望城县文物局委托我做曾国藩墓的保护规划。我带领研究生团队制订了方案。原墓区山坡下有一座小寺庙桐溪寺，墓区有神道和石像生。因桐溪寺的存在，神道布局特殊，墓与桐溪寺和谐相处。“文革”期间，墓葬遭到破坏，石像生被砸毁丢弃。我们的规划计划恢复神道和墓庐屋。当时的省长周强也曾到现场视察，同意我们的规划方案，并指示加快实施。但随着行政区划的多次调整，该项目被搁置了十多年。直到 2013 年，湘江新区再次邀请我讨论项目。当时他们计划重建桐溪寺，规模宏大，将在正面遮挡曾国藩墓。我建议如果要在原址重建，应保持桐溪寺原来的小规模，以避免遮挡曾国藩墓的景观轴线。如果要扩大桐溪寺的规模，就应另择他地。

我的意见与当时湘江新区管委会领导的意见冲突，亦无力改变他们要在原址建大庙的决定。寺庙方面也多方奔走游说，最终方案确定，在曾国藩墓的正前方建造起来一座规模巨大的桐溪寺，完全破坏了环境景观，也不符合国家级重点文物保护的要求，造成巨大的遗憾。

今天在文物保护领域，仍然有许多不该发生的事情，仍然需要负有社会责任的文物保护工作者们去呼吁，甚至斗争，这是历史赋予我们的责任。

”

* 教育部人文社会科学研究青年基金项目(23YJCZH055),湖南省自然科学基金青年基金项目(2024JJ6150),丘陵地区城乡人居环境科学湖南重点实验室开放基金项目(HNU-SAP-KF230201)

1　浩园，始建于清同治十二年（1873），落成于光绪元年（1875），系曾文正公（国藩）祠的花园，遗址在局关祠今田家炳实验中学一带。蜕园，为湘军名将周达武在长沙修葺的私家花园，周达武去世后，其子周家纯（后改名朱剑凡）在此兴办了近代长沙城内第一所女子学堂——周南中学。荷花池（葵园），史学家王先谦晚年筑别墅于长沙城北今开福区荷花池，名葵园，亦以为号，故人称葵园先生。朱家花园（余园），朱家花园系清咸丰年间长沙巨商朱昌琳修建的私家花园，故址在今德雅路国防科大干休所及省社科院一带。

湖南浏阳传统夯土民居营造技艺匠师杨庆才口述记录

受访者简介

杨庆才

男，汉族，1962 年出生，祖籍湖南省浏阳市文家市镇连心组，高中学历。1979—2002 年于文家市镇昌龙小学教书，2003 年师从何为澍匠师（1950—）学习夯土技艺，并且于 2007 年兼从事夯土材料和工具的商业买卖。从业期间，主导、参与过浏阳杨勇故居（2013 年）、陈家老屋（2019 年）等夯土建筑的修缮，对夯土的施工工艺、材料和工具特性都有比较全面的了解。

受访者杨庆材（2024 年 5 月）

采访者郭阳军与受访者杨庆材（2024 年 3 月）

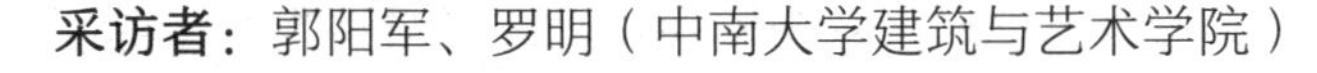

采访者：郭阳军、罗明（中南大学建筑与艺术学院）

访谈时间：2024 年 3 月 18 日

访谈地点：湖南省浏阳市文家市镇文华村连心组杨庆才家

整理情况：2024 年 3 月 26 日由郭阳军初整理，2024 年 4 月 12 日经罗明修改定稿

审阅情况：经受访者审阅

访谈背景：浏阳属于湘东地区，辖区范围内地形复杂多样，总体呈现由丘陵向山地过渡的趋势。地区湿热气候特点十分突出，地带性土壤是亚热带季风气候条件下形成的红壤，较为适合作为夯土建造的材料，因而夯土民居成为该地区较普遍的传统地域建筑。伴随着新农村建设以及新型建筑材料的出现，不仅大面积的传统夯土民居相继荒废或被拆除，而且夯土民居建造匠人的人数逐年减少，年龄偏大。加之施工方法多以方言口口相传，且浏阳不同地方的方言相差甚远，鲜有文字记录，故浏阳传统夯土民居的营造工艺正面临失传的危机。采访者在参与廖氏宗祠和宏大老屋等夯土文物建筑的修缮过程中，发现修缮工地上最年轻的匠人 48 岁，最年长的匠人 75 岁，匠人平均年龄高达 67 岁，而且核心技术几乎都掌握在 65 岁以上的老匠师手上，但多数老匠人并不能完整讲清楚夯土营造工艺全过程，故一直以来浏阳夯土民居的

营造工艺都没有文字记录，遑论研究。通过走访浏阳数个乡并经本地人引荐，找到杨庆才匠师。通过拜访杨庆才匠师，为浏阳地区传统夯土民居建筑的保护积累一些便于传承的图文性资料。

杨庆才　以下简称杨

郭阳军　以下简称郭

罗明　以下简称罗

营造工艺

郭　杨师傅，浏阳市中和镇那边好像经济还挺好的，现在土房子比较少，懂得夯土技艺的老师傅数量也比较少了吧？

杨丨是的，中和镇留存的土房子大部分都在山沟里，沿路边的基本都没有了。像我们这边（文家市镇）沿路的土房子都是没户口的，有户口的在发展过程中都被拆了。大部分老师傅都 80 多岁了，一般你问到的师傅他们都不清楚，也不会说普通话，有些只能做但是说不明白，不好交流。像我还是比较好交流的，因为我之前是教书的，普通话懂一点。

郭　感觉夯土技艺也没什么传承，没有什么年轻人愿意学。

杨丨是的，没有年轻人愿意学，以后估计也没有了。

土料选取

郭　本地有没有比较著名的夯土建筑呢？我知道文家市镇有个杨勇故居，是用土砖砌筑的。

杨丨是的，杨勇故居的土砖在十年前修缮的时候还是从我这买的土砖和瓦片，文家市镇著名的还有彭家老屋，那个也是夯土房子。

郭　本地建夯土房子的时候，一般是从哪取土料呢？

杨丨一般都是就地取材，如果就地没有土料，就会到山上挖泥巴，一般就是屋的后山。我们取土料也十分讲究，一般田里的泥巴太散了，没结构不好夯筑；山里的泥巴因为有些石头就比较黏合，能够握手成团，落地成花，这样子的土料适合夯土房子。

郭　那一般取土的深度大概是多少呢？

杨丨这个一般视情况而定，看土质的情况，一般取土深度在 50 公分左右，取土太浅了就有植物的腐植层，不能用于夯筑；取土太深了土料就太软了，也不适宜夯筑，最好就是取中间这部分。

郭　取土后土料的配比一般是多少呢，会加入石头和砂石吗？

杨丨一般夯筑的土料要水分合适，并且会加一些砂石，有些也会加点石灰进去。具体比例是三担黄泥一担砂，并且黄泥和砂石里面比较粗的石头都要捡出来。

郭 那搅拌土料是用人工还是机械？

杨丨之前没机器是用人工搅拌的，土料一般需要挖一挖捣散，然后进行土料配比搅拌。搅拌直到土料能够打在墙上后散开，如果土料打在墙上没有散开，那土料水分不行；如果土料打出去就散了，那土料水分就太多了。

取土较为适宜的土料

需剔除砂石的土料

土料配比后搅拌

地基夯筑

郭 我了解当地的夯筑方法大多是板筑法，有没有椽筑法？

杨丨主要还是板筑法，椽筑法比较少，我们都是用木工做的墙板。

郭 那么夯筑的大概流程是怎样的呢？

杨丨一般房子的选址备料，首先就是将房子选址处进行平整，然后就放线开挖沟槽；开沟槽挖完后就需要开始筑地基，之前没有水泥和砖块，只能在地基的底部铺设砾石和石头，来保证地基的平坦。砾石的放置主要是为了建筑的疏水，在雨季的时候，雨水就可以顺着砾石之间的空隙流下去。

郭 那做完地基后会平整吗？我看有些地方的基槽和槽壁都会平整。

杨丨是的，一般做完地基后会铺设一层比较细小的沙子。地基主要分为上下两层，每层大概是一版的厚度，也就是 30 公分。下层是砾石，石头孔隙比较大，上层就是细砂，之上就可以筑造墙基和土墙。

墙基选材

郭 墙基一般会用什么材料建造呢？我先前在浏阳大围山镇和张坊镇看到几种不同的墙基处理，有些是鹅卵石，有些是片石。

杨丨文家市镇这边一般用比鹅卵石还要小的石头做，主要是鹅卵石本地比较多。墙基做完后用黄泥抹平，高度一般需要高过地平线 30 公分。其他地方用片石、毛石、砖块等都是看当地情况，有些讲究的人家也用麻石筑基。

墙体加筋工艺

郭 夯土墙里面会加竹条什么的作为拉结筋吗？

片石墙基勒脚

毛石墙基勒脚

麻石墙基勒脚

鹅卵石墙基勒脚

杨丨会加的，我们这把竹条又称为“邦条”或“帮夹”。一般是夯一版墙体后就会加一层竹条，每层竹条由1至3条刚砍下来的竹子组成，竹条也需要放置平整。放置夯土墙内的竹条主要起加固的作用，有了竹条的加固，墙体就不易倒塌。墙体整体结构大概是一版墙体一层“帮夹”，通过层层加固，墙体就夯筑成整体。

郭　我之前到浏阳沿溪镇那边，很多墙体都是用木条。

杨丨这边（文家市镇）主要是用竹条，竹条也要放“生竹子”，就是竹子刚砍下来就要做成竹条放进去，如果竹子被打湿了，就会容易腐烂。同时“生竹子”也可以和夯土相互结合。如果实在是没有竹条，可以放小的杉木条。

郭　那是不是图片里的这种呢？

杨丨是的，这个就是加了杉木条的。图片里的这个墙体不仅有石头和泥沙，还加了石灰，这种墙体就比较稳固，不易倒塌，一般建在会涨大水的地方。

墙体转角工艺

郭　夯土墙的转角处会不会放立柱？我了解西北那些夯土房子会在转角的地方立一些木柱或者水泥柱。

杨丨我们这边一般不弄立柱，西北那边应该是有地震才会这样做。浏阳地震比较少，夯土墙也是一版一版墙体夯上去的，在墙体转角处整体夯筑，这样子夯筑的墙体强度也比较高，就不会立柱了。

郭　之前看到有些夯土房子的转角处还有木板，这个是什么作用？

杨丨这个是护板，有些人家就在转角的地方设置这个东西，主要是怕土房子的转角撞坏。因为土房子的边角还是比较容易脱落，有这个护着，墙角就不易损坏。

郭　那浏阳这边有这种做法的人家多吗？

杨丨也不多，这个东西一般就大户人家会做，一般人家都不做。

插入杉木条的夯土墙

插入竹条的夯土墙

郭 这个护板还挺高的，我在沿溪镇拍到的护板高度大概有 2.2 米。

杨 | 是的，护板要挺高的，需要超过一个人。因为人的高度大概在一米七左右，因为有时候需要抬手搬运东西，所以护板要再高点才能保护这个转角。

郭 护板的形制有没有特别的讲究？

杨 | 一般是没有什么讲究的，有些地方会在木板末端做一些曲线弧边，有些地方就是两块木板简单放置。

夯土转角整体夯筑

转角护板弧边装饰和普通转角护板

墙体倒土工艺

郭 在夯筑墙体的时候，每次倒土的厚度大概是多少？倒土的时候需要注意什么？

杨 | 一般倒土是倒一版墙体高度的 1/3，先把底下的土料夯实后再倒土的。倒土动作需要采用泼洒的形式，这样可以将土料中的石子通过墙板向内反弹，避免石子外露脱落。

郭 那接近屋顶的地方，也就是屋檐下的这段墙体是怎么夯筑的呢？好像浏阳高坪镇那边，在接近屋顶的这块区域是用土砖建造的。

杨 | 檐下三角墙主要有两种做法，有些地方建造工艺不太好，墙体夯筑不上去，就会用土砖砌筑。文家市镇这边工艺好点，就会用竹架子搭上去，继续把三角墙夯筑出来。

檐下三角墙整体夯筑

檐下三角墙土砖夯筑

墙体外表面保护工艺

郭 我之前调研的时候，看见有些墙体是比较粗糙的，有些又是比较平整的，他们在夯筑工艺上有什么区别？

杨 | 平整的是用了“清防”，“清防”是一种夯土墙的表面涂料，能起防水作用。有的是用“黄防”，也是一种防水材料，跟“清防”只是颜色不同。这两种墙面表面都不打水泥，一般是用石头、砂石、石灰一起做。

郭 另外的这个墙体是有做表面抹泥？

杨 | 光的这种有抹泥巴，如果养护得好表面是有光泽的，但是长久使用后，表面容易龟

涂抹“清防”的墙体　涂抹“黄防”的墙体　稻草抹泥的墙体　经长久使用钙化的墙体

裂脱落，影响建筑美观。另外这种就是夯土表面已经钙化，已经形成一层壳了。

出檐尺度

郭　夯土房子的屋顶出檐一般是多少呢？

杨丨檐口的距离大概是“三合”，大概 24 公分的样子，有些有檐下空间会做到 80 公分到 1 米的样子。

郭　之前有看到出檐比较远的，在 1.5 米左右了。

杨丨对的，出檐远像阳台的叫“趴伞”。“趴伞”一般会用柱子立起来支撑，因为像是用柱子撑起来，所以叫“趴伞”。这种房子上面也有楼阁，下雨天衣服可以不用晾出去，就挂在那里就可以。

郭　一般“趴伞”的布置是怎样的？

杨丨有“趴伞”下面就不会淋雨，而且下面通常会有走道，也就是檐下空间，下面的台阶也会宽一点，这种一般都是有钱人家做的，做这种东西比较难，屋架的木头都是要有榫的，需要木工师傅去雕。

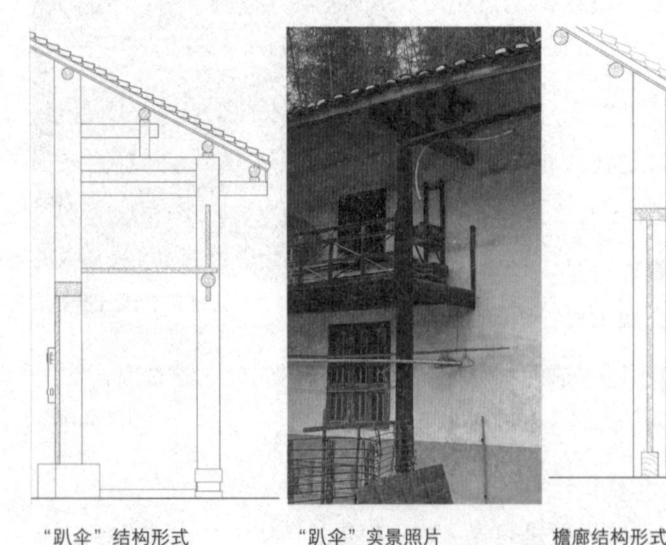
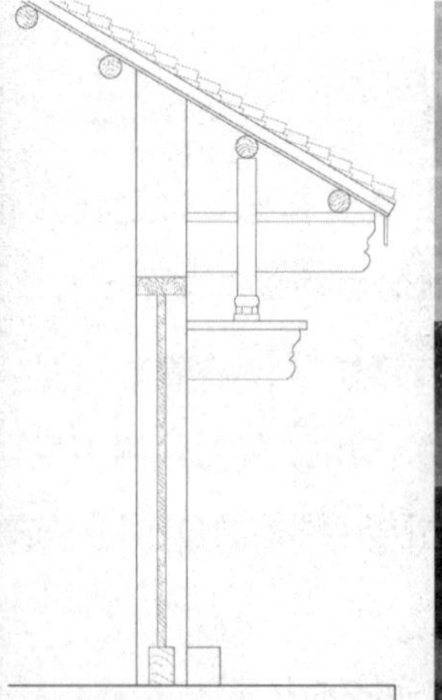

“趴伞”结构形式　“趴伞”实景照片　檐廊结构形式　檐廊实景照片

勾脚工艺

郭 夯土房子的搏风板什么时候会做类似的勾脚呢？类似于遮檐板这种的。

杨 | “勾脚”主要起保护作用，它是一种工艺品。因为屋顶檐口本身是没什么支撑的，弄这个东西也起一定的支撑作用。

郭 它的名字就叫“勾脚”吗？文家市镇这边做勾脚板的土房子常见吗？

杨 | 是的，这个就叫“勾脚板”，也可以叫“背风凹”。现在这样做的比较少。这种遮檐板主要起两种作用，风大雨大的时候，容易掀起屋顶檐口的瓦片，同时雨水也容易溅到屋顶檩条上，造成檩条糟朽，弄了这个后就能够保证瓦片不会被风掀起来，同时也能保护檩条。

形制破损的“勾脚板”

形制完整的“勾脚板”

屋架及双椽

郭 夯土房子的屋架是什么形制的？

杨 | 一般的房子是三角形屋架，抬梁式屋架也有，比较少，一般用于比较讲究的建筑中。

郭 浏阳本地的屋顶椽条，做单椽多还是做双椽多点，具体尺寸是怎样的？

杨 | 具体看施工情况，我们这称双椽为“双飞燕”，单椽叫做“单飞燕”。尺寸大概是 3 寸 4 到 3 寸 6（1.13~1.2 米），原来的瓦片宽一些就用 3 寸 6，现在的瓦片稍窄一些，就用 3 寸 4，都是比较有规格的。

郭 最窄的也有 3 寸 4 吗？屋顶的就是用四分五的分水吧？

杨 | 是的，现在比较窄的是 3 寸 4，最早的时候瓦片 3 寸 2（1.07 米）就够了，但是现在要 3 寸 4。立檐的高度大概是四分五的水，这样子水就不会漏到屋里去。原来的话多用四分五的分水，现在只有四分二的分水。屋顶分水也是比较讲究的，师傅他会在那量，如果屋顶太平就会漏水。

屋面单椽

“月照”及“伴梁”

郭 堂屋里面类似于连接枋的（构件）名字叫什么，主要作用是什么？

杨 | 这个叫“月照”，月亮的月，神光普照的照。这个主要是装饰品，在家里做红白喜事的时候，上面会贴一些装饰的大字什么的。

屋面双椽

月照

主梁下三根伴梁

刻写建造时间的“留梁”

入口大门上方的“箩梁”

郭 之前调研的时候，看见有些人家的“月照”会有一些雕花。

杨 | 有雕花的都是搞得很好的，也有些吉祥寓意。

郭 有些房子顶部的栋梁下边还有三根梁，这三根梁是有什么作用？

杨 | 有钱的人家就会搞三根伴梁，寓意一个好汉三个帮，一个篱笆三个桩，一根栋梁下面有三根伴的意思。伴梁一是能够对主梁起保护作用，能够辅助支撑屋顶；二是主梁有三根伴梁，看起来也比较稳重美观。

“留梁”与“箩梁”

郭 那进入大门后，上方的那根有题字的梁有什么含义？

杨 | 这个题字的是叫“留梁”，一是起连接两边墙体固定作用；二是房子什么时候什么人建的这些信息都会写在上面，也会写一些吉利话语。

郭 在调研中看到，有些人家会在门后起一根梁用来放箩筐，这根梁有称呼吗？

杨 | 这个梁主要是用来放箩筐或者是农具，放在这里比较方便，之前一些打稻谷的钩扒也放这里，就是为了比较方便。我们这就叫“箩梁”，用来放箩筐的地方。

郭 浏阳这边的夯土房子一般都会有月照、留梁和箩梁吗？

杨 | 是的，一般都会有的。

门窗样式

郭 夯土房子的大门是什么形式的？也会设置有门过梁吗？

杨 | 现在的民房大门以 80 年代的框档门为主，一些房子会有 70 年代的板门。最早的有钱人家会用麻石做门框，并且门框上也有雕花装饰。门过梁是起固定作用的，一般在大门上方并嵌入两侧夯土墙体。大门的位置就居中布置，门两边大概离房屋内隔墙 1.2 米左右。

郭 门和窗的尺寸大概是多少呢？

杨 | 具体尺寸看实际使用需求。但门窗洞口的高度和宽度有严格的尺寸要求，尺寸尾数通常为偶数，如 2、6、8，而禁用数字 4。例如，单扇门的宽度通常为 2 尺 6（约 0.86 米）至 2 尺 8（约 0.93 米），双扇门的宽度多为 5 尺 6 寸（约 1.86 米）。这些尺寸数值多依据鲁班尺的吉祥寓意。

郭 有些人家的窗户还是直棂窗，里面的棂条一般是竖向的还是横向的？

杨丨一般用竖向的。先前的房子直棂窗的棂条间距比较大，手可以伸进去，因为不太安全，怕被别人偷东西就逐渐改小了。但房子如果比较大，窗户也要大一点；房子小，窗户也就小，像厨房和杂物间，窗户普遍都比较小。

郭 我在调研过程中还看到有些花窗？这种窗户常见吗？

杨丨花窗一般都是比较富裕的家庭会弄的，以前地主家庭或者家族享堂（祠堂）会用这种花窗。一些比较大的房子，会在天井周边装花窗用作雕饰。普通人家一般用的直棂窗，稍微讲究点的人家会用方格窗户，方格窗户也比较安全。

60 年代麻石门框板门

郭 大门入口处的门栅栏有什么含义？

杨丨这个门栅栏也是有讲究的，这个门栅栏高度刚好是大门的一半，所以叫“腰门”，有些人家会在“腰门”这做些雕刻装饰。大门设置有“腰门”后，就能防止鸡鸭进入室内，保证室内干净整洁。

80 年代木制框档门

郭 有些人家大门的下边还有个小洞，这个是什么作用？

杨丨这个是“狗头眼”，一般养狗的人家就会设置这个，它形状大概是四方的，“狗头眼”的门是挂在墙后可以动的，狗可以从这个洞进屋去。

郭 那跟“腰门”高度相同的这个位置，有些人家也会挖个浅洞，这个是什么作用？

杨丨这个浅洞也是神龛，跟家里的神龛作用类似，不同的是家里的神龛是用来敬祖宗，而大门边上的这个神龛是用来敬天地。

腰门

夯筑模具与工具

夯筑模具

罗 杨师傅，除了以上工艺流程和材料，还想请您介绍一下夯筑过程中需要的模板和工具。

杨丨好的。夯土民居建筑模板工具用于支撑夯土建筑墙体，位于准备夯筑墙体的四周，在夯筑过程中起到

狗头眼

横向棂条直棂窗

80 年代框档玻璃木窗

多种样式的花窗

临时固定的作用。

罗 夯筑模板是否与现代建筑的混凝土模板类似？

杨 | 类似的，夯土建筑的模板工具也需要足够的强度和稳定性。不同于混凝土模板的是，在完成一段墙体的夯筑后，夯土模板需要立即拆除，并进行下一版墙体的模板架设工作。

罗 传统的夯土模板从组件和形式上按椽筑和版筑区分吗？我们调研发现，大部分都用版筑，少部分采用土砖砌筑，极少采用椽筑方式夯筑。

杨 | 是的，版筑法的模具由两块侧板、一块端板以及另一端的活动卡具组成，这种夯筑模具架设速度快，操作灵活，能够使墙体表面平整。

罗 版筑法夯筑墙体需要注意什么呢？模具需要按具体尺寸定制吗？对模具有什么要求？

杨 | 版筑法的墙体通常不需要收分，但墙体需要错缝夯筑。同时在夯筑过程中预先埋入竹条或木条作为拉结墙体的加强筋，以增加夯筑墙体的强度。板筑法的模具通常需要定制具体尺寸以符合夯筑，对模具的材料也有较高的要求，通常使用硬度较高的杉木或茶木，以保证模具不会变形。

罗 请问这么多小的工具分别是用来干什么的？

杨 | 这个像箱子一样的，是两侧的板子就是墙板，又叫侧板，属于大工具。还有一些小工具，像这种不规则井字形的，叫“狮头”或者“司头子”，通过支脚卡扣穿过侧板方孔固定侧板，正面还挖了半圆形凹槽，通过布置铅锤起水平仪的作用。

罗 没想到它还有水平仪的作用。

杨 | 还有这个大替龙，像棒槌一样，两端有方孔，圆形的叫“小替龙”，结合锁龙固定侧板。这个扁扁的木棍就是“锁龙”，一端楔形较短，一端较长，与替龙一起固定侧板。

罗 请问这个小盒子是干什么的？

杨 | 这是土砖模具，一端有提手，通过填充土料后夯实成土砖。一般土料比较少的地方就用土砖。通过填充土料压实成土砖，将土砖干燥后可用于砌筑。

夯筑工具

罗 那夯筑工具有哪些呢?

杨 | 夯筑工具是用来对夯土模具内的混合土料进行夯实的工具。在一版墙体夯实后，沿侧边墙板进行倒土，倒土完成后，使用夯筑工具进行夯实，传统夯筑工具主要由锤头和手柄组成。

罗 这些工具都有单独的称呼吗?

杨 | 这是夯杵，又叫“墙槌”，有板子一样的，也有方形的。这种叫“夯硪（音wò）”，最开始用来压实湖堤，后来用于砌土房子，手握着可以压实土料。锤头的样式、材质有很多种，手柄的长度、粗细也各有差别。在夯实过程中，根据夯实部位选用不同的夯筑工具，保证夯筑模具内的混合土料紧紧夯实。

罗 杨师傅，今天真的让我们大开眼界，非常谢谢您!

参考文献:

[1] 林源，岳岩敏 . 中国建筑口述史文库第 3 辑：融古汇今 [M]. 上海：同济大学出版社 ,2020.

[2] 谭刚毅，贾艳飞，董哲 . 中国建筑口述史文库第 5 辑：集体记忆与新精神 [M]. 上海：上海文化出版社 ,2022.

[3] 董哲 . 中国当代建筑口述史学研究历程与观察：赖德霖教授访谈 [J]. 新建筑 ,2022(2):4-7.

[4] 仝辉，于涓 . 中国建筑口述史文库第 6 辑：地方建筑记忆 [M]. 上海：上海文化出版社 ,2023.

[5] 王鹤，董亚杰 . 基于口述史方法的乡土民居建筑遗产价值研究初探：以辽南长隆德庄园为例 [J]. 沈阳建筑大学学报（社会科学版）,2018,20(5):452-458.

[6] 陈志宏，陈芬芳 . 中国建筑口述史文库第 2 辑：建筑记忆与多元化历史 [M]. 上海：同济大学出版社 ,2019.

[7] 江攀 . 口述史方法在风土建筑研究中的作用：以访谈重庆江津陈宅后人陈洪佑为例 [J]. 新建筑 ,2022,(5):12-17.

[8] 陈伯超，刘思铎 . 中国建筑口述史文库第 1 辑：抢救记忆中的历史 [M]. 上海：同济大学出版社，2018.

[9] 赵琳，黄环宇 . 中国建筑口述史研究发展综述 [J]. 新建筑 ,2023(2):86-90.

浏阳传统夯土民居营造工具的口述整理

名称	夯杵 / 墙槌（板形）	夯杵 / 墙槌（方形）	导夯硪
规格	整体长度1.6m，捶头长度0.4m，宽0.22m，厚0.07m，手柄直径0.05m	整体长度1.6~1.8m，尺寸略有不同，捶头长0.3m，宽0.8m，厚0.4m，手柄直径0.04m	整体长度为0.25m，捶头为刷子形，底部呈平整扁长椭圆形，最宽处0.08m；手柄直径0.04m
材质	杉木	杉木	杉木
用途	棒槌形，两端为锤头，中间为手柄，用于夯实土料；该夯杵见于文家市镇	棒槌形，由两端的锤头和中间的手柄组成，用于夯实土料，该夯杵见于张坊镇	形似刷子，早期用于压实湖堤，后用于手握平整压实土料
导			

浏阳传统夯土民居营造模具的口述整理

名称	墙板 / 侧板	狮头 / 司头子	土砖模具
规格	长3~4m，宽0.25~0.4m，高0.3m	长0.2~0.35m，宽0.3~0.4m，高0.2m	整体尺寸0.48m × 0.25m × 0.15m（长 × 宽 × 高），内部空洞尺寸0.3m × 0.2m × 0.15m（长 × 宽 × 高）
材质	杉木	杉木	杉木或松木
用途	墙体两侧的模板，末端常有方孔，夯筑时轮替爬升建造墙体	形制为不规则井字形，通过支脚卡扣穿过侧板方孔固定侧板；正面挖有半圆形凹槽，通过布置铅锤能起水平仪的作用	类似于方框盒子，一端有提手，通过填充土料后夯实成土砖，常用于土料较少的地区
图片			

名称	替龙（大）	替龙（小）	锁龙
规格	长0.7m，最宽处0.07m，最窄处0.05m	长0.62m，圆形直径0.03m	长0.5m，宽0.04m，楔形长端0.15m，短端0.03m
材质	茶木	茶木	茶木
用途	形制为棒槌形，两端稍大，中间以弧形过渡，两端设有方孔，可结合锁龙固定侧板	形制为标准的圆柱形木棍，硬度大不易变形，两端设有方孔，结合锁龙固定侧板	形制为扁状形木棍，一端楔形较短，一端较长，结合替龙以固定侧板
图片	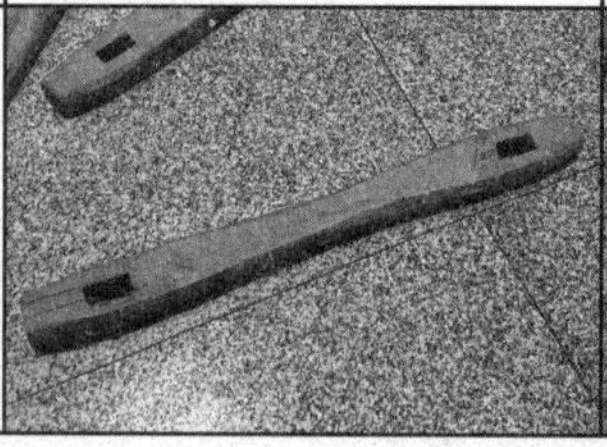		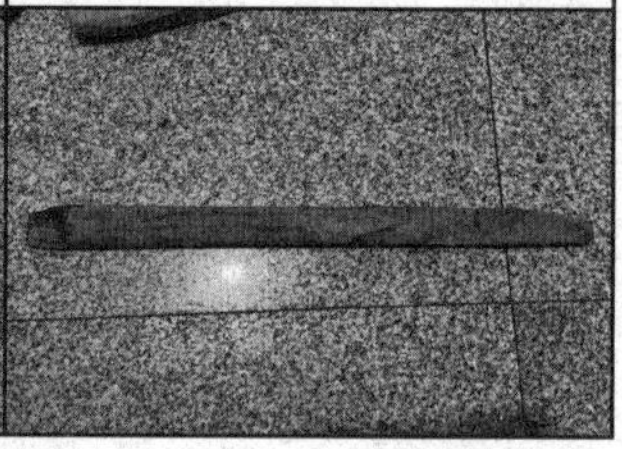

名称	柱翘/柱龙	墙卡
规格	长0.3m，最宽处0.07m，窄处0.05m	左右长0.32m，上下长0.7m，中间木材宽0.06m
材质	茶木	杉木
用途	形制为刀具形，用于固定由替龙和锁龙组合成的模具，起辅助支撑的作用	形制为双鱼形，左右两端木棍与中间木材采用榫卯穿插固定，可两个墙卡组合固定侧板
图片	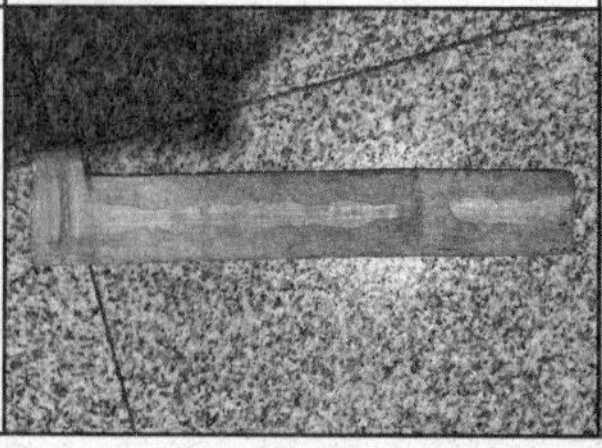	

“

口述访谈

顾奇伟先生回顾《云南民居》编写历程（杨菁、施润、邓靖凡、邢强）

邓其生教授、杨庆伟先生谈1985年宋代慧光塔的修缮（蔡凌、何鸣、李俊、吴浩铭）

20世纪50年代至今华南理工大学教职工校内福利性住宅居住演变访谈（夏湘宜、肖毅强）

何玉如先生谈1963年参加国际建协古巴哈瓦那大会的经历（何可人）

布正伟先生谈在湖北省化纤厂的三线建设经历（谭刚毅、耿旭初、马小凤）

黄汉民先生访谈：再回望 · 再前行（黄庄巍、刘静、陈飞）

唐少山老人谈广西玉林宜园与芝臣公誌念堂（李念依、朱发文）

黄社俭先生谈江门新会黄冲村建设与变迁（李咨睿）

李建国与贾永茂谈故宫官式古建筑石作营造技艺（何川）

张建龙教授谈2000年后同济建筑系设计基础教学的发展（钱锋、赵霖霖）

陈中伟谈上海近现代建筑外饰面材料、工艺与技术细节（蒲仪军、丁艳丽、张天）

”

顾奇伟先生回顾《云南民居》编写历程

顾奇伟先生家中访谈（2023 年）
施润拍摄

受访者简介

顾奇伟

男，生于 1935 年 10 月 10 日，江苏无锡人，云南省工程设计大师、高级城市规划师、国家一级注册建筑师、云南省城乡建筑规划院院长，国务院特殊津贴获得者、资深城市规划工作者。1953—1957 年就读于同济大学建筑系城市规划专业。毕业时被分配到云南省城建局，两个月后下放到玉溪县（今玉溪市）建筑公司当工人。1958 年下半年回到省建工厅（原城建局）规划处，1962 年被调到省设计院。“文革”后，任云南省设计院副院长，1984 年起任云南省城乡规划设计研究院院长，1992 年辞去院长一职，1995 年退休。扎根云南从事城市规划及建筑、园林等设计相关工作六十余年[1]。云南民族村傣寨、玉溪聂耳公园、昆明聂耳墓园、保山永昌文化中心、云南人民英雄纪念碑、无锡惠山古镇祠堂保护利用规划等 18 项设计成果曾获部、省优秀设计奖。

访谈者：杨菁、施润、邓靖凡、邢强（天津大学建筑学院）

访谈时间：2023 年 3 月 19 日

访谈地点：云南省昆明市顾奇伟先生自宅

整理情况：施润、杨菁 2023 年 3 月 30 日整理，2024 年 7 月 15 日定稿

审阅情况：经受访者审阅

访谈背景：天津大学承接 2021 年度国家社科基金艺术学重大项目“中国文化基因的传承与当代表达研究”（批准号 21ZD01），课题组组织“听君一席话”的调查活动，通过采访及调查和文化遗产保护事业相关的工作者，累积个体对于文化遗产保护与研究的经历与认识，研究中国文化遗产保护与研究的集体记忆。在中国文化遗产保护和集体记忆的体系中，云南地区凭借独特的地理条件和人文背景，形成极具地域特征的本土集体记忆分支，承载着中国文化

遗产保护与研究集体记忆的丰富性和多样性特征。基于此，调查活动将云南地区的文化遗产保护事业相关工作者纳入采访与调查范畴。

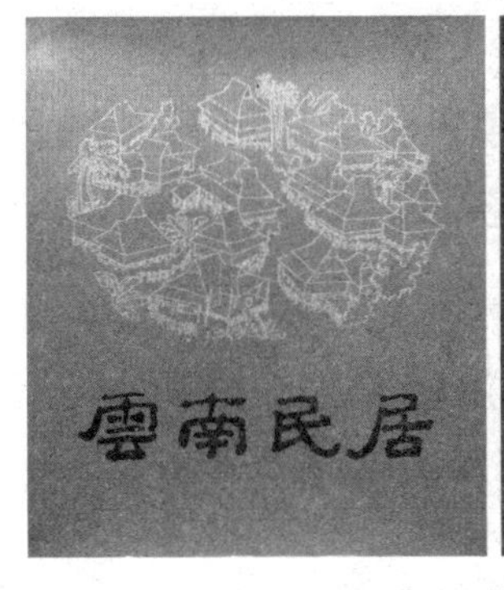

1983 年《云南民居》封面与 2018 年再版封面

20 世纪 80 年代，《中国传统民居系列图册》丛书出版，丛书包含多个省市传统民居现存实物调查资料，是我国传统民居研究的重要记录。1986 年出版的《云南民居》是记录云南少数民族建筑的重要历史资料。该书的调查编写工作由云南省设计院《云南民居》编写组从 1962 年开始[2]，断续有王翠兰[1]、陈谋德[2]、饶维纯[3]、石孝测[4]、顾奇伟、钟庚华[5]、赵永升[6]、何捷先[7]、黄移风[8]、朱燕[9]、曹瑞燕[10]、胡庆华[11]、于冰[12]等 20 余人参与到调研、编写、绘图，是集体协作完成的工作成果[3]，较真实全面地记录了云南丰富多样的民居类型和聚落形态，为后期围绕云南民居展开的各类研究打下了坚实基础[4]。

从20世纪50年代末，云南省建工厅规划处组织开展人民公社规划中的民居调查，到80年代初云南省建筑工程设计院组织云南少数民族民居调查组，到1986年出版《云南民居》，前后历时近三十年、有组织的民居调查，经历了一个漫长的过程。特别是《云南民居》的编写抢救性地整合记录了大量云南传统民居的空间形态、营建方式及聚落组成等珍贵一手资料，为后期研究提供了全面可靠的实证。同一时期，云南民居建筑持续系统的研究也起步了。云南工学院（今昆明理工大学）于1983年创立建筑系，以朱良文教授[15]、蒋高宸教授[16]为代表的一批学者在省内已有调研基础上展开了深入持久的研究。由此开始，民居调查研究逐步成为各建

《云南民居》编写组分工情况一览表[13]

分工情况	参与人员	工作内容
主持	王翠兰、赵琴[14]	
编写	陈谋德	前言、概论、德昂族民居、佤族民居、拉祜族民居
	王翠兰	彝族民居、白族民居、傣族民居
	饶维纯	景颇族民居、傣族民居中的傣那（德宏州潞西地区）民居部分
	石孝测	纳西族民居、哈尼族民居
	钟庚华、何捷先、黄移风、朱燕等	调查实测工作
绘图	顾奇伟、饶维纯、石孝测、曹瑞燕、黄移风、朱燕、胡庆华等	
摄影	于冰、陈谋德、钟庚华、赵永升等	
洗印	于冰	

筑院校研究的重点领域之一。今天来看《云南民居》的编写仍是整个云南民居研究历程中的重大跨步，特别是对后期云南建筑本土化创作提供了思考源泉，有很高的价值[5]。然而，由于当时编写组的成员多已离世[6]，很难再获取更多一手资料作为补充。对顾奇伟先生的访谈是进一步审视《云南民居》编写历程的重要印证。

对顾奇伟先生的访谈围绕两部分展开：一是《云南民居》编写的历程；二是曾经的一些思考。此次访谈获得的珍贵口述资料是对云南早期民居研究的补充，也有助于探索对于云南多样化的民族建筑研究方式。

杨菁 以下简称杨

顾奇伟 以下简称顾

投身云南建筑事业

杨 顾先生您好，很荣幸采访到您。想请您聊聊个人经历，您是怎么跟民居的保护、研究和设计结缘的？

顾 | 先介绍我吧。1953 年到同济大学建筑系，进了学校以后学的城市规划，五七年毕业。是我自己把自己分配到云南。那时候有分配小组，一个教授，一个总支书记，一个学生代表，班上选我当学生代表。一开始讨论，我就说先把我自己分掉。据说云南要一个，那么我到云南嘛，就这么自己决定的。

杨 那么到了云南应该跟您生活过的地方很不一样吧。

顾 | 五七年到昆明报到两个月，就下放到玉溪建筑公司当普通工人。没有工作的时候，就到周边村子逛，看到了“一颗印”民居。因为我是江南人，出生在无锡，长在上海。那时候江南的建筑从质量整体水平（和云南及其他边疆地区的）当然是两回事，但是我读“一颗印”读出味道来了。我觉得这个朴实的外表，利用地形层高的错落变化，形成没有天沟的层层滴水；在内部空间、防盗防风、排水构造各方面的创意都很有意思，令人起敬。后来到（峨山县）化念、到元江县工地上接触到土掌房。在干热河谷地区，站在外边是烫脚的；但是一进到土掌房里，室内很简陋，但是很凉快。这时候我就开始真正关注民居，真正的、老百姓的民居，非常有历史价值和贫困中的创作价值。在没有专业书刊可读的偏僻地区，民居成为我最实在的专业营养。

参与《云南民居》编写工作

杨 《云南民居》的编写好像时间跨度非常的大，后记中写的是八三年，但是出版是八六年，这件事是哪年开始的，是怎样组织的？

顾丨应该说，还是陈茂德院长全力主持。那个时候我在云南省设计院了。陈院长是南下干部，本来是中央大学，从学校参军南下了，他对传统建筑的调研很重视。王翠兰也是一起南下的。后来写了一篇文章（发表在）《建筑学报》，文章题目是《洱海之滨的白族民居》。“文革”以后，坦率地讲，生产任务也不大多，大家在学术上的追求和愿望都尽力投入到调研工作中去了。

杨 《云南民居》这套书是公认的迄今为止民居研究中最好的一本。在调研上也是挺有特点的，书里面全都是一手的测绘资料和历史照片，非常难得。

顾丨因为我有设计相关的生产任务，没参加大量集中调查，参加《云南民居》（编写）没有多少。只是有一些，比如景颇族等几个民族地区，采用了我跟饶维纯一起工作的调查资料。本就是同一单位的，不谈什么（知识）产权不产权，只要有用就行。我重点是从创作价值的角度，对民居、传统建筑、城镇，去做调查、记录和思考。

杨 《云南民居》中所有的测绘都是专门去完成的吗？

顾丨大量（测绘）是王翠兰工程师带队去完成的，当然也有我们平常设计工作中积累的资料，需要的时候就加进来。包括一些村寨的平面，那个时候是搞人民公社规划，一直到傣族地区。从测量开始，一个村子全测完，然后做规划，尽管后来没用，我们也很热心（地做）。

杨 《云南民居》中使用了大量手绘图纸，也能看到风格很不一样。

顾丨我在同济学习的时候是陈从周先生带我们测绘，测绘的苏州园林，后来还出书了。那时候没有电脑，画那些窗格啊，用鸭嘴笔，现在方便了，但是那时候都要用手画的。当学生时候没有钱，买不起相机。后来出来工作，收入也有限，就尽可能动手作图记录，成了一个习惯，力求准确的图录。我看当时《云南民居》插图量大，就毛遂自荐，我来画吧。所以其中的很多剖视图和效果图，都是力求准确地来表达。

杨 基本上后面所有做民居的人都用这个范本。

顾丨当时为什么要下工夫去作图呢？照片要照，但当时的条件，从纸张到印刷很难表达民居最精彩的地方。因为是建筑实录，所以就希望尽量以画作的方法清晰和准确地表达。

与饶维纯先生合作完成的调查标注

杨 书上标记的这些都是您画的吗？

顾 | 是的，大概有 80 多幅。其中也有对照当时的照片来绘制的，他们调研拍摄也很不容易。我绝对跟美术速写“划清界限”，要匠气，并非要艺术。因为艺术家的速写，是一种记忆，也是一种个性体验表达。《云南民居》里我做的图很多是属于记录，准确地记录，大体状况就是这样。

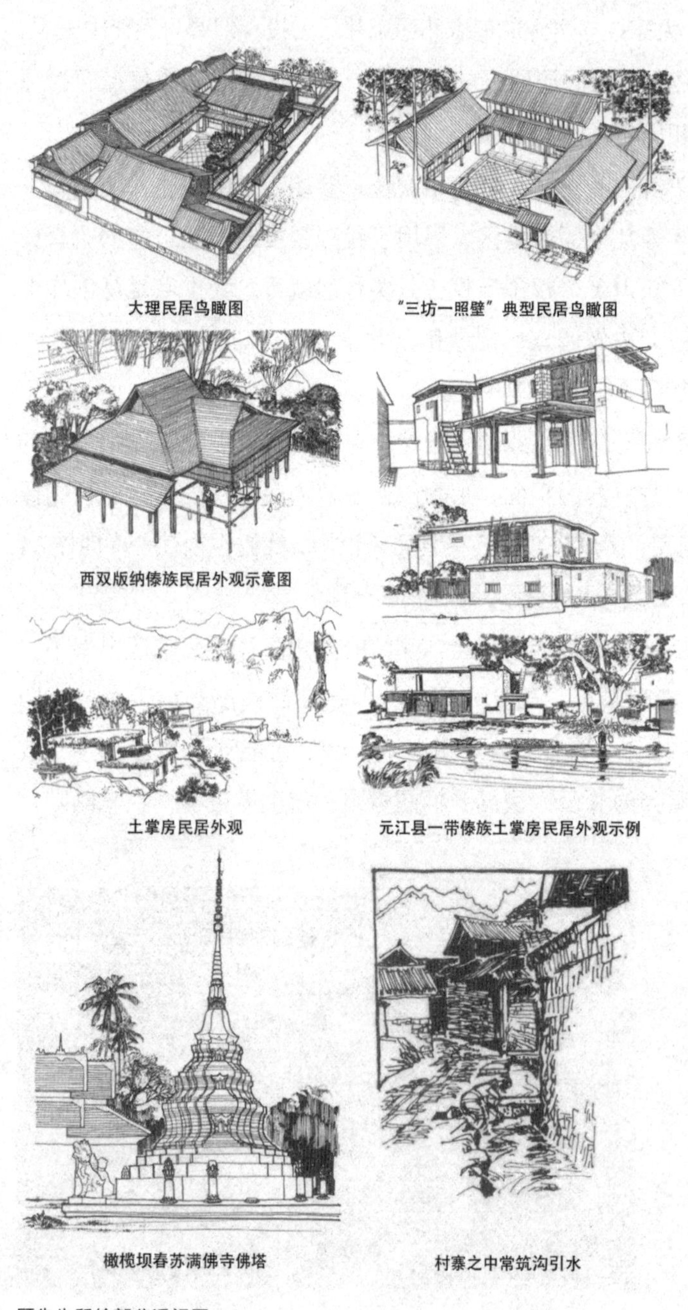

大理民居鸟瞰图

“三坊一照壁”典型民居鸟瞰图

西双版纳傣族民居外观示意图

土掌房民居外观

元江县一带傣族土掌房民居外观示例

橄榄坝春苏满佛寺佛塔

村寨之中常筑沟引水

顾先生所绘部分透视图

对于《云南民居》编写的反思

杨 由设计院组织编写和研究单位来编写两者还是会有一些不同吗？

顾 | 当然，这里面是会有一些值得推敲和反思的。例如不宜把一地民居，简单地称为某一民族的民居。比如说干栏，西双版纳很多民族的民居都是干栏。干栏民居的特点跟傣族生活是契合的，当地的布朗族民居同样是切合生活的干栏。云南是一个多民族交融的省，所以，我不太倾向以某一个民族来限定某一类民居。这涉及民族学、社会学等研究领域，设计单位难以进一步研究了。

杨 您前面提到了创作，是不是民居调查很大程度上影响了您后期的建筑创作呢？

顾 | 这个也是我思考的问题。云南建筑特定的品质是什么？一次学术会，吴良镛先生提出各地有京派、海派、有岭南派，那云南是什么派呢？我后来觉得云南是无派的，是无

派的云南派。云南给人有很强烈的多民族、多彩缤纷的印象，那么建筑有没有所谓多样性中的共性呢。有！个人理解是四个方面的品质。

云南多民族的生活很大的特点是崇敬自然、顺应自然，就是没有太多程式化的东西。建筑因地制宜、因材制宜的多样性很突出。生活上的开放，比如说摩梭人的婚姻，以情爱作为基础，不受物质的干扰与支配，自由地结合、分离。两个小年轻为情爱而殉情，父母知道了既不大悲，也不大怒，理性地对待。对自然生态环境和人文环境的态度，正是我们现代创作中的基本支撑。我们现在发展的现代化进程常会忽略这方面。现代建筑创作当然要一脉相承地发展它。

第二个特点，不拘于任何法度，实际效果是怎么样，有利还是不利，趋利避害，这就是务实。在新平县山坡上的土掌房，走到村子里，路简直无法走，加上没有下水排污道，下脚的地方都没有。但是你上到家家户户的屋面，都有梯子把家家户户连在一起。日常生活包括小学生做作业就是在这个屋面上，高低错落的屋顶平台，干净的不得了，清污分流很务实。又像腾冲村落中的洗衣亭，就是一个完全生活化的场所，这样的例子太多了。

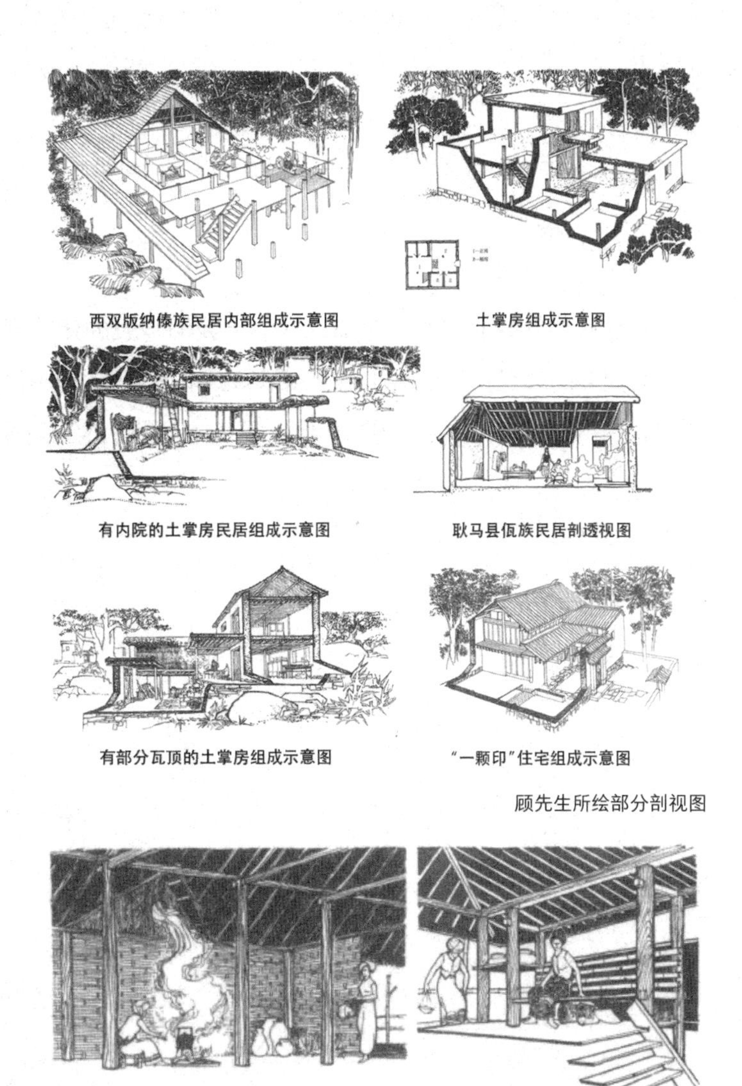

西双版纳傣族民居内部组成示意图　土掌房组成示意图

有内院的土掌房民居组成示意图　耿马县佤族民居剖透视图

有部分瓦顶的土掌房组成示意图　“一颗印”住宅组成示意图

顾先生所绘部分剖视图

堂屋内部示意图　前廊示意图

顾先生所绘部分室内透视图

第三，善于兼容，云南的包容性很强，世上很多地区的冲突战争常是因为文化不兼容。云南就不是这样，像澄江抚仙湖明星鱼洞畔的庙宇、观音殿、鲁班殿都在一个庙里。老百姓认为只要是对的、善良的、好的，都兼容，没有太多的框框套套和包袱。我们现在对传统建筑有的时候反而背上包袱，好像这不敢动，那不敢改。

第四，表达的率性，不矫揉造作。现在我们看到很做作的建筑太多啦，但是云南民居总体是非常朴实的。

所以我说云南民居无派，无派而有共同的特定品质，就是这个四个方面。崇敬自然的，讲求实效的，善于兼容的，不矫揉造作的。这是我个人的思考。

杨 所以对指导您后期的设计是非常重要的。

顾丨我对传统建筑，包括民居的阅读，最大收获是把它当作营养。开始只是有一点兴趣，也有一点猎奇心态，慢慢地在感受和体验中认识其珍贵的价值。它能给我们今天的建筑发展，包括将来的发展，有什么作用？最重要的就是把建筑落实到它的本源、本体本土。所谓本体本土，就是本国家、本民族、本省和本地的天地人情。中国当代建筑是在中国的土地上，适合中国情理的创作，才是真创作。

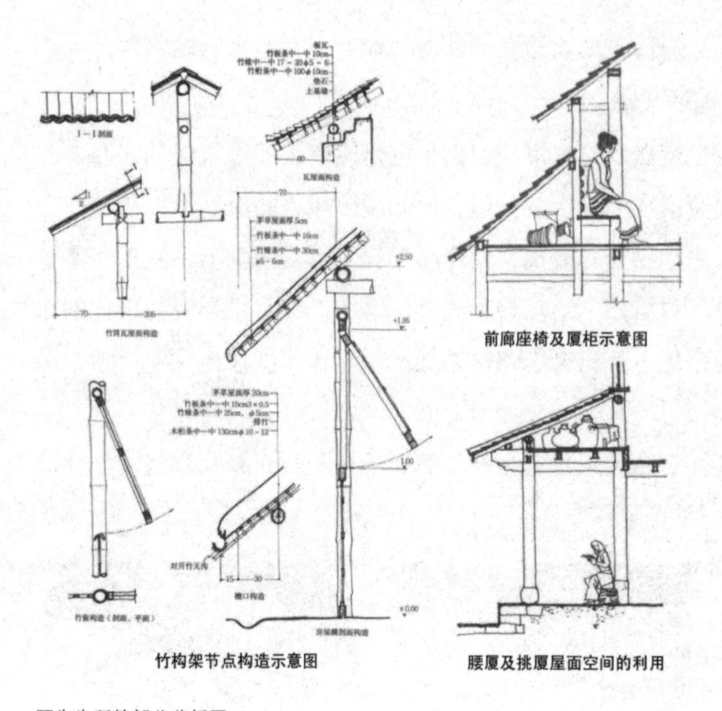
前廊座椅及厦柜示意图

竹构架节点构造示意图

腰厦及挑厦屋面空间的利用

顾先生所绘部分分析图

致谢：顾奇伟先生接受采访，并为文章的最终定稿作出详细修订完善。感谢黄移风老师补充完善编写组人员信息。感谢朱良文教授、杨大禹教授、云南省设计院集团离退休管理处胡素娟女士对本访谈提供的帮助和支持！

1 王翠兰，女，1925 年出生，河北正定人，1948 年毕业于南京国立中央大学（今东南大学）建筑系。于 1950 年到达昆明，进入云南省设计院工作。主持指导设计云南省政府办公楼、云南省农业展览馆、云南省委党校礼堂及学生宿舍、昆明饭店南楼、昆明市工人文化宫等项目。自 1961 年起主持云南民居调查，与陈谋德院长及其他同事在 30 余年中，断续在滇西、滇西北、滇南等 13 个地州、40 余边远县，展开大量民居调查，并主编《云南民居》。

2 陈谋德，男，1926 年出生，四川自贡人，1948 年毕业于南京国立中央大学建筑系，1949 年参加中国人民解放军西南服务团，分属云南支队四大队担任班长。到云南后，陈谋德曾担任省建工厅设计院副院长、党支部书记，省设计院院长、党委书记等职务。

3 饶维纯，男，1935 年出生，广东兴宁人，1958 年毕业于广州华南工学院（今华南理工大学）建筑学系，毕业后一直就职于云南省设计院。全国设计大师、教授级高级建筑师、国家特许一级注册建筑师，曾任云南省设计院集团总建筑师、教授级高级建筑师。

4 石孝测，男，1940 年出生，重庆市人，1963 年毕业于重庆建筑工程学院（今重庆大学）。曾担任云南省建设厅副厅长、云南省土木建筑学会理事长、云南省建设委员会副会长，高级建筑师。参与设计组织云南省军工项目及大中小型工业和民用建筑百余项。

5 钟庚华，男，1923 年出生，四川人，1948 年毕业于南京国立中央大学建筑系，1949 年参加中国人民解放军西南服务团，后进入云南省设计院工作，高级建筑工程师。负责布朗族民居调查编写工作。

6 赵永生，男，1930 年代出生，时任云南省设计院高级建筑师，在完成实际工程项目的同时，参与部分调研工作。

7 何捷先，男，1940 年代出生，纳西族，因熟悉纳西族语言，在丽江民居调查中担任翻译。

8 黄移风，女，1953 年出生，广西容县人，时任云南设计院绘图员，参与《云南民居》调查、绘图工作。

9 朱燕，女，1955 年出生，湖南人，时任云南省设计院绘图员，参与《云南民居》调查、绘图工作。

10 曹瑞燕，男，1936 年出生，浙江丽水人，时任云南省设计院建筑设计所主任。

11 胡庆华，女，1960 年出生，时任云南省设计院绘图员，参与《云南民居》调查、绘图工作。

12 于冰，男，1935 年出生，四川宜宾人，摄影师，负责《云南民居》及《云南民居续篇》所有照片的拍摄、冲印工作。

13 人员分组情况根据《云南民居》后记整理。人员相关信息根据黄移风老师回忆整理。

14 云南少数民族建筑调查组的工作，1960 年代初由原云南省建筑工程厅设计院王翠兰、赵琴负责。赵琴是最早的发起人之一，比王翠兰年长几岁，后赵琴去世，调查和编写工作由云南省设计院王翠兰主持。

15 朱良文，男，1938 年出生，安徽当涂人，1960 年毕业于天津大学建筑系，长期从事建筑学教育工作，先后任华南工学院教师、云南工学院建筑学系主任、云南工业大学建筑学院院长等职。多年来一直从事地方性、民族性建筑，特别是云南传统民居的保护和发展研究。主持多项国家、省级自然科学基金项目的研究。出版《丽江纳西族民居》、*THE DAI* 等著作，对丽江古城及其传统民居发掘、保护与发展作出重大贡献。

16 蒋高宸，男，1935 年出生，云南鹤庆人，1961 年毕业于重庆建筑工程学院建筑学专业。后在云南省化工设计院从事建筑设计和建筑施工等工作。1982 年调人云南工学院建筑系任教，培养大批民居研究人才，著有《云南民族住屋文化》《丽江：美丽的纳西家园》《建水古城的历史记忆》等。

参考文献：

[1] 顾奇伟，章华明 . 我在同济大学的学习经历 [J]. 档案记忆 ,2016(5):17-19.

[2] 云南省建工厅设计院少数民族建筑调查组 . 洱海之滨的白族民居 [J]. 建筑学报 ,1963(1):5-8.

[3] 闫峰，王兆辉 . 投身西南服务团来云南——云南民族民居建筑研究专家王翠兰侧记 [J]. 云南档案 ,2010(2):45-49.

[4] 王蕾蕾，陈伯超，朴玉顺，等 . 事业在东北闪光，业绩在西南辉煌：记 1950 年代支援边疆的两位女建筑师陈式桐、王翠兰 [J]. 建筑创作 ,2007(1):108-111.

[5] 奚雪垠 . 云南本土建筑创作与地域性的关联 [D]. 昆明：昆明理工大学 ,2011.

邓其生教授、杨庆伟先生谈 1985 年宋代慧光塔的修缮

邓其生教授

杨庆伟先生

受访者简介

邓其生

男，1935 年 12 月生，广东梅州五华人，我国著名古建筑专家、国家一级注册建筑师，香港大学建筑学院客座教授、享受国务院特殊津贴的专家学者。1954 年考入华南工学院（今华南理工大学）建筑系，1959 年留校任教，1992 年晋升教授，1994 年获批为博士生导师。长期从事建筑历史与理论、风景园林规划与设计教育工作，兼任中国建筑学会建筑历史与理论、生土建筑研究会理事、广东省文博学会理事、广州市房地产学会常务理事、广东省文管会委员等。早年在龙庆忠、林克明、余清江、陈从周等先生指导下参与修复广州（宋）六榕塔和番禺（明）莲花塔；后主持修复南雄（宋）三影塔、连州（宋）慧光塔、海康（明）三元塔、仁化华林寺（宋）塔、罗定（明）文塔、河源（宋）龟峰塔、东莞（明）留花塔等，并主持设计五华天云岭长乐塔、鹤山大雁山纪元塔、封开广信塔等。

杨庆伟

男，1936 年生，广东南海（今佛山市南海区）人，1954 年 4 月至 1969 年连州市总工会工作；1969—1971 年连州市干校工作；1972—1973 年连州市图书馆工作；1974—1996 年 11 月连州市文化局工作，期间任局会计、文化市场管理科科长。1996 年 11 月退休。曾于 1985—1989 年参与连州慧光塔修缮工程项目，兼任现场监理。

邓其生教授（左）
与访谈者蔡凌（右）

杨庆伟先生访谈现场
左起：何鸣、杨庆伟、吴浩铭、魏文石、李俊

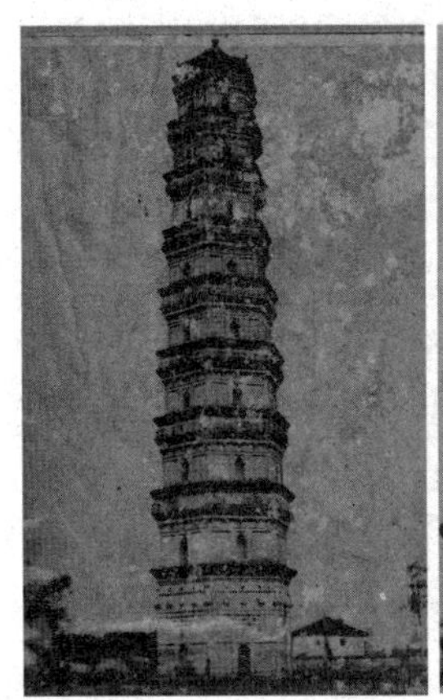

1985 年修缮前（左）、后（右）的慧光塔

连州市博物馆

慧光塔（1981 年摄）

连州市博物馆

慧光塔现状（2023年6月摄）

访谈者：邓其生访谈，蔡凌、吴浩铭（广东省文物考古研究院古建筑保护研究所）；杨庆伟访谈，何鸣、蔡凌、李俊、吴浩铭（广东省文物考古研究院古建筑保护研究所），魏文石（连州市文化广电旅游体育局）

文稿整理：李俊、吴浩铭、何鸣、蔡凌

访谈时间：2023 年 4 月 25 日（邓教授采访）、2023 年 6 月 30 日（杨先生采访）

访谈地点：广东省广州市邓其生教授家中（邓教授采访）、广东省清远市清城区石围塘 136 号百龄养老院 9 楼会议室（杨先生采访）

整理情况：邓教授采访，2023 年 4 月 26 日吴浩铭整理初稿，2023 年 5 月蔡凌修改；杨先生访谈语言为粤语，整理成文字稿时部分表述有调整，2023 年 7 月 3 日何鸣整理初稿，同年 7 月 4 日蔡凌修改；2024 年 4 月李俊整理辑录两份采访记录，蔡凌审定，同年 4 月 30 日定稿

审阅情况：经过受访者审阅

访谈背景：2023 年 6 月，广东省文物考古研究院古建筑保护研究所（简称古建所）受国家文物局委托，承担全国重点文物保护单位慧光塔修缮设计方案的编制工作。古建所积极开展现状勘察、研究与修缮方案编制。研究立足多学科的技术方法，保持科学性、综合性的特点，既有数字化前沿技术的运用，又有文献研究与口述史方法相结合的历史研究方法。

慧光塔位于广东省连州市，为六角九层楼阁式砖塔，高约 48.95 米；史载该塔始建于南朝宋泰始四年（468），今塔保持宋代形制。经调查，慧光塔曾于 1985 年 7 月—1989 年 4 月进行文物修缮与基础加固工程，由广东省文物管理委员会（现广东省文物局前身）委托华南工学院邓其生、杨位洸两位教授编制修缮设计方案，连州地方施工队负责施工。鉴于杨庆伟办事认真负责，连州市文化局安排他兼任修缮工程的现场监理。期间，杨庆伟坚持在修缮工地用日记详细记录施工过程与细节，为慧光塔的修缮工程留下宝贵的资料。杨庆伟荣休后，将日记捐赠给连州市博物馆。

古建所对杨庆伟的施工日记、慧光塔修缮设计图纸及其他相关档案资料进行书面整理，并就当时慧光塔修缮过程中的细节问题，分别访谈邓其生教授、杨庆伟先生。整理发现了现场勘察未能探明的重要历史信息，为后续修缮设计与建筑复原研究提供可靠的基础材料。目前，修缮设计方案阶段性成果已初步完成，2023 年 8 月完成初稿，后续根据国家文物局专家组反馈的意见深化修改。

邓其生 以下简称邓

杨庆伟 以下简称杨

蔡凌 以下简称蔡

吴浩铭 以下简称吴

何鸣 以下简称何

魏文石 以下简称魏

李俊 以下简称李

回首往事：结构的挑战

蔡 邓老师，我看到这份1985年慧光塔修缮图纸上有华南工学院您和杨位洸教授[1]的签字。您当时负责设计，他（杨位洸）主要是负责结构?

邓 | 杨位洸是结构工程师，他结构上比较有经验，我跟他合作了很多次。

蔡 我这里有几张（慧光塔的）照片，是1985年修缮前后的。您当年去现场时，看到的慧光塔是什么情况?

邓 | 当时是（广东省文物管理委员会）办公室副主任杨森[2]邀请我去现场的。我看到这个塔已经倾斜了不少，有一米多接近两米，可能比（广州六榕寺）花塔还要严重。另外一点就是塔顶。慧光塔原来是佛塔，有塔刹，但是塔刹后来倒了。为了防止雨水冲刷，本地工匠修个亭子盖上去，可能在 1958 年左右。他们做的也不是很像样。

蔡 所以塔顶就很奇怪。

邓 | 嗯，是一个比较高的亭子，跟那个（塔）不匹配。当地一个文管干部，姓黄的老同志，

早期参加过抗日战争，他也觉得不好看，杨森他们也觉得不好看。所以就希望恢复佛塔的样子。

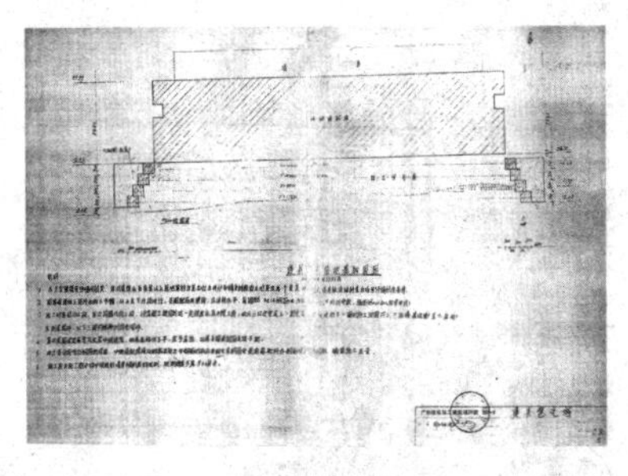

1985 年基础加固方案图纸

连州市博物馆

当时我对于塔身倾斜的结构问题不是很懂，第二次就请杨位洸一起去现场看。大家讨论设计意向，第一，要把塔顶的亭子拆掉，恢复原来佛塔的样子；第二，因为倾斜太多，想扶正它。我们第三次去（的时候），（现场）就挖到（塔）基础下面去了。

你们想象不到，它（塔基础基岩）原来是喀斯特地形，这个塔是这么大胆，就在原来石的喀斯特地形的基础上，把鹅卵石同黄泥整平以后就建了这个塔，都没有掺石灰。我们很想把塔扶正，但经过研究觉得没有扶正的技术，且工程（花费）很多。

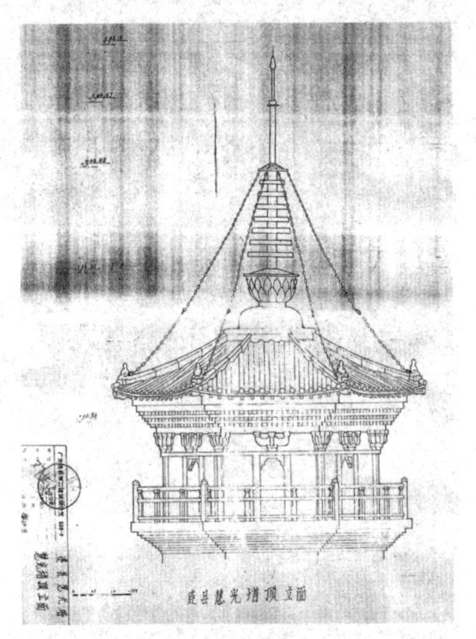

1985 年慧光塔塔顶设计图纸

连州市博物馆

后来我和杨位洸决定把塔固定，不要让塔再倾斜了，要把它固定，箍住它。还跟地方建议，需要观测塔的两三个点，看还会不会继续倾斜。

我跟杨位洸设计了钢筋混凝土箍，通过三个圈（实际为四圈）把塔基箍起来，让它不要移变了。虽然没有扶正，但后来他们观测了两三年，发现塔没有继续倾斜。

当时的结构设计图纸是请华工的一个学生画的草图，由当地的设计师（吴长庆）画的正图。（塔）顶的部分是我画的设计草图，基本上按照花塔设计。慧光塔原来肯定是佛塔，它的形制应该有塔瓶、十三相轮，跟湖南、江西的塔是一样的。

案例比对：南雄三影塔

蔡 在南雄您修了哪座塔？

邓 | 那是三影塔，慧光塔是第三个，在河源修过龟峰塔，还有我最早修的番禺莲花山塔。我们修建筑、修佛塔时，应该恢复中国传统的、精华的东西。把现状认为是原状，不改动慧光塔历史上修理时乱来的东西，我觉得这个思想不对。修复就不能增加新的东西？比如故宫，梁思成修缮故宫的时候也加了很多新的东西。如果要安全，设计师一定要加一些东西。日本也是这样，建筑本身是木的，那就还是用木来修缮。但是如果使用木材不能解决问题，还是会选择用混凝土。三影塔如何修缮的问题，当时大家的讨论很激烈。北京的祁英涛[3]就不太

主张副阶是一开间，他认为应该是三开间。我专门拿了照片给他看，考古发现就是一个大开间。

所以三影塔（副阶）直到现在保持一个开间。还有那个洞（指墙壁上的梁栿卯眼），我根据《营造法式》按照卯眼的大小设计了副阶。本来我也想恢复慧光塔的副阶。

蔡 对，我看到有卯口。

邓 | 但是我不敢。一是怕增加塔的重量，恢复副阶会增加多少重量我都是跟杨位洸商量过的。我不是乱来的，因为出了问题，要负责任的。第二个原因就是当时修缮没有钱。很多人包括北京的祁英涛不同意我做的塔顶修缮方案。

蔡 为什么呢？

邓 | 因为他们认为要原状恢复嘛。我跟祁英涛先生讲，不行啊，南方没有钱，没有好木头。假如不用钢筋混凝土的话呢，那塔顶过一段时间又会坏了。（塔）下面部分可以用木头，塔顶就用钢筋混凝土，保证安全。后来那几年所有的木头都坏了，一直到程建军[4]去修理，也花了好多钱。

蔡 我们最近爬上去了，到慧光塔里面。

邓 | 原来里面是木头楼板。

蔡 对，木头楼板是您恢复的？还是说本来就有？

邓 | 原来有的，我们去的时候所有楼板都废了，（在塔内）就可以看到塔顶。我觉得可以把楼梯恢复回去，塔其实像竹子一样，楼板是起竹节的作用。

蔡 所以现在的木楼板是您当时恢复的？

邓 | 现在还能上去吗？那你用什么办法，它有楼梯爬上去？

蔡 可以啊，我们爬到顶了。有（楼梯），二层楼板挖了一个洞，在一层搭了简单的木楼梯通往二层，二层以上有了砖台阶。

邓 | 是的，塔有些（台阶）是在里面，有些在外面，

修缮后的南雄三影塔（2023 年摄）

慧光塔倚柱柱头上的卯眼

变化很多。慧光塔利用塔体墙体的厚度，来作为交通空间。

蔡 当时每层檐外面的一圈走道和栏杆是您修的吗？

邓 | 也是一起（修）的，就基本按照花塔做。

蔡 花塔的每一层都还有披檐，慧光塔有披檐的痕迹吗？

邓 | 有，原来应该有披檐，但是没有恢复，因为没有钱。我修理南雄三影塔的时候，在塔内墙发现石灰批荡（抹灰）上写了“北宋大中祥符二年”（1009），我就叫工人切块玻璃盖上去。这说明北宋的时候，塔应该是有批荡的。北宋塔得到一个很大的证据，其他的塔就没有找到（纪年时间）。

蔡 但它们看起来都差不多，像宋代比较流行的样子。

邓 | 是一个类型的，因为古代（官式建筑）都不是个人修建的。中央也好，地方也好，是有体系的。宋有《营造法式》，明代有《鲁班经》，还有《工程做法》，塔是按照形制来做的，古代不许乱来的。

蔡 所以您当时还是考虑到慧光塔可能有像（三影塔）那样的披檐，因为塔外有平座，是要有檐遮雨的。但是没有钱恢复。

邓 | 第一是没有钱，第二是怕加重它的重量。

蔡 怕又倾斜了。

邓 | 披檐重量再加上去的话，如果（塔）正，问题不会很大。三影塔就很正（就恢复了披檐），慧光塔是斜塔不敢加了。

蔡 慧光塔的色彩是参照什么的？那时候有没有条件做一下考古呢？

邓 | 参照的花塔，它是规定的颜色。当时没有条件。但三影塔就一定要考古。

蔡 为什么呢？

邓 | 三影塔原来在一座小山上，南雄旧城里面的垃圾都搬到这个小山倾倒，垃圾埋到差不多副阶上面了，把塔下面全埋了。我们今天能看到基座都是因为它很早就被垃圾埋了，所以才被保存下来。

复原探讨：副阶与披檐

蔡 请您看这张施工现场照片，为了做钢筋混凝土圈加固，挖得很深呢。工人们已经站到坑里面去了。很明显，现在慧光塔的地坪和照片上的地坪差不多，那当时往下挖应该挖到这个台，看到一层一层的线条，这个部分是须弥座吗？

邓 | 好像是须弥座。这跟花塔一样的。有很多步级上去平台，平台下面是须弥座。

蔡 这些工人挖得好深，最后混凝土就灌注到这坑里？这就是您说的那三圈混凝土？

邓 | 是的。从结构力学考虑，黄泥跟石头结合在一起之后，黄泥还是会移动。地震、雨量大的时候，黄泥如果移动就很麻烦了。因为这个理由，才把黄泥固定，让它不要再变了。

蔡 那您做的还挺成功的。从 2012 年到现在，当地文管部门是每个季度做一次检测，一年做四次，观察慧光塔的倾斜有没有变化，结果显示变化很小。

邓 | 哈哈哈，那就表扬一下我们吧。

蔡 照片里这个工人在那里凿什么呢？是在凿石头吗？这应该是在浇混凝土之前吧？

邓 | 是在浇混凝土之前，他在清理，然后把模板放上去，再倒（混凝土）进去。

蔡 您觉得照目前的技术，有可能恢复副阶吗？

邓 | 现在有钱应该可以，小心修就行。

蔡 但是现在塔是斜的，如果修副阶，副阶肯定还是会垂直地坪，那就会很奇怪啊。

邓 | 这个很难说。副阶有防水作用，把副阶台用石头搞上去。古代的和尚，他念经要绕塔走圈圈的。有时上塔还要排队，副阶台是容纳人群的地方，对疏散人群、保护塔基都有好处。排水要处理好。副阶的屋檐除了好看以外，（对）排水有很重要的作用。雨水对墙体有不利影响，披檐是用来保护墙体的嘛。

蔡 如果平座上面有披檐，古代披檐的椽子是怎么固定的呢？

邓 | 宋塔都是这样，先砌好砖，砖出牙以后，就放榱（音 cuī）题，平的，都是木头，用木头压，再用砖砌。有些不用砖砌就用木头做。一般（做完之后）重新再砌回去。其实木头就起了类似杠杆、挑檐担担子的作用，里面（内侧端部）就用砖压住。最后一层挑檐不能够使用砖檐，砖檐不好看，也不能为保护塔身而出挑太远，就是挑出三四十公分，然后再用砖压住。

蔡 所以（披檐）是如此收分的？如果这部分用木头做的话，非常容易坏，最后看到的就只有砖檐了。

慧光塔基础加固施工现场照片
连州市博物馆

塔基施工凿石
连州市博物馆

邓 | 所以在修缮（六榕寺）花塔时，我把这个构件设计成混凝土。

蔡 邓老师，三影塔的柱础是考古挖掘发现的吗？

邓 | 考古发现的柱础就在对角线上，没有怎么移动。沿着对角线上，有两三个柱础留存。所以缺

失的柱础再按照原来的柱础样式补上去。（考古）现场还发现有些地面大阶砖，保留下来了。

往事回顾：勘察与讨论

杨丨传说连州宝塔没有顶，实际上并不是没有顶。我从头开始讲吧，1980 年代的维修是解放以后的第二次维修，第一次维修是在 60 年代。

魏 是 1958 年。

杨丨60 年代维修时，慧光塔只是本地文物（县级文物保护单位）。80 年代以后，升级为全国重点文物保护单位，县里面就准备维修。维修必须先到省厅汇报，省厅就介绍我们到文管会（广东省文物管理委员会），文管会介绍我们去华工找邓其生教授，古建筑的专家。他是省文管会的委员，当时广东省内的宝塔都是他负责维修。那次我们去了（广州）找到邓教授，说明来意之后，邓教授很乐意，表示要来连州看看，但是那次来连州只能看到塔表面的情况。

邓教授按照塔外观各方面的情况推断，认为这个宝塔是有副阶，也是有顶的。他说，这个宝塔不是从里面上（塔），（而）是先从塔外上到第一层，（然后）一路转着上去。邓教授还说，从宝塔的各个角，（沿对角线）往外量出 6 米向下挖，一定会有个石墩，是支撑木柱的。有木柱才能在上面弄瓦面搞平台（设置副阶）。

第二，这个宝塔，是被火烧过的。究竟是哪个朝代就不知道了，年代久远没有记载。

第三，从外形上看，慧光塔和南雄的宝塔（三影塔）是姐妹塔。三影塔也是全国重点文物保护单位。它在慧光塔修缮之前的一两年已经维修过了，（三影塔的）副阶和其他部分都搞好了。我们参观过。

当时考虑要恢复宝塔顶和平座栏杆，这样必然增加重量。那基础的情况是怎么样的呢？所以，我们当时就在宝塔侧边开挖了一个洞。洞不大，大概挖了几十公分，一米都不到就（挖到了）宝塔（基座）的第一皮砖，这说明慧光塔没有基础。测量

80 年代慧光塔修缮工程竣工合影
80 年代慧光塔修缮施工现场讨论

连州市博物馆

1958 年维修做的宝塔顶端，得到当时（1985 年）维修之前的倾斜，是 1.1975 米。

邓教授开完座谈会之后就回广州，负责做宝塔顶的设计，比如相轮、覆盆以及莲花托。由于塔增加了重量，基础行不行呢？他又找到华工教授杨位洸，他是全国著名的地基基础教授。全国各地有些（建筑）地基基础出问题，（各种）疑难杂症他都有参与（研究），他还和北京、上海的教授一起出过书。邓教授带着杨教授一起来连州看慧光塔。

这是个重点工程，地基基础教授和古建教授都来了，还要基础加固，所以当时县里面很重视。连州县建委就将连州建筑公司的施工员、设计员全部集中开座谈会，会上请杨教授讲解基础加固该怎么做。杨教授简要地说，通过测量宝塔的直径和高度之后，可以大致计算出塔的重量。既然它没有基础，原来的宝塔顶是没结构的，所以没多重，现在要再做生铁铸件，有覆盆、莲花托、相轮等等，那就很重了，增加了宝塔顶的压力。杨教授说这个塔顶增加的重量不能超过 5 吨。最后我们全部做完才 2 吨多。

教授还说，基础加固，就像在一盘散沙上压重量，沙必然会向四周围散开，有变动。塔有 50 多米高，在上面丢个鸡蛋下来都会打穿头。因此，就要将这堆泥巴箍住，箍死它，就没地方散落了。

基础加固：混凝土圈梁

杨丨再说怎样维修。从（塔）倾斜的西南面、基座第一皮砖开始，向外量出 30 公分，挖下去 30 公分，然后马上下（浇筑）钢筋落混凝土。

但是（要注意），第一，不能够一起挖，（而是）要分三次挖开，逐步施工到全部结束。那就要求，今天挖的一定要马上灌钢筋混凝土填回去，保持原状，即便通宵工作（也要完成）。它（基础）原来是泥土，现在填下去的是混凝土，强度高得多。

第二，在开始第一圈加固的时候，一定要和西南面第一皮砖底部保持水平。第一圈成水平之后，必然导致东北面与圈梁水平面有一定高差，就会有个开口。这个开口怎么处理呢？当时就想，等今后有条件科学发达的时候，通过科学计算在这个开口的地方抽泥，然后等它自然倒偏。宝塔是砖木结构，不能像威亚（悬挂缆绳）那样中间绑住（用外力）纠过来，否则整个宝塔都没有了。等把泥抽完之后，要自然倒偏，时间就很长，一般是要好些年，而且还要天天测量，一段时间过后看变动了多少。但是这样倒偏，很难百分之百地纠正，能有百分之七八十，就不错了。

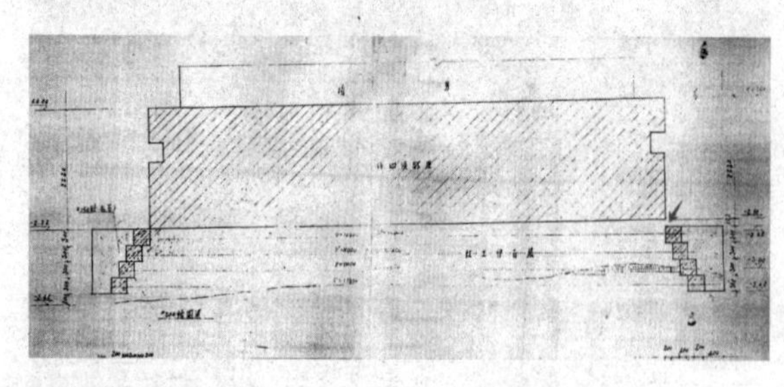

圈梁与须弥座底部的开口

连州市博物馆

何（指着图示问）这个开口的高差是多少？

杨 | 没错，就是预备日后从这个口抽泥，使它自动往回倒偏。这个口的高差是多少，没注意。

何 开始有没有钻探？

杨 | 一开始没钻探，只是挖了几个洞，一米（深）都不到，发现了宝塔的第一皮砖，而且宝塔没基础。

何 （指着施工笔记问）笔记中记录“离塔1米远向下挖发现条石”，还记得吗？

魏 是你们钻探下去，挖到石头，是什么样的石头？

杨 | 是在后面几圈加固的时候，才挖到石头。第一圈没发现石头。

魏 就是内圈没有石头，外圈那些地方才有？

杨 | 是。当时图纸规定是加固三圈。第一圈全部搞完，停工了十几天，等它（混凝土）凝固。第二、第三圈就同第一圈方法一样，施工完之后马上填回去。都是在前面一圈的基础上，向外量30公分，向下量30公分开挖。挖第二圈的时候发现有石头，要找石工凿石。到了第三圈，凿石更加多了。那个时候就觉得，整个宝塔，应该坐在三块大的岩石中间。现在修房子首先要搞基础，做大脚后逐步缩级，到最后正负零的时候做圈梁。它（慧光塔）没有大脚，就等于没有基础。这个宝塔基座就直径这么大，而且建在几堆石头的中间。

一直照这样的做法到第三圈[5]，图纸的要求基本完成了。但是西南面还多做了一个弯，大概不足十米长。本来已经完成了，这个地方（西南面）多加几米钢筋混凝土，花的钱也不多，做完之后实际就变成第四圈的一角。在挖前面几圈的时候，用锄头是挖不下去的，就改用工字锄来凿（石），可是在第四圈的位置一挖下去，大概十公分不到，可能七八公分左右，就发现这里的泥是黑色的散泥，很像翻砂车间那种粉末，一砸下去就容易散。考虑到这也许是塔倾斜的原因之一。原打算把这部分（第四圈梁）做完。挖完泥之后看其实也不需要多长。技术员就说打桩下去看究竟有多深。打了21根16公分（直径）的桩。这些桩最长的一条大概1.5~1.6米，最短那条桩五十几公分。平均七八十公分，统统到了底（基岩）。其实打完桩之后宝塔的加固就彻底做完了。在加固过程中，杨教授要求一定要天天测量，早上、下午、晚上各测一次。另外，还联系气象局，（测）当时的风力风向。每次测量不能出现2公分误差。如果出现2公分就马上停工，找原因。曾经有那么一次超过2公分，马上就停工找气象局，查当时的风力风向是多少，发现原因可能是测量时的风力大，五十几米高的塔必然有点摇摆。到了下午再测就恢复之前的数据，确定完全是风力的问题。

古塔旧观：形制的思索

何 当时的外墙颜色是怎么考虑的？

杨 | 外墙颜色就不关邓教授的事了，纯粹是我们自己决定的。按照现在的看法相当不对（指外墙颜色）。文物，应该原来是怎么样的就要做回原来的色调。说实话，当时我也才

五十多岁，说一定要靓的颜色。着色的时候我们搞了几个板，放在宝塔那里露天晒了几天，才叫博物馆馆长、（文化局）局长来，大家商量用哪种颜色好。就是这样搞的。

如果这次要修缮的话，颜色最好要接近砖，清水墙墙面。当时文物在哪个县就归哪个县管，没有所谓全国重点文物保护单位和省级文物保护单位这些名号。哪个县重视，哪个县就维修宝塔。五六十年代维修之前，这个宝塔是没有顶的。邓教授说是因为被火烧过。以前经常有年轻人爬上宝塔，在塔的外沿一路转着上去，相当危险；隔壁是个学校，最担心学生爬上去，生怕掉下一两个。所以就要维修，第一就是加宝塔顶，哪怕它不伦不类，起码可以起到保护塔的作用，雨水灌不下去。第二是将宝塔用围墙围起来，闲人进不去了。

所以第一次维修，好的地方就是搞了宝塔顶。但是当时地方上的设计师没有古建筑的概念，就利用一个生铁铸件，民间传说是原先的宝塔顶，按照这个样子（指着照片）弄。相当于现在农民戴的雨帽一样，刚好盖住宝塔顶部。它（宝塔）的外墙，已经斑斑斓斓了，就采取了补回去的办法。当时补的时候，并没有按照宝塔老砖的规格去定制一批来补，只是用当时（五六十年代）起屋的那些青砖。哪里烂掉了，就用这些砖补。烂掉的补上去必然就和隔壁那块原砖不一样。其实那次维修就破坏了宝塔。为什么呢？因为外墙做了批荡，墙面统统都一样了，看不出来砖了。80 年代第二次维修的时候，邓教授说："算了，如果要全部铲掉这些批荡，就要重新按照老砖的规格、厚度烧砖镶回去。既然以前搞成这样就算了。"塔原来没有批荡，就是五六十年代那次搞的，本来维修宝塔是好事，但是变成破坏文物。

李 80 年代的修缮没有铲掉五六十年代的批荡？

杨 | 那个时候没有这样的意识。只知道一个县城里面有这样一个宝塔，就说明这个县城的历史有多长。传说建慧光塔是堆泥当脚手架，所以在城东这边出现了很多鱼塘。塔建好之后，把这些泥向南边推到河边，现在城东见不到鱼塘了，全部都回填盖了房子。

慧光塔的基础加固到现在三十几年了，都还没有变动，说明是成功的。杨教授讲课之后，技术员（吴长庆）出的图纸，后来他（吴长庆）利用慧光塔基础加固的业绩申报高级工程师，其他地方的高楼大厦，哪里比得上宝塔呢，他一次就成功了。

何 有没有发现或挖到柱础？挖出的砖须弥座有无颜色？

魏 当时那六个点（指现在塔外围地面铺装的六个圆形地砖）你们有没有挖过？

杨 | 没有，记不清须弥座有无颜色。宝塔顶做好之后，做栏杆时遇到问题了。做栏杆需要在宝塔各个角打一条梁，将这个梁挑出去支撑栏杆。在第五层西南边的角部，打进去发现里面有木炭。与邓教授讲的塔被火烧过相吻合。还有，现在登塔是从里面上，第二层的平台一定要先放几条木枋才可以铺板。塔内楼板位置周围要掏空来放木枋，施工时一掏就发现了木炭。这些情况又证实邓教授讲的没错。

李　刚才说的西南角有木炭是在第六层?

杨丨第六层。80 年代维修，资金有限。

魏　第一次修缮做批荡之前，这些砖是什么颜色?

杨丨五六十年代只有文化馆，那些人都走了（去世）。（指着照片）比如这个王志飞，这两年也走了，50 年代他是文化馆馆长，后来 70 年代做文化局局长，60 年代的时候我在总工会，负责职工的文化和体育，所以跟文化局的这些（同志）比较熟。

地基施工：凿石与打桩

魏　原先发现的三块石头，大概在什么方位?

杨丨加固基础的时候，我们觉得宝塔在三块石头中间。为什么这样说呢?施工挖到第二圈时，有的地方就要凿石，这里凿一下，那里凿一下，就说明石头不是整块升起来的大石头，它们是尖尖的，像（石笋）一样。因此我们估计塔是在三块石头中间。

魏　这三块石头东南西北的位置还记得吗?

杨丨整体来看，西南边的石头就比较少了，搞到第三圈西南边做完都不用凿石，考虑到这样倒不如再做半圈，就下了钢筋。当时我想，教授的图纸也无非就三圈，现在三圈都完成了，又在施工过程中发现有淤泥，倒不如这边继续搞完它。跟着搞完半圈之后，技术员看到这里还有这么多（比画），“那就打桩”，就打了 21 条桩。我们觉得再搞第四圈是“油多不坏菜”，不会违反设计要求。增加圈梁一到三圈都没出事，这个第四圈这几米，就更不会出事啦。这（增加的）部分基础，只有十米八米，无非就是下钢筋，然后下混凝土，也不需耗费太多钱。

李　西南边就不需要凿石对吗?

杨丨不用凿石，就是在西南边，我把圈梁做到有石头的地方，（即）靠近西北部有石头为止，没做第四圈。当时设计员出差去广州，就问施工员怎么搞，他说弄完它（完成圈梁施工）。后来设计员回来，他看了就问，在（和石头）交界处有没有下点钢筋锚固?我说没有，他说应该在石头上打点钢筋进去锚固。

李　也就是说第四圈圈梁不是一整圈，在西北角有石头的地方就停了?

杨丨是的。在西北角遇到石头就停止，这边（东南角）一样，遇到石头就停止。这个距离也就十米八米，所费无几。

李　十米八米是这条边梁的周长吗?

杨丨是的（比画弧长）十米八米，这样搞完，这个基础更加巩固，多了一份保证。这个宝塔，它的基础全部就到底（基岩）了。就连那 21 条桩也全部到底（基岩）了。到现在都 30 多年了，魏文石同志打电话给我，我问他有没有变动，他说年年都测量，没有变动。我在职的时候就叮嘱博物馆年年要测量，我退休之后还时不时问博物馆，现在有没有测量啊?都说有。

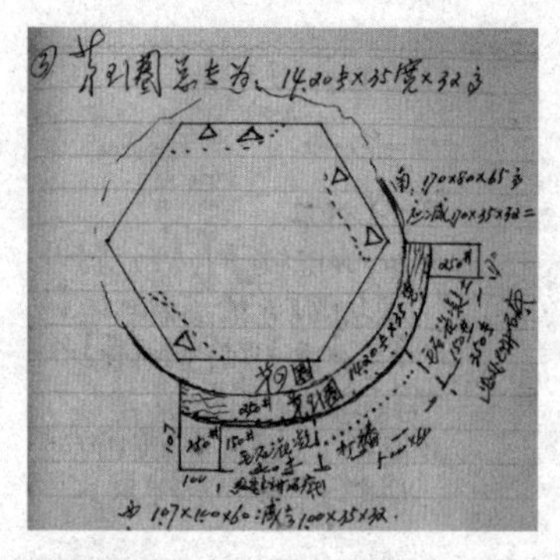

杨庆伟施工日记中关于基础加固施工的图示

连州市博物馆

三十几年过去了，加了重量还是没有变动，那就完成任务了。

李 之前说打了 21 条桩，是在这里吧（指笔记中图纸）？

杨 | 就是这里。

魏 木桩是杉树还是松树？

杨 | 记不得了，杂木吧。不太记得是不是打木桩后拔出来再灌素混凝土。

李 塔以前有没有分哪个面是正面？连州这边的人建房用什么砖？红砖还是青砖？

杨 | 没有，以前都没有怎么分。只是说这个塔是唐宋年间（建的），到现在都上千年了。第一次修那段时间没有红砖，只有青砖。烂的地方镶回去就不对称了，唯一的办法，整一个宝塔做批荡，墙面就统一了。其实这样一搞就破坏了。

何 施工前，塔周围开挖的时候，填土里面有砖瓦吗？

杨 | 没有。挖的时候用锄头挖不动，要用工字锄才行。开挖就要看宝塔有没有基础，挖了没多深，一米都不到，就挖到宝塔的第一皮砖，在这里就用铁笔（即钢撬棒）打进去，抽出泥交给王鸿威（粤语音，身份不详）拿去化验，但是化验的结果我就不知道。

何 勘察基础第一个坑是在什么方位挖的？

杨 | 第一个坑大概是在现在入口处东边的位置。

何、李 第二个坑在哪里挖的？

杨 | 只挖了一个。挖坑无非是想看塔（的基础）有多深，基础有多大。挖了几十公分发现塔没有大脚，没有基础，是直接上来的。如果有基础，这个大脚就一定很宽，然后逐级上升，没有大脚就说明没有基础。

李 塔的第一层室内地面是水泥的吗？80 年代维修的时候，地面有没有加过水泥？

杨 | 这一层好像是原来的，上面都没动过，地面也是没有加过水泥的。

”

1 杨位洸(1929—?)，福建人，华南理工大学教授。中学毕业于福州二中。晚年与家人旅居美国。主要研究方向为岩土工程中土与结构物的相互作用，著有《地基与基础》(主编第三版，中国建筑工业出版社,1991年)。

2 杨森(1934—2014),1964年8月毕业于中山大学历史系，毕业后分配到湖南省博物馆工作，参与了马王堆汉墓的考古发掘。1976年调回广东省博物馆，任职于革命文物组。20世纪80年代到广东省文化厅文物处，历任广东省文物管理委员会革命文物组副组长、副主任兼省文化厅文物处副处长。从1980年代末期到退休，与华南理工大学邓其生教授合作参与广东省内古建筑维修、修缮和保护工程。

3 祁英涛（1923—1988），河北易县人，著名古建筑专家。曾任北平（今北京）文物整理委员会工程处技士、技佐、工程师等职，1956年后历任北京文物整理委员会、古代建筑修整所工程师、文化部文物保护科学技术研究所高级工程师、中国文物保护技术协会常务理事。曾主持山西永乐宫搬迁、南禅寺修复等；著有《怎么鉴定古建筑》（文物出版社，1981）、《中国古代建筑的保护与维修》（文物出版社，1986）、《祁英涛古建筑论文集》（华夏出版社，1992）等。

4 程建军（1957—），华南理工大学教授，博士生导师，享受国务院特殊津贴的专家，国家注册文物保护工程责任设计师，国家文物局文物保护专家库专家。2012年完成三影塔修缮工程勘察维修设计方案的编制。2014年三影塔修缮工程启动，于2016年竣工。

5 根据设计图纸档案以及施工日记笔记本的图示，混凝土圈梁设计和建造应为四圈，即此处所指的“第三圈”实为设计的最外圈，即第四圈，而后文提到的“第四圈”应为第五圈。

20 世纪 50 年代至今华南理工大学教职工校内福利性住宅居住演变访谈

受访者简介

邓其生

男，1935 年 12 月出生，广东梅州五华人。1959 年毕业于华南工学院建筑系（今华南理工大学建筑学院），留校任教。二级教授、博士生导师，享受国务院特殊津贴专家，国家一级注册建筑师。授广东园林学会终身成就奖。长期从事建筑理论研究教学工作，发表相关著作论文近 200 篇，主持或参与撰写《中国建筑技术史》《岭南古建筑》《重构广州山水城市》《弘扬岭南建筑文化》等近十部著作。在建筑创作实践中设计有岭南特色建筑近 200 栋。包括番禺余荫山房、东莞可园的建筑及景观维修保护；广州市白云山风景名胜区的景观建筑设计等岭南代表性的古典园林维修保护工作等。

蔡伟明

男，1952 年 12 月生，广州人。1977 年 11 月，华南理工大学本科毕业，留校任教。1971 年 3 月至 1974 年 9 月，广州市城市规划局工作。1993—1995 年任广东省江门新会市人民政府副市长（挂职）。主持的江门新会小鸟天堂湿地公园项目被广东省园林学会评为首批“优秀设计作品奖”，主持设计“广东现代展览中心”150 米大跨度建筑项目，获英国土木建筑协会奖，主持设计江门圭峰山庄项目被选定为广东省接待基地，主持设计了包括坦洲商业中心（含 200 多米超高层建筑 2 幢）、台山商业中心等 100 多项建筑设计项目。

陆琦

男，1956 年 3 月出生。博士，国家一级注册建筑师，华南理工大学建筑学院教授、博士生导师。1977 年考入重庆建筑工程学院建筑系建筑学专业，1982 年 1 月毕业。2002 年华南理工大学博士研究生毕业。1982 年毕业后就职于广东省建筑设计研究院，曾任广东省建筑设计研究院副总建筑师，教授级高级建筑师。2004 年调入华南理工大学建筑学院任教。中国建筑学会民居建筑专业委员会主任委员，中国风景园林学会理论与历史委员会委员。长期研究岭南地域建筑设计、传统民居与岭南园林。发表专著有：《岭南园林艺术》（中国建筑工业出版社，2004）、《岭南造园与审美》（中国建筑工业出版社，2005，2015）、《中国民居建筑丛书：广东民居》（中国建筑工业出版社，2008）、《岭南私家园林》（清华大学出版社，2013）、《中国古建筑丛书：海南香港澳门古建筑》（中国建筑工业出版社，2015）、《中国传统聚落保护研究丛书：广东聚落》（中国建筑工业出版社，2022）、《粤海民系民居》（华南理工大学出版社，2022）等。

肖毅强

男，1967 年 11 月出生，广东广州人。1989 年获华南理工大学建筑学专业工学学士，1992 年获华南理工大学建筑学系城市规划专业风景园林规划与设计方向硕士，后留校任教；1997—1999 年获德国 DAAD 奖学金赴德国慕尼黑工业大学进修；2009 年 6 月获华南理工大学建筑历史与理论工学博士。曾任华南理工大学建筑学院副院长。现任华南理工大学设计学院院长，华南理工大学建筑学院教授，博士生导师，亚热带建筑科学国家重点实验室之设计科学实验中心主任，全国高校建筑学专业教育指导委员会建筑数字技术教学工作委员会主任，《南方建筑》杂志副主编，国家一级注册建筑师。长期从事建筑设计、建筑设计结构选型、绿色建筑等方面教学工作，科研与设计实践关注绿色建筑、生态景观及城市设计。译著《建筑形式的逻辑概念》（中国建筑工业出版社，2003）。

杨焰文

女，肖毅强妻，1967 年出生，广东广州人。1989 年毕业于华南理工大学建筑学专业，教授级高级建筑师，国家一级注册建筑师，亚太经合组织 APEC 注册建筑师，中国建筑学会理事。曾任广州市设计院总建筑师、科技质量部部长，2023 年退休。主持多项具有行业影响力的高品质大型公共建筑，包括广州太古汇、天河正佳商业广场、阿里巴巴华南运营中心、唯品会总部大厦、星河湾总部大厦、广商中心、佛山图书馆、佛山档案馆、佛山洲际酒店等，荣获国家、省级各类行业优秀奖数十项。国内“建筑师负责制”的实践先行者。广州市、深圳市建筑工程职称评审正高级专家库专家。

2024 年 4 月 9 日上午东一集 21 栋邓其生教授家中

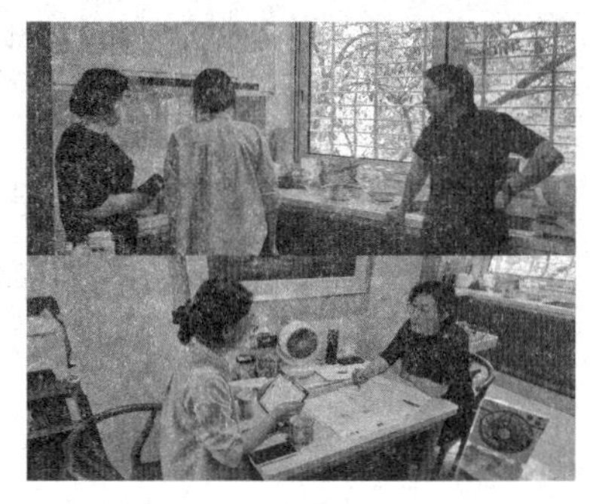

2024 年 4 月 11 日上午南秀村 35 栋肖毅强、杨焰文夫妇家中

2024 年 4 月 16 日上午建筑红楼访谈蔡伟明教授

2024 年 4 月 16 日下午南一宿舍 11–12 栋民居研究所访谈陆琦教授

采访者：夏湘宜、肖毅强（华南理工大学建筑学院）

访谈时间：2024 年 4 月 9 日，4 月 11 日，4 月 16 日

访谈地点：华南理工大学东一集 21 栋，南秀村 35 栋，建筑红楼，南一宿舍 11-12 栋，电话访谈

整理情况：2024 年 4 月 18 日整理，4 月 28 日初稿，10 月 20 日修改定稿。

审阅情况：经受访者审阅

访谈背景：中华人民共和国成立以来的 70 多年，中国城镇住房制度经历了波澜壮阔的变革，住宅建筑也在随之变化，高校教职工住宅是其中具有代表性又具特殊性的一部分。1952 年华南工学院组建后，校内住宅短缺，为满足教职工居住需要，校方在原国立中山大学石牌校区[1]的基础上大量建设教职工福利性住宅，至今存续建设。华南理工大学（校本部：五山校区）现存近 200 栋不同时期建成、改造的教职工住宅，是难得保存完整的具有历史连续性的住宅片区。

综合时代背景与华工历史发展沿革，可将其演变分为五个阶段。各时期住宅建设因时代背景、建造技术、政策制度不同各有特点，社区生活条件也随之演变。

（1）初期建设 1952—1965 年，华南工学院刚成立，学校基础设施建设优先满足日常教学，新留校老师生活较为简单朴素。

（2）“文革”期间 1966—1978 年，学校教学工作与校园建设基本停滞。1968 年华工教师下放“五七”干校[3]，1970 年华南工学院调整为广东工学院、广东化工学院，东西区教师随之住宅大调整，生活动荡，住房一度极其紧张，条件十分艰苦。

（3）改革探索 1978—1991 年，高考恢复后，学生数量猛增，1978 年化工与华工再次合并为华南工学院，教学工作有序恢复。教职工居住问题急需解决，改革开放后住房制度开始改革，积极发展，出现集资建房。

（4）深化改革 1992—2000 年，学校响应国家住房政策深化改革，出台教职工筹资建房、出售公有住房、教职工加建、换购住房相关规定，大批教师住房问题得到解决，居住基本稳定下来。

（5）后房改时期 2000 年以后，随着可支配收入提升，对生活水平要求提高。稳定居住的教师职称升级住房标准提升，多在原有住房加建面积。华工社区老龄化，适老化问题出现，大批住宅加装电梯。房改售后公房可交易，校内二手房开始交易。

教职工不同时期在校内住宅的居住经历是珍贵的历史写照。本次访谈的建筑学教授包含华工子弟陆琦、肖毅强和杨焰文，非华工子弟邓其生、蔡伟明。他们从五六十年代起，近 60 多年的校内辗转居住经历，包含计划经济下福利分房、改革开放后集资建房、适老化改造加建电梯等住房演变特殊时期，非常具有典型性。但也因是否华工子弟、生活习惯等原因，其经历具有群体差异性。通过他们的亲身生活经历及建筑学的专业视角，读者可以一窥时代变革下高校单位社区的居住条件演变。

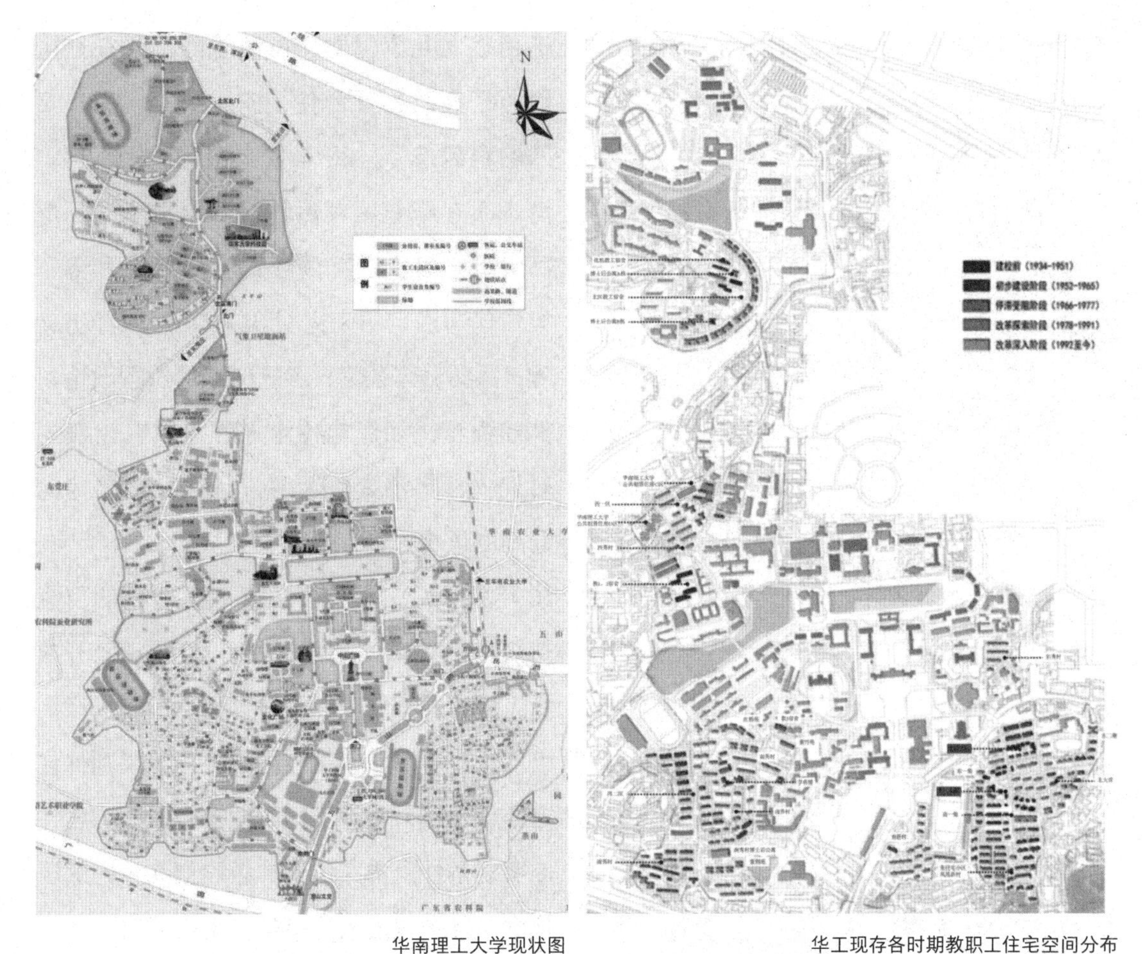

华南理工大学现状图

引自：刘玲《高校单位社区属性特征演变及其动力机制》

华工现存各时期教职工住宅空间分布

改绘自：刘玲《高校单位社区属性特征演变及其动力机制》

邓其生、蔡伟明作为非华工子弟，从华工毕业后留校任教，暂居教工单身宿舍，生活简单，各自成家后才分别申请到一房一厅住房。之后辗转校内青年教工宿舍、东区干部别墅。90年代初建筑学院集资建房南秀村15、16栋，邓其生短住后定居东一集21栋，该楼由蔡伟明参与设计与改造。而蔡在2010年搬离学校。

陆琦是陆元鼎[2]先生之子，他与肖毅强和杨焰文夫妇都是华工子弟。在华工的居住史从幼时随父母在校内开始。

陆琦儿时家住西区平房，1970年华南工学院划分为广东工学院、广东化工学院，适逢“文革”父母下放干校，自己从旧家搬到东区与他人合住。父母恢复工作后全家申请到两室一厅，陆去外地读大学后回广州，借华工给父母的一单间补差公寓暂住，单位分房后搬往校外，于2004年回校工作后又买二手房与父母[1]相邻定居。

杨焰文父母在分校时归属西区。全家住房在西区先住平房，后改为出版大楼，再搬至西二区集合住宅。最后父母分房到东秀村，但由于该处房屋缺少无障碍设施，故到南秀村35

栋租住女儿家隔壁。肖毅强随父母在东区经历辽河路别墅合住、南一集二、南一集四的艰苦条件，80 年代末搬到西区平房。肖本人在毕业留校后住教四单身宿舍。最后父母分房后住南秀村 25 栋，自己和妻子集资建房后定居南秀村 35 栋。二人经历父母、岳父母与公婆、自己住房的户型改造、扩建面积、加建电梯全过程，故在访谈中对现代住宅演变中厨卫设计以及适老化问题高度重视。

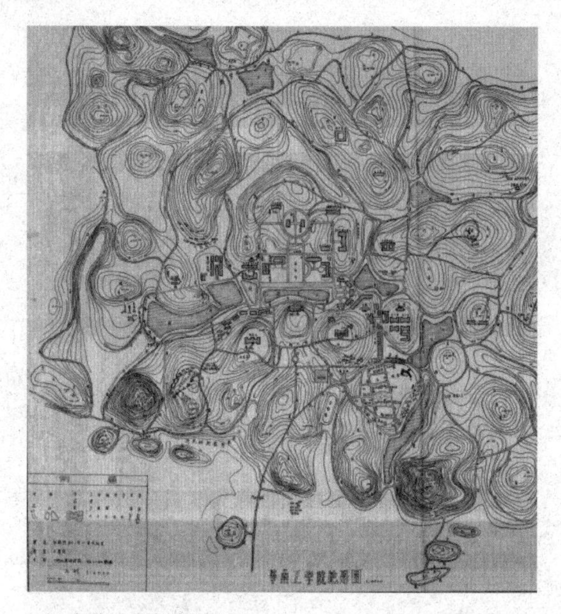

1950 年华南工学院地形图

华南理工大学档案馆提供

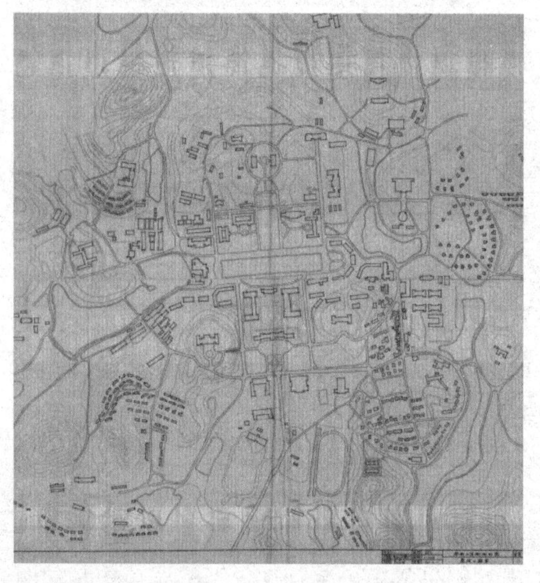

1961 年华南工学院地形图

华南理工大学档案馆提供

50 年代至今，从社会主义改造时期的百废待兴、“文革”期间的动荡混乱、改革开放后恢复发展与制度探索，到如今的市场经济大背景变革下，华工校内的教职工福利性住宅存续建设，成为不同时期校内教职工居住的客观条件。本次访谈的教授们在校内的居住水平基本在国家、单位、个人的努力下不断升级，经历包含拼房合住、单身宿舍的“筒子楼”、一房一厅小户型，升级到满足家庭成员都有个人房间，居住环境能够稳定，而孩子长大后又会离开留下老人独居的居住演变。这个过程既是家庭的发展，又见证了时代背景下单位社区住宅的发展。不同物质条件下居住者的生活，是这段历史中具有温情的珍贵人文片段。

而今的华工五山社区的教职工住宅遗存不同时期的建筑，旧建筑逐渐难以适应新时代的生活需求，如人口老龄化下的适老性问题，生活方式改变后原有户型的改造。单位社区的社会化变革后这些问题的发掘与解决，开始更多地依托个人力量，从自上而下的被动服从到基层自治的主动升级，也要求居住者保持与社会的开放和链接。

夏湘宜 以下简称夏

邓其生 以下简称邓

蔡伟明 以下简称蔡

陆琦 以下简称陆

肖毅强 以下简称肖

杨焰文 以下简称杨

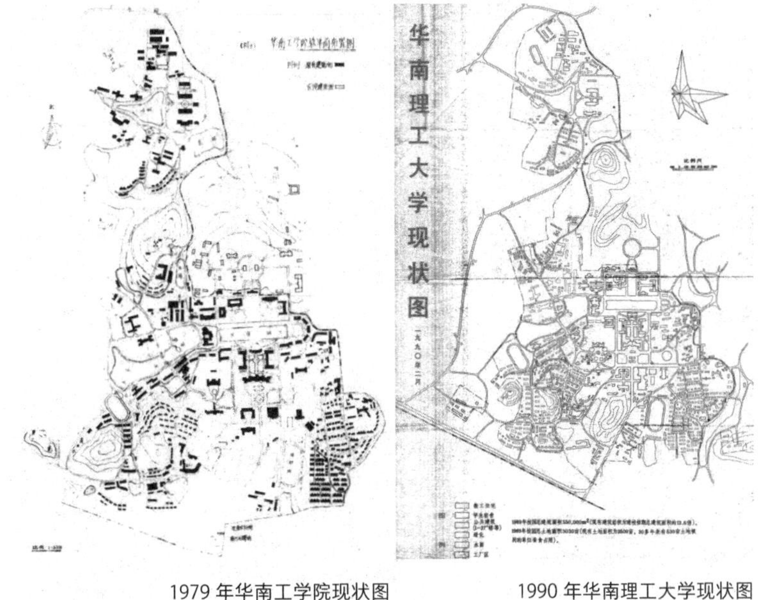

1979 年华南工学院现状图

华南理工大学档案馆提供

1990 年华南理工大学现状图

华南理工大学档案馆提供

青年教师从单身宿舍到成家后逐步改善住房条件

邓其生先生建校初留校任教，感谢教职工福利分房政策

夏 我了解到您是毕业就留校任教了，刚开始住在哪里呢？

邓 | 我 1959 年毕业后就留校做老师了，开始还教数学。住宿由学校分到“教二”宿舍，1959 年新留校的老师基本都住那里，而以往的新老师多住在北边的“教一”。教二是“筒子楼”，也就是走廊在中间，两侧是房间。一层有两个公共厕所。一个房间的面积大概是 3.6 米 ×5 米，隔走廊相对的两个房间是对称的。当时男女混住一楼，但分住在走廊两侧，大多是三个人一个房间，很高档的就两个人住一间。我的房间住了三个老师，是睡所谓的“碌架床”，也就是上下铺。上铺是我，下铺是我老师赵孟琪[4]，对面是一名外语学院的老师，他姓罗。我们关系很好。

夏 您的房间里面除了床还会放什么呢？

邓 | 一人一张书桌。我买了辆凤凰牌的单车，也可以拆开放在里面。

夏 您吃饭一般都是去食堂吗？会不会在宿舍做饭？

邓 | 基本都去食堂。当时教一食堂在东西湖之间现在逸夫人文馆的位置。我早上起床后运动一下，就走路到食堂吃饭，之后再到建筑红楼上课，三点一线。有时学生来宿舍想给他们加菜，就在走廊里的公共厨房做菜。

夏 您在教二宿舍整体居住体验如何？

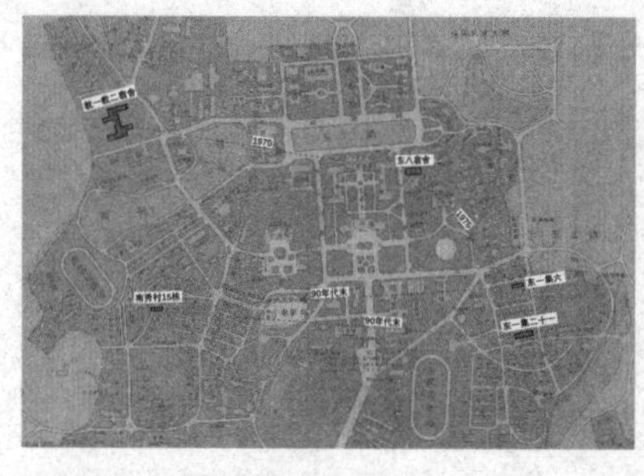

邓其生校园内居住变迁示意

华南理工大学档案馆提供 1987 年校园底图改绘

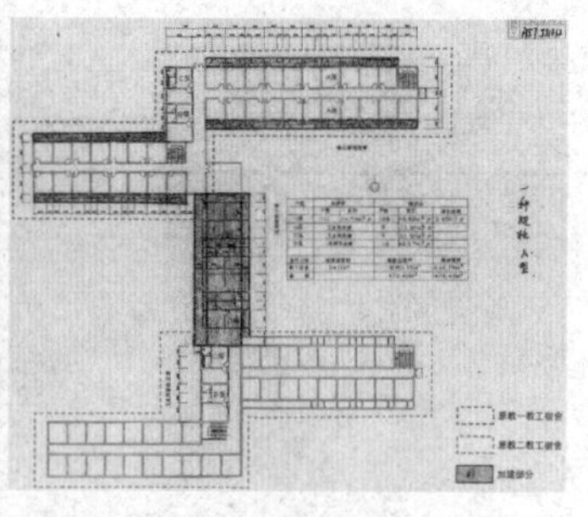

教一教二单身宿舍连廊加建修改方案

华南理工大学档案馆提供底图改绘

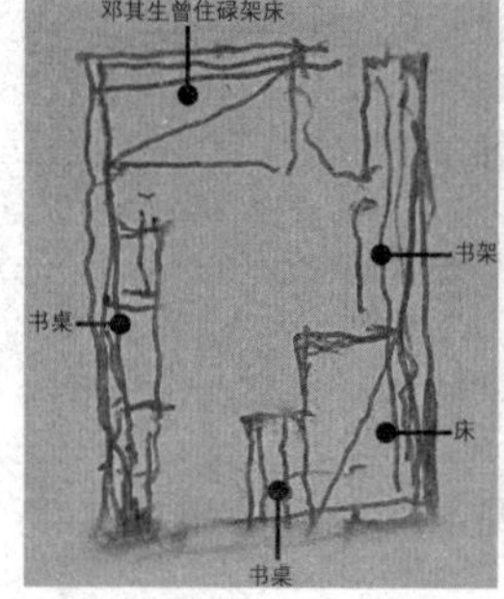

邓其生教二房间布局示意

邓其生手绘底图改绘

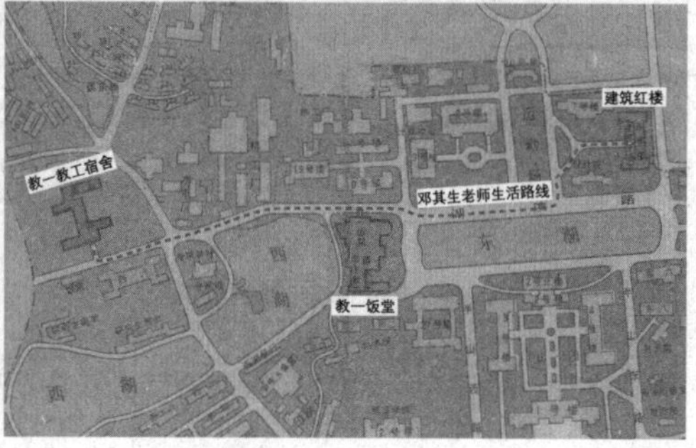

邓其生留校初期生活路线

华南理工大学档案馆提供 1987 年校园底图改绘

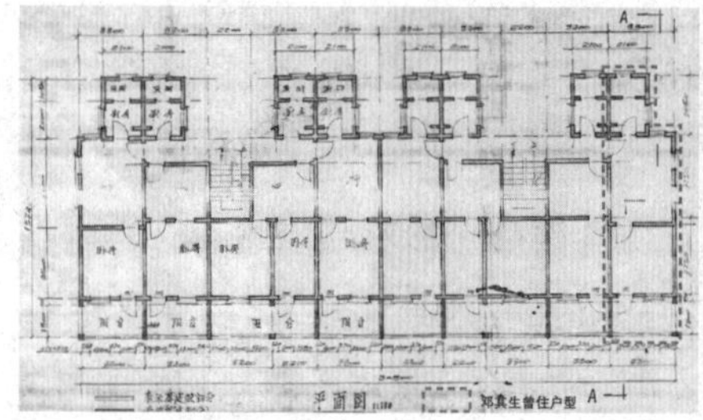

东一集六标准层平面图

华南理工大学档案馆提供

东一集六现状照片

夏湘宜摄

邓丨我在这边住到“文革”，虽然吃了不少苦，但很开心，天气热了在厕所里面洗澡还会唱歌，一唱歌整层都听得到。

夏　“文革”期间您也下干校了吗？

邓丨我 1968 年下干校了。待了两年左右，回来分到现在东八宿舍，两个人住一间。

夏　东八宿舍？现在是学生宿舍了。

邓丨以前是老师的单身宿舍，也是筒子楼，公共厕所，煮饭要在房间或走廊里。当时的主要领导结婚，也都在集体宿舍里。“文革”以后房间真的很紧张。我 1974 年结婚后，自己住在单身宿舍，夫人在深圳，因为她工作分配在深圳。当时她偶尔回来也是跟她父亲在南秀村住，因为小孩不好照顾，后面我也跟她父亲住。直到我们有两个小孩，南秀村的房子实在住不下了，1976 年我申请才分到东一集六。

夏　东一集六的居住环境有改善吗？

邓丨在东一集六我们住的是一房一厅，一个小厅，北面有厨房厕所，南边是一个房间，房间外面有个阳台。

夏　带两个小孩住不开吧？

邓丨没办法，我夫人带两个小孩住房间，我一个人在厅里面建了一个房，上面放书下面放书中间是床铺。房间里面有个小书桌，但那个书桌画图放不下，所以就拿个凳子坐，在床板上画图。

在东一集六我还是助教，后来职称到了讲师就调房，到九一八路靠南的两层小别墅，条件算很好了。再等到我们建筑系自筹建房，我们就到南秀村 15 栋住了一年多，是蔡伟明老师设计的。当时他搞建筑设计比较灵通，总结了其他人的经验，也会考虑到实际情况。因为建筑指标只有这么多，南秀村 15 栋就设计了一梯两户，一定要管道集中，主要房间通风采光、有穿堂风，靠边的次要房间采光通风少一些。

后面校长楼（东一集 21 栋）建成就让我们挑房子，我不想搬的，因为南秀村刚装修了没多久，我夫人主张搬过来。这栋房子校长挑完，我就是这么多博士导师里第一个挑的。

夏 当时是按照什么确定选房顺序呢？

邓 | 是按照工龄、当下的居住情况打分再分配，比较公平的。国家对老职工做得最好的，我认为就是这个。以前工资很低，我一个月 68 块 8 拿了很久，我们两个人加起来才 100 块，要养两个孩子怎么买得起房。所以以前（住的）小房子也是公家给的，现在（住的）大房子也是公家给的。

蔡伟明高考恢复后第一批留校任教，屋陋但享雨打芭蕉，积极改善住房条件

夏 您是七七年毕业留校任教的？那时教职工居住情况如何？

蔡 | 我是七四年开始读华工本科，是被招收的工农兵[5]，1977 年 11 月毕业。当时学校正在新建大批住宅。因为“文革”学校建设停了多年，很多老师居住（条件）都非常困难。像刘管平[6]这样的老教授住的房子，小厅也就是五六个平方，放上一张书桌即满，一个很小的厨房仅两三个平方。只有从国外回来的德高望重的老先生、顶级教授，才能住像现在何院士[7]改造的工作室那种双层小别墅。

我们国内的五六十年代毕业留校的青年教师都住得非常困难。当时解决居住问题是全国性的重要课题，所以学校新建了一批又要快、又要工业化的预制件做的房子。

夏 是大板建筑[8]吗？

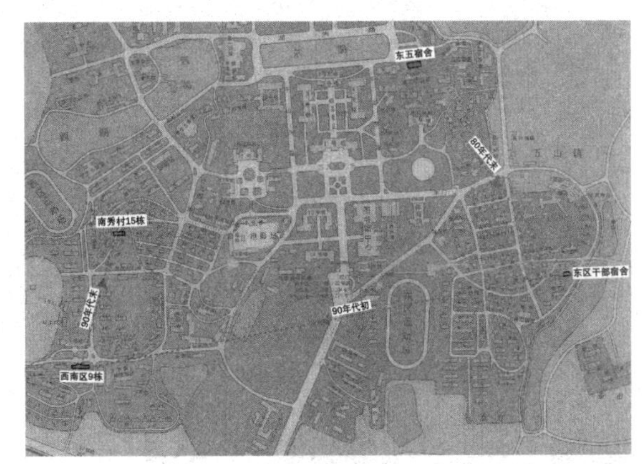

蔡伟明校园内居住变迁示意

华南理工大学档案馆提供 1987 年校园底图改绘

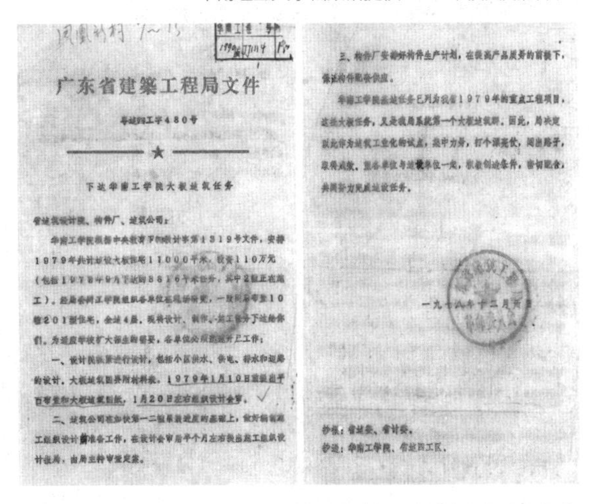

广东省建築工程局文件

下达华南工学院大板建筑任务

省建筑设计院、构件厂、建筑公司：

一九七八年十二月

抄报：省建委、省计委。

抄送：华南工学院、省建四工区。

1979 年广东省建筑工程局下达华南工学院大板建筑任务

华南理工大学档案馆提供

蔡 | 对，就是凤凰新村上面那一组住宅（凤凰新村 7-15 栋），楼板很薄，墙板也很薄，住进去第一天就漏水。当时上课，老师叫我们去调查了解一下，所以就去访问住在里面的老师。有的老师就说，楼上老师学习很晚，累了推凳子站起来，下面就知道了。还有一家更精彩，他说可能楼上在缝衣服，纽扣掉地上了，从哪里掉到哪里，我都听得一清二楚。这些情况也是因为夜深人静，但确实楼板结构、构造大家很讨厌。那时候国家建委很想推广这种工业化，想建设快一些，在工厂里面预制墙板，一吊装一焊接，灌点水泥搞好了。加快建设周期的意愿是好的，但构造技术没解决问题。

东一集五、集六那一块是“文革”后最好的房子，老师们能住进去也不错。但中间有些户型需要走过走廊才到厨房，说明那时候设计水平不高，现在同样条件我们不会这么设计。当时我们做设计没有自己的思想、自己的体系，学苏联或学北方，北方很多城市住宅又很简单，不适配南方。

夏 您本科刚毕业的时候住在哪里？

蔡 | 我刚毕业还住在东一宿舍里，没自己的房子。反正我家在广州市，学校宿舍只为了两边有个地方休息一下。后面学校安排东五作为青年教师的宿舍，是 4 个人一间。那栋楼有结婚的教师，又有单身的教师，没有厨房，只有一条走廊。到下课的时候，走廊里面家家户户全是煤炉炒菜，在走廊是很惨的。还是公共卫生间，一层住了至少 8 户，但是因为我们不像工人上下班那么集中，错开时间用起来也还好。我一住就住到八三年去同济学习。

大板建筑凤凰新村 6 栋现状照片
夏湘宜摄

大板建筑凤凰新村 9 栋现状照片
夏湘宜摄

夏 同济交流回来住房条件有改善吗？

蔡 | 没有，反而八五年回来我的宿舍都没有了。我同住的老师在我去同济期间结婚了，所以房子就变成他自己借（占）了。他把我的东西放在东五的一个杂物间。学校也没给我安排房子，我就把杂物间打扫一下住下了。杂物间没有窗户，只有一个门对着走廊还是卫生间门口，很潮湿，之前都没人愿意住这个房间的。我无所谓，把它搞得亮堂堂的，红外线灯泡一放，就很干燥，还种出来了花。但是他们有意见，看我一天到晚开着灯，有人告到学校那里说我浪费电。我说要给我解决潮湿问题的，旁边那么多水，窗户都没亮，要不就解决我的居住问

题。后来学校看了以后也觉得是，这么艰苦。我也经常到基建处去问有没有可能改善一下。

夏 基建处改善的结果是什么呢？

蔡 | 等到正好茶山上东二集那边填了一部分湖，建出来的干部单身房，有一个房间空出来。两三层的房子，我就搬去住在二层。那个环境其实很幽雅，当时外面东边是湖、东南是茶山，很漂亮的。房间周边有很多芭蕉，芭蕉叶都在窗口，下雨的时候享受雨打芭蕉。

公共洗手间，公共厨房，一梯两户挺高级的。只有两户也很和谐。同层另外一户可能是高级一点的干部，他有一房一厅，我只有一间房，8平米。但是我这边在端部，风景很好。

我就在这里住的时候结婚了。记得自己把这么小的房间，隔成有学习的地方有卧室。房间用深色的帘子隔断，打开帘子是一个大空间，晚上小孩要睡觉就挡住灯光，留了一米多进深放我的书桌，坐下来背后就是布了。

夏 虽然颇有意趣，但一家三口人住也是过于拥挤了。

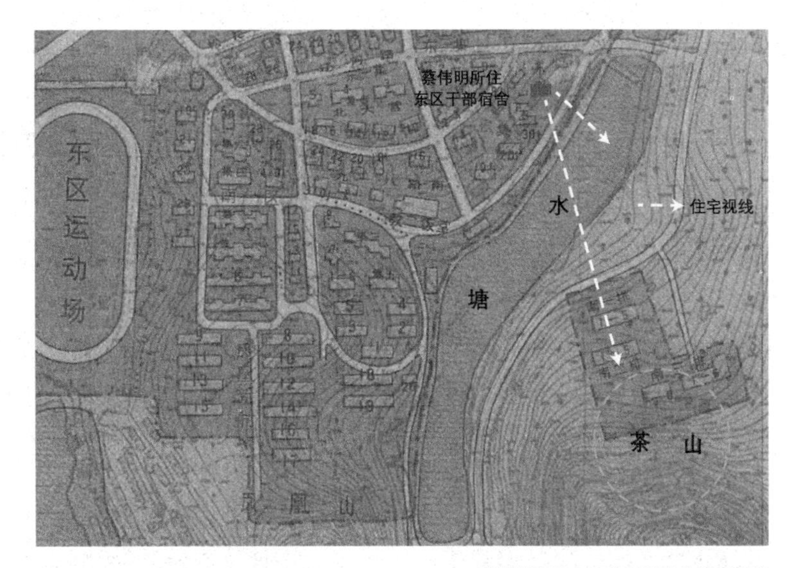

蔡伟明所住东二集干部宿舍景观示意

华南理工大学档案馆提供 1987 年地图改绘

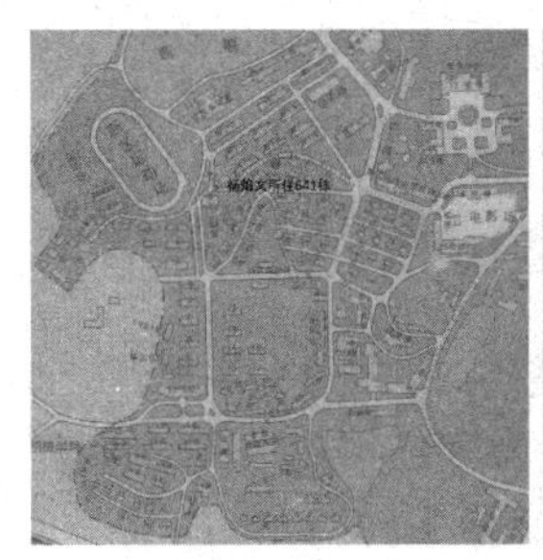
90 年代西南区单身宿舍位置

华南理工大学档案馆提供 1987 年地图改绘

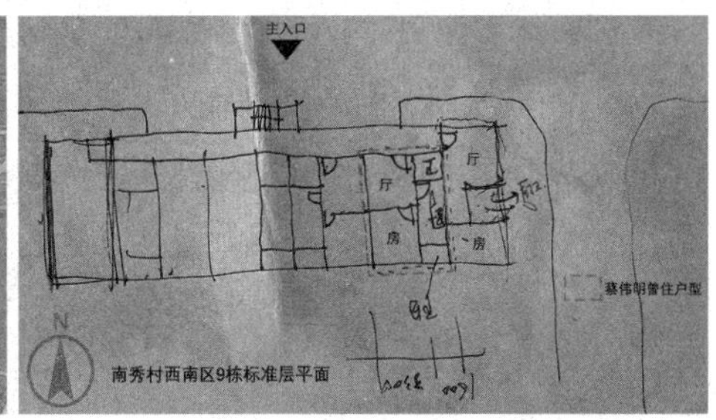

蔡伟明回忆西南区 9 栋平面手稿

蔡伟明手绘标注

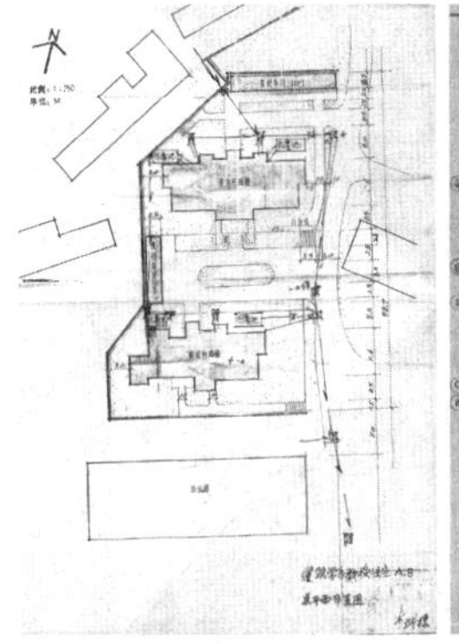
南秀村 15、16 栋总平面

华南理工大学档案馆提供

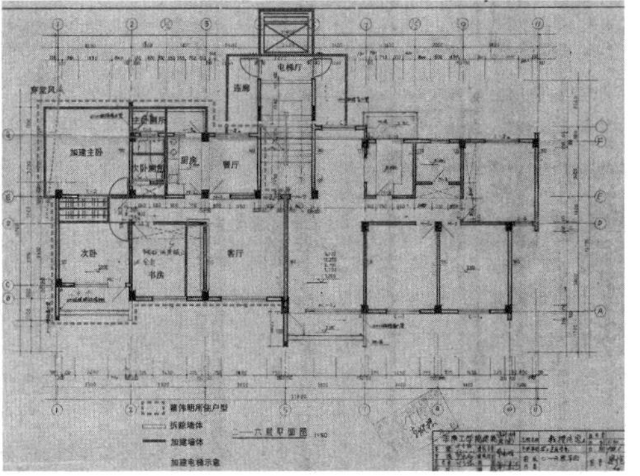
南秀村 16 栋蔡伟明户型改造平面示意

华南理工大学档案馆提供底图改绘

蔡丨没错，好在再后面因为学校留了很多青年教师，注意到单身教师居住这个问题，就在90年代初建了南秀村市场旁边那一片西南区住宅，我住在9栋。

大致是一个很整齐的平面，中间有一部外挂楼梯，有一条外廊贯穿着，房子都是一房一厅。我住在东边第二户。这个房间的厅比较大，厅和房间的开间3.3米左右，厨房、卫生间、阳台的开间1.6米左右。走廊两端的房间稍微大一点，是处级干部住。我当时东边这间是教务处处长住，还是很艰苦的，处长才是这种居住条件。

9栋的平面很简洁，但分区比较合理。还有一个小阳台，争取到南面的阳光，虽只一两个平方，解决了洗衣机和晾衣服的问题。

夏　您后来是怎么搬到南秀村16栋的?

蔡丨90年代初国家建房的政策改变了，单靠国家解决居住问题还是不行。我们建筑学院属于华工比较早集资建房的单位。我设计了建筑学院集资的南秀村15、16栋，从设计到施工图都是我。

当时施工还发现施工队偷面积，是从化的施工队。放线的时候是准确的，我亲自验的线。建的时候，东西向他不敢缩水，因为东西向每个房间卡得很严了。他们南北向偷了10公分。他们用的材料和构造上也是偷工减料。外墙的洗石米材料进场，我看全是石渣，就让他们换过一次，后面换的也不行，色彩又灰又暗。还有一些构造问题，窗檐的钢筋没有跟主梁结构连在一起，我说肯定会漏水，结果现在确实每场大雨都漏水。外墙设计本来有些装饰的东西也没有了，工程质量歪歪扭扭的，“没有一条线是直的”。所以最后验收我不愿意签名，是行政的老师签名了。

夏　所以选到好的施工队也很重要了。您当时设计有预留停车位吗?

蔡丨那时候不要说停汽车位，家里有自行车就不错了。所以是预留了每家每户一个自行车房，利用挡土墙做了两排自行车棚，现在也都没用处，用作储物间了。现在停汽车，两栋之间有3个车位，其他靠路边解决了。当时的道路虽然没考虑停车，但是停了车也都能通行。

其实老师们愿意在学校里面住，有个好处就是上课上班不用开车，步行就行。以前我们都很喜欢步行，因为学校环境太好了，像公园里面。我们住这两栋楼的老师，每星期四要去红楼[9]开会，大家就是一边散步一边聊天过来。这段步行是很享受的一个过程。

夏　南秀村16栋加建是什么情况呢?

蔡丨因为这栋住的老师级别慢慢升上来，分房面积可以更大，所以加建了一个房间做主卧室，我设计的给它一个朝南的1米宽的面。加电梯是在北侧，通过通道连接入户。

夏　您自己家的户型有做过改造吗?

蔡丨以前户型普遍面积不够用，当时很多人觉得厨房太小了，其实北侧的阳台没有什么用，就把厨房给扩出去，把浴室也扩大了。我自己家平面改造得很厉害。饭厅没把墙改掉，

南秀村 16 栋加建部分现状照片示意

夏湘宜摄

南秀村 15 栋加建面积朝南小窗示意

夏湘宜摄

厨房也是扩出来封起来，把卫生间隔成了两间，主卧进来一间，一个小的给两个次卧用。加建的房间和南侧卧室之间不设廊，房间可以更大一点，刚好 1 米 6 放两个衣柜。

现在我们的这个平面有些家里孩子搬出去人口少了，就只留西侧两个房间。厅就会很大，因为现在人的生活会觉得以前这种厅太小，3 米 6 进深看电视还是觉得不够。所以平面也是灵活多变的。但是东侧这边的户型改造的话，他们打掉墙中间就会留了一个柱子，需要巧妙地用一些书架或者博古架来调整一下。

夏 您在这个房子一直住到现在吗?

蔡 | 留到现在，实际上没在那里住都有 15 年了。因为我的小孩长大以后在外面读书，所以对房子也没什么要求了。我父母亲还在的时候，我买了商品房给他们住，他们过世后，我就搬过去，离外面的工作室比较近。

夏 后面房改的时候是什么政策呢?

蔡 | 房改是在 2000 年左右。因为集资建房是教师先出了钱，学校就按照房改的政策，按照你的工龄、级别等详细的标准，根据之前交的钱多退少补。我们这一栋算下来我只补交 2 万块钱左右。

三代人家庭演变：华工子弟儿时随父母校内搬迁，成家后独立

陆琦随其父陆元鼎先生校内几经搬迁，校外暂居后回归校内

夏 您是 1956 年出生，您的父亲陆元鼎先生是 1952 年毕业就留校任教了对吗?

陆 | 对，他是四八年到当时的国立中山大学读书，毕业以后就留校。听我父亲说，原来还没有到西区分到房子的时候，他是住在教一、教二宿舍。那会儿很多老师都住在那边，毕业之后还没有房子就先住那里。我太小的时候没印象，三四岁开始有印象了，当时就住在西区的平房，大概是 50 年代的时候建的。

夏 是住在哪一栋呢? 周边环境和户型是什么情况?

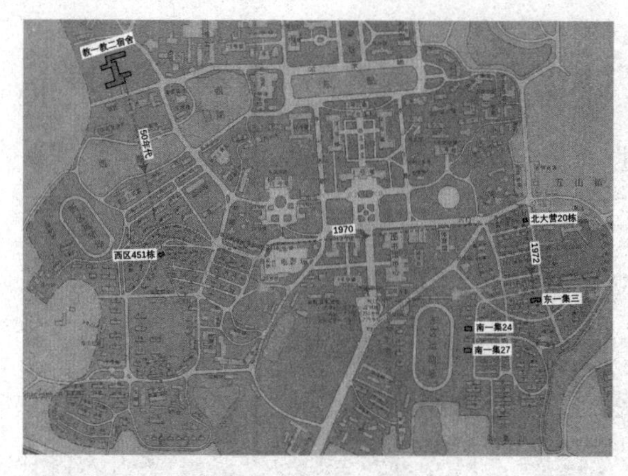

陆琦校园内居住变迁示意

华南理工大学档案馆提供 1987 年校园底图改绘

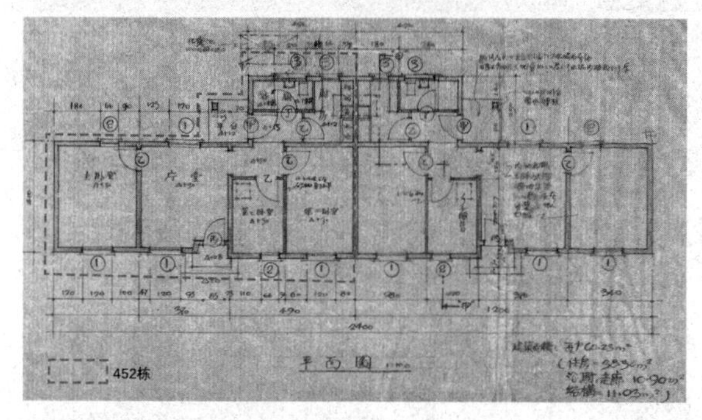

西二区教工住宅 60 平方公尺 1 户住宅工程图

华南理工大学档案馆提供底图改绘

陆丨在西二区的 452 号。451 跟 452 是双拼的，我 452 在西边，451 是东边的。住房单层坡顶，地势较高，南面非常空阔，可以看到远处火车（广深铁路）经过，现在密密麻麻的房子是看不到了。三房一厅带厨房卫生间。一进去是厅，厅里边往左是一间主房，右边有两间房，一间小房，一间大一点的房，厨房、厕所也都在右边。还有个后门，有门廊，在厨房可以通到后院。院子是自己围的，（两栋）房子拼起来的中间位置用竹篱笆或绿篱隔开，各家基本是一个 U 字形的院子。院子大小不像现在别墅隔的都一样，根据地形地貌和范围大小，有的大一点，有的小一点。自己围的地方，建好后看你自己想种些什么，比如说种一些灌木的树丛，有的人种花草。

夏　三间房当时是怎么住的？

陆丨我家里面有两个孩子，我和妹妹，还有外公外婆，以及请了一个阿姨。有一间很小的房子，把床摆上去以后基本上就没什么地方了，我外公外婆就住在小房子里面。还有一间房是我跟阿姨住，我父母一间，妹妹小时候和父母住一起，这间还是父亲的工作室。

夏　陆元鼎老师的卧室是工作室，那他的书桌也放在里面？

陆丨我记得父母卧室里摆了一张床以后就是书架了，书架高度大概 1 米 5，分成 4 格。还有一个木头架子放一些箱子。除了房间里边有书架，厅里面也放了一些。这些家具不是买的，都是向学校租的。家具样式基本都一样，不像今天有各种各样的。我父母他们两个的书桌，带两个抽屉，一个大抽屉一个小抽屉，

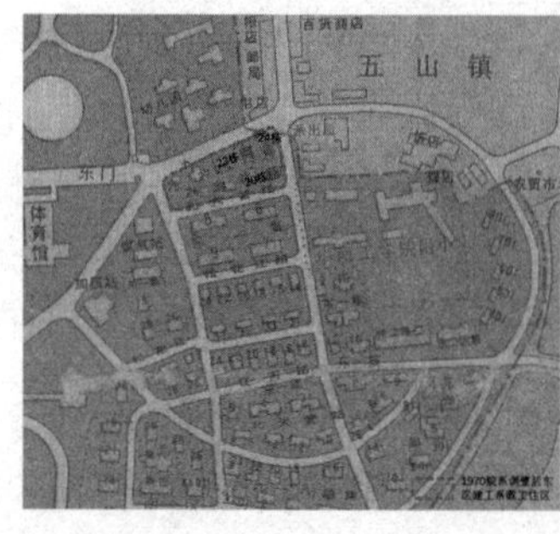

东区北大营、九一八住区示意图

华南理工大学档案馆提供 1987 年校园底图改绘

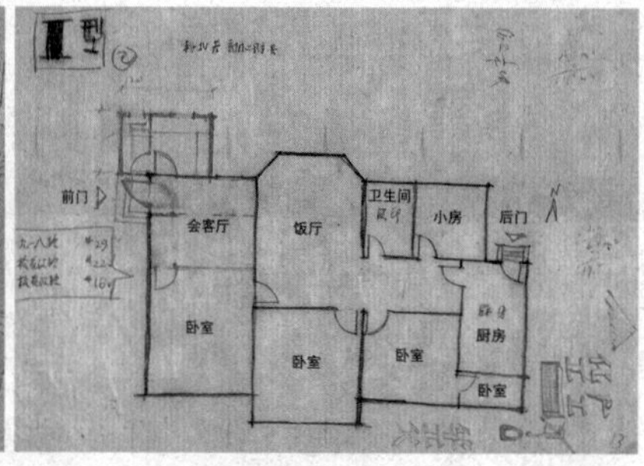

北大营 20 栋平面草稿图

华南理工大学档案馆提供底图改绘

小抽屉的下边有一个两格的柜可以打开来放东西的，比较简陋。他们两个人对面坐，那个时候没电脑，就在桌子中间搞了台灯。那盏台灯在那个时候是比较漂亮的，一对绿色的玻璃灯罩，有点苏联的味道。他们各自面对面看书。

夏 那个时候物资匮乏，有什么改善生活的途径吗？

陆 | 养鸡、养鸭这些都有。我们家养了几只鸡，因为鸡生蛋。到外边农贸市场买些小鸡，然后慢慢养大，养到它生蛋。养公鸡会吵到别人，所以一般养公鸡比较少。但是周边区域只要有一只公鸡，就解决了下蛋再孵蛋的问题了，要么吃鸡蛋，要么继续孵小鸡，再养大下蛋。现在我们经常讲到鸡瘟，要把它埋掉处理。那个时候鸡不发瘟的话还没有鸡肉吃，就是鸡有问题非得要杀了，才能吃上鸡肉，平常不怎么杀鸡，主要是生蛋。

夏 您在西区住到什么时候呢？

陆 | 1970 年的时候，华南工学院分成广东工学院、广东化工学院。我们建筑工程系属于工学院，但我住的西区变成化工学院的地盘了。化工学院的人，无论你住东区哪个地方，全部往西区那边走；凡是工学院的，全部往东区走。我们就到了北大营路 20（号）栋。在这个区域里边很多建工系的老师，刘管平[3]老师就住在我们斜对面的 23（号）栋，24（号）栋我记得是罗宝钿[10]老师。

夏 房子户型是什么样的？

陆 | 那个房子应该是两厅三房。两个厅里面有一个是会客厅，有外边的学生来的时候能从檐廊进来，先到客厅能够有个接待空间，另外一个厅就是自己家人的在里边吃饭，可以不受干扰。有前后门，后门是进厨房，旁边有个小房，隔壁是个卫生间，再有两间大一点的房。当时搬进去的话，你会想我一家人住在里边好舒服是吧？

夏 应该可以很宽裕了吧？

陆 | 但我们是三户人住在里面。大房间给了土木系的教授陆能源[11]。我们是住在中间那一段，一间主卧室，还有一个饭厅，饭厅相当于过厅的，因为别人要穿过我这个厅才能够到卫生间和厨房。还有一间大房、一间小房的是另外一户的。

夏 一间房怎么住得下一大家人？

陆 | 父母到干校去了，只有我和妹妹单独在这里，妹妹读附小，我那时候在附小读初中。上学离家非常近，所以我一般是预备铃响，我才到学校去。因为预备铃响的话还有一段时间，我从家里面走到（教室）比老师从他办公室过去还要近。就是因为很多人都到“五七”干校了，在韶关曲江县枫湾公社。所以认为没有这么多人留在广州，不需要这么多的房子。

夏 等到父母从干校回来这里一间房就没法住了吧？

陆 | 他们 1972 年从“五七”干校回来以后，这个房子就不够住了。这样又向学校申请房子，就到东一集三。它是两层楼，下面那一层是南边路进去的，上面那层是从北边进去，有一定

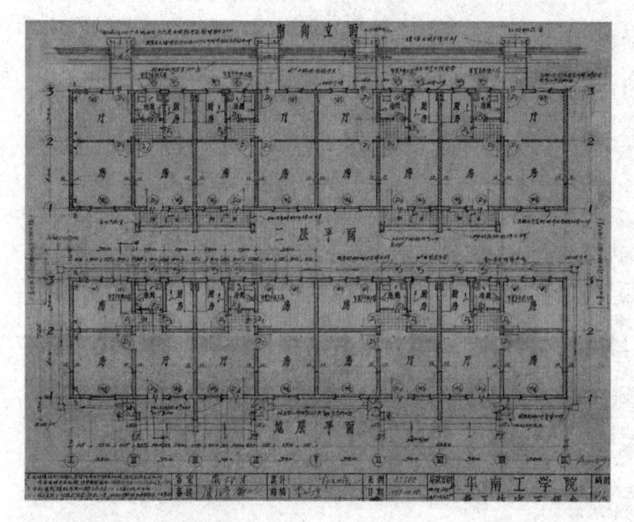

东一集三首层、二层平面图

华南理工大学档案馆提供

高差的，所以有一个桥跨过去。户型是一厅两房，我们住在二楼 203 号。

夏 两间房您和妹妹都大了，怎么分配呢？

陆 | 我当时去重庆读大学了，平常是住校的。假期回家，挤一挤就过去了。我父母住一间房子，有时候我外祖父也过来，就把其中一间房隔开，里边一间外边一间，就又变成三室了。

夏 那也是很拥挤了。

陆 | 我重庆那边上大学 1982 年回来以后，家里房子太小不够住了，就去申请了另外一间我自己住，是东区的单身教工宿舍，都是一间的房，公共卫生间，是给单身的老师住的。因为那个时候我父亲已经当了副教授了，可以申请更大面积，但这个时候也申请不到一大家住的三室，没有这种房子空缺了。在单身宿舍我是住最端头的一间，好处是南北都有开窗，其他的房间要么就朝南开，要么就朝北开。

夏 您当时是在外面工作的？

陆 | 我在广东省建筑设计研究院上班。早上 6 点多钟出发，骑一个小时自行车到省院。下班以后，5 点多钟又骑自行车回来。一直到我在省院分房子以后，我就搬到那边去了，这个单间房子，后来我妹妹住在里边。

夏 您是 2004 年转回学校工作后分房到南一宿舍 24 栋吗？

陆 | 不是，我省院的房子房改了，如果要分学校的房子就必须把原有的房子退了，到这边就是租房子。我想我退了不划算，所以南一宿舍 24 栋就是买的别人的二手房。我父亲就住在 27 栋，只隔了一栋房子，离得比较近。

夏 当时买下来价格高吗？

陆 | 价格那时候算高，但是现在来讲不算高。应该是 2006 年 40 万元买的。那个教授是到凤凰城去买了房子，所以不在这边住，他家里因为长期没人被盗过两次，就想不如卖了。他要是再晚两年卖房子的话，价格就升上去了。2007 年开始房价就升上去。

夏 您住进去 24 栋后有改造过吗？

陆 | 这个房子厅是比较小的，我就把前面阳台封了，把窗下边的墙拆掉，厅变大一些。这样子厅北侧能够吃饭，南边这部分就做了会客厅，放沙发和电视。套内有 90 个平方，几个房间相对来讲是比较大的。不太好的设计就是厅对着的门太多，所以摆不了什么东西，沙

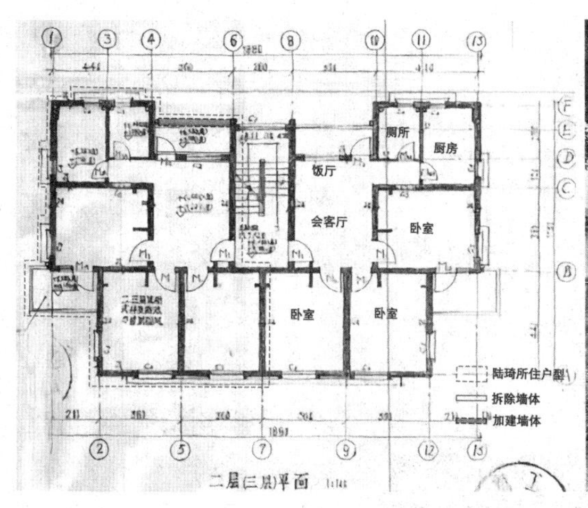

南一宿舍 24 栋陆琦户型平面改造示意

华南理工大学档案馆提供底图改绘

南一宿舍 24 栋现状照片

夏湘宜摄

发也摆不了大的。

夏 南一宿舍现在也没有加电梯，陆元鼎老师生活会不方便吧？

陆 | 这里也加不了，所以他现在基本上都不下楼了，没办法下楼。

肖毅强、杨焰文夫妇的居住变迁

夏 小时候您在哪里住呢？

肖 | 我父亲最早的房子大概是辽河路国立中山大学时期的乙种住宅[12]。当时是跟一家人合住的。但是我完全没印象了，因为那时候很小。肯定是共用卫生间、厨房的。60 年代还没有太多的建设。

大概七二年从这里（平房）搬到了南一集二。我住在一楼，应该是三个梯口里中间梯口西边这一户。

这个位置有前后院。前院就是集一和集二之间的这条道路，基本就成了楼下的社交空间，我在这里跟邻居的小孩，那些哥哥姐姐、弟弟妹妹玩。

后院是山，以前叫凤凰山，也是这些房子现在叫凤凰新村的原因。南一集二往下这排房子（凤凰新村 6 号）当时还没建，山是荒山。山上有很多周边农民的坟，我们小朋友也叫它坟墓山。这个（东边和凤凰山隔水塘相望的山头）叫茶山，因为茶园在这。当时我们小朋友的活动范围，基本上包括凤凰山、对面的茶山、水塘，在

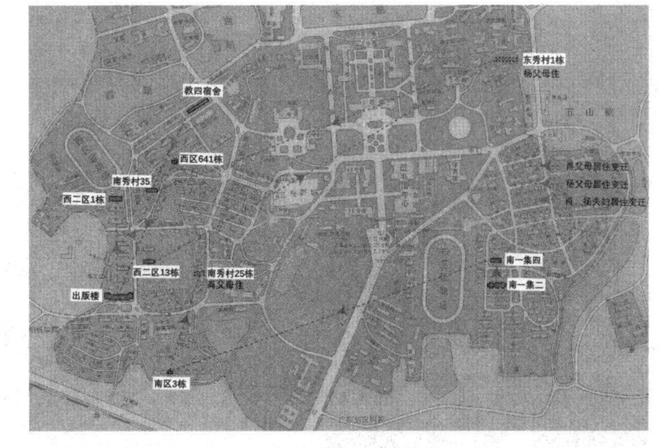

肖毅强、杨焰文夫妇校园内居住变迁示意

华南理工大学档案馆提供 1987 年校园底图改绘

辽河路国立中大石牌校区教职员乙种住宅现状照片

夏湘宜摄

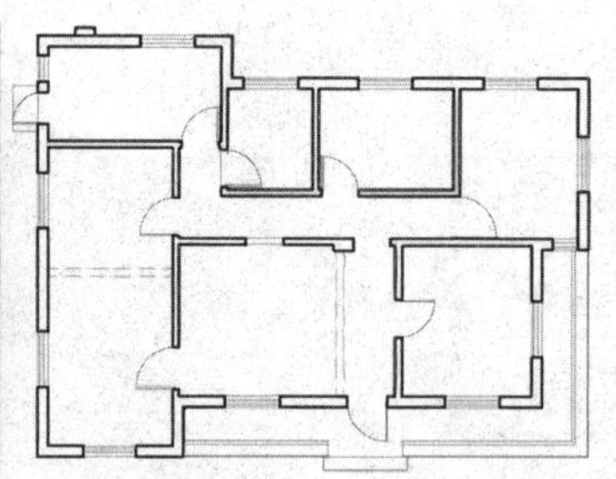

辽河路国立中大石牌校区教职员乙种住宅现状测绘平面图

引自 冯倚天《国立中大石牌校区教职员住宅建筑研究》

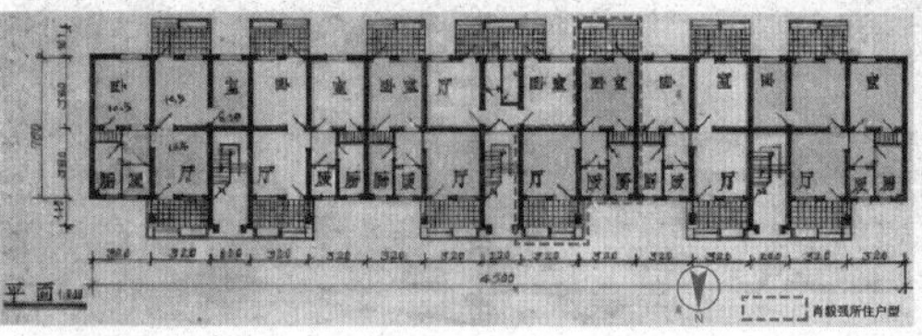

南一集二首层平面图

华南理工大学档案馆提供底图改绘

南一集二现状照片

夏湘宜摄

自然环境里满山跑。

当时住在这边（东区）的话，生活有几个便利。以前社区服务就是这几个，饭堂、农贸商店、煤电供应。

第一个就是当时在东一集 20 栋这里有一个饭堂（教二饭堂）。我印象最深的就是早上早早起来要去饭堂，去买早餐，都是什么牛奶、馒头这种。第二个是当时华农还在，五山街道也没有那么大，就这一条街，有几个商店，都是国营的。在现在五山地铁站 B 出口路口的位置，有个农贸商店。每天定量供应，菜肉都在这，所以经常要跑到这里来买菜。暑假的时候固定工作就是跑去排队买菜。

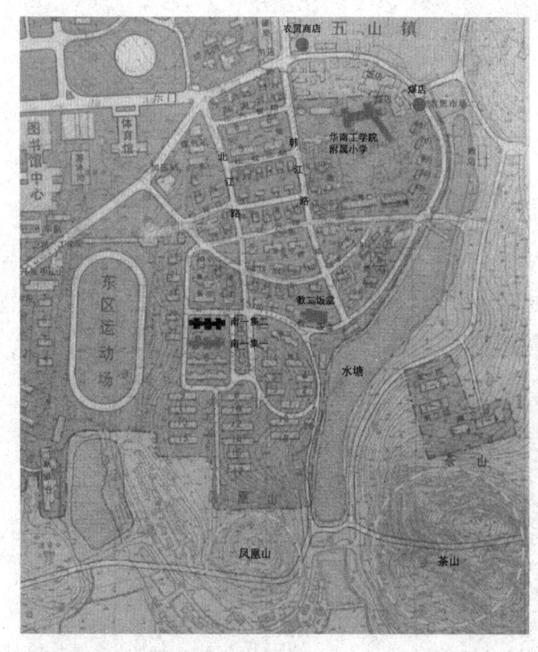

肖毅强南一集二时东区生活范围示意

华南理工大学档案馆提供 1987 年校园地图、肖毅强提供 50 年代校园地图叠加改绘

（五山街道）这条路下来还有一个生活必需品，就是烧煤炉的煤。因为我是家里老大，父母去忙了，我是可以自己六七岁就开煤炉煮饭。煤是怎么运回来的？要到单位的后勤处借一个推土的斗车，买一车推回来的路全是上坡路，不是走北江路就是韩江路，难度大的就是推坡，要老爸在前面拉，我在后面推。煤每个月是定量的，根据家里有多少人口。所以煤要非常节约地用，因为定量供应，用完以后，只能去煤店买煤粉，自己再加工。煤粉拌一些黄泥，然后搓上水，再借来专门做蜂窝煤的模具，做完以后在院子里晒。当然燃烧值不会很高，而且废气也很重。而且用煤炉时，为了第二天一早就能开炉，不能灭掉，所以一般把煤炉风门剪得很

小，一点点进风量，保持它依然在那里烧，会有一氧化碳跟废气。这个时候我在厅里头做“厅长”（睡在厅里），所以我的呼吸道在小时候就有问题。但是这些都是没办法的，因为生活条件决定了供能方式是普通的蜂窝煤。环境空间不够，也没办法隔离开。

夏 您上小学就是在华南工学院的附属小学？

肖 | 对，我上学的路就是韩江路走过来，上完学就又去玩了，跟同学基本上活动范围就在东区。对东区特别熟，每户住什么人，院子里有什么果树。我总记不得很细节的东西，但是玩的东西还记得一些。我刚才说茶山，我们玩茶籽，拿茶籽来互相顶，看哪个的茶籽硬，硬的茶籽会把软的茶籽给顶爆。那时候都是发明工具、发明玩法自己玩，也没有读书的概念，基本上天天在玩，也没人说一定要读书。

夏 后面什么时候有改善呢？

肖 | 在大背景下，调房子一般会选就近的。我爸当时工龄够长，家里人多，集四比较新、面积又稍微大一点，我们就搬去集四三楼靠西边这一户。

到了集四的时候，我们就都大了，家里三个男生很挤。这个平面挺坑的，厨房跟卫生间套在一起，只有一个洗台。一厅两房，两房还串套。串套的地方我们用很薄的纤维板，做了一个L形的布局，北边可以打开，里面就只能做一个碌架床。我相当长一段时间也是当厅长，两个弟弟在里面，父母在这（南卧室），有个阳台，也就是种一些简单的花。

夏 所以当时是没有书桌的？

肖 | 没有的，就拿个小板凳在饭桌上做作业，或者趴在床上。我们厅里的床就是那种拖床，拖出来是床，收进去是沙发。这种家具是自己造的。

夏 三个男生这种户型确实很难住得开。

肖 | 我爸升副教授就住到西区了。当时为什么住这？因为这里是一个大厅三房，虽然是个平房，还是老房子，但在集四就不够住。一家三个男生，只有一个小两房，房间还是不像样的小房。所以当时没办法，就只能还在这边等，因为东区还是生活方便，不然就去西

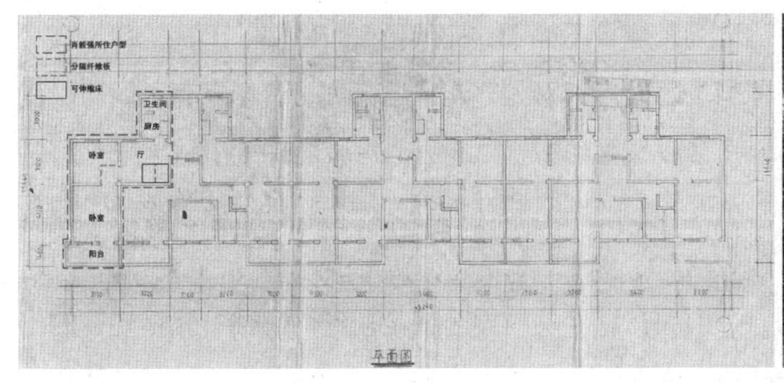

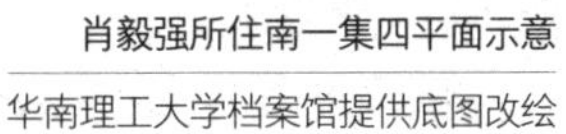
肖毅强所住南一集四平面示意

华南理工大学档案馆提供底图改绘

南一集四现状照片

夏湘宜摄

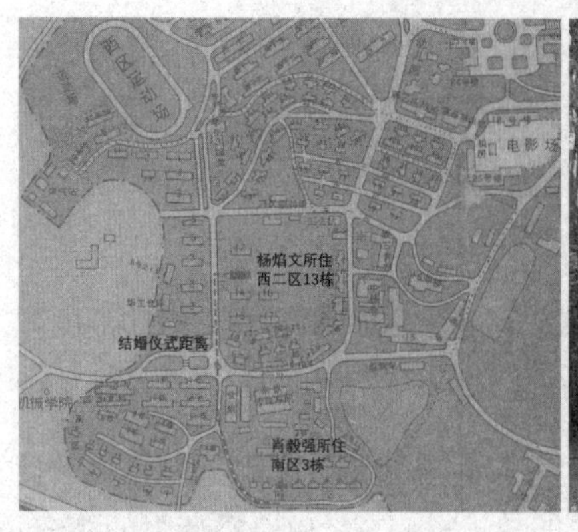

肖毅强、杨焰文结婚仪式距离示意

华南理工大学档案馆提供 1987 年地图改绘

肖毅强、杨焰文教授结婚照片

肖毅强教授提供

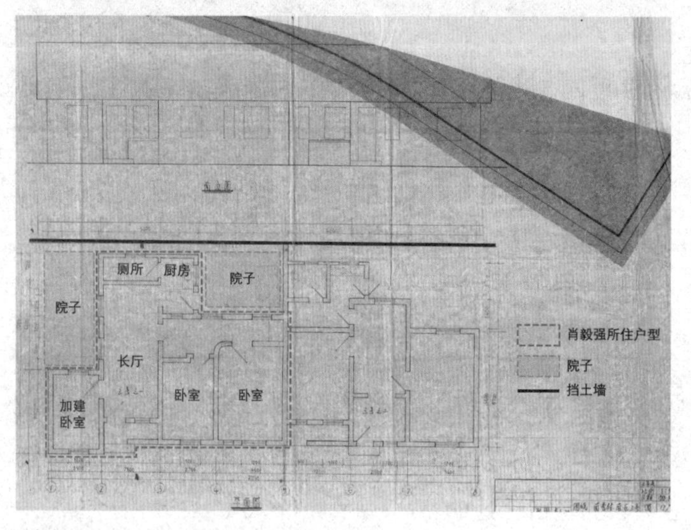

南秀村南区 3 号南立面、平面户型示意

华南理工大学档案馆提供底图改绘

区那边大一点、没人要的房子，所以在我大二八六年就搬来了，住宿舍，偶尔回家里住一下。

我跟我太太结婚也是在这里办的。我们结婚仪式性活动的距离是非常近的，我爸的家在这，我太太家在上面。

这个户型它是两栋双拼的，一进门有个小房凸出来，是加出来的。里边有两间房，有一个长厅。后面是厨房，旁边是卫生间。再后面是挡土墙，因为后面是山了。隔壁的围墙和挡土墙围合成两个小院。隔壁加的小房和我们的小房一拼它就基本上连起来了。进门高起来的有个台阶。我们当时结婚的照片，门外是竹林，门有点像柴门，就像乡下一样。

杨焰文成家前随父母西区搬迁

杨丨我也是华工子弟，出生在华工。我父母六五年左右结婚的时候，住单身宿舍，就在我们结婚的那栋楼（教四）前面，是对着湖的，也是筒子楼。

等到我出生的时候，就在西区运动场东侧 641 栋了。应该是独门独院的一栋，每一栋房子里边起码都有一个三房一厅。但他们是跟另外一家人一起住这个房子。本来有三间房，我们两间，另外一家少了一间房，所以在客厅又给他们家建了一间房，就相等于每一户都有两房一厅，但是厨房厕所是共用的。我从婴儿的时候就住在这里，后来父母下放劳动去了韶关枫湾“五七”干校。

这种我都是从照片里面看到的，等到我有印象的时候已经是搬到培育楼，就是现在的出版大楼。出版大楼类似于大课室一样的，就在一个大课室内建了很多间，内廊，每户都是一条条的。我们住在这的时候，分给大家的面积是一样的。就是一个方块，你自己在里边间隔。

我们家是间隔成一间房一间厅，在厅里面再建了一间小房。房是比较大的，所以我和妹妹有一个人会跟我爸妈他们睡，我爸妈睡一张双人床，小孩就睡一张单人床，另外一个孩子就睡在客厅里隔出来的小房间。做饭大家就都把煤炉放在走廊里。

夏 内廊会不会很不通风?

杨丨也还好，因为它直通通的一条，也不算是特别长，公共楼梯也很宽。那时候大家生活比较苦，如果有一家煤炉熄了，整个走廊就都是烟了。

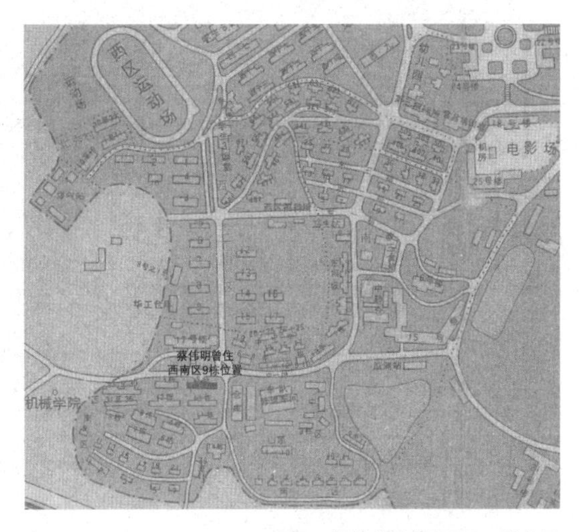

杨焰文所住西区 641 栋位置

华南理工大学档案馆提供 1987 年校园地图改绘

那应该是我读幼儿园的时候。我们比较开心的，因为这块地前面就有很多很大的树，远比现在看到的还要大。我们整栋楼的小孩子，会在院子的大树底下玩。

等我读小学的时候，我们就搬到西二区 1 栋。大概是有 32 个平方，一房一厅。那个房子还挺有意思的。一梯四户，四种户型，再两栋镜像拼在一起。

只有两端头的两户，是能够拉通的。中间这两户他们的厨房、厕所要穿过走廊，客厅完全是用走廊的窗，楼梯西边这一户是最可怜的，只有一房一厅，卧室里床放完以后摆两张书桌，可能放一个衣柜就什么都摆不了了。我们家客厅里面用很薄的纤维板建了一间很小的房子，所以这个客厅是有点异形的。

夏 这样的户型邻里关系如何?

杨丨有公共区域的卫生谁来搞的问题。大概是 80 年代初，中间这户的叔叔考去日本留学，这家阿姨只带着一个儿子在这里。因为先生不在，她就有很多时间要打发，会每天拿一盆

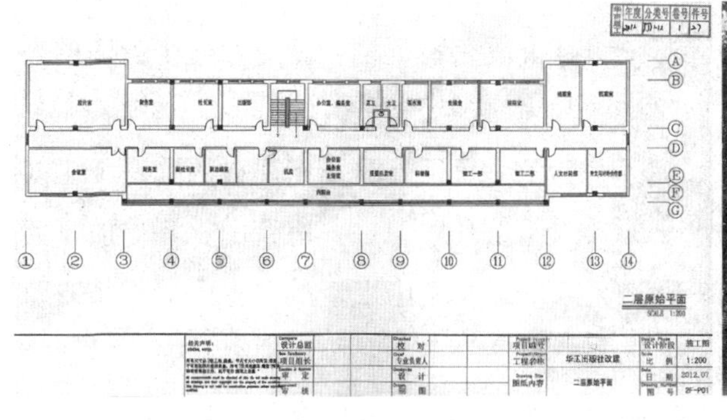

华南理工大学出版楼 2012 年二层平面图

华南理工大学档案馆提供

华南理工大学出版楼现状

夏湘宜摄

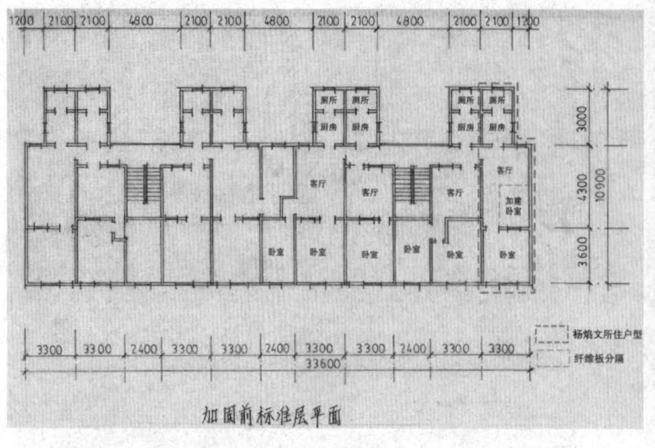

西二区 1 栋标准层平面

华南理工大学档案馆提供底图改绘

西二区 1 栋现状

夏湘宜摄

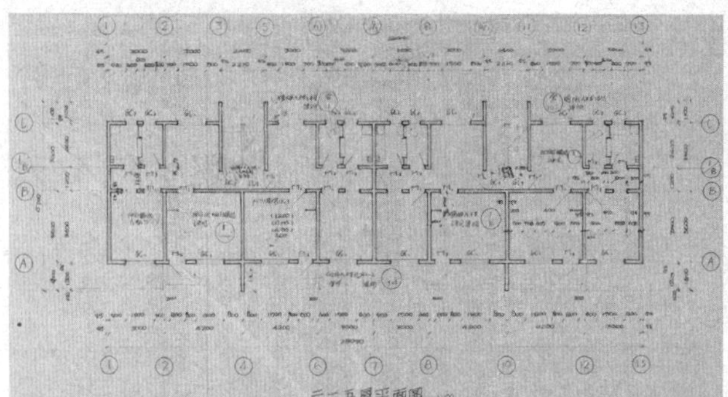

西二区 13 栋标准层平面

华南理工大学档案馆提供

西二区 13 栋现状照片

夏湘宜摄

肖毅强、杨焰文教授婚后生活路线

华南理工大学档案馆提供 1987 年地图改绘

水把我们这一层的楼梯和平台擦得特别干净。但是也有一个（问题），因为住得这么挤，像我们楼下的两口子老是吵架，整栋楼都知道他们在吵架。还有小孩子我们在楼下玩，某个女孩子喊一声“妈妈”，因为小孩子的声音没有特征性，就有四五个窗口的妈妈都探头出来。

而且当时我们现在的这一个山头还没开发，是一座荒山。我们放学后都是在荒山上玩的，上山摘果子吃。我是觉得小时候真的很幸福。

夏 确实是让人羡慕的童年了。

杨 | 就那样直到我考高中就搬到

了西二区 13 栋。一直住了很久，住到我女儿出生，从八二年一直住到九七年。

夏 在这里和肖老师结婚的对吧？

杨 | 我们结婚的婚房是教四单身宿舍，共用的厕所，要在楼道里头煮饭。因为我们两个爸妈都在华工，所以我们俩不做饭的，各自回家蹭父母的饭，洗完澡，肖老师再从他们家上来叫上我，再一起回教四。

直到我们生了小孩，还是住教四的。但是我们不可能在教四养小孩，我就一直住在我妈这边。那个时候我父母去睡小房，一人睡一个单人床，我带着小孩睡他们那张大床。因为肖老师在我生小孩的时候刚好在同济（大学）学德语，他人也不在，只能寒假的时候来看我们一下，他就自己住教四。现在想想还挺艰苦的，但是过完也不觉得了。

肖毅强、杨焰文夫妇成家后筹划自建房，自己与父母住房改造与时俱进

夏 可以讲讲您南秀村 35 栋自筹建房的由来吗？

肖 | 我住在教四的时候，就在琢磨这事了。1993 年结婚了还住在那里，我说不能一辈子住筒子楼，就跟那些同层的罗卫星[13]等好几个老师一起商量，说利用学校政策捣鼓这个事。后来这个房子是 1995 年开始建的，我去同济学德语就没参与施工。施工图是罗卫星老师出的，我是出到初步设计就交给他了。

夏 当时初步设计您有什么想法理念吗？

肖 | 第一个，你看好多人是把楼梯放北边是吧？好处就是不占用南边的面宽。但当时我们拿的这个地不缺面宽，南向入口形象也比较好，坡一上来就看到，不需要绕到北边去，所以楼梯放在南边了。

楼梯步级当时请教了金振生[14]老师。我就问他，我们现在做住宅要是不从经济考虑，你觉得最合适的步级是多少？他说你每层比原来住宅规范加一级，那就很舒服了。所以我们楼梯是做得很舒服的，按 15 厘米（高）、30 厘米（宽）公建的标准做的，在 4 楼以上还加了座椅。我们当时很年轻，但想到万一老的时候还住在这，就有个适老的问题。

还有就是平面可以随便改。因为看到平面每户都有自己的想法，所以我们每层都不一样。有些人就要求房间多，有些要求客厅大，阳台有些是保留开敞没有像我们全部都封上，各种各样的都有。

但是这里有一个结构性的错误，我要是理想一点，这个柱子就不放。

南秀村 35 栋入口现状

夏湘宜摄

夏 但现在这个柱子也还行，有一些隔断空间的效果了。

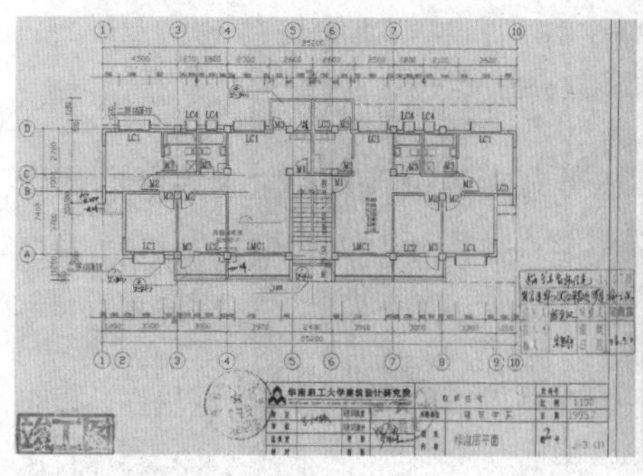
南秀村 35 栋竣工图平面

华南理工大学档案馆提供

南秀村 35 栋肖毅强家中客厅

夏湘宜摄

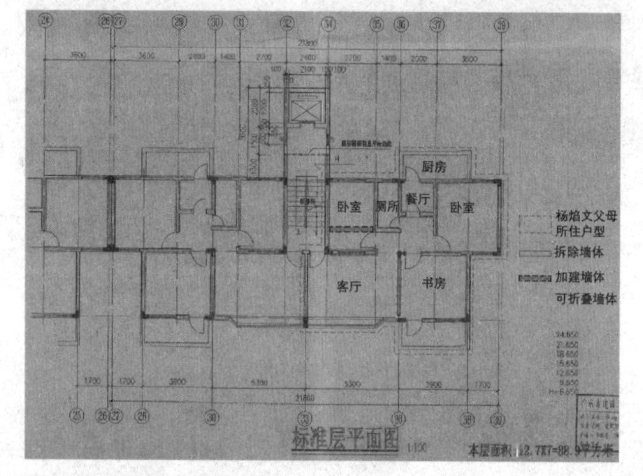

东秀村 1 栋户型改造示意

华南理工大学档案馆提供底图改绘

肖丨刚才不是还可以绕着转圈（笑），但要是没有就更爽了。

夏 当时的停车是有规划过的吗?

肖丨设计的时候已经预见到这个问题了。当时流行的做法是在一楼做储物间，我们也争论一楼怎么办。比较激进的方式是一楼不做储物间就架空停车。后来想一想，还是要储物间，要放好多东西。

但我们也算是预见了快 30 年，将来一定是要车，而且家里不止一台车。因为那时候我们几个老师都有车。那至少要保证每户要有一个车位，这样来布置下面平面的。不过也是算强占了，除了南边这块地，北面我们做了个挡土墙划到我们的范围内，楼南楼北都能停车，这样我们确实不缺停车位，经常还有隔壁栋的把车停上来。也只有我们这种相对独立的用地才能做到，当时有一些政府、学校统一建的，就做不到这个标准。

夏 自筹设计的话价钱会比较便宜吧?

肖丨我们这种自筹的话，只是出了施工成本价。建筑师都是自己设计院的，自己审，自己出结构图，签名都罗卫星老师签名，不用给人家设计费，自己也不用给自己设计费。最后就完全是成本价。

杨丨1997 年，我们这个房子（南秀村 35 栋）和我爸他们又分到东秀村的房子，还有我妹后来在天河北买了房子，这三个房子在同一年落成。我们基本上那一年都在搞装修。等到装修完一下子大家都解放了，都住得很舒服了。

夏 您父亲的房子分在哪里呢?

杨 | 在东秀村 1 栋，那边是三房两厅 86 平方的，那个时候住得比较宽敞了。因为我们俩做建筑，就把平面重新调了一下。整个东秀村可能我们家厅是最大的，把跟厅对着的房的一堵墙挪到走廊的另一边去了。

生活阳台我们把这一堵墙砸了，挪进来跟厕所平了。书房的门是可以完全敞开。原来的厨房位置变成餐厅。次卧因为把墙挪了一下，房间稍微缩小一点，就放了一张 1 米 5 的床，还有一个衣柜。主卧就比较方正比较大了。

我跟女儿也是搬过来这边住了，我跟女儿一间房，我爸妈在一间房。还请了一个保姆，保姆就住书房，平时她把床收起来就是一个书房，晚上才把床摊下来。

1997 年我和肖老师去德国，女儿就跟着我爸妈，2000 年回来我们就住去南秀村 35 栋这边了。

夏　南秀村 35 栋加建电梯是什么设计思路呢？

肖 | 2012 年加建的。原来南边是楼梯，加电梯为什么要在北边加？为了平层进，解决老人的问题，要是我们在楼梯这里加，就只能半层上下。华工现在还有好多老旧小区，加电梯改造完还是错了半层，无障碍就有问题，不能真正适老。

杨 | 像我父母东秀村 1 栋的房子加电梯，是从楼梯半层休息平台进，要上半层才能到达居住空间，这个电梯实际上是没有用的。因为我爸要坐轮椅的话，轮椅抬不下去很重的。最后我把我爸妈都接过来，在隔壁租了缪军[15]老师的房子。他们原来的房子靠近地铁，所以出租很容易。

肖 | 我们加电梯的时候，就要加到外面接一条廊进来。像邓其生老师那个房子（东一集 21 栋），是原来就预留了电梯井，加个电梯就没事了。但是我们这一批的房子之前的规范没有要求，当时可能是 7 楼以上要求有电梯；后来规范更新再后面的房子基本上都预留了电梯井。

不过后来也顺理成章加电梯又把面积增加了。这里原来是个阳台，加电梯贴着做就可以了，但是我们都把它封起来改成厨房了。所以报建的时候这里就是厨房，不能从这进，得多条廊从门口进。所以

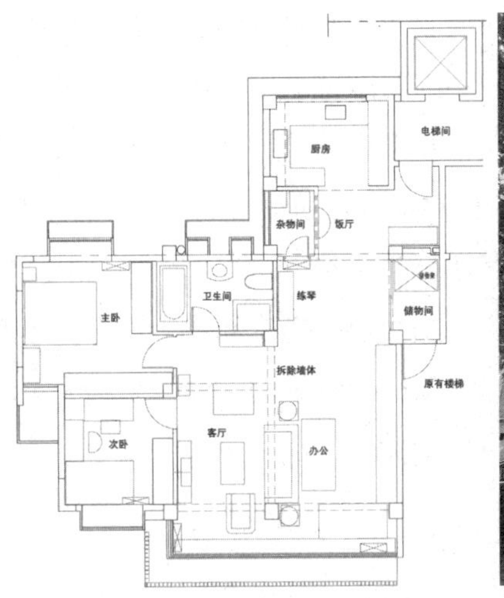

南秀村 35 栋肖毅强家改造平面

肖毅强教授提供

南秀村 35 栋加建电梯现状示意

夏湘宜摄

南秀村 35 栋肖毅强家中客厅、书房、餐厅、厨房打通效果

夏湘宜摄

现在看到的厨房这个位置都是加出来的，现在电梯这边就变成一个入口，进门的区域了。

夏 您的户型也是当时改造过的吧？

肖 | 户型上，以前厅、书房是两个房间，里面是小孩房，我们的是主人房。后来小孩出去读书，我们加装电梯的时候重新装修，就直接厅、书房打通，也算比较超前。就觉得这个功能没必要再分隔，而且也方便交流，你看这个做饭啊，工作啊，人全是可以互相看得到的。

厨房我们也升级了。最早（供能）是用蜂窝煤，我们第一轮装修是用煤气，现在主要用电，觉得煤气没有办法定时，年纪大了以后就是会忘记。我们还有很大一个洗碗机，解放劳动力，洗碗（的时间）我可以去干活去了。

杨 | 其实还有很多厨房电器的升级，不断地去适应新的生活方式。像我们现在还搞个烤箱，但用空气炸锅小小的一个东西可以解决很多问题。厨房电器很多是针对现在年轻人一两个人（小型）家庭的新设计。

肖 | 但那些旧的房子，像现在我父母家水龙头冷热水都不搞。用洗碗机觉得浪费水、浪费电，还要洗那么长时间。这几十年生活很长，但实际上对他们来说是很短的，从工作到现在搬了 5 次房子，有些东西是没变的，他也不想去变。

杨 | 我们不是，我们每一次都会有升级，因为是专业做设计的。有些别的学院，别的专业的老师就不一定懂。我觉得做人还是要保持跟社会的开放和链接，要保持一种开放的思想。

卫生间也是根据时代的不同，生活水平不同，不断在升级的。我父母他们搬到这里来的时候，为了设蹲便器还是坐便器，我跟他们发生了很大冲突。他们就坚持不要搞马桶，要搞蹲便器，等到岁数大了像我爸他都要坐轮椅，让他去蹲下去，蹲不了的。

肖 | 几十年的住宅发展，相对来说还是很短的一个周期，搬不同的房子，面积越来越大，但是厨房、卫生间、无障碍其实挺重要的。

像华工这样的老社区确实面临百年住宅的问题，家庭会不断演变，小孩会从小长大再搬出去，留下老人自己。老人以前年轻的时候没问题，年纪大了腿脚不方便，就有适老化的问题了。其实我们平面改造还挺好地演绎了这个过程。

”

1 国立中山大学，是今中山大学、华南理工大学和华南农业大学等院校的前身，原名广东大学，是孙中山先生于1924年创办的。国立中山大学石牌校区，是1932—1937年间，按照孙中山先生的遗嘱，由建筑师杨锡宗规划设计，在广州石牌地区规划建设国立中山大学新校区。

2 陆元鼎，1929年出生，1952年毕业于中山大学建筑系，留校担任教学工作。1966年“文化大革命”开始，陆元鼎被下放至广东韶关曲江县劳动锻炼。1972年初返校。长期从事中国传统建筑理论、中国传统民居的教学与科学研究工作。

3 1968年11月，华工教师下放“五七”干校。下放到干校的干部、教师直至1970年底大学恢复招生后才陆续调回学校。1972年2月，华工最后一批下放教师调回。

3 赵孟琪，1954年秋毕业分配到华南工学院建筑系美术教研组，在符罗飞的指导下，进修绘画与雕塑。

5 工农兵，即“文化大革命”期间的工农兵学员。1966年取消全国高考后，从有实践经验的工人、农民中间实行群众推荐、领导批准和学校复审相结合选拔学生。1972—1976年华南工学院建筑系招收工农兵学员。

6 刘管平，1934年出生，广东大埔县人。1958年毕业于华南工学院建筑系，后赴同济大学进修，结业后任教于华南工学院。1986年晋升教授，曾任华南理工大学建筑学系主任。

7 何静堂，1938年出生，广东东莞人，1961年华南工学院建筑学专业本科毕业，后继续攻读研究生，1965年毕业。1983年，调入华南工学院任教，1999年当选中国工程院院士。其工作室位于华工附小附近，由始建于1932年的老中山大学教授住宅区改造而成。

8 装配式大板建筑是将预制的内墙板、外墙板、楼板、屋面板、楼梯段等配套构件组装成以承重墙板为主的全装配板式结构的建筑。20世纪70年代末80年代初，为推行建筑工业化，我国政府大力推广装配式大板建筑，但保温隔热、隔音和抗震等方面存问题。

9 即华南理工大学6号楼，也称建筑红楼。该楼由岭南近现代著名建筑师杨锡宗设计，于1933年3月动工，1934年8月初竣工。1952年开始至今为建筑学院使用。

10 罗宝钿（1928—2010），1952年毕业于中山大学建筑系，后于清华大学攻读研究生学位，师从吴良镛先生，1955年任教于华南工学院，长期从事城市规划与城市设计的教学与研究，是国内最早开展城市规划研究的学者之一。

11 陆能源（1915—1982），广东三水人，土木结构专业三级教授。1952年调入华南工学院任教。长期从事钢筋混凝土结构研究，主讲钢筋混凝土结构课程。著有《砖石结构构件计算》（陆能源、姚肇宁、刘云亮合著，中国建筑工业出版社，1981）。

12 国立中山大学时期教职员住宅始建于1936年，由杨锡宗、林克明、方棣棠、郑校之四位岭南建筑师分别设计了六种住宅。乙种住宅由林克明设计，共7栋，辽河路分布有4栋。平房，砖木结构，建筑面积94.9平方米。

13 罗卫星，1957年出生，1982年华南理工大学本科毕业。1982年至今，华南理工大学建筑学院任教。主要研究建筑与环境设计方向。

14 金振生，1927年出生，浙江杭州人。1944—1948年就读于国立中山大学，1950年回到国立中山大学建筑工程学系任教。1981年晋升为教授，主讲住宅建筑原理与设计等课程，是改革开放后华南工学院建筑系首位系主任。

15 缪军，1964年出生，1988年清华大学建筑学系本科毕业，1991年毕业于重庆建筑工程学院建筑学系，获硕士学位。1991年至今在华南理工大学建筑学院任教。长期从事建筑设计理论研究，主要研究方向公共建筑设计与理论，侧重酒店、办公、观演建筑等方面。

参考文献：

[1] 刘玲 . 高校单位社区属性特征演变及其动力机制 [D]. 广州 : 华南理工大学 ,2018.

[2] 冯倚天 . 国立中大石牌校区教职员住宅建筑研究 [D]. 广州 : 华南理工大学 ,2019.DOI:10.27151/d.cnki.ghnlu.2019.004000.

[3] 吕俊华 , 彼得 · 罗 , 张杰编著 . 中国现代城市住宅 1840—2000[M]. 北京 : 清华大学出版社 ,2002.

[4] 刘战主编 . 华南理工大学史 (1952—1992)[M]. 广州 : 华南理工大学出版社 ,1994.

何玉如先生谈1963年参加国际建协古巴哈瓦那大会的经历

2023年6月13日，84岁的何玉如先生在北京家中接受访谈

周汇可摄

1963年9月，时年24岁的何玉如作为清华大学研究生代表参加UIA，在哈瓦那古巴国会大厦前

受访者简介

何玉如

男，1939年2月出生于浙江平湖。1956年考入清华大学建筑学系（1960年与土木工程系合并成土木建筑系）。1962年毕业，是全班80多名学生中唯一的优秀毕业生奖章获得者，经过考试得以继续攻读研究生，拜汪坦先生为师。1965年毕业后分配到建设部设计院，不久便被下放到内蒙古和湖北的工地劳动，1972年调到从北京搬迁到湖南的机械部第八设计院工作，从事工业建筑的设计。80年代初转调北京市建筑设计院二所，先后任主任建筑师和院总建筑师。兼任清华大学、北京建筑工程学院客座硕士生导师，首都建筑艺术委员会委员，第九届中国建筑学会理事和建筑师分会秘书长。2000年评为“全国工程勘察设计大师”。2002年退休后在北京建筑设计院建立工作室，工作到2009年。代表作品：深圳金丰大厦（1995）、北京首都宾馆（1988）、北京大观园宾馆（1993）、南通博物苑新馆（与吴良镛先生团队合作，2005）等。

采访者：何可人（中央美术学院建筑学院），周汇可（芝加哥艺术学院，视频记录）

访谈时间：2023年6月13日，2024年2月28日

访谈地点：北京朝阳区太阳星城水星园，何玉如先生家中

文稿整理：何可人

审阅情况：经受访者审阅

访谈背景：中国建筑界与国际建筑师协会[1]的联系始于1953年12月，UIA秘书处向中国建筑学会（简称“学会”）发函，邀请学会以国家身份加入国际建协。杨廷宝、梁思成和华揽洪[2]等第一代建筑师利用自己的影响力作出不可或缺的贡献。从50年代到60年代中期，中

国建筑学会一直派出代表团积极参加 UIA 的活动。1963 年 9 月 27 日—10 月 4 日，UIA 在古巴首都哈瓦那举办第七届大会[3]。学会派出由杨廷宝和梁思成带队的代表团参会。当时为冷战时期，国际局势异常复杂和敏感[4]。访谈当年代表团中最年轻的成员，清华大学建筑系研究生何玉如先生，以其亲身经历反映中华人民共和国成立初期中国建筑界与国际建筑组织的联系和学术交流情况，折射出当时地缘政治对建筑思想的影响，同时展现新老建筑师之间的交往。访谈整理期间参考了当时代表团成员、建筑学会的刘云鹤在《建筑学报》发表的总结文章《国际建筑师生会见大会、国际建协第七届大会及第八届代表会议情况介绍》[1]，代表团成员殷海云和刘导澜发表的关于古巴农村建筑和施工技术方面的调查[2-3]，以及近年陆续出版的梁思成、杨廷宝等人的档案中，两人作为带队团长参加 1963 年哈瓦那和梅里达会议的经历[4-5]；同时也参考了古巴的《建筑与城市》（*Arqitectura y Urbanismo*）杂志 2003 年为纪念 UIA 第七次

中国建筑学会参与的国际建筑师协会（UIA）1953—1965 年主要活动年表

时间	事件
1953年12月	UIA秘书处向时任中国建筑学会的理事长周荣鑫发函，邀请学会以国家会员身份加入国际建协
1955年5月29日—6月1日	UIA第四届代表大会在荷兰海牙举行，学会派出8人团队出席，正式加入UIA，成为成员国；团队成员：杨廷宝（团长）、汪季琦、贾政、沈勃、华揽洪、徐中、戴念慈[5]、吴良镛
1956年6月20日—7月20日	学会派出12人团队赴波兰华沙出席UIA城市规划委员会学术会议； 团长周荣鑫、副团长梁思成，成员包括刘敦桢、华揽洪、林乐义、程世抚、吴景祥[6]、戴念慈、徐中、程应铨等；梁思成做报告；代表团在波兰多个城市参观访问
1957年9月5日—7日	杨廷宝、汪季琦、吴景祥、殷海云[7]等人赴巴黎参加UIA第五届执行委员会大会，杨廷宝当选国际建协副主席
1958年3月	学会派代表出席布拉格召开的UIA规划委员会的报告人会议； 团队成员有梁思成、杨廷宝等，梁思成做报告
1958年7月25日—28日	UIA在莫斯科召开第五届大会，派出19人团队出席，杨春茂为团长，梁思成为副团长； 梁思成代表亚洲大区做报告，杨廷宝同时参加了UIA执行委员会会议
1959年9月	杨廷宝赴葡萄牙里斯本参加UIA第六届执行委员会会议； 会议决定了1963年在古巴举办第七届大会
1960年9月5日—10日	杨廷宝等人赴丹麦哥本哈根参加国际建协执行委员会会议
1961年9月10日—13日	UIA在英国伦敦举行第六届大会，杨廷宝率团参加，并在同时举行的第七届执委会会议上再次当选副主席
1962年8月	古巴建筑师协会向中国建筑学会发出参加吉隆滩胜利纪念碑设计竞赛和评审委员会的正式邀请；中国建筑学会决定由杨廷宝担任评委
1963年9月27日—10月4日	UIA在古巴哈瓦那举办第七届代表大会，以及国际建筑教授和学生第一次大会，中国派出29人代表团参加
1963年10月9日—12日	墨西哥梅里达城举行第八届UIA执行委员会会议。中国代表团8人参加（正式代表5人） 杨廷宝再度当选为副主席；会议决定1966年在中国召开UIA大会，但没能实现
1964年5月22日—6月10日	杨廷宝出席匈牙利布达佩斯举行的UIA执行局会议
1965年7月5日—9日	UIA第八届大会在巴黎召开，杨廷宝、梁思成、殷海云等参加

据黎志涛《杨廷宝故事》[5]，华揽洪《回忆中国建筑协会加入国际建筑师协会的一段往事》[9]，以及刘亦师《梁思成与新中国早期的国际建筑交流（1953—1965）》[4] 等文献的描述。

大会举办40周年的特刊[6]，英国建筑史学家迈尔斯·格兰丁宁（Miles Glendining）撰写的关于冷战时期UIA国际活动的记录[7]，以及当时曾任UIA主席的英国建筑师罗伯特·马修（Robert Matthew）的个人传记[8]等国外文献。

何玉如 以下简称如

何可人 以下简称可

中国建筑学会与UIA

可 中国建筑界1963年参加UIA大会的代表团由哪些人组成?

如 | 学会派出29人[8]的代表团参加在古巴哈瓦那举行的UIA第七届大会与第一次国际教授和学生会见大会。UIA大会之后，杨廷宝和梁思成等人继续赴墨西哥的梅里达（Merida）参加UIA执委会第八届会议。1965年，杨廷宝和梁思成等人再次参加UIA在法国巴黎的第八届大会。

可 在学会参加古巴UIA大会和国际师生见面会之前，同年的早些时候，曾有一个建筑团体造访古巴，建筑学会的刘云鹤曾写过一篇报道[26]，这个事情您是否知道?

如 | 这个事情不太了解。

可 当时出国之前需要经过培训吗?

如 | 需要。我们的培训大约有两周。第一周是在三里河建设部，听报告，学习古巴文化，也学几句西班牙语。同时学习的还有一个文化部5人艺术家代表团（其中有钢琴家刘诗昆和画家邵宇）。那个时候我跟梁思成先生有交集，每天早晨准时8:15分到梁思成先生家门口，

代表团成员

序号	代表群体	人员及职务	人数
1	资深建筑师、工程师和教育家	杨廷宝(团长)、梁思成(副团长)、陈植[9]、林克明[10]、吴景祥、陈伯齐[11]	6
2	中青年建筑师、工程师和教师代表	戴念慈、朱畅中[12]、扬芸[13]、何广乾[14]、徐永基[15]、崔充[16]、郑汉璋[17]、殷海云、刘导澜[18]、乔兴北[19]等	约13
3	政府部门及建筑学会代表	铁道部副部长刘建章[20]、副部长秘书王得泉，国际联运局研究处处长刘麟祥，建设部研究室副主任廉仲[21]，建筑学会副理事长金瓯卜[22]、秘书长刘云鹤，北京市建筑设计院张一山[23]等	约10
4	年轻学生代表	齐康[24]、陈励先[25]、何玉如	3

搭梁先生的车一起去部里参加培训。梁先生精确计算过开车路程需要12分钟，不早也不晚准时到培训地点。后一周的培训是在友谊宾馆。

培训期间还置办了服装。出国之前每人发了一些置装费，做了两套西服，在“红都”做的。红都曾是上海的一个西服店，总理让搬到北京，改了名字。衬衫和领带也是一起置办的。但我穿的大衣是借的，在国务院西四的一个库房里选的。

可 您曾在友谊宾馆住过吗？

如 | 出国前一周曾住过，主要是准备着装和礼仪方面的培训。这期间外地来的建筑界前辈们难得聚在一起，经常晚上约着一起去北京有名的餐厅聚餐，轮流请客。我是穷学生，每次都被邀请免费出席。

可 后来《建筑学报》刘云鹤的文章写道，中国代表团首先参加了师生见面大会，然后是第七届UIA大会，会后梁思成一行人去墨西哥参加UIA执委会。报道中提到有“五名教授”和“四名学生”参加师生大会，都分别是谁呢？[1]38

如 | 五名教授应该是清华的梁思成、朱畅中，南京工学院（今东南大学）的杨廷宝，同济的吴景祥，以及华南工学院的陈伯齐。四名学生不对，应该是三名。我代表清华大学，齐康代表南工，陈励先代表同济。齐康当时已经毕业了，是青年教师，不完全算是学生；陈励先也刚刚毕业；只有我刚考上研究生，算是正规的学生。第四名学生有可能说的是吴新菊，她是学西班牙语的，刚毕业，分配去巴西工作，正好跟我们一路过去，暂时请来充当翻译。

1963年赴古巴前代表团成员在北京友谊宾馆培训
左起：陈励先、何玉如、齐康

陈励先提供

吉隆滩胜利纪念碑国际设计竞赛

可 1963年UIA大会上古巴政府委托UIA组织了吉隆滩胜利纪念碑国际设计竞赛。能否请您谈一下这个竞赛的故事？

如 | 国内的很多学校和设计院都参加了这个竞赛。我在清华也参加过。后来推举北京工业设计院（今建设部设计院）龚德顺领衔的方案，得了鼓励奖。龚德顺是主任建筑师，我们班的陈继辉在他手下工作，画的效果图。

可 不是说送出去二十多个方案吗？

如 | 也有可能。我还有枚当时竞赛获一等奖方

1963年10月12日中国三位学生代表与当地留学生参观古巴国家公园合影
左起：何玉如、袁世亮（留学生）、齐康、陈励先

吉隆滩胜利纪念碑国际设计竞赛荣誉奖：
中国174号方案
龚德顺、李宗浩、陈继辉设计

《建筑学报》1964（2）封三

吉隆滩胜利纪念碑国际竞赛一等奖：
波兰建筑师 Grazyna Boczewoko 团队
236号方案

《建筑学报》1964（2）封三

何玉如先生保存的荣获一等奖的波兰方案邮票

北京市建筑设计院李铭陶先生惠赠

案的邮票，是波兰的方案。设计很前卫，外形意义比较深刻，象征着美国气势汹汹地向猪湾进攻，前面体形被粉碎了，意味着被击败了。

可 当时在哈瓦那有吉隆滩胜利纪念碑国际竞赛的展览，你们去看了吗？有什么印象？

如 | 看过。我们自己提交的方案都是粉彩效果图，太古典、太学院派了。其他国家那些得奖的方案比较讲意境、讲故事，非常重视表现性和象征性。我和齐康在学生公寓住的时候，睡前常常会讨论，对自己的方案有所反省。

可 您在清华的时候也参加过纪念碑的竞赛方案组吗？

如 | 我们都参与了，大部分方案都是传统的纪念碑形式，往高处发展。我听说清华郑光中在南京工学院的哥哥，叫郑光复。他们做了一个跟获奖的二等奖类似的方案，用很多棍子搭起来的，结果内审的时候就没通过，他后来还发过牢骚。[27]

旅程的故事

可 我们看一下您保存的照片吧，记录了当时哈瓦那的街景和建筑，你们住的酒店是自由哈瓦那旅馆（Habana Libre），还有里维拉（Riviera）旅馆。

如 | 我们最开始住在学生公寓，师生大会开完后才搬到和代表团成员一起，住在自由哈瓦那旅馆。当时代表团里带照相机的人不多，记得陈伯齐先生和林克明先生带的都是120照相机，陈励先有个135相机。齐康先生和我只能用速写来记述。我们去过哈瓦那大学、革命广场，还有艺术学院的大门，都有印象。

可 这些135相机拍的小照片就是陈伯齐教授送的，照片背面写着字，都是他送您的。这些是在（飞机）中转期间的照片。除了在捷克中转，还在加拿大甘德（Gander）机场停留了一下，这里有一张照片。

如 | 我们的飞机是在那里停下来加油，短暂地在此机场休息，再继续飞古巴。后来我知道还发生过非常感人的一件事。甘德地方很小，当地居民只有3000人。有一次一架国际航班

古巴国会大厦大厅

自由哈瓦那旅馆

自由哈瓦那旅馆大厅

里维拉旅馆（Riviera）

古巴哈瓦那革命广场

陈伯齐教授在旅馆客房，照片背面写“自由哈瓦那旅馆客房，63.10，陈伯齐教授赠”

哈瓦那大学校门（陈伯齐摄）

哈瓦那艺术学院大门（陈伯齐摄）

加拿大甘德机场候机厅

的飞机出了问题在那里停留，旅客滞留了几天，城市无法接待那么多人，最后都被当地居民接住到自己家里，此事为全世界所赞誉。

可 这张照片是在爱尔兰拍摄的。为什么在那里停留？

如 | 那是飞机出故障了，临时停的。整个路线大概是这样的：9 月 13 日我们飞到莫斯科，待了两三天，坐火车到捷克布拉格，在那里待了一周（9 月 16 日或 17 日到布拉格），然后 9 月 20 日从布拉格坐飞机，起飞后飞机出了故障，在英国（其实是爱尔兰）待了一个晚上，（其间飞机回伦敦检修）第二天继续飞古巴，途中在加拿大甘德机场加油，再到达哈瓦那。整

1963 年 9 月 21 日，中国代表团成员在爱尔兰香农机场旅馆门前留影。这张照片是目前发现的代表团人员最齐的，29 人的代表团中有 24 人在照片中，另有 2 名翻译。前排左起：齐康、孙翻译、XXX、朱畅中、刘麟祥；后排左起：吴新菊、徐永基、戴念慈、郑汉璋、刘导澜、廉仲、张一山、刘建章、翻译袁涛（后立高个）、杨廷宝、金瓯卜、XX、乔兴北、陈伯齐、崔充、吴景祥、陈励先、XX、林克明、何玉如、王得泉

陈励先提供

1963 年 9 月 21 日中国代表团部分成员在爱尔兰香农机场旅馆留影
左起：何玉如、林克明、郑汉璋、陈植、乔兴北、崔充

个旅程 10 天左右吧，大概 9 月 21—22 日前后到哈瓦那。

可　这张是在爱尔兰香农（Shannon）机场停留的照片。

如丨爱尔兰机场的小旅馆很有意思，这两个小窗户之间是隔墙，每个小房间都很小、很紧凑，梁思成先生还让我把平面给画下来。梁先生身体不太好，吃得很少。在飞机上我跟梁先生挨着坐，机上发餐食时，他认为自己吃得太少，怕浪费，就说好我们只领一份餐食，他自己只吃一根香肠足够了。我当时年轻，其实并没有吃饱，事后还被朱畅中先生笑话了。

可　你们在莫斯科停留时的照片好像很少？

如丨是的。1958 年中苏关系开始恶化，我们经过苏联时气氛依然紧张。我们住在大使馆，基本不让出去。有事上街必须三人以上同行。

可　在捷克的照片比较多一些。

如丨我们来去在捷克都待得比较久，除了在布拉格，还去了避暑胜地卡罗维瓦利（Karlovy Vary）。记得那里有温泉，喝泉水需要买那儿的杯子，大家都舍不得花钱，只好作罢。那时我跟陈植先生接触得最多。他和我都属虎，差了三轮，陈先生便自称“老老虎”，叫我“小老虎”。后来逢年过节发贺卡还都用这个称呼。我们在捷克转机停留的时候，每人发 30 美元买礼物。我给姐姐买了个包，给自己买了一些文具。陈先生为了给家人带礼物很是纠结，想着众多的儿女和孙辈，退换货好几次，都是我陪他去。

陈先生唱歌也特别好。听梁先生说，在美国念书时陈先生经常在混响效果好的卫生间放声唱歌。回国后，我每次去上海的姐姐家，总要去淮海路陈先生家去拜望。陈先生还亲自陪我去参观新建成的徐家汇体育馆[28]、黄浦江隧道等，有时候还请我跟他们全家一起吃饭。有一次我不在家，回来听说有人开车来找我，因为我姐姐住的董家渡弄堂特别窄，车很不容易

开进来，后来才知道是陈先生来找，实在令人感动。我印象深刻的另一件事是“文革”刚开始时，一天我去陈先生工作的设计院找他，进门正好碰上红卫兵押着他从楼梯下来，陈先生急忙跟我摆摆手，示意不要跟他打招呼，怕连累我。我当时满含泪水退出了设计院大门。后来我们一直保持联系，他儿子是室内设计师，跟我也有联系。

1963 年 10 月 20 日中国代表团部分成员回程参观捷克卡罗维瓦利留影
一排左起：陈励先、大使夫人；二排左起：林克明、郑汉璋、陈伯齐、驻捷克大使仲曦东、张一山、廉仲、崔充、齐康；三排左起：扬芸、徐永基、朱畅中、何玉如

可　回国后与其他代表团成员也有接触吗？

如丨林克明先生后来对我一直很好，我去广州时总去他家里做客。后来我在湘潭工作的时候，他有一次受邀来湘潭，专门来找我，邀请我陪他一道参观。我听说当时广州买猪肉很困难，就在他回去的时候买了一大块的生猪肉送给他。

1963 年 10 月 21 日部分中国代表团成员回程途经布拉格，在中国驻捷克大使馆前留影
前排左起：扬芸、使馆人员、林克明、陈励先、陈植、陈伯齐、徐永基、张一山、朱畅中；后排左起：郑汉璋、齐康、廉仲、崔充、何玉如

1963 年何玉如与陈植先生在布拉格

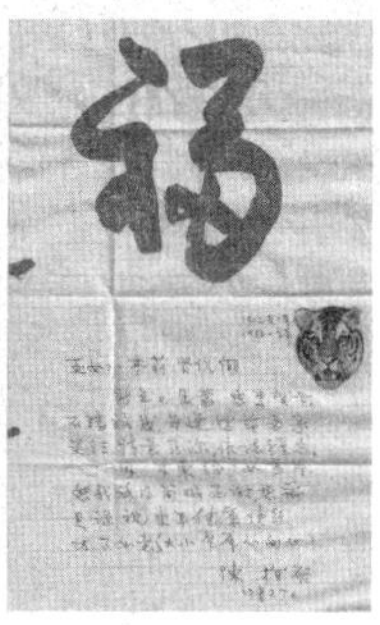

陈植先生 1991 年 12 月 27 日给何玉如寄的自制贺卡，贴的老虎头处用小字写着“1902 老老虎，1938 小老虎”

在古巴参会

可　您跟齐康先生这几张在阳台上的照片，是在旅馆拍的吗？

如丨有一张是在学生公寓，师生会见大会刚开始时住下的。四个人一间，我和齐康上下铺，同屋还有两个南美的学生。后来才搬到自由哈瓦那旅馆，跟代表团一起。来参加会议的拉美学生很多，听说是乘政府的船过来的。我们中国代表团人数算是多的，但苏联代表团最多，有 70 多人。[29]

可　您还记得参加第一届师生大会的情景吗？

如丨师生大会一共有三个板块，我参加的是第一个“高等教育的组织”，齐康参加的是

齐康与何玉如在学生公寓的阳台上

第一次国际教授与学生见面大会现场
前排右起：陈励先、扬芸
后排右起：刘导澜、陈伯齐、金瓯卜、何广乾、徐永基、戴念慈

陈励先提供

第二个“建筑教育”，陈励先参加的是第三个“职业训练”。我发言的观点是：只有革命成功了，高等教育才能发展，平民百姓的子弟才能得到教育。只讲了几分钟，后来大使馆的人反映效果还不错，气场也足够。我们这个提案后来写在评议里，因为梁先生是我们这个组的主席团成员，在他的促使下提案就顺利通过了。[30] 其实大会组织有点散漫，预定9点钟开始，结果10点才开。最后提案表决时，每个国家代表都被依次点名，要回答“Si”（是）还是“No”（否）。

可 （刘云鹤）文章里讲切·格瓦拉（Che Guevara）在师生大会闭幕时的发言，您有印象吗？

如 | 有。他当时担任古巴革命政府工业部长，很能讲，他强调建筑教育应当基于资本主义造成的社会、政治和经济问题的现实，讲了大约45分钟，有同声翻译。[31]

可 师生见面会之后的UIA大会，你们参加了吗？

如 | 我们几个学生没有参加大会。开大会的时候正是国庆节，大使馆举办一些庆祝活动，找我们几个当志愿者。

可 资料说大会闭幕的时候是卡斯特罗亲自做的演讲，你们见到他没有？

如 | 也没有，非常遗憾。[32]

可 大会前后你们在古巴各地参观了一些地方吗？

如 | 我记得去过一个疗养胜地（Soroa）。刚去的第一天晚上住的房间不够，我只能跟梁先生住一间，而且只有一张大床，梁先生便戏称我们俩只能“同床异梦”了。

可 我找到一张你们当时参加第一次师生见面大会的照片，您对场地有印象吗？

如 | 具体地点记不清了，应该是在室内，是礼堂那样无升起的平整场地，临时放置的折叠座椅。

可 回来以后有总结吗？

如 | 回来后在北京，还是在友谊宾馆，每个人都向建筑学会汇报了自己的见闻。但我自己具体讲的是什么现在已记不得了，大概是看到的各种各样的，简洁明快，体块感很强的现代建筑。比方说我对甘德机场整片发光天棚印象很深，对哈瓦那的雕塑和一些儿童游乐

中国代表团在哈瓦那古巴国会大厦前留影
左起：朱畅中、扬芸、XX、XX、戴念慈、XX、XX、陈励先、王得泉、齐康、何玉如

中国代表团参观哈瓦那古堡留影
一排左起：XX、XX、扬芸；二排左起：齐康、XX、XX、XX、XX、陈励先、王得泉、XX 朱畅中；三排左起：何玉如、戴念慈、XX

1963 年 9 月 24 日中国代表团参观 Soroa 疗养胜地留影
二排左起：陈励先、徐永基、陈植、何玉如、XX、吴新菊

中国代表团参观古巴农村
左起：XX、郑汉璋、XX、刘导澜、XX、陈伯齐

1963 年 9 月 24 日中国代表团参观 Soroa 疗养胜地留影
左起：陈励先、吴新菊、郑汉璋、林克明、何玉如、殷海云、XX

参观古巴 Antonio Macao 农庄与当地小朋友合影
左起：何玉如、齐康

场的设施印象也很深。徐永基讲了很多壳体结构的类型，还有他们结构工程师特别提到“顶升法”，就是先一层、一层楼板全打完（混凝土），柱子竖起来以后就（把楼板）一点点往上升。比方说是八层楼，就把八层楼板都打完，柱子都预制立好后，一层一层（楼板）往上升，升到各自的高度。

古巴有个纪念碑，碑身全是白的，上面的铜像已经锈了。我还画过一个速写，在哈瓦那时我画过不少速写。在古巴的时候还遇到一个五人中国艺术文化代表团，里面有刘诗昆[33]，我们一起学习过。我还认识其中一位叫邵宇[34]的画家。他们先行回国，我们曾去机场给他们送行。在机场邵宇拿出自己画的速写，其中有一幅纪念碑速写，我也画过，看后我无意识地冒了一句，纪念碑碑身的比例不对。朱畅中拽了一下我的衣服，意思是叫我不要冒冒失失的。画家讲究白色碑身和黑色铜片的对比，非常强烈，而我们（建筑师）就比较注重比例。

还有一个我作为气球专家的故事。UIA 大会组委会在大会前跟中国代表团说，开幕式那天安排放气球，希望你们国家送一些。我们就准备了很多很大的气象气球运过去。但古巴那边说他们不会操作，需要派个专家来。代表团一看我年纪最轻，又是男生，就说你去当这个专家吧。我到中央气象台去学习怎么充气球，气象台的人说放气球很简单，送给我一个工具，一根大木头疙瘩，就像三通似的。粗管子的横向接一根细管，从细铁管充气进去，

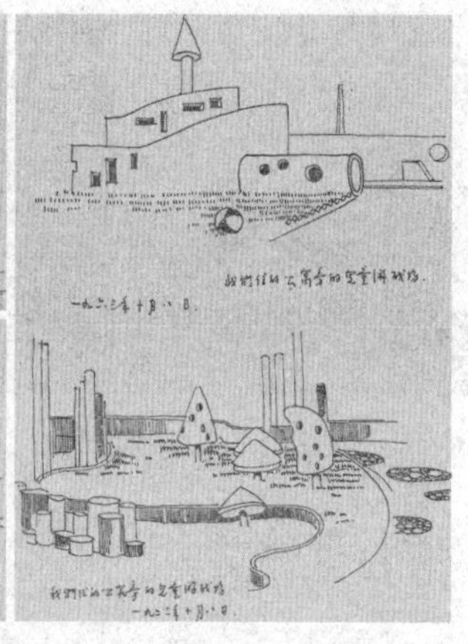

1963 年 10 月何玉如在古巴画的速写：
雕塑、国家公园和公寓旁边的游乐场

从大的木管接到气球的口上。我是放在行李箱里带出去的。开会那天下午，我用这个“连接器”指导会场人员充完了所有的气球，挂在会场的后部作为背景，圆满完成了任务。事后这个“连接器”就作为礼物留在了古巴。

”

1 国际建筑师协会（International Union of Architects，UIA）1948 年成立于瑞士洛桑，后将秘书处定在巴黎。建立的初衷是基于第二次世界大战造成的社会和国际关系变化，建筑师们认为需要建立一种全新的、世界范围的，跨越政治、经济和美学前沿的专业联盟，促成建筑师之间的交流，无论其国籍、种族、宗教，以及专业训练和规条的不同，在这个平台上都能够缔结友谊，相互尊重和理解，交流思想，扩展知识领域，达成共同进步的目的。[10]15 UIA 的第一次大会（UIA Congress）在洛桑召开，此后每 3 年开一次大会。其间还有执行委员会的会议（Executive meeting），一般在大会召开的前 6 年开始根据成员国提交的申请，选择会议召开的地点和相关事务；另每隔 2~3 年举行工作委员会代表会议（Assembly），审定执行委员会的各项决定。

2 华揽洪（1912—2012），生于北京。1928 年赴法国生活，1936 年从法国巴黎土木工程学院，获土木工程师及建筑师双重文凭（DETP）。毕业后考入法国国立美术学院，1942 年毕业，在美术大学里昂分校获国家建筑师（D.P.L.G.）文凭。1945 年在法国创办建筑师事务所。1951 年回国，先后任北京市都市计划委员会总建筑师（1951—1955 年）及北京市建筑设计研究院总建筑师。1977 年移居法国。2002 年，90 岁时获得法国文化部的艺术和文学荣誉勋位最高级勋章。由于华揽洪与 UIA 秘书长瓦戈熟识，因此早在 1955 年便促成中国建筑学会加入 UIA。参见华揽洪《回忆中国建筑协会加入国际建筑师协会的一段往事》《建筑创作》2013 年第 C2 期，第 226-227 页。

3 1963 年在古巴哈瓦那召开的第七届大会（UIA Ⅶ Congress）是 UIA 大会第一次在美洲举行，总主题为“发展中国家的建筑”（Architecture in Developing Countries）。伴随大会，古巴政府还委托 UIA 组织纪念吉隆滩战役胜利的国际设计竞赛，并且在第七届大会之前率先举办第一次国际教授、学生会见大会。此次活动共有 80 多个国家的 1500 多名代表出席，加上各国的学生代表和观察员，官方统计总共有 2652 人参加，是自 UIA 大会以来人数最多的一次。

4 1963 年在古巴哈瓦那召开第七届大会的决定原本是 1959 年在里斯本举行的 UIA 执行委员会会议上通过的，然而在那之后古巴经历了一系列的重大国际事件。1959 年古巴在菲德尔·卡斯特罗（Fidel Castro）和切·格瓦拉的带领下建立革命政府，加入社会主义阵营；1961 年在美国中情局（CIA）的策动下，流亡的一些古巴人在南部海边的猪湾（Cochinos）的吉隆滩（Playa Girón）入侵，被古巴革命军队歼灭，即著名的“吉隆滩战役”，也被称为“猪湾事件”；1962 年的古巴导弹危机，更是将古巴推到冷战的风口浪尖上。同时古巴还利用这次大会的机会，依托 UIA 举办了纪念吉隆滩战役胜利英雄纪念碑的国际竞赛，这给 1963 年在古巴召开 UIA 大会带来了前所未有的压力和“外交冲突”。

5 戴念慈（1920—1991），江苏无锡人，建筑学家。1942 年毕业于重庆中央大学建筑系；1942—1944 年任重庆中央大学建筑系助教；1949—1952 年任中央直属机关修建办事处设计室主任；1953 年任中央建筑工程设计院主任工程师、总建筑师；1971 年任中国建筑科学研究院总建筑师；1982—1988 年任国家城乡建设环境保护部副部长、部党组成员；1988—1991 年任城乡建设环境保护部特邀顾问；1991 年当选为中国科学院学部委员（院士）。主要设计作品：中国美术馆、北京饭店西楼、中南海西门宿舍工程、中共中央党校、北京玉泉山工程、北京展览馆、苏州吴作人艺苑、斯里兰卡国际会议大厦、山东曲阜阙里宾舍、辽沈战役纪念碑和纪念馆、杭州西湖国宾馆等多项工程。

6　吴景祥（1905—1999），字白桦，广东香山人，同济大学教授。1925 年考入清华大学土木工程系，1929 年留学法国，就读巴黎建筑专门学院，结识虞炳烈、卢毓俊和华揽洪。1934 年回国后创办建筑事务所，后转任中国海关总署建筑师。1949 年初在之江大学任教，与陈植、黄家骅同事，院系调整后调到同济大学任教。1958 年起筹备建立土木建筑设计院，后更名为同济大学建筑设计院。

7　殷海云（1918—1980），高级建筑师。江苏武进人。1943 年毕业于重庆中央大学建筑工程系。1955 年加入中国共产党。曾任重庆大学助教、上海中央银行工程科设计组组长。1949 年后，历任建筑工程部中南工业建筑设计院主任工程师、副总工程师，湖北工业建筑设计院总工程师、高级建筑师，中国建筑学会第四届常务理事。1965 年当选为国际建筑师协会执委代理人。参加了上海市人民英雄纪念塔、天安门广改建工程的设计。负责设计、绘制天安门广场人民英雄纪念碑图样。

8　人数有差异，疑为另有使馆等外交人员。

9　陈植（1902—2001），字直生，出生于浙江杭州的书香门第，祖父陈豪是清末著名画家和诗人，父亲陈汉第是杭州求是学院（浙江大学前身）的创办人之一。1915 年，考入北京清华学校，后留学美国宾夕法尼亚大学建筑系，与梁思成、林徽因同学，成绩优异。回国后与赵深、童寯合创华盖建筑事务所，创作了一批在近代中国建筑史上有影响的作品，如南京中华民国外交部大楼、浙一大楼；任教之江大学期间，培养了一批优秀人才。中华人民共和国成立后，参加上海中苏友好大厦工程。设计鲁迅墓，主持闵行一条街、张庙一条街等重点工程设计，对上海建设作出贡献。他主持和指导的苏丹友谊厅设计赢得良好的国际声誉。晚年为上海的文物保护、建设、修志等工作进行了大量调研，取得可喜的成果。

10　林克明（1900—1999），广东东莞人，中国近代建筑的先驱、高级建筑师，毕业于法国里昂建筑工程学院。回国后为广州城市建筑设计立下汗马功劳。改革开放时期，任广州市基本建设委员会副主任、华南工学院教授、华工建筑设计研究院院长、广州市设计院顾问、第五届全国政协委员。主要设计作品：中山图书馆（今中山文献馆）、广州中山纪念堂（任工程顾问）、广州市政府合署（今市政府办公大楼，获方案竞赛第一名）、黄花岗七十二烈士牌楼、襄勤大学工学院师范学院教学楼、苏联展览馆（今中苏友好大厦）、广东科技馆、羊城宾馆（今东方宾馆旧楼）等建筑。

11　陈伯齐（1903—1973），生于广东台山，1930 年在日本东京工业大学学习建筑专业，1934 年又到德国柏林工业大学建筑系学习，1939 年毕业；在此期间先后到欧洲许多国家考察建筑。1940 年回国后，在重庆大学创建建筑系并任首届系主任。此外，先后在中山大学、华南工学院等校任教授、系主任。40 年代曾任重庆浮图关体育场总工程师、都市建设计划委员会委员兼建筑组组长。1949 年后，曾任中国建筑学会理事、中国城乡规划委员会委员及建筑创作委员会委员、高等工业学校建筑学教材编审委员会副主任委员、广州建筑学会副理事长及广州市防空委员会工程处工程师等职。1958—1959 年作为广东建筑学会代表之一，两次参加北京十大建筑设计组工作。曾任广东省政协第一、二届委员会委员。

12　朱畅中（1921—1998），生于浙江杭州，1941 年 10 月—1945 年 9 月在重庆中央大学建筑系学习，成绩优异，毕业时获“中国营造学社桂莘奖学金”第一名。1947 年受聘到清华大学建筑系任教，协助梁思成先生为清华大学建筑系的初创、发展和壮大做了大量工作。1952 年留学于莫斯科建筑学院城市规划系，1957 年学成归国后，继续在清华大学任教，历任清华大学建筑系副教授、城市规划教研组主任及清华大学建筑学院教授、中国城市规划学会资深会员、中国城市规划学会风景环境规划学术委员会主任委员、建设部风景名胜专家顾问。1950 年，清华大学建筑系参加中华人民共和国国徽设计竞赛中奖获选，是国徽设计小组的主要成员之一。1980 年开始，主持黄山风景区总体规划。1992 年，在“风景环境与建筑学术讨论”中，组织起草并制定《国家风景名胜区宣言》，成为保护风景名胜区的重要文献。

13　扬芸（1924—？），又名殷承训，浙江绍兴人。1948 年毕业于北京大学建筑工程系。1950 年任职北京中直修建办事处设计室。1952 年起任建设部建筑设计院建筑师、副主任建筑师。1971 年任河南省建委建筑设计院主任建筑师。1973 年任国家建委建筑科学研究院建筑设计研究所主任建筑师。1979 年任中国建筑科学研究院副总建筑师。曾担任中国建筑学会第五届理事，并任职华森建筑与工程顾问公司。曾参与北京国家图书馆新馆的设计。

13　何广乾（1920—2010），高级工程师。江苏丹徒人。1942 年毕业于交通大学土木系。1949 年获法国巴黎大学理学院结构力学专业博士学位。1950 年回国。历任华东工业建筑设计院主任工程师，西北工业建筑设计院总工程师，中国建筑科学研究院副院长兼总工程师、高级工程师，城乡建设环境保护部科技委员会副主任，中国建筑学会第五届副理事长、第六届常务理事，国际建筑师协会理事，国际预应力协会副主席。是第六届全国政协委员。在薄壳结构简化计算方面作出贡献。撰有《双曲偏壳在集中载荷作用下的简化计算》《壳体稳定与边界积分方程法》《组合型扭壳的有矩理论设计法及连续扭壳结构》等论文。

15　徐永基（1935—2019），女，山东诸城人，人民大会堂穹顶参与设计者之一，第六、第七届全国人大代表，享受政府特殊津贴专家。1959 年在全国群英会上被评为“全国先进工作者”，1975 年被授予“全国工业学大庆先进个人”称号，1979 年被评为“全国三八红旗手”，曾任中建西北院院长、总工程师，1996 年后任顾问总工程师。其任职期间主持并承担的“薄壳结构研究”填补了国内空白，负责审定大型民用建筑、超限及超高层结构设计，并参加了《建筑抗震设计规范》（GB 50011—2001）国家规范的编写。在其设计生涯中，进行了国内外数百余项工程的设计与审定，著有多部技术著作。

16　崔充，铁道部专业设计院工程师。

17　郑汉璋，上海地下工程公司工程师。

18　刘导澜，男，1928 年 4 月生，江苏宝应人，中共党员，高级工程师。1945 年毕业于中央大学建筑工程系。曾任北京市第三、第六、第一建筑工程公司主任工程师，北京市建筑工程局副局长，北京市四新建筑技术咨询服务公司董事长、总经理，市旅游局副局长兼总工程师，第十一届亚运会工程总指挥部副总指挥、总工程师，亚运村工程指挥部总指挥，北京市建委总工程师。北京市政协第一至第七届委员，中国建筑学会理事，施工学术委员会副主任委员、主任委员，结构学术委员会委员，高层建筑结构学组副组长，建筑装饰协会副理事长，咨询委员会委员。主要作品：北京市西北郊文教区的学院、机关、工厂工程施工，人民大会堂，香山及中南海中央领导同志住宅工程，毛主席纪念堂，前三门大街 38 栋大模板高层住宅施工、北京饭店东楼和北京改革开放首批中外合资饭店。

19 乔兴北，建筑师，当时就职于中国建筑科学研究院。

20 刘建章（1910—2008），河北景县人，1926 年加入中国共产主义青年团并参加革命工作，同年转为中国共产党党员。1949 年后刘建章历任郑州铁路局局长，铁道部车务局（运输局）局长、工程总局局长，铁道部副部长兼政治部主任，中央国家机关党委常委。1975 年起，先后任铁道部副部长、党组副书记，中纪委常委，铁道部部长、党组书记。

21 廉仲（1926—2013），原名曲之安，山东黄县人。原城乡建设环境保护部副部长、党组副书记，第七、八届全国政协委员。

22 金瓯卜（1919—2012），浙江镇海人，生于上海，1938 年加入中国共产党，是抗战时期上海地下党学生运动的主要负责人之一。1943 年毕业于之江大学建筑系。50 年代初，创建全国第一家国营华东建筑设计公司。1953 年任建工部工业设计院院长，参加首都国庆十大工程的设计和审定，并兼人民大会堂工程结构审查组组长。曾任上海市科协第二届委员会副主席，上海市建筑学会第一届理事长，中国建筑学会第五、六届副理事长。1980 年在上海总体规划研究会议上，提出修改上海市原来的总体规划，跨江开发浦东，被上海建筑界誉为“第一个倡议开发浦东的人”。1985 年离休，组建国内第一家民办设计公司“大地建筑（国际）事务所”，任董事长。一生致力于建筑设计规划的学术研究和交流，在国内外发表论文、报告逾百篇，是《中国大百科全书》建筑部分的编委、《建筑设计资料汇编》的创编人。

23 张一山（1913.4—2002.11），男，河北人，1937 年参加容城县抗日游击队，1940 年从事文艺工作，先后参加山西晋西北独一旅战力剧社和一二〇师战斗京剧社、延安评剧研究院、延安中央党校文部、张家口剧院等。1949 年在北京市文联文艺处工作，1952 年调入北京市建工局。1953 年起在北京市建筑设计院，先后任职设计室主任、副院长（1960.9—1966.4，1978.6—1980.12）、党委副书记（1970.12—1982.12）。曾于 1966 年 2 月调入宁夏自治区设计院工作。

24 齐康（1931—），原名齐毓康，祖籍浙江天台，浙江杭州人，出生于南京，建筑学家、建筑教育家，中国科学院学部委员（院士）。1949 年毕业于南京金陵中学；1952 年毕业于南京大学建筑系；院系调整后历任南京工学院（今东南大学）讲师、副教授、教授、副院长；1993 年被评为中国科学院学部委员（院士）；1995 年起担任中国国务院学位委员会委员职务；1997 年被选为法国建筑科学院外籍院士；2000 年获得全国首届“梁思成建筑奖”。根据何先生说法，1963 年参加 UIA 大会时齐康先生已经毕业在南京工学院担任教师多年，不是学生。

25 陈励先，教授，国家一级注册建筑师，毕业于同济大学建筑学专业，毕业后在东南大学建筑系任教三十余年，其间跟随杨廷宝教授研究综合医院建筑设计并于 1976 年编写出版我国第一部医疗建筑设计著作《综合医院建筑设计》一书，1993 年主编《建筑设计资料集》（第二版）第 7 集医疗建筑章节；《中国大百科全书》医疗建筑部分篇章等；专著《苏州古典园林》英文版与中文版分别于美国麦格劳 - 希尔（McGraw-Hill）、译林出版社出版。20 世纪末获联合国世界卫生组织专题研究课题奖学金，赴日本、美国考察研究现代化医疗建筑设计，2000 年起先后创办上海希艾目希建筑设计有限公司、上海励翔建筑设计事务所，主营医疗建筑设计。（参见上海励翔建筑设计事务所官网）

26 在 1963 年初，建筑学会刘云鹤秘书长和杨廷宝等人访问古巴，历时 21 天，回国后曾做报告。刘云鹤撰写文章《访问古巴报告会在京举行》（《建筑学报》1963 年第 5 期，第 27 页）和《古巴建筑概况》（《建筑学报》1963 年第 9 期，第 20-27 页）。

27 早在 1962 年 4 月，古巴革命政府决定在吉隆滩战役一年后建立一座英雄纪念碑，用来表彰古巴人民在吉隆滩的胜利，并在其旁边建立一座博物馆来保存缴获的战利品。1963 年年初古巴文化委员会开始向各国建筑师的组织发出竞赛任务书，提交时间为 1963 年 7 月底之前。评委组成有 UIA 主席罗伯特 · 马修（Robert Matthew）、中国的杨廷宝、UIA 秘书长皮埃尔 · 瓦戈、巴西建筑师曼罗（Icaro de Castro Mello）、意大利建筑师维嘉诺（Vitoriano Vigano）、乌拉圭建筑师欧第奥扎罗（Guillermo Jones Odriozola）、意大利雕塑家拉德拉（Berto Lardera）和波兰建筑师扎赫瓦托维奇（J. Zachwatowitcz）。原定的评委巴西建筑师奥斯卡 · 尼迈耶（Oscar Niemeyer）不能来，由几名古巴建筑师代替。在哈瓦那 UIA 大会上一共展出 33 个国家选送的 272 个方案，包括中国各个院校和设计机构选送的 20 多个。从中评选出 1 个一等奖、2 个二等奖、1 个三等奖和 10 个荣誉奖。波兰建筑师波茨瓦卡（Grazyna Boczewoko）等 5 人提交的方案获一等奖。中国提交的方案中，只有龚德顺团队的方案获得荣誉奖。关于这次竞赛的细节和我国各个建筑部门参与设计的情况，刘亦师在《1963 年古巴吉隆滩国际设计竞赛研究：兼论 1960 年代初我国的建筑创作与国际交流》一文中有比较详尽的描述。[6]

28 即上海体育馆，又称“万体馆”，1959 年开始设计，1960 年动工，后因三年困难时期停工，1973 年复工，1975 年 8 月落成。

29 根据 Martin Carranza 的论文《交织：1963 年古巴哈瓦那 UIA 第七届国际建协大会的政治文化和空间文化》[4] 的记载，当时拉美国家的建筑师和学生因为古巴受到封锁难以到达哈瓦那参加大会，唯一的航道是通过墨西哥。古巴政府在苏联的支持下，专门租用苏联的“克鲁普斯卡娅”号从巴西的港口将来自巴西、乌拉圭、阿根廷、智利、玻利维亚和巴拉圭的 400 多名建筑师和学生运送到哈瓦那。

30 1964 年刘云鹤在关于这次会议的报告文章里印证了师生大会有关决议的说法——如在决议的第一部分“高等教育”中说：“特别是在被帝国主义统治的国家和殖民地国家中，只有在反对以美帝国主义为首的帝国主义和殖民主义，并取得政治、经济独立之后，教育才能得到充分发展。”见刘云鹤《国际建筑师生会见大会、国际建协第七届大会及第八届代表会议情况介绍》（《建筑学报》，1964 年第 2 期第 38 页）。

31 1977 年出版的《恩内斯托 · 切 · 格瓦拉：文章与演讲》一书中记录了格瓦拉 1963 年 9 月 29 日在第一次国际教授和建筑学生见面会闭幕式上的发言。格瓦拉在发言中说：“技术可以被用来奴役人民，也可以用来服务于人民，解放他们……无论是谁，技术人员、建筑师、医生、工程师、科学家等，都不能说只应在他们擅长的领域使用工具，当他们的人民遭受饥饿和杀戮的时候，他还站到另一边。这不是不讲政治，而是反对自由运动的政治……你们这些全世界的学生，永远不要忘记在每一个技术的后面都有人在推动它，是个人就是社会……技术是一种武器，任何觉得世界不完美的人，都应该起来战斗，为了能让技术武器服务于社会……这个社会是我们梦想的，是我们与科学社会主义者共同期盼的共产主义。”[4]45-46

32 根据古巴《建筑与城市》杂志 2003 年第 24 卷第 3 期[15]的记载，国际建协第七届大会紧接着师生大会在 9 月 29 日到 10 月 3 日之间召开，大会的总主题为“发展中国家的建筑”（Architecture in Developing Countries）。共有 80 多个国家的 1500 多名代表出席。大会被分为四个分论坛组来讨论区域规划、住宅、邻里单元和建造技术。经过三天的讨论，大会最后的决议承认建筑事业与政治经济不可分割的关系，承认发达国家对发展中国家的援助应当是帮助受援国家建立独立自主的民族经济。[9]39 总决议部分的大致内容包括：

（1）人居的福利不仅仅是提供足够的住房和服务，必须与工农业、教育等发展计划相关；

（2）针对城市和国际发展中的混乱问题，建筑师们必须充分理解历史，分析经济和社会原因，才能有效地运用技术解决问题；

（3）每个国家必须培养自己的建筑骨干，发达国家需要提供技术支持，交换学生、教师和建筑师以及 UIA 这类组织的协助。

（4）发展中国家必须决定自己的所需，整体把控援助的过程；而他方的援助必须为了加强被援国家的工业发展和原材料转换；

（5）UIA 应与联合国相关部门建立更紧密的联系。[15]12

1963 年 10 月 4 日，大会的闭幕式在古巴工人剧场举行。卡斯特罗做了最后的总结演讲。根据 UIA 第七届大会古巴组委会秘书长，古巴建筑师 Reynaldo Estevez Curbelo 四十年后的回忆，卡斯特罗的演讲以“社会和新世界的建筑师”（Architects of a society and a new world）为题，开头宣称他将“尽可能在去除政治的框架下”表述，最终呈现出一个逻辑清晰的阐述，针对技术性的听众，分析了建筑、社会和环境相互之间实质性的关联。UIA 委员会和许多参会者事后都认为这是他们听过的来自政治人物的最具有技术性和科学性的分析[3]。

33 刘诗昆（1939—），中国钢琴演奏家。出生于天津，1956 年获李斯特国际钢琴比赛第三名，1958 年获第一届柴可夫斯基国际钢琴比赛第二名，1992 年在香港创办了以自己名字命名的钢琴艺术中心。

34 邵宇（1919—1992），1935 年考入北京美术专科学校，1936 年参加革命。任人民美术出版社社长兼总编辑、《人民画报》美术组组长、中国书法家协会副主席等职。

参考文献：

[1] 刘云鹤 . 国际建筑师生会见大会、国际建协第七届大会及第八届代表会议情况介绍 [J]. 建筑学报 ,1964(2):38-39.

[2] 殷海云 . 古巴农村住宅 [J]. 建筑学报 ,1964(3):34-39.

[3] 刘导澜 . 古巴提升法施工 [J]. 建筑学报 ,1964(9):33-35.

[4] 刘亦师 . 梁思成与新中国早期的国际建筑交流 (1953—1965)[J]. 建筑学报 ,2021(6):60-69.

[5] 黎志涛 . 杨廷宝故事 [M]. 北京 : 中国建筑工业出版社 ,2022: 426.

[6] 40 Years after the Ⅶ Congress of the International Union of Architects, Architecture in Developing Countries[J]. Architecture and Urbanism, vol. XXIV, 2003(3): 10-35.

17] 刘云鹤 . 墨西哥建筑 [J]. 建筑学报 ,1964(4):32-37.

[8] Glendining M. Modern Architect, the Life and Times of Robert Matthew[M]. London: RIBA Publishing, 2008.

[9] 华揽洪 . 回忆中国建筑协会加入国际建筑师协会的一段往事 [J]. 建筑创作 ,2013(Z2): 228-229.

[10] 1948-2023, Celebrating 75 Years, International Union of Architects[M]. Memo Publishing Sdn Bhd on behalf of the Union Internationale Des Architectes, 2023.

[11] Glendinning M. Cold -War conciliation: International architectural congresses in the late 1950s and early 1960s[J]. The Journal of Architecture, 14:2, 197-217, DOI: 10.1080/13602360802704869.

[12] Curbelo R. E. UIA1963, Antecedentes Y Memorias (Ⅲ) [EB/OL] (2008.9.9) (https://www.arquitecturacuba.com/2008/09/uia-63-antecedentes-y-memorias-iii.html).

[13] Carranza M. Interlacements. Political culture and culture of the space in the World Congress of the UIA Arquitects, La Habana, Cuba, 1963[J]. REGISTROS, Mar del Plata, 2014 (n.11): 40-56.

[14] 何玉如 . 圆建筑师的梦：我的自述 . 传统与创新：何玉如作品选 [M]. 北京：中国建筑工业出版社 ,1999:204-207.
[15] 刘亦师 .1963 年古巴吉隆滩国际设计竞赛研究：兼论 1960 年代初我国的建筑创作与国际交流 [J]. 建筑学报 ,2019(8):88-95.
[16] 刊讯 . 访问古巴报告会在京举行 [J]. 建筑学报 ,1963(5):27.
[17] 刘云鹤 . 古巴建筑概况 [J]. 建筑学报 ,1963(9):20-27.
[18] 林克明 . 关于建筑风格的几个问题：在南方建筑风格座谈会上的综合发言 [J]. 建筑学报 ,1961(8):1-4.
[19] 陈伯齐 . 南方城市住宅平面组合、层数与群组布局问题：从适应气候角度探讨 [J]. 建筑学报 ,1963(8):4-9.
[20] Gao Y.Z. Charlie Q.L.X. et. From South China to the Global South: Tropical architecture in China during the Cold War[J]. The Journal of Architecture.2022,27: 7-8.
[21] 何玉如 . 我的建筑师梦 [J]. 清华校友通讯 ,2017(上):54-59.
[22] Guevara E. Closing speech at the First International Meeting of Architecture Students and Teachers. September 29, 1963 [M]//Guevara E. Ernesto Che Guevara, Writings and speeches. Havana: Editorial of Social Sciences,1977:116-120.

注：除特殊标注外所有图片均为何玉如先生提供。

布正伟先生谈在湖北省化纤厂的三线建设经历

受访者简介

2023 年 11 月 7 日团队在布正伟先生家中合影
左起：高亦卓、耿旭初、谭刚毅、庄寿红、布正伟、马小凤、邢翰华

高亦卓摄

布正伟

男，1939 年 8 月 12 日生于湖北省安陆县。1962 年毕业于天津大学建筑系，同年考入该系研究生，1965 年毕业后一直从事民用与公共建筑设计、室内外环境艺术设计及其理论研究。曾在纺织工业部设计院、中南建筑设计院、中国民航机场设计院、中房集团建筑设计事务所，先后担任助理建筑师、建筑师、副总建筑师、总建筑师、总经理等职。1994 年获评教授级高级建筑师，1996 年获国家一级注册建筑师，并当选中国建筑学会第九届理事会理事。作为中国建筑师代表团正式成员，曾先后赴印度、美国、西班牙、日本、德国分别参加第四届亚洲建筑师大会，国际建协（UIA）第 18、19 次世界建筑师大会，第二届亚洲建筑国际交流大会，当代中德城市规划与建筑研讨会。50 年来主持完成了 120 余项建筑设计、环境设计与城市设计，荣获国家级金质奖、银奖和部直属级、省级、市级一等奖 10 余项。7 项建筑工程载入《中国现代建筑史》《建筑中国六十年 1949—2009》《中国建筑艺术年鉴》等文献和 1995 年日本出版的《世界 581 位建筑师》。出版：《结构构思论》（新版为《建筑结构思维》）《自在生成论》《创作视界论》《建筑美学思维与创作智谋》《中国当代建筑师丛书：布正伟》等著作。曾任中国建筑学会理事、建筑师分会理事及其建筑理论与创作委员会主任委员，国内 5 所高等院校建筑学客座教授、建设部教授级高级建筑师职称评审委员、北京首规委建筑设计评审专家、黄河三角洲中心城市东营市政府顾问总建筑师。

采访者：谭刚毅、高亦卓、耿旭初、马小凤、邢翰华（华中科技大学建筑与城市规划学院）

文稿整理：耿旭初、马小凤，2024 年 10 月 16 日定稿

访谈时间：2023 年 11 月 7 日 14:30—18:00

访谈地点：北京市朝阳区弘燕路山水文园

整理情况：2024 年 2 月 11 日整理，2024 年 4 月 17 日初稿

审阅情况：经受访者审阅

访谈背景：本文为谭刚毅教授主持参与三线建设的建筑师系列访谈之一

布正伟 以下简称布

谭刚毅 以下简称谭

耿旭初 以下简称耿

马小凤 以下简称马

高亦卓 以下简称高

邢翰华 以下简称邢

谭 您好，布老师。我们团队在做三线建设的研究。现在的年轻人大都不了解三线建设，但三线建设对我国工业布局的影响特别深远。有相当多建筑师在三线建设的一线工作，做出很多成果，也影响了他们的职业生涯，甚至影响他们对建筑设计的认识。我们最近特别关注参与三线建设的建筑从业人员，寻访他们的生活、理念、所受的教育和对建筑的认知。我们想听您说说三线建设时期的经历，也有些问题向您请教。

布丨我是湖北安陆县人，参加过三线建设，在湖北化纤厂待过[1]。这之前的情况是这样的：我读研究生是1962年入学，本应该1965年毕业。那时候运动特别多，1964年的时候，我毕业论文基本上已经完成，但正好赶上了参加农村社会主义教育运动——“四清”，在赵县，就是赵州桥那个地儿。大概过了半年回到学校，毕业时间就往后延到1966年初。最后论文定稿要刻印的时候，“文化大革命”就开始了，整个一年我就在学校待着。到1966年下半年分配的时候，因为我毕业论文题目是《在建筑设计中正确对待与运用结构》，就把我分配到了哈尔滨建筑科学结构研究所，但我并不是结构专业的，所以等分配调整耽误了不少时间，当时北京工业建筑设计院、北京市建筑设计院的人事都冻结了，只有一个地方能去——纺织部设计院。我在这个院做了两个援外设计：一个是尼泊尔的，一

阿拉伯叙利亚共和国哈玛棉纺厂

《中国当代建筑师丛书：布正伟》

个是叙利亚的，做的都是厂前区的民用建筑部分。

1968 年做完这两项援外设计之后，我就接受再教育，到了塘沽八一盐场。这个经历我一辈子都不会忘。为了让盐水出盐，就得在盐池子里拉着石碾来回碾，盐出来了就得把池子里的盐扒拉到一边，装在麻袋子里，再通过一条河装船运出来。两个人死拧着盐包的两头从河岸上用胳膊和腰劲甩到船上去。一个盐包大概有 50 公斤重，这种体力活我们干了一年多。到了 1969 年，我回到纺织部设计院，还没落脚，又被下放到湖北襄樊市（今襄阳市）太平店化学纤维厂支援三线建设。该厂生产汽车轮胎用的“帘子布”，是国防工业很重要的一个生产类型。我们去的时候都快到冬天了，那个地方是山区，进厂区的路一会儿爬坡一会儿下坡，住的房子都建在山坡上，比较平整的地留给厂房。当时最突出的感觉就是这个场地很分散，从生活区走到厂房去要走好半天。

谭 您在厂区里主要从事什么工作?

布 | 我在化纤厂那几年的工作，先是以宣传为主。在大学里的 5 年我都是“文娱委员”，组织上也信任，所以不管到了哪个单位都搞宣传。到了化纤厂，砖厂说需要搞宣传的，我就到砖厂去。当时的任务一个是出（黑）板报，还有就是现场参加一些劳动做一些报道。我这个学建筑的成了搞宣传的料，是从做研究生时开始的，当时系里的黑板报就是我负责，所以我现在美术字和排版都拿得起，因为二十二三岁的时候就在练这门眼力和手艺活儿。

耿 您那时候有参与设计和建设工作吗?

布 | 有的。第一个设计就是 1969 年，去那的第一个除夕忙了一个通宵做的“工地宣传栏”。我记得很清楚，当我接受这个任务时，心里太激动了，好不容易有一个能画建筑渲染图的设计工作，真是太高兴了。晚上端来一盆水，在 2 号图板上把纸裱好等干了之后就开始工作了。没有画什么草图就直接在板子裱的图纸上定控制线就开始画上了，中间都没休息，画了整整一个晚上，那是我职业人生里第一次开通宵。这件事对我来说很有意义，那时候就是天天盼着搞设计。有一个苏联电影叫《列宁在 1918》，里面男主角瓦西里安慰妻子说的“面包会有的，牛奶会有的，一切都会有的。”我也学着老念叨，“设计活儿会有的，设计图桌也会有的。”在山沟里能接到工地宣传栏这样一个小活，这样高兴是没有第二次的，因为就在现场作图，很多现场的细节，包括山坡上树是怎么长的，环境色调是什么样的，工地上的红砖是怎么砌的，都可以在画面上表现得非常贴切。我最满意的是，把表现图和平立剖设计图融合在一起了。

马 您最后的成图表现力很强。

布 | 要说这个设计有什么特点的话，那就是红砖材料的运用，从上到下采取了红砖的不同砌筑方法，最上头是红砖的立砌，这样的话就不显得笨，给人感觉比较灵巧通透。然后再看剖面，两边挑出来，临路这边是木框玻璃窗，木框上面刷墨绿漆，我觉得做得很朴素，还挺轻巧。

湖北荆沙棉纺厂居住小区规划设计实施方案(1974年)

布正伟老师提供

谭 画里这个作为尺度参照的人是您吗?

布 | 我当时是画的穿背带裤的工人形象。这个快速设计图从构思到画完，并没有用多长时间。因为砖的尺寸、间距都是标准的，都在脑子里。这是三线建设期间第一个过过手瘾的作品。又过了一年多的时间，上面下通知说，可以把家属也接下来，然后我就把爱人和大女儿一起接到太平店来了，住在砖厂工地的瓦房里。在砖厂干了有一年多的时间，厂里把我们这些搞建筑、搞结构等专业的人集中在一个简易办公楼里，开始做生活区的设计。那个阶段我又做了化纤厂的职工商店、招待所和住宅。我还记得招待所是一个采用混合结构的两层简易坡顶建筑，是名副其实的“适用、安全、节约”的基层民用建筑。

谭 您在化纤厂待了多久呢?

布 | 我在太平店从1969年待到1973年，1973年2月我们调到了武汉。当时湖北轻工业局需要搞美术和建筑的人，我爱人去了省轻工业局工艺美术公司，我去了省轻工业局基建处。基建处处长黄浮成同志也是从湖北化纤厂调过去的，他原来是纺织工业部的老干部，特别尊重知识和爱护知识分子，还特别珍惜设计人才。他一看我是研究生，又刻苦能干，所以特别信任我，支持我做建筑设计。当时办公室里好几张桌子都是搞计划报表同事用的，他们出差都是去了解生产完成的情况存在什么问题。我在办公室很特殊，桌子上支起一块0号图板，专门到省里各个厂矿去了解他们生活区民用与公共建筑的规划设计情况，去得最多的地方是荆沙棉纺厂，承接做厂里的一个新居住小区的规划设计。这个规划设计的实施方案最后是通过省建委规划局批准的，包括生活配套服务设施，都是按照当时的指标去考虑的。很难得的是，“文革”后期在厂里基建部门的大力协助下，我独立完成了这个居住小区规划设计实施方案，经历了真刀真枪的从设计调研到方案审批的全过程。

之后我接的项目是在应城盐矿，设计一个职工医院和一个礼堂。这个医院设计曾刊登在《建筑学报》上(1976年第2期)。深入到基地以后了解到，地形的高差比较大，这是一个很现实的问题。就当时技术经济条件来讲，这座小型厂矿职工医院采用灵活组合的方式，利用比较原始的施工技术力量就可以建出来，既切合当时的实际技术水平和技术经济指标，

①门诊部；②住院部；③手术部、中心供应；④辅助医疗；⑤洗衣房、浴室；⑥营养厨房；⑦锅炉房；⑧总务办公室、库房；⑨救护车库；⑩停尸房；⑪扩建传染病房；⑫工作人员宿舍；⑬公共厕所；⑭错层简易坡道

应城盐矿医院总平面方案比较

布正伟《100床厂矿医院建筑设计的探讨》，《建筑学报》1976年第2期

又能很好地利用地形高差，并保证基本功能完好。当时这个稿件寄到《建筑学报》编辑部时，看到在“文革”运动中，还有人在这样踏踏实实地做设计，也使那些编辑人员深受感动。

我在湖北轻工业局干了几年之后，去了中南设计院，当时叫湖北工业设计院，我的职业建筑师生涯有了新的开端。这时候我都多少岁了，我想一下。

谭 三十七八岁了吧？

布 | 对，38岁了。中南院把我安排在第二设计室，专门做公共建筑，一去就做了一个武汉军区的礼堂设计，我印象比较深的是，这个设计采用了“自平衡钢架两端悬挑”的创新做法。一般楼座是采用向观众厅一侧单悬挑结构，单悬挑弯矩是很大的，必须加高观众厅的空间高度才行，既不适用，也浪费资源。我是把楼座上的座位向立面方向上空延伸，立面效果与众不同[2]，以前从没有人这样做过。这和我读研究生时特别关注“结构构思”是密切相关的。

谭 对，您从硕士阶段就开始思考了。

布 | 就像徐中老师说的[3]，设计创意要想得比较巧，造型要自然反映出结构构成的特点。这个多功能礼堂建成后的效果挺好，还得奖了。后来，我在中南院做了好几个项目的方案设计和施工设计，包括武汉桃岭宾馆的总体规划和建筑单体设计、武昌东湖二号宾馆设计、黄鹤楼的建筑方案设计、工艺美术大楼建筑方案……进入1980年代后，自己有了独立的建

湖北化纤厂毛泽东思想宣传栏设计图

《中国当代建筑师丛书：布正伟》

解放军4417多功能礼堂设计效果图

《中国当代建筑师丛书：布正伟》

筑创作舞台，都是得益于在中南院这三年打下的良好基础。

我去中南院后不久，就赶上了1978年三中全会的改革开放，当时特别感动的是，三中全会后，在解放思想的过程中，中南院院长、书记都非常重视我，在座谈会上，让我大胆发表意见，怎么才能打破过去设计模式化、公式化和口号化的束缚？就在这个时期，中国民航机场设计院基建处的领导知道我的业务情况，认为是个人才，要把我调过来组建建筑室，就这样我回到北京来了。正巧，航空港建筑是我在做研究生时的一个梦想。我读研究生的时候，苏联建筑杂志上经常刊登航空港方面的建筑设计内容，让我特别向往。

这些就是我在湖北武汉和（襄阳）太平店的一些故事，你们看还有什么需要了解的？

谭 您刚才讲到一开始的工作角色是从文娱委员到宣传员，都参与的是宣传相关工作。那个时代其实宣传工作特别重要，比如宣传“上山下乡”“好人好马上三线”。把人聚集到一起做生产，而且是在比较艰苦的地方，需要通过各种宣传方式动员大家。您那个时候会从哪些角度来做宣传工作？当时宣传的内容和方式是什么？

布丨在1972年的时候，我和爱人庄寿红合作画了一幅横向展开的大幅油画[4]。当时省里要搞一个全省的美展，希望有三线的题材，我就配合庄寿红画了一幅题目叫《争分夺秒》的油画。画里突出表现工人往深管沟里安放大型管道的紧张劳动场面，引人注目的是在又长又粗的大管筒上写的一句白色字样的标语：“埋葬帝修反”。还画了一张近于方形的油画，内容是厂区周边农民春耕开着插秧机在插秧的景象，画题是《春播》。化纤厂工地宣传最多的形式是出快报，诸如表扬好人好事或者是有特殊任务时做鼓动。后来我还加入工地宣传队做宣传演出。

谭 我听您刚才讲的一段话特别有感触，就是说做建筑设计要接地气，要接人气。

布丨对，尤其是三线建设工程设计接地气太重要了。“因地制宜”算一条，“就地取材”算一条，“因陋就简”算一条，“苦中有乐”也算是一条。可以这样讲，如果我不到三线工地现场的话，这些厂矿生活区的规划也好，设计也好，我就没有接触的机会。现在我可以说，我是经过基层锻炼闯出来的，是从现场设计毛泽东思想宣传栏一点一滴地实干出来的，所以我特别体验到，建筑设计首先应该接地气、接人气。接地气，就是一定要从环境、从现实条件出发。就这么多钱，

庄寿红女士代表画作《北海》

《中国近现代名家画集：庄寿红》

就是只有钢筋混凝土和砖，没有大型运输和吊装设备，在这种情况下，该怎么样设计才能把房子建造出来，这就是我刚才说的。在湖北化纤厂做了商业，做了住宅，在应城盐矿做了职工医院，做了居住小区规划，说实在的都是很朴实没有花架子的设计。那时候单方造价抠到几块钱几毛钱，不像现在。比如说阳台的承重结构的各种做法，每平方米的造价和钢筋用量都不一样。到现在，阳台结构布置方案比较图我还保留着，这还是我做研究生的时候画的。我的导师徐中先生把我领进了建筑与结构关系认知的大门，同时，还进一步领进了建筑美学与建筑哲学的大门。

谭 我看您的宣传栏设计，无论从画图的表达也好，还是说从设计的材料也好，都是非常符合当时的经济、现场条件。您除了这个项目以外，还有哪些印象特别深的现场设计？

布 | 说到现场设计，第一要看地形，然后看基本材料。当时化纤厂建砖厂，是因为有大量的生活区建筑，还有一些生产性的框架建筑也都需要填补红砖，就在这个地方就地取材，做了一个很大的砖厂。因为我在砖厂工作过，深知基本材料就是砖，包括住宅、托儿所、商店等建筑的现场设计，就是要考虑结构施工必须简便，不需要沉重的运输和吊装设备，只要肩挑手搬就能解决。现场还要掌握建筑部件的尺寸，脚手架的高度。我们不会想着去做那种高大体量的东西，当时大吊用在生活福利建筑施工上是不可能的。举个简单例子，我们去的时候，住的房子都是三层单面走廊的，形式很简单，楼梯连着外廊，一开门就能通风，相当简陋，而且进深小，不需要特别宽整的平地就可以排两排房子。要是进深大了，两排就排不下了。这些都是现场设计得出来的经验总结。要“因陋就简”，听起来难听，但实际上是“因地制宜”中一种没有办法的办法。

谭 是的，其实挑战更大，要求更高的设计智慧。

布 | 对，而且场地的排水特别重要。那时候没有铺（柏油）马路，下雨天一腿泥，排水再不好就一个坑一个坑的积水，这就是很现实的事。但是排水做好了，同样是泥巴地，那就会好得多。找坡下去以后，泥洼地夯实一点，掺上沙子小石子什么的，两边排水做好，纵向也有一定的坡度，那就会更好了。这就是很细微的一些现场“因陋就简”的策略。

谭 您当时做设计工作时，包括厂矿生活区和后面做的厂房，有没有用标准图集？

布 | 有用到标准图集的时候，但重要的是要用得合适，有时候标准图集配件或者是制作，还要根据现场条件。比如说当时我们住的房子，我去的时候就是住的平瓦房，很简单，可以一直看到上头的木条椽子、板子、瓦什么的，木条上头就是瓦，没有保温层，顶多有个吊顶。

谭 冷摊瓦屋面。

布 | 是的，很类似。墙就是砖墙，这样一个单层的房子。那时候下雨屋顶漏水，都得拿两个盆在屋里接水。

谭 您当时到那里去，就相当于去开荒的，属于基础设施还基本没有。

布 | 对，对，当时还有一个上厕所也是挺麻烦的事。当时生活区住宅没有修起来，上厕所、洗澡都是难题。现在想想，三线建设那种条件下，在生活质量上要想能够保障一个人的生理和心理最基本的要求，就需要建筑师和工程师有很大的智慧。在那样艰难的条件下，怎样能做到施工质量尽量做到少透风、少漏雨？其实是可以做得到的，比如说，屋顶没有保温层，油毡就一两层的情况下怎么能做得更加合适？一刮风的时候油毡层就会松动，怎么样能压得实一点？民间的一些技术都值得三线建设学习。所以从三线建设实践中，我感觉能够总结出好多设计窍门来，如果能非常好地总结出一些经验来，表现出设计怎么体现对人的关怀，这会是一件很有意义的事情。

耿 我们团队之前去湖北的蒲圻纺织厂调研过，然后发现一个比较有意思的现象，就是它厂区的幼儿园不在生活区，摆在生产区里的大门旁边。

布 | 这样安排好，便于工人上下班接送。这就是人性化的设计思考……我想起一个小故事。两次去西班牙考察时，看到高迪做的神圣家族大教堂的出口处，有一组遗留建筑，是小学教室，挺小的单层房子。原来这个小学教室设计，就是高迪当时考虑到在这上下班的工人接送孩子方便而安排的。这个故事让我很感动，在这么一个神圣的地方，高迪竟在前头做了一个工人孩子上学的小学校，不仅他留的位置特别好，而且设计得还挺有意思的，很能打动人。

耿 我也对您刚刚讲的接地气和接人气这一点印象深刻，感觉这好像跟您之后的“自在生成论”研究成果有一些内涵上的共通之处。比如您说设计作品要体现出因地制宜、各施其巧的自在品格与自在精神，那是不是可以说，三线建设这段时期的实践过程，对您的“自在生成”理论的萌发有一定的影响？

布 | 自在生成论，实际上就是一种遵循自然规律的思维方式和建筑观念。“自在”是“自由”的升华，是能够在“自由”中掌控的一种“境界”。这意味着在掌控自由的基础上，我们能够将自由转化为对设计与规划等方面的自如把控，最终达到一种“自由自在”的设计高度。我在《建筑自在美思维》中重新总结了这一理论，可以算是《建筑结构思维》[5]的姊妹篇。《建筑结构思维》是导师徐中先生引领我走进建筑美学殿堂的理论研究的一个切入点，通过建筑美学思维来探讨建筑结构在建筑中的地位和作用。我毕业论文就是在导师的指导下，探讨如何通过结构手段的运用，去展现建筑的自在美的。我现在觉得，一个好的设计进入了“建筑自在美”的境地，就应该是去伪存真、由表及里的好作品，其中就包括应该具有“坚固耐用、易于维护”的品质。

谭 那到了今天，您怎么看待三线建设当年的选址、建设？比如说它选址在那些山沟里，有些是非常不适合建设的，建设标准和条件也就因陋就简，但总的建设成本要好多。

布 | 从现在来看，这种分布还是大体合情合理的。当时的世界不太平，总要留一手，都跑到自然条件经济条件都好的沿海地区是行不通的。“深挖洞，广积粮”那些提法，在当时

的形势下确实有必要，不能否定。国防战略要立于不败之地，没有那一步，就没有下一步。

谭 您刚才也讲到在中南院那边工作的时候，十一届三中全会之后，领导也提出，要解放思想，破除模式化、公式化、口号化。三线建设期间也提过一些口号，比如“设计革命”“下楼出院”“现场设计”，您觉得这些口号对当时的设计有什么影响？

布 | 我对于现场设计体会比较深，一段时间的现场设计在某些情况下是有优越性的，特别是工程比较复杂、设计周期又比较紧的情况下，还是需要在现场吃透，离开现场往往就会“少、慢、差、费”。在湖北的荆门、宜昌和武汉东湖做现场设计，我的亲身感受就很深。

谭 这也能够体现您的自在论的思想。

布 | 是的，我觉得建筑设计实践，深入生活和深入实际这两条相互关联，太重要了。1963年徐中先生指导我做天津市外贸大楼陈列室设计，在草图阶段我画了一个大概的平、立、剖图，他看了之后问我：“外贸展品的展现及布置方式上有什么特殊要求？应该注意些什么设计要点？你调查研究过吗？”我说“没有”。他说：“这样的话，设计就会脱离现实，因为没有亲身的感受和体验，很多东西你都搞不清楚，设计不能打马虎眼。”徐先生讲的这些话让我终生难忘，受用一辈子。可以说，70年代参加三线建设，就是在补“深入生活，深入实际”这一课。

谭 您的本科生阶段在天大有没有涉及工业建筑设计的学习经历？

布 | 本科阶段我们有过一次工业设计的学习机会，在聂兰生先生[6]指导下，我曾做过印刷厂车间设计课题，得了5分，作业图也留教研室存档了。

谭 那您在本科阶段就学习过结构了，研究生阶段又做了建筑与结构的问题的专题研究，对吧？

布 | 对，说实在的，本科学了半天结构，最后在设计过程中可能还会搞不清楚。一个很简单的问题——结构安全究竟要满足几个条件？我是在研究了这个专题以后才“如梦初醒”。强度、刚度、稳定性，这正是结构安全必要而充分的三个条件。没这个起码的结构概念，设计构思就必然会受到严重的影响。

耿 布老师，您当时上学的时候，应该正在全国倡议全面学习苏联，这对当时的设计教学有没有影响？

布 | 有影响是肯定的，“社会主义的内容，民族的形式”这个口号就是从苏联学来的。另外“建筑构图原理”也是一个重要的学习科目。当时我们大学同学顾孟潮组织了一个翻译小组，翻译苏联建筑科学院编写的《建筑构图概论》，这么大的一厚本，我还翻译了其中《结构构成》这一章，受其影响比较多[7]。

《建筑构图概论》

邢 您作为一个非常独特的建筑师，在个人职业生涯中参加了不同设计院的工作，从在化纤厂做宣传栏，然后到中南院又成为建筑项目负责人，主持大型公共建筑设计，这是一个大的跳跃。在您看来，在承担大型公共建筑设计之前化纤厂建设工地的这段工作经历，对后面的持续进取历程有什么帮助吗？

布丨我当时要是没有去太平店参加三线建设的话，就不会调湖北省轻工业局，也不会上中南院。那个时候在纺织部设计院我就开始研究厂房了，想了很多屋顶结构怎样跟采光方式相结合的问题，应该说，在中南院工作的三年，是打好我职业建筑师生涯基础的三年。所以说，虽然吃了苦，花费了不少时间和精力去做了别的事情，也没什么太大遗憾，因为我在如何对待事业方面收获了很多。我之后做设计，特别看重它的实处，有了好的总平面，和平面、剖面、立面设计，你才能汇总出一个真正完成度好的设计。我们现在常常看到，有些作品介绍就是孤零零地甩一两个特写镜头，好像挺上相，但实际到了现场不怎么样，甚至还有毛病，这不是瞎蒙人吗？

马 布总，您作为参与过三线建设的建筑师，从咱们国家工业建设的历史来看，包括从您个人的设计观出发，您对三线建设文化遗产的当代价值有什么看法？这对现在还有意义吗？

布丨我觉得三线建设的成果在文化遗产里算是重要的一笔，不能够忽略。老实讲，和平发展虽然是时代的主题，但我觉得现在战争风险还是存在的。当时毛主席提出的“深挖洞，广积粮”，不仅具有历史意义，其精神也具有现实意义。以前国际形势有点“风吹草动”，夏收、秋收的报道都会指示我们广积粮。毛主席抓的“深挖洞、广积粮”，是落实“备战备荒为人民”战略性号召很重要的举措。三线建设也是如此，我觉得应该从文化遗产的角度总结出来。但是话说回来了，这方面好像有保密要求，是比较少公开宣传的，是吗？

谭 三线建设逐渐在解密，除了还在生产的军工企业保密不让参观以外，有一些工程也转变成旅游景点、红色教育基地了。

布丨这是好事。

谭 谢谢您，这次交流对我们来说是很好的学习过程，您有什么需要我们帮助的尽管吩咐。

”

1 湖北化纤厂位于湖北省襄阳市樊城区太平店镇，为响应国家“三线建设”而建设，始建于 1968 年，是我国最早生产工业用化学纤维的大型企业。

2 支撑楼座的门式钢架结构向前后两侧悬挑，高起一侧的悬挑伸到礼堂放映室等用房的底部。这样的结构方式直接导致了礼堂立面构图与众不同的效果。（布正伟先生审阅后笔注）

3 徐中（1912—1985），1935 年毕业于中央大学建筑系，1937 年毕业于美国伊利诺伊大学建筑系，1952 年开始在天津大学执教。布正伟先生就读期间，徐中先生任天津大学建筑系主任一职。

4 布正伟先生的夫人庄寿红女士，1964 年毕业于中央美术学院国画系，1971 年下放襄阳地区湖北化纤厂，任子弟学校美术教师，1972 年与布正伟先生创作《春播》及反映三线建设的《争分夺秒》，参加湖北省美展。

5 布正伟《建筑结构思维》（机械工业出版社 ,2023）于 2024 年 5 月被评为 2023 年度建筑领域“十大好书”。

6 聂兰生（1930—2021），1954 年毕业于东北大学建筑系，同年至天津大学建筑系任教。

7 原书 1960 年成书，苏联建筑科学研究院建筑理论、历史和建筑技术研究所编纂。

黄汉民先生访谈：再回望·再前行

受访者简介

黄汉民

男，1943年生于福建福州，清华大学建筑系本科（1960—1967年）、研究生（1979—1982年）毕业，福建省勘察设计大师、中国民居建筑大师、教授级高级建筑师、福建省建筑设计研究院顾问总建筑师，享受国务院特殊津贴。历任福建省建筑设计研究院副院长、院长、首席总建筑师（1984—2008年），中国建筑学会第十届理事会常务理事（2005年）等。代表作品：福州西湖"古堞斜阳"景点、福建省画院、福建省图书馆等。长期致力于福建传统民居研究，著有《福建土楼》《客家土楼民居》《福清传统建筑》等系列著作。

黄汉民先生专著、合著和收编

类型	序号	书名	出版社	作者	出版时间
专著	1	《福建大观·福建传统民居》	鹭江出版社	黄汉民	1994年
	2	《福建土楼》	中国台湾汉声杂志社	黄汉民	1994年
	3	《客家土楼民居》	福建教育出版社	黄汉民	1995年
	4	《福建土楼》	生活·读书·新知三联书店	黄汉民	2003年
	5	《福建土楼》	生活·读书·新知三联书店	黄汉民	2009年
	6	*FUJIAN TULOU*	生活·读书·新知三联书店	黄汉民	2010年
	7	*Фуцзянь Тулоу*	俄罗斯东方图书出版社	黄汉民	2016年
	8	《门窗艺术》（上下册）	中国建筑工业出版社	黄汉民	2010年
	9	《福建土楼》	海峡出版社	黄汉民	2013年
	10	《鼓浪屿近代建筑》（上下册）	福建科学技术出版社	黄汉民	2016年
	11	《福建土楼——中国传统民居的瑰宝》	生活·读书·新知三联书店	黄汉民	2017年
	12	*Fujian's Tulou: A Treasure of Chinese Traditional Civilian Residence*	Springer	黄汉民	2020年
	13	《家乡的土楼》	少年儿童出版社	黄汉民	2020年
合著	1	《老房子·福建民居（上、下）》	江苏美术出版社	黄汉民文、李玉祥摄影	1994年
	2	《中国传统民居·福建土楼》	中国建筑工业出版社	黄汉民、马日杰、金柏苓、赵红红	2007年
	3	《福建土楼建筑》	福建科学技术出版社	黄汉民、陈立慕	2012年
	4	《福清传统建筑》	福建科学技术出版社	黄汉民、范文昀、周丽彬	2020年
	5	《尤溪传统建筑》	福建科学技术出版社	黄汉民、范文昀、周丽彬	2021年
	6	《南靖传统建筑》	福建科学技术出版社	黄汉民、范文昀	2022年

	7	《屏南传统建筑》	福建科学技术出版社	黄汉民、范文昀	2023 年
	8	《光泽传统建筑》	福建科学技术出版社	黄汉民、范文昀	2023 年
	9	《平和传统建筑》	福建科学技术出版社	黄汉民、范文昀	2023 年
	10	《平潭传统建筑》	福建科学技术出版社	黄汉民、范文昀	2023 年
	11	《永定传统建筑》	福建科学技术出版社	黄汉民、范文昀	2023 年
参编	1	《中国传统民居建筑》	山东科学技术出版社	汪之力、张祖刚 主编	1994 年
	2	《福建文化概览》	福建教育出版社	王耀华 主编	1994 年
	3	《中外名建筑鉴赏》	同济大学出版社	杨永生 主编	1997 年
	4	《中国民族建筑》	江苏科学技术出版社	王绍周 主编	1999 年
	5	《中国建筑艺术全集 · 宅第建筑（四）（南方少数民族）》	中国建筑工业出版社	王翠兰 主编	1999 年
	6	《福建村镇建筑地域特色》	福建科学技术出版社	福建省住房和城乡建设厅	2012 年
	7	《闽构华章 · 2013 中国印花税票》	中国建筑工业出版社	国家税务局 编	2013 年
	8	《福建传统民居类型全集》	福建省科学技术出版社	福建省住房和城乡建设厅	2014 年
	9	《中国传统建筑类型全集》	中国建筑工业出版社	住房和城乡建设部	2018 年
	10	《建瓯古建筑》	福建科学技术出版社	汤瑞荣 / 政协福建省建瓯市委	2018 年
收编	1	《中国建筑师》	当代世界出版社	杨永生 主编	1999 年
	2	《中国当代著名建筑师作品选》*（CHINESE ARCHITECTURE SINCE 1980）*	中国计划出版社，中国大百科全书出版社	刘尔明、羿风 主编	1999 年
	3	《当代中国著名特许一级注册建筑师作品选》	中央文献出版社	建设部中国勘察设计杂志社	1999 年
	4	《中国百名一级注册建筑师作品选 黄汉民》	中国建筑工业出版社	黄汉民	1999 年
	5	《中国四代建筑师》	中国建筑工业出版社	杨永生 主编	2002 年
	6	《当代中国百名建筑师》	中国建筑工业出版社	中国建筑学会	2013 年
	7	《不为繁华易匠心 中国民居建筑大师》	中国建筑工业出版社	中国建筑工业出版社	2018 年

部分获奖项目

项目	奖项
福州西湖“古堞斜阳”景点	1988 年福建省优秀建筑设计一等奖
福建省画院	1993 年福建省优秀建筑设计一等奖
福建省物资贸易中心	1993 年福建省优秀建筑设计三等奖
福建省图书馆	1997 年福建省优秀建筑设计一等奖
福建会堂	2002 年福建省优秀建筑设计一等奖
闽台缘博物馆	中国建筑学会建国 60 周年建筑创作大奖 2009 年福建省优秀建筑设计一等奖

访谈者：黄庄巍（厦门大学建筑与土木工程学院教授），刘静（厦门理工学院土建学院副教授），陈飞（福建省建筑设计研究院工程师）

访谈时间：2023 年 6 月 9 日上午

访谈地点：福州市福建省建筑设计研究院黄汉民工作室

整理情况：黄庄巍、刘静、陈飞整理

审阅情况：经受访者审阅

基金资助：国家自然科学基金面上项目（52378040）

黄庄巍（右）访谈黄汉民（左）先生

访谈背景：改革开放初期，是一个充满多重意义、对今日中国建筑影响至深的"再"时刻——世界现代建筑思潮再次涌入，传统建筑研究再被拾起，中外建筑文化交流再度活跃，个人化建筑创作再度兴盛……在这个百废待兴、充满真挚与热望的新起点，一批 20 世纪 30—40 年代出生、接受中华人民共和国成立初期大学教育却一直无法施展抱负的中国第三代建筑师[1]，登上舞台中心。

他们正值壮年，分布于中国各地，构成全面推动改革开放后中国现代建筑发展的中坚力量，也成为向世界重新展示古老中华建筑文明与现代活力中国的有力推手。他们立足所在地域乡土传统、续接于源自中国第一代建筑学人传统建筑研究学术脉络的"再回望"，重拾融合世界现代建筑思潮、迎向现代中国建筑光明未来的"再前行"，构成贯穿于其职业生涯并紧密相连、相互影响的两个面向，也铺就形塑今日中国建筑学术研究与现代地域建筑创作的基本底色。

黄汉民先生即为这一群体中的重要代表建筑师，是我国改革开放后最早关注福建地域建筑并从事现代地域建筑创作的重要建筑师、建筑学者之一。他对故土充满情怀，几十年扎根八闽大地，返本开新，在传统建筑研究与现代地域建筑创作两个范畴均达到很高成就，至今以 80 高龄仍不遗余力地在福建各地奔走呼吁与指导，活跃在推动地方传统建筑保护与传承的第一线。

福建省是我国地域建筑类型最为丰富的省份之一，福建民居研究始于 20 世纪 50 年代初期刘敦桢先生的推动，亦为中国各省最早进行民居系统研究的省份。抗战期间，中国营造学社即开始关注西南民居建筑，社会主义中国在"建筑是为人民服务的"的整体价值视野下，中国传统建筑研究的聚焦点由"统治阶级的建筑"（即宫殿、坛庙等官式建筑）转向"劳动人民的建筑"，民居建筑研究成为现代中国建筑设计借鉴的重点。1953 年南京工学院与华东建筑设计公司合办中国建筑研究室，由刘敦桢先生主持，从事各地民居、园林等古建筑的调查研究，在研究初期因缘际会，福建土楼第一次进入中国建筑界的视野。

1953 年冬，南京工学院建筑系毕业生、福建永定县客家人黄金凯[2]"有张老家的照片，拿给刘（敦桢）老师看，说他老家有这个圆楼、土楼""刘老师很感兴趣，之前大家都没听说过"[2]。在刘

敦桢先生安排下，中国建筑研究室张步骞、朱鸣泉、胡占烈三人在1954年夏天赴福建永定县进行了为期2个月有余的考察，测绘广业楼、振成楼等客家土楼；1956年10月形成初稿，1957年专刊发表于《南工学报》（1957年第4期），成为中国第一部客家土楼专题研究。[2] 与此同时，1956年刘敦桢先生在《建筑学报》4月刊发表《中国住宅概说》一文，基于张步骞等人的考察研究，以图文简要介绍永定客家方形住宅和环形住宅，“因周围墙壁用夯土做成厚1公尺以上，所以一般称为土楼”，认为环形住宅即圆楼“无疑是我国住宅中绝无仅有的形式”[2]。1957年刘敦桢在其主编的《中国住宅概说》一书中进一步专篇详细介绍永定县客家土楼。1961—1962年，中国建筑研究室民居组傅熹年先生等对浙江20余县市的民居进行调查，1963年完成《浙江民居》初稿；1963年下半年起，对福建民居展开系统调查，调查测绘闽东、闽西、闽南多地民居，完成《福建民居》初稿。后中国建筑研究室运行中断。至此，《浙江民居》与《福建民居》成为中国各省份民居系统研究中最早成形的“双璧”。“福建民居的调研基本遵循浙江民居调研的同样方针开展工作……福建民居的资料，比浙江民居内容更丰富，画得也更好”[3]。令人十分遗憾的是，《浙江民居》后来出版，《福建民居》稿件则在“文革”动荡中付之一炬。[4]

1968年[5] 黄汉民清华毕业后，先下放至上海崇明岛部队农场干了近两年的农活，随后又分配至武汉一个工厂下车间，1972年调至广西兴安三线工厂搞基建。“文革”结束恢复研究生招生后，1979年36岁的黄汉民重回清华大学建筑系读研，师从王玮钰[6] 先生，选择“福建传统民居”作为研究方向并于1982年毕业。

1984年，黄汉民硕士论文《福建民居的传统特色与地方风格》刊发于《建筑师》第19期，引起国内外学者的广泛关注，吸引了一大批国外学者来到中国考察土楼，在海内外引发“土楼热”，促进了一系列中外和海峡两岸建筑文化交流，成为改革开放初期中国建筑走向世界的一个现象级事件。黄汉民在客家土楼之外发现了单元式闽南土楼这一重要建筑形式，拓展了土楼研究的内涵。

对黄汉民先生的访谈，以期梳理其思想发展脉络和创作轨迹，力图从这位重要建筑师身上，探寻福建传统建筑研究和现代建筑设计发展与变迁的轨迹，呈现福建现代地域建筑发展最初的节点与脉络。

访谈希望通过纵观1950年代以来福建地方建筑研究与现代地域建筑发展历程的整体图景，管窥近代以来中国建筑文脉所具有的强大内核。它是一种顽强的内生动力，根源自中国传统知识分子对中华文化的深沉挚爱，对故土的深切情怀，与对现代建筑设计道路的不懈追寻，它使一代代中国建筑学人坚守、承继中华建筑传统的“回望”并迎接现代中国建筑设计的“前行”，虽历经波折，终不绝如缕。

黄庄巍 以下简称巍

黄汉民 以下简称民

“

闽都

巍 黄先生好！您生活、成长在福州，一直致力于福建传统民居的研究与传承，请您谈谈少年时代的福州古城的生活经历，这段时光对日后从事研究福建民居是否产生影响？

民 | 我小时候生活在福州仓山区，旧使馆区，曾经福州领馆比鼓浪屿的还多，附近都是西式洋楼。我家就住在福师大老楼对面，前头对着稻田水塘，需要自己走路上幼儿园。五年级到万寿小学上学，一个办在庙里的小学，一座古建筑，目前整体迁建到上下杭街口，里面还有林则徐的对联。当时，上学在庙里，住在仓山的木结构联排住宅里，周围则是洋人盖的西洋建筑，后来又搬到最繁华的台江百货公司附近。

我高中在福州高级中学[10]，现在是优秀历史建筑。它是形似教堂的一个礼堂，还有一个很高的钟楼，都是西式建筑。那时候，每天上学光着脚丫子从台江走到仓山，穿过中洲岛，走过两个桥，然后到仓前九里，每天走台阶上去到学校上学。这些儿时记忆挺深的。

我小时候没有离开过福州老家一步，连福州乡下都没怎么去过。唯一的是日本人侵占福州时，逃难到闽侯乡下。[11]那时抗战已经快胜利了，依稀记得舅舅喊日本飞机来了，我妈抱着我跑。1955 年 1 月 20 日，我家已经搬到台江，那天福州遭受“1 · 20”大轰炸[12]，国民党飞机投放燃烧弹袭击台江，福州民居是柴栏厝，烧毁一大片，木头房全烧了，一直烧到现在台江电影院附近，我们家幸运地躲过一劫。

在我小时候，福州老城区的柴栏厝和中西合璧的西洋建筑给我留下了非常深刻的印象。

巍 这段少年生活对您在1960年选择建筑学专业是否有影响？

民 | 我觉得没多大影响，可能有那么点儿潜移默化的作用。那时我对建筑学专业根本不了解，但儿时喜欢画画，还曾报考过福师大美术专业，因为没经过专业训练没考上。当时福州高级中学教学质量很好，同班同学有三个人考上清华、一个北大，一个哈工大。五六十年代福建是海防前线，不建新工厂、新高校，就业机会少，考大学是唯一出路，挤的是“独木桥”。报考专业要讲家庭出身，出身好才能报尖端保密专业。我家庭成分不好，只能报普通专业。那时报志愿也不是根据自己的喜好，各个学校为了争取高录取率，均由班主任根据学习成绩好坏统筹安排报考。先是给我报清华水利系，后来我看到学校招生简章里介绍建筑系要

学习马列主义美学，多少与绘画有点关联。我就找班主任和另外一个报建筑系的同学调换。老师认为建筑系要数学好，说你数学不错就换吧。就如此阴差阳错上了建筑学专业。

异乡

巍 您在清华大学所受的教育，还是沿用传统的学院派训练方式？有无印象深刻的老师、同学或事件？大学教育对您日后的研究和创作方向有哪些影响？

民丨我读书时的清华大学建筑系是完全的学院派，系主任梁思成先生将宾夕法尼亚大学建筑系的一套教学体系完整搬过来。那时师资力量很强，梁先生教我们建筑概论，教水彩画是华宜玉老师，还有王乃壮老师。汪坦先生、陈志华先生都教过我们中外建筑史课。

当年清华大学本科是六年制，那时赶上“三年困难时期”，肚子里没有油水，没到饭点已经饥肠辘辘。我身体不太好，大三染上了流行性肝炎，回老家养病留了一级，1967 年毕业时又赶上“文革”，滞留在校直到 1968 年才分配工作，所以在清华待了整整 8 年。后来，读研究生又回清华园 3 年，总共待了 11 年。所以和清华的老师们都很熟悉，很亲切。

在清华大学的学习经历，为后来的设计打下了坚实的基础。我大学时期喜欢画画，周末就和几个同学一起背着画夹，拿着小马扎去颐和园画水彩，但作品留下来的很少。当时，每个班级的课程设计成果都会挂在走廊，各年级的同学互相观摩。优秀的设计成果都会留档，可惜“文革”期间统统烧毁了。那时学习资源匮乏，系资料室仅有苏联建筑杂志，里头不少钢笔画的建筑设计图，我经常用透明纸蒙上描绘，一有空就泡在资料室抄资料。那时按建筑类型分类，如别墅、公建、旅馆等，装订起来作为设计参考。我的钢笔画技巧有部分就是通过这样很“死板”的抄绘练出来的。（翻出一张和梁思成先生的合影）

巍 这真是一张珍贵的照片！这张照片是梁先生在改图示范？背后有没有什么故事？

建七班与梁思成先生合影，
前排左起：鲍朝明、应锦薇、梁思成、朱爱理、叶春华，后排：黄汉民。

民丨是摆拍的。那时候需要梁先生的照片，叫同学去合影，我们很幸运赶上了。这张有我露一个脸在角上，这是我和梁先生留下的唯一一张合影。

我的建筑史是陈志华先生教的，很遗憾我没有上完就生病休学了，后来补考要默写万神庙等西洋古典建筑立面。毕业前下乡到延庆县参加“四清”运动，直到“文革”开始，全部学生回学校。“文革”期间停课闹革命，全国大串联，吃饭不要钱，坐火车不要钱。我和几个同学是“逍遥派”，在苏州一个同学家里落脚，然后跑遍了几乎所有的苏州园林，对中国古典私家园林空间深有感触。现在想起来那会儿玩得可真痛快，没有浪费光阴，还是在学习的嘛，用现在时髦的话来说叫“游学”。

1968年，我分配到邮电部，还没来得及进设计院就被“发配”到上海崇明岛解放军农场“接受工农兵再教育”。刚到农场连住的营房都没有，自己动手盖，河沟里捞毛竹，立柱子做屋架、盖草顶，一个连队一排隔成一间一间的营房。我们在农场，种稻子、种菜、养猪。

巍 这就不只是设计了，连建造也要一起做。

民 | 过去清华建筑系学习讲究实践，课程有瓦工实习，挖基础、砌墙样样都干，所以盖房子也是轻车熟路。

在农场待了1年8个月后，我被分配到武汉邮电部所属工厂，“臭老九”先下车间当工人，被分配到电镀车间。后来厂里扩建家属宿舍、幼儿园，我转到基建科成了“甲方”。当时武汉市建筑设计院负责设计，负责设计的是位老建筑师，被局促的场地困扰，无从下手。我给他画了个可行的方案，他惊讶掺杂着欣赏，“你居然会画方案？”我心想，清华建筑系毕业还能不会做方案？当时就用我的方案，他们出施工图。厂基建科要建工棚，没有结构工程师，我就自己学着设计轻钢结构屋架，从设计到施工什么都干。

1972年，我又调到广西兴安县邮电部三线工厂，先到后勤组，后来到基建科，自己设计建造厂办小学、宿舍、俱乐部等，一晃又在广西山沟里待了7年半。那时看到《建筑学报》里刊登的武汉长江大学桥头堡设计、长沙火车站设计……多想回归建筑设计本行。

回望

巍 70年代末期您为何回清华读研究生，为何师从王玮钰先生并选择“福建传统民居”作为方向，有什么样的思考和时代背景？

民 | 1978年恢复研究生招生，我在山沟里消息闭塞，第二年才报考，又回到清华。当时出了一本《浙江民居》，里面的民居手绘十分精彩，浙江民居丰富多彩的造型更是诱人。我是福州人，我的硕士导师王玮钰也是福州人，所以我就选福建传统民居作为硕士论文课题。但我除了福州，福建其他地方都没有去过，对传统民居建筑一无了解。还有当时工厂地处桂林以北60公里的兴安县，常去桂林出差，看到桂林有不少结合山水环境，富有地域特色的园林建筑，很感兴趣，也启发了研究福建传统民居之心。

当时并不知道福建有这么丰富的民居形式。改革开放初期，福建作为前线一直没什么建设，传统民居保护得相对完好。那时省内交通不方便，福州去泉州要半天，去厦门要走一整天，民居调查十分艰苦。在1980年底，我花了两个多月时间，跑了当时福建62个县市中的26个，选极具代表性的民居测绘研究。

巍 这些调研都是自发的？

民 | 是的，而且是自费的。当时很不容易，学校资料室借一部相机，学校提供黑白胶卷，

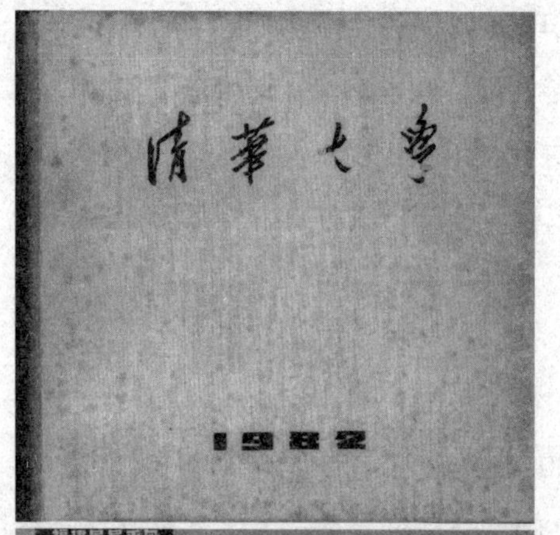

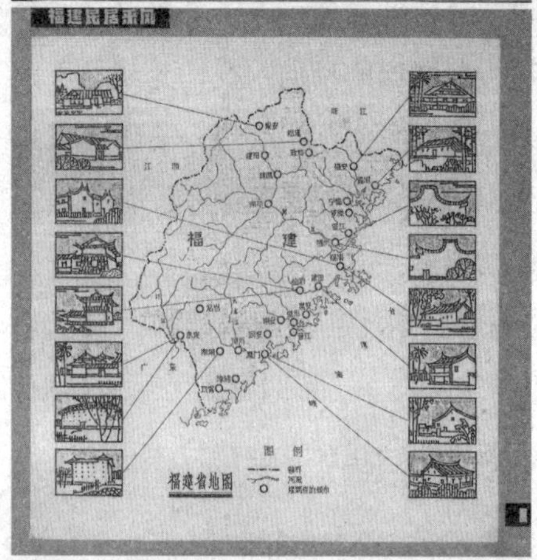

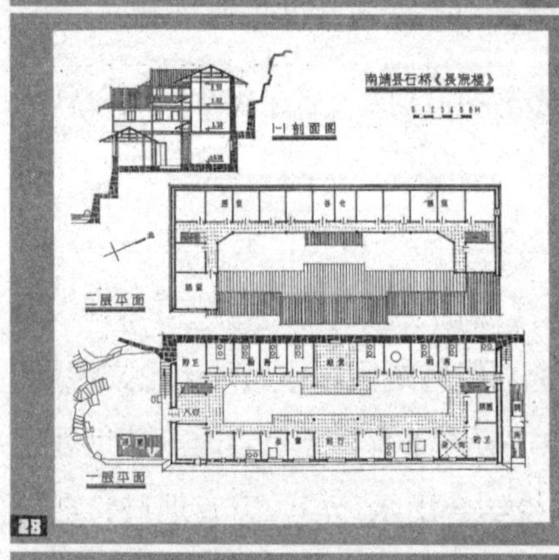

黄汉民硕士论文附图摘录

拍完底片都归资料室，只给我们留下 135 小照片（画幅 24 毫米 ×36 毫米）。当时还没有彩色照片。我调研完了以后，又带着导师来福建转了一圈。

巍　80年代您在广为人知的客家土楼之外发现了空间与其相异的闽南土楼，丰富了福建土楼的内涵，提出“圆楼的根在漳州”的论点，以及从圆寨到圆形土楼的发展推论。闽南土楼是您的新发现？

民丨当时学术界只知道永定有土楼，我在漳州调研的时候住在漳州宾馆，晚上和一位老红军闲聊，说起想去永定看土楼。那时候从漳州到永定县得坐车到厦门，厦门再转长途车到龙岩，从龙岩再去永定，要绕一大圈。老红军说：“我们南靖县也有土楼，我当年就在那儿打游击。”

我一听，立马乘长途汽车，翻过天岭直奔南靖县的书洋乡，第一次见到土楼兴奋无比。骑着自行车寻找特色土楼，当时就测绘了和贵楼（方楼）、怀远楼（圆楼）。这两座土楼的测绘图连同硕士论文《福建民居的传统特色与地方风格》后来发表在 1984 年 7 月《建筑师》杂志上，现在这两座土楼都列入世界文化遗产名录。

当时土楼的研究引起广泛关注。同济大学路秉杰教授带领学生到南靖测绘土楼。日本东京艺术大学茂木计一郎教授多次向中国建筑学会申请，因为那时中国虽然对外开放，但只是城市对外开放，老外不能随意去农村。1986 年终于获得批准，他们带来一个完整的研究团队考察土楼，有的做建筑测绘，有的做人文调查。我们以往的建筑调研，仅仅关注建筑空间；而他们除了建筑空间，也关注土楼人生活的方方面面。回去后他们的研究成果在杂志上发表，在东京举办专题展览，土楼研究由此走向世界。

当时土楼还被统称为“客家土楼”。1988 年初，当时上海电影制片厂意向拍摄土楼专题片，朱育林编导请我带队前往漳州考察，由漳州文物局文物科曾五岳科长作向导，福州文化部门的叶雄彪同志陪同。

这次考察完我才第一次知道漳州有那么多土楼。曾五岳科长对整个漳州地区的文物了如指掌，如数家珍。那次我们第一次看到并测绘二宜楼，这是跟客家人通廊式土楼空间布局完全不同的闽南单元式土楼。后来我以《福建圆楼考》为题的论文发表在 1988 年 9 月的《建筑学报》上，第一次阐述客家土楼与闽南土楼的区别，第一次提出圆楼的“根”在漳州的观点。

巍 1989年8月，您在台湾汉声杂志推出《福建圆楼》专辑，1994年在台湾出版《福建土楼》专著，这有什么样的机缘？

民丨两岸“三通”以后，中国台湾的建筑学人率先来到福建考察土楼。《汉声》杂志主编黄永松先生，以记者身份，是两岸开放“三通”后最早来大陆的一批人。台大美籍华人刘可强教授是伯克利的博士，母亲是福州人，当时在我们院短期工作。他对福建民居特别感兴趣，想看我的硕士论文，那时还是经过请示才给他的。

给你看看我 1982 年研究生论文的插图。（翻出两大本厚厚的、手工装订的硕士论文插图）。这是厦门、这是洪江堡，这张土楼发表在《建筑师》。这些测绘都是我自己做的，一个人又测又画，硬皮封面是用墙纸贴面、绒面纸刻字……

巍 从调研、测绘、绘图到装帧全部一个人完成，真是一个大工程！

这张福建各地屋脊图我以前看过，原来出自这里。

民丨最早的研究是从土楼开始，然后是全省各地的民居。由于土楼结缘，我跟《汉声》的黄永松先生成了很好的朋友。1987 年在芝加哥大学

漢聲

ECHO MAGAZINE 中文版

民俗系列

福建圓樓

定價 新台幣一八〇元

第一次看見圓樓

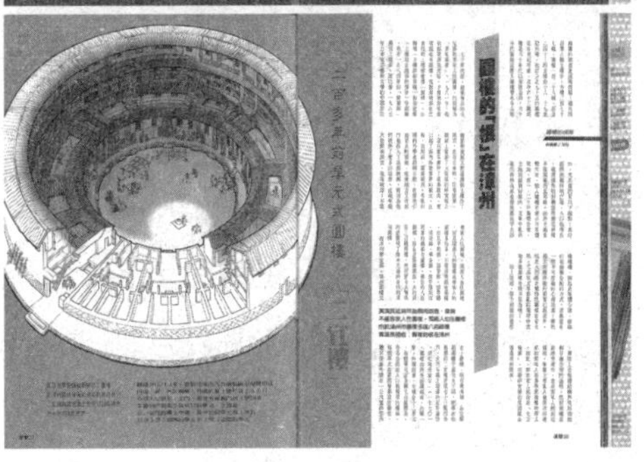

圓樓的根在漳州

1988 年《汉声》镜头下的福建圆楼

有一个建筑研讨会，《汉声》出经费，我就参加了，并在会上放了福建民居的幻灯片。外国学者对圆楼特别感兴趣，也对圆楼成因提出疑问。出国回程路过东京，又到东京艺术大学介绍福建土楼。1987 年底，我又陪刘可强博士调研土楼，也进行了不少关于圆楼的讨论。

巍 我看您后来在1989年《汉声》出版的《福建圆楼》专辑中，对圆形土楼的成因、建造方法、空间布局进行了详细的介绍。

民 | 1988 年底，我带台湾《汉声》杂志的编辑，16 天的时间，调查了 72 座土楼。我带黄永松去二宜楼，当时他就非常感兴趣，这是他第一次看见圆楼，随后就出版了《汉声》杂志的《福建圆楼》专辑。他们很下功夫。你看二宜楼当年多有生活气息，老百姓的烟火气，不像现在内院只剩下卵石铺地空空荡荡、光溜溜的。《汉声》在我的测绘图轮廓上上彩色，外行的人一看一目了然。专辑中总结了从五凤楼怎么变成方楼的过程，还有圆楼的八大优点等等。

通过对漳州土楼的调研和深入思考，我推论圆楼发展的过程，提出“圆楼的根在漳州”，圆楼是从城堡山寨发展而来。

1989 年《福建圆楼》专辑反响很大，《汉声》说你就出个福建土楼专著。当时我们对乡土建筑研究的认识还有差距，侧重于单体建筑研究，而他们觉得要研究聚落，研究风水，因为建筑跟环境密切相关。过去我们把风水看作迷信，实际上风水就是选择最佳的居住环境。我们去访问风水先生，调查、研究土楼建造工序。

当时选了南靖县石桥村作为研究重点。石桥村村内有方楼，有圆楼，环境优美，是很典型的土楼聚落。当时文稿是用打字机打字、油印，我又画了插图。《汉声》提出仅平面图、立面图还不够，还要求有立体的剖视图。我按这个要求画了，的确从剖视图上看，夯土墙、屋顶、梁柱，以及每个房间布局、构造都很清晰，让人一目了然。1994 年，我在中国台湾出版了第一本《福建土楼》专著。

《福建土楼》在台出版近 10 年以后，2003 年北京三联书店出版《福建土楼——中国传统民居的瑰宝》。为了将土楼推向世界，后来出版了英文版、俄文版，2020 年经德国权威学术出版社 Springer 又推出《福建土楼》英文版。实际上 2012 年 2 月由福建科技出版社出版的《福建土楼建筑》一书，才是真正表达我研究福建土楼的最新观点。

巍 据我所知，有不少台湾同行是看了这本书后来到福建看建筑的，土楼成为两岸建筑界的一个桥梁。

民 | 1994 年台版《福建土楼》出版后，诚品书店举办“福建土楼建筑考察特展”，本来安排我去演讲，但那时赴台非常不易没有去成。当年《福建土楼》荣获“台湾《中国时报》”1994 年“开卷十大好书”奖。

1994 年由中国台湾行政主管部门下属的“中华文化基金会”主持召开“海峡两岸传统

建筑技术观摩研讨会”。我有幸应邀出席，当年一起赴台参会人员有单士元、郑孝燮、罗哲文、傅连兴、郭湖生、陆元鼎六位老先生，是大陆最早一批赴台交流的建筑学术活动，那时我是副团长。

后来《汉声》杂志每出一期，我都会写一篇文章，介绍福建各个地方的民居，它是在做文化的基因库。之后便认识了中国台湾古建筑专家李乾朗先生。他一次又一次带学生来福建考察，当时从福州到莆田的公路两旁像画廊，车窗两边的民居风格一路渐变，很有特色。借陪同台湾朋友考察的机会我又跑了福建许多地方，拍摄了各地不同风格的民居照片。

前行

巍 80年代以来，您一直持续致力于福建新地域建筑的创作，在您的中前期设计作品中，1988年的“古堞斜阳”兼具现代建筑特征和福州传统民居风格；1990年后的福建画院和福建图书馆设计，则将福建各地民居特色符号结合其中。您在创作过程中受到哪些影响？有什么样的设计思考？

民 | 当时福州市政府要整治西湖环境，“古堞斜阳”景点分配到我们院来做。时间很紧，又是冬天，不可能把水抽干了重新做基础，而那个点的位置原来是一个挑到水面上的猪圈，底下是墩子。我就利用一些墩子做茶室，有些墩子则砍掉，下沉下去，形成高低错落。

巍 我看这个设计有一个园林式的现代建筑手法在里面。

民 | 我首先希望是一个园林式的建筑。建筑临水，一棵大树，树枝一直垂到水面，当时设计了几个钢筋混凝土圆盘，作为莲步，达到亲水的目的。景点端头的亭子，为了赶工，施工队把琉璃瓦都拉来了，当时全国都得了“黄疸病”，一搞亭子就都用琉璃瓦。我坚决不让用，改用小青瓦。当时工期很紧，施工图是用徒手草图，边设计边施工。建筑造型传承福州传统民居地域特色，简化处理传统山墙，探索了富有福州地域特色的建筑设计。

巍 可以认为您的现代地域建筑设计起步，就是从传承民居建筑地域特色开始的？

民 | 要创造新建筑的地域特色，可以从民居里头吸取很多东西。

比如，当时做福建省图书馆，运用福建各地民居的地域特色语言。受投资限制，不能全空调，我就设计了很多内院，解决通风采光；图书馆女儿墙天际线，是莆田屋顶三段起翘的简化；正立面顶层的大窗洞，是仿福州封火山墙的形式；底层基座部分，仿闽南嘉庚风格用石头与红砖间隔砌筑；主入口前用半圆形的高墙围合前院，隔绝道路噪声，使读者从嘈杂的城市街道进入安静的阅览环境前有一个空间的过渡，实现情绪的转换；外观形式展现了福建圆楼的形象。这栋建筑只能是属于福建的，独具福建地域特色。

巍 福建省图书馆很有名，我读大学的时候就在书上看过。但我当年理解这是“拼贴”，是后现代主义流行手法。所以，您的设计是研究了大量的福建民居的一种自发，还是也受到一点后现代主义的影响，因为后现代也常用历史主义的符号来表达。

民 | 后现代主义是从国外来的概念，但是我那时候还没想到什么“后现代”。福州民居的山墙，用很厚的夯土墙，现在新建筑是 24 墙（240 毫米厚），必然要简化，实际上是仿传统民居的形式。有一次清华请我回去做一个讲座，很多学生在听，都说很后现代，因为他们只知道西方的后现代。

巍 那还是应该视为一种基于中国乡土传统的、原生的、自发的现代创作。后来您的创作，我觉得一直沿着这条路在走，建筑设计和民居研究二者构成一体两面，相辅相成。

民 | 是的，我到一个地方做设计，就希望能体现当地的地域特色。泉州闽台缘博物馆就是这样，但是它边上的泉州博物馆用的是闽南传统屋顶形式直接放大，尺度不对头。闽台缘博物馆设计突破了传统大屋顶形式，红砖外墙的基调保持不变，这是泉州人民喜闻乐见的色彩，形式上的创新泉州人民还是比较认可。但这个建筑设计的总结文章一直没有发表，为了政绩赶工，随意修改不按原设计施工，后来我写一篇文章题为《还没累死，先给气死》，没有杂志敢发表。

“古堞斜阳”景点（1988）

福建省物资贸易中心（1992）/ 福建省图书馆（1996）

闽台缘博物馆（2009）

建筑就是个遗憾的艺术。物资贸易中心刚做起来也是这样，80 年代初是福州市中心的标志性建筑。建筑地处十字入口，高层平面取 L 形，采用高低错落的体块组合，避开微波通道，使标准层所有房间都有好朝向。我们在女儿墙上运用福州山墙的符号，外墙马赛克稍加装点，不开大玻璃窗，造价才 1500 块一平方米，是高层建筑设计体现福州地域建筑特色的优秀范例，得到国内不少建筑大师的认可。很遗憾建成没几年外观就被改得面目皆非。

巍 对了，80年代您经常

参加由中国各地院总、设计大师组成的建筑创作小组活动?

民| 是的。那时我比较注重做设计后好好总结,当时每做一个项目,就写点创作体会文章,参加全国性的研讨,到建筑创作小组、建筑学会年会交流。那时我经常是参会中最年轻的,有幸得到很多老前辈指导。

巍 您很早就是《建筑师》杂志编委了。

民| 那时候杨永生是《建筑师》杂志主编,举办很多学术活动我都参加了。他有很多想法,《建筑师》经常组织学术活动,很受建筑师欢迎。那时是丛刊,还不是期刊。当时陈志华老师的《北窗杂记》很受欢迎,杨永生说"你敢写我就敢登",很有魄力。

在路上

巍 40年前您在《建筑师》首发《福建民居的传统特色与地方风格》一文,从此持续致力于光大福建地域建筑文化。时至今日,您80岁高龄仍在各地不辞劳苦地推动福建民居的研究、保护与传承工作,令人敬佩。近几年来您更是不懈推动福建传统建筑系列丛书编撰,力求福建80多个市县区都有一本反映地方传统建筑的记录,我认为这是您40年前"初心"的一个延续。请您谈谈这背后有怎样的动力和思考。

民| 福建传统建筑系列丛书最早是从福清市做起。2019 年清华大学张杰教授承接福清利桥街区改造设计的任务,甲方是福建东百集团,集团老总请我参谋。我说老街区改造不能简单地搞一个千城一面的现代建筑,街区的中心广场建筑一定要既现代,又要有福清的地域特色。这跟甲方的观点很合拍,就在甲方的支持下开始福清传统建筑的调研。

当时福清的传统建筑状况很不乐观。福清是侨乡,有钱人太多,华侨统统把老房子拆光,盖成欧式洋楼。只能在边边角角找到一些所剩无几的传统建筑,传统风貌较好的传统村落少之又少。

福清虽隶属福州,深入调查后才搞清楚其传统民居的风格与福州的粉墙黛瓦完全不同,是闽南莆仙红砖厝风格的延续,仍属红砖区的一部分。调查成果结集出版《福清传统建筑》一书,以图说形式展现福清传统聚落及民居的整体面貌,归纳总结福清传统建筑的地域特色。清华同衡在此研究基础上完成了利桥街区改造设计,展现了极富地域特色的福清街区中心建筑群风貌,设计得到各方的认可。以此为契机,福建省住建厅下决心推动全省各个县市传统建筑系列丛书的编撰工作。

巍 这套丛书的编撰就像整个福建省在做拼图,一个区县就是一小块,各具特色。

民| 过去福建交通不便,现在条件越来越好了,县县通高速,村村通汽车;过去拍照只能拍人视角度,视角受限,现在有了无人机,用上帝视角拍摄,聚落形态、建筑形体、空间布局都一目了然。

巍 您40年来的心愿，终于快实现了。

民 | 但还真是困难，推了多久了，才刚刚起步。很多地方做一个什么活动，什么节日，花 100 多万元，但花 20 多万元的出版费用，就极不乐意。

巍 所以您在一直不遗余力地推广，大会小会一直呼吁。

民 | 对我来说，只能这样了。

巍 福建太丰富了，每个县都不一样，甚至一个县里的都不一样。譬如我们做《诏安传统建筑》，它北部是客家土楼，南部是闽南—潮汕建筑，差别非常大。对了，我还有一个问题，您觉得多元的福建民居的精神是什么？研究乡土建筑核心的意义是什么？

民 | 乡土建筑是一个地方历史文化的实物载体。这些建筑实际上就是“活文献”。乡土建筑是民间工匠师傅带徒弟，口传心授，一代代传承下来的。福建有 30 多种互相听不懂的方言，因此各地有不同的建筑样式和工艺。传统民居是对当地气候环境、地方材料、各种地方资源最佳利用的产物，所以我们从民间传统建筑中可以学到的东西很多，因此我拼命在推动编撰这套丛书。

以往虽然调查了不少，但因为福建传统建筑太丰富了，从来没有做过完整的普查。福建土楼虽然已经列入世界文化遗产，就没做过完整的普查，才出现这个县说有一万座，那个县说有两万座、三万座，争吵不休，直到前两年才完成土楼普查，落实现存土楼不过 3000 多座。因此只有在摸清家底的情况下才能去分析比较，找出福建传统建筑的特色，体现在福建传统建筑丛书中。这是一个基础研究，基础工程。

巍 不仅是一个基础工程，更是一个福建建筑文化的基因工程。最后，我对今天的访谈以及您的建筑之路做一个小小的总结：多年来，从福建乡土建筑到福建现代建筑，您“回望”与“前行”并举，二者之间呈现出一种紧密关联而互相促进的关系。生命不息，脚步不止，这是也是一辈建筑学人对待中国传统的态度，亦构成推进现代中国建筑发展的恒久内生动力。

谢谢您接受我的访谈。

”

1 关于中国1—4代建筑师的界定，参见杨永生《中国四代建筑师》，中国建筑工业出版社，2002年。

2 黄金凯，福建永定县人，南京工学院建筑系1953届毕业生。

3 《张步骞先生访谈录》，见东南大学建筑历史与理论研究所编《中国建筑研究室口述史：1953—1965》，东南大学出版社，2013年184页。

4 张步骞《闽西永定客家住宅初稿》（1956年10月），见《中国建筑研究室口述史：1953—1965》267页。

5 刘敦桢《中国住宅概说》，《建筑学报》1956年第4期22页。

6 《傅熹年先生访谈录》，见《中国建筑研究室口述史：1953—1965》。

7 东南大学赵越硕士论文《中国建筑研究室1953—1965对住宅研究的研究》。

8 因“文革”原因离校时间推迟至1968年。

9 王炜钰（1924—2021），清华大学教授，生于北京，祖籍福建闽侯。1945年于北京大学工学院毕业，毕业后留校任教。1952年随院系调整进入清华大学，任教51年。曾任第三、四、五届全国人民代表大会代表，第七、八、九届北京市人大常委会委员，北京市人大城建委员会委员，北京市妇联常委。王炜钰教授是中国室内设计学的先行者和女性建筑师的杰出代表。曾参加“十大建筑”中国革命历史博物馆设计小组、毛主席纪念堂设计小组，改革开放后主持人民大会堂人大常委会议厅、金色大厅、香港厅、澳门厅等多项重要室内设计。王炜钰教授始终坚持传承中国古典建筑精神，并融入西方现代主义建筑学思想，获中国室内设计学会“终身杰出成就奖”。

10 原鹤龄英华中学，1881年美教会传教士麦铿利倡议在福建福州建立，推举武林吉为首任主理，富商张鹤龄捐助1万多银元，购买有利银行旧址及周围场所为校址，并因此得名。校舍有鹤龄楼、施氏楼、沈氏楼、中立楼。1927年更名福州鹤龄英华中学，1951年与华中、陶淑合并，成立福州第二中学，后改名福建师院附中、福建师大附中。著名校友有侯德榜、林森、陈景润等。

11 日军为发动太平洋战争，1941年4月18日进犯福州，21日福州马尾失守，至9月5日光复。此为福州第一次沦陷，时长4个半月。文中指福州第二次沦陷，1944年9月27日日军登陆，10月1日攻掠福州，至1945年5月18日撤军，时长8个月。

12 1955年1月20日，台湾飞机轰炸达道、小桥、中远等区域，也称“1·20”空袭，损失惨烈，受灾民众8509户，30675人，死亡1888人，重伤90人，财产损失难以计数。

唐少山老人谈广西玉林宜园与芝臣公誌念堂

受访者简介

唐少山

男，1946 年生，广西玉林福绵宝岭村人，现居南宁，中华诗词学会会员，主持编写《唐组基号芝臣公家谱》(2018)，参与编写《唐云山公家谱》(1999)。芝臣公誌念堂的设计者——唐瑞青的幼子、唐萃青的侄子。

访谈者：李念依、朱发文（华南理工大学建筑历史文化研究中心）

访谈时间：2023 年 12 月 18 日，部分问题电话采访补充

访谈地点：广西壮族自治区南宁市孝慈苑养老服务中心

文稿整理：2024 年 3 月李念依、朱发文整理；2024 年 4 月定稿

审阅情况：经受访者审阅

访谈背景：民国时期，西式穹窿建筑空间及形式常出现在一些重要的行政和文化建筑之中，如广东省咨议局、广州中山纪念堂、国立中央大学（今东南大学）大礼堂，等等。但能以钢筋混凝土材料建造 10 米以上跨度的壳体结构者较少。1938 年落成的芝臣公誌念堂，其屋盖为正八边形底面跨度 12.7 米的壳体结构，应是民国时期第二大跨度的钢筋混凝土薄壳，仅次于 1921 年建成的清华学校大礼堂 19.5 米跨度的扁球壳穹顶。

芝臣公誌念堂坐落在广西玉林宝岭村内，设计者是唐瑞青与唐萃青兄妹，是为了纪念他们的祖父芝臣公而设计的。

唐少山先生、唐景山先生和采访者合影
左起：李念依，唐少山，唐景山，朱发文，李咨睿

唐瑞青（1905—1946），1928 年就读于国立北平大学农学院农业园艺系，后留学日本早稻田大学（一说为日本帝国大学），1934 年 4—8 月于国立中央研究院气象研究所（时任所长为竺可桢先生）实习。曾任广西省建设厅技正、广西省政府第六专员公署建设处处长、广西柳州农场主任、广西省政府农管处处长。

唐萃青（1907—1993），1937 年毕业于广东省立勷勤大学工学院（今华南理工大学建筑学院），是建筑工程系第一名女毕业生。就读期间同郑祖良、李楚白等同学加入工学院学生自治会，当选自治会干事，并于 1935 年 4 月同郑、李等同学一起创办了勷勤大学工学院《工学生》杂志。1936 年 7 月于陈荣枝工程师事务所实习。

兄妹二人于 1938 年在村中公田设计了一座名为“宜园”的公园，以此纪念芝臣公。园内有芝臣公誌念堂、船厅、三友亭、岭顶纪念亭、清华轩、太公坟山等建筑，以及数片池塘与多类果木植物。芝臣公誌念堂继承了传统宗族祠堂的功能，厚约 10 厘米的钢筋混凝土薄壳作为屋盖，兼具古典比例与现代立面特征，深刻体现了民国时期“布扎—摩登”式建筑教育的影响。宜园则兼具祖先纪念、子孙教育、农业生产、游赏怡情多种功用。

依据设计者的经历与时代背景，可以从宜园中窥得广州纪念性公园的影子；芝臣公誌念堂与中山纪念堂拥有相同的八边形平面和穹顶空间；太公坟山与广州十九路军淞沪抗日阵亡将士陵园有着相似的平面布局……从壳体结构、中山纪念、民国公园、村落演变、近代中国现代主义建筑发展等角度，芝臣公誌念堂与宜园都是特殊的案例，值得更多关注。

受访人唐少山先生是设计者唐瑞青之子、唐萃青之侄，从小生活在宝岭村，对宜园内的建筑及周边环境有着深刻的记忆。采访时，其兄长唐景山先生也在场，但因其较早外出求学，对于誌念堂及其周边印象较为模糊，故此次口述采访以唐少山先生为主，唐景山先生提供了部分影像信息。受访人讲述时以普通话为主，间或夹杂玉林白话，整理时略加处理。

唐少山　以下简称唐

李念依　以下简称李

朱发文　以下简称朱

宜园与唐氏家族

李　唐老先生您好！今天很高兴可以有机会向您请教有关芝臣公誌念堂的问题。冯江老师从广西艺术学院玉潘亮老师处得知，玉林福绵宝岭村有一座建于1938年的芝臣公誌念堂，屋顶是大跨度的钢筋混凝土薄壳结构。我们对此很感兴趣。了解到芝臣公誌念堂是您家人设计的，可以请您介绍一下当时的设计背景吗？

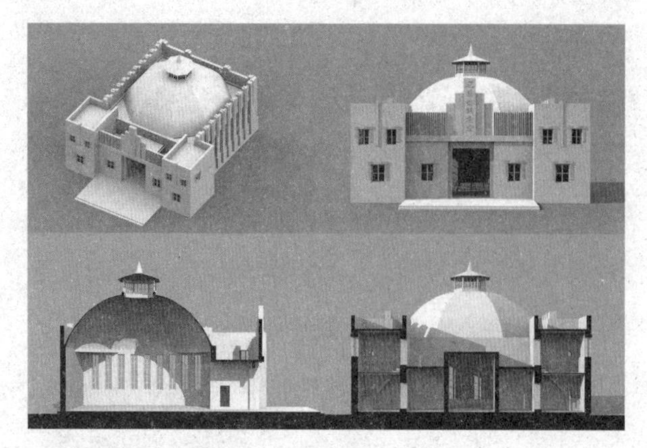

芝臣公誌念堂复原模型图
（屋顶采光亭根据历史照片推测复原）

朱发文、王宏鹏制作

唐丨我父亲从前是广西建设厅的技正，类似现在的总工程师。我的姑姑，我爸的胞妹，曾在广东省立勷勤大学[1]读书，学习建筑工程[2]，是那一届唯一的女生。父亲和姑姑一起设计了芝臣公誌念堂。此外，（广西）第一个成立的气象所[3]也是父亲设计的。他初到建设厅时，广西还没有气象台，那时的省长是黄绍竑[4]。

誌念堂是为了纪念我的曾祖父[5]设立的，他的故事有点传奇。曾祖父年轻时非常贫穷，后来经商发家致富。解放前没有那么多读书人，一般大家都生活在农村，不注重教育。曾祖父共有四个儿子，其中第三子夭折了，我爸爸的父亲是芝臣公的小儿子。分家产时，只有长子、次子、四子三个儿子。但他依然将家产平分为四份，其中一份作为公储，用于子孙后代的教育。这使得三个儿子各自拥有一份财产，避免了纷争，同时也对家族的教育起到重要作用。因此，我们家族中有很多人受过良好的教育，成为了读书人。我母亲出生于1907年，15岁结婚。我父亲出生于1905年，但在我幼时就已去世。有关宜园和誌念堂的很多事情都是从我母亲处听到的。我家共有七个孩子，五个男孩和两个女孩。他们都因为出去读书离开了村子，只有我一个人是在农村上学。父亲早逝后，母亲没有离开农村，所以我陪母亲一起生活。除我以外，现在只有三哥、小姐姐还在世。因此，我对家族在村里的情况以及誌念堂的事情比较了解。

唐瑞青（左二）与家族兄弟合影，1928年摄于北平

唐少山先生提供

朱　这个是20世纪70年代左右的一张航拍图，可以看到村子的大概轮廓。当时村子里房子集中分布在东南方，誌念堂的位置相对比较偏僻，似乎不在村内，您能描述一下当时村子的大致情况吗？

唐丨这个可是太久了。宝岭村[6]分为老城和新城[7]两部分，两部分各有一圈围墙，老城的范围就是村民居住的范围，在东南方。老城的围墙是清朝咸丰四年（1854）由村民集资筹

唐萃青照片

唐少山先生提供

建的。新城就是宜园了，园子的围墙是我们家族人建造的，称为新墙，区别于宝岭村防止盗贼进入的老墙。新墙围合的区域是我们家的花园，名为“宜园”，也是为了纪念我的祖辈修建的。宜园内有船厅、芝臣公誌念堂，以及太公坟山（芝臣公墓）。墓的中间是一个碑亭，北侧有半圈环形走廊，以前曾祖父墓前是开敞的空间，四周种树，后来被破坏了。从宜园西南角的道路进去，就是誌念堂。誌念堂北面的路旁有一个纪念亭，至今还留有亭子的基础。誌念堂北侧原有一片松林，称“乌鞘岭”，林子高出誌念堂的顶部，上面长满了松树。誌念堂西南方是大塘，旁边是马里塘，我的老家就在马里塘附近。宜园东侧有个北镇社亭，因此马里塘也被称为“社面塘”。除此之外，还有碑志塘、荔枝塘等等。在碑志塘旁边、宜园门口，爸爸在这里设计了一个井。

芝臣公誌念堂正面，摄于 1999 年

《唐云山公家谱》

1972 年宝岭村航拍图

李念依绘

朱 我们现在看到的园子几乎和村子融为一体了，并不是一个完整、封闭的园子。以前园内的环境是怎样的？

唐 | 宜园的规划建造时间比誌念堂早，是我父亲从日本留学归来后设计的。他在农艺方面很有造诣，先筑好围墙再建造花园、亭台楼阁，种植树木和花卉，一切布局都极为精致美观。这一景象在 1956 年之前还完整地保存着，可惜后来全被破坏了。宜园连同誌念堂、船厅、凉亭、水塘一起，形成一个公园式的（空间）结构。园内有各种花草树木，包括岗柃、杨柳、龙眼木、葡萄树、荔枝等等，还设有

宝岭村现状航拍图

李念依摄

芝臣公誌念堂，摄于 2009 年

黎仲祛先生提供

太公坟山旧照

唐少山先生提供

太公坟山现状照片

李念依摄

几个凉亭供游客乘凉。园子里有三个水塘，是后来挖的，从前都是旱田。从水塘一直延伸到上方都是广场，誌念堂门口处则是一个大广场。

当时我父亲在塘边打了一口井，设计了一个风车，风车顶端安装了水泵。风车一转，水泵就开始抽水，可以将自来水引至家中，并且在洗澡房旁建了一个水池储水。这个系统运行起来不太成功，因水质不佳，来水较少，风车一转，水就被抽干了。

朱　园内还有其他构筑物吗？

唐丨还有很多的。在誌念堂后面的岭顶上有一座纪念碑亭，里面的石碑记录了芝臣公一生的行绩。亭子附近有一个四脚炮楼。从前村里一共有 7 座这样的炮楼，用来防范土匪，形状像蘑菇头。誌念堂西侧 50 米处是我家创办的一所小学，名为“清华轩”。建筑坐北向南，类似于北京的四合院。小学曾聘请外村教师，学生大多是家族的子女和出嫁女儿家的表亲们，后来小学被拆除了。船厅和誌念堂之间有三友亭，旁边种有松树、竹子和梅花，附近还有一座假山。园子的入口处有一座大门，屋顶盖着瓦片，上面写着“宜园”。从前宜园里的房子不住人，红砖普及后才开始在里面盖房子。曾祖父告诫我们，不要在宜园里居住生活，后来随着家族内分家，宜园慢慢地被瓜分开。

朱　在附近村子里，您还见过类似的园子吗？

唐丨在玉林这边我们也没有看到过类似的园子，有人甚至说我们家的宜园比陆川的谢鲁山庄[8]还要大，只是文化内涵没有谢鲁山庄那么丰富，缺少匾额和对联等。曾祖父从前没有受过教育，到子辈孙辈才开始学习，且后代所学都是新知识，而非古老的传统文化。

李　宜园里的太公坟山、芝臣公誌念堂等建筑，使园子有很强的纪念意味，所以宜园曾经有作为家族墓园的打算吗？除了芝臣公，还有其他人安葬在园子里面吗？

唐 | 宜园本身没有作为家族墓地的打算。太公坟山是作为一个景点修建的，供人游览，除此之外再没有其他坟墓。宜园本是家族的大花园，族人居住的房子都建在宜园之外。现在园内看到的房子都是解放后分得土地的贫下中农自建的，近几年更是增加不少自建房。

李 听您说宜园内部最开始并不住人，大家都是住在村里，但现在园子里面有很多自建房，是什么原因让大家又在园子里盖房居住了呢？

唐 | 宜园内的土地和鱼塘都属于公有财产，没有指明分给哪个儿子，只是随着子孙后代人数增多，需要的居住空间多了，因此在风景区边缘建起了房子，大家各自建造，也从未发生争执。在誌念堂门前南下约一百米处有几亩水田，没有明确分配给子孙们，想耕作的族人们可以拿来分配耕种，剩下的由家族统一聘请工人耕种。

李 我们在誌念堂附近一个水塘中央发现了建筑遗址，应该就是您刚才提到过的船厅。在1972年的航拍图上可以隐约看出船的轮廓，类似园林中建在水面上的画舫。船厅是否有实质性的功能呢？您可以描述一下记忆中的船厅是什么样子吗？

唐 | 船厅也是1938年建的，是一个庭湖式的建筑，占地大约300平方米，建筑部分有100平方米左右。船上建有一厅两房，整个形象完全像一艘机动船。在1959年前后，生活困难时期，船厅分给了贫下中农，大家拆除船厅，并将红砖卖掉，船厅就这样被破坏了。

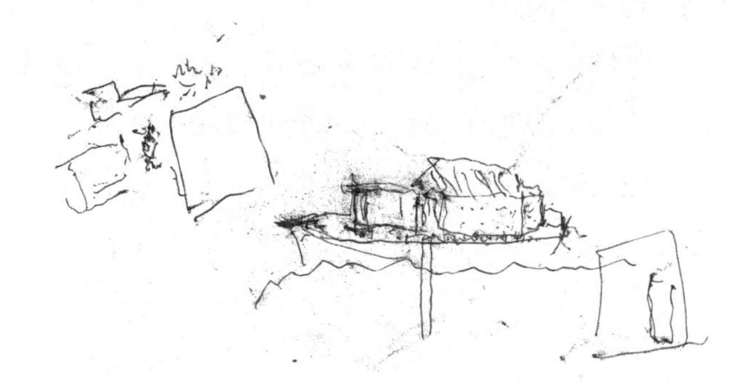
船厅印象图

唐景山先生绘

船厅的结构是这样的（唐景山先生在一旁画示意图）：西侧有一座钢筋水泥桥，两侧有栏杆，大家可以通过桥走上去。船头会大一些，船尾较短。船头部分类似一个亭子，没有墙壁围合，可用来以乘凉。中间是一个可以读书的两层小楼，所有的藏书都在这里。船头是水泥浇筑的平屋顶，船尾就成了双坡屋顶。船厅的后门进去是大厅，里面摆了几个凳子，可以用于会议和聊天，也方便接待客人。船厅上没有树木，四周都是水，水边原来种满了竹子。小时候我们在这里玩耍，种了一些牛甘果之类的。夏天

船厅遗址现状

朱发文摄

很多小孩子都聚在一起玩耍，我们在这里抓蜜蜂，脱下衣服就去游泳，虽然水看起来很干净，但其实水底都是淤泥。

芝臣公誌念堂

朱 誌念堂是为了纪念您的曾祖父设立的，有在里面做过一些祭祀活动吗？除纪念功能外，是否做过他用呢？

唐 | 誌念堂里面没有牌位，也没有祭祀活动，只有一个陶瓷烧制的曾祖父像，摆放在正中间的位置，旁边放了一些板凳。整个誌念堂空空荡荡的。因为存在回音，所以我们小时候常在这里大喊大叫。

1956年之前，解放军第四野战军曾驻扎在这里，誌念堂作为司令部使用，我们不能进入。幼时读书经常路过誌念堂，可以看到门口有很多饲养着的马。直到1956年，解放军才撤离。在那之后，誌念堂没有分给贫下中农，而是作为公有财产保留下来。誌念堂门口有一个大广场，可以举行一些集会活动，比如放电影。我们读小学时也经常在那里玩耍。以前还做过大米加工厂，是大队的产业，后来还养过蛇。那时的誌念堂非常漂亮，坐北向南，两侧都是透明玻璃，东西两面柱窗相间。后来文物局要保护这栋建筑，称这种结构的建筑在中国偏远乡村是很少见的。

朱 您家族内是否保留了一些关于誌念堂的图纸档案或其他相关材料呢？包括建造过程中的照片、施工图纸等，或者是当时的书信记录和笔记。

唐 | 图纸没有保留下来，但这些建筑都是实实在在的。“文化大革命”时期，许多建筑都被破坏了，所以誌念堂能够保存下来也算是一个奇迹。当时破坏它也没有什么用，所以就把它旁边的窗户和门封了起来，南面的字也都磨掉了，原来是“芝臣公誌念堂”六个字。

宜园中的个别建筑还有老照片留存，这里有一张誌念堂建成后我父亲拍的照片。拍摄时距离建筑较远，不过仍能看出大概轮廓。曾有一张船厅遭破坏之前的照片，可惜已经丢了。与船厅相比，誌念堂很难被破坏，因为它上部采用的是整体浇筑的钢筋水泥结构。

朱 您父亲和姑姑在设计和建造过程中是如何分工的呢？誌念堂在设计时是否有参照的案例呢？

唐 | 我推测是父亲敲定了誌念堂大概的样子，姑姑负责具体的计算和材料做法。像船厅这种基础上面盖几座房子，相对来说比较简单，施工难度最大的是誌念堂。我没见过，也没听人说过有同样或者类似的建筑，可能是我爸在日本看见的，所以大家都称誌念堂为“日本楼”。（我父亲）他们兄弟姐妹都很聪明，很多都从事建筑和材料行业。我们也只是推测，也许他们使用的方法不老土，也许出国留学的人会接触到一些新的技术。

朱 芝臣公誌念堂的薄壳屋顶是用混凝土浇筑的，在20世纪初期国内的水泥生产水平有限，很多需要依赖国外进口。请问当初建造誌念堂所用的建筑材料是从哪里购买的呢？

唐 | 过去的南流江[9]是连接玉林和北海的主要交通要道，那时每天都有几百号运输船只上上落落，将玉林出产的大米运往北海，又把北海的食盐、咸鱼运上来。船埠[10]码头位于玉林的终点，在宝岭村东约2公里处，是当时非常热闹的集市埠头，吸引了众多商家聚集于此。以前由于河床浅且狭窄弯曲，只要一下大雨便会引发洪水，对周围的村庄和农田有一定影响，但对于船埠的商家不会造成太大的困扰。1939年，日本人对船埠码头实施轰炸，向码头投掷了一枚炮弹，至今还留有弹坑。轰炸也波及宝岭村，那时村里的人们都没有见过飞机，十分恐慌。当时所有的物资都是北海经南流江到达船埠街，再用摩托车或机动车运送至村中。誌念堂使用的红毛泥[11]是从英国进口的，就是英国产的洋灰水泥。之所以称其为“红毛泥”，是因为英国人的头发是红色的。有一次玉林的记者来采访，我提到红毛泥，但他把红色批荡理解成红毛泥写进了文章。后来，随着陆地交通逐渐完善，南流江失去了从前的运输作用，船埠街也就衰落了。

芝臣公誌念堂建成不久后的照片

唐少山先生提供

朱 在当时的技术条件下，十多米跨度的屋顶施工起来应该是比较困难的。您知道誌念堂施工是如何进行的吗？

唐 | 现在看，誌念堂的屋顶呈八角形，是由八个扇形组合而成的。相比之下，圆形的屋顶可能更容易施工。八角形的设计需要考虑到每个角的弯曲，增加了施工的难度。以前听老人说，当年在建誌念堂时非常讲究，特别是在扎木板的过程中，他们会在誌念堂中间地面上钉一个钉子，扎好木板后，会从屋顶中间吊一个重锤。如果吊下来的线与上面的钉子对不齐，就需要进行调整。几十年过去了，誌念堂的屋顶没有裂，屋顶中央的圆形开孔也没有变形。这说明设计非常精密，计算得很准确。应该是在下面打了木桩，墙上做了圈梁，没有圈梁的话就不会这么牢固。以前听老人说，誌念堂四角的地基打了松木桩，北侧打得尤其多。

当时没有现代机械，全部靠人工完成施工，如果没有提供弯曲的钢筋，怎么能够控制圆形拱顶的精确度呢？圆形拱顶也需要一圈一圈钢筋的支撑，这样的施工只靠乡村工匠是完不成的。所以说建造的过程，如果没有人在现场亲眼见到，是很难解释清楚的。后来听村里老人说，誌念堂的造价换算成现在的物价需要20万元左右。

李 我们看到的誌念堂是一座简洁大方又能反映当时先进技术的建筑，但因为时间久远，很多建筑细部已经模糊了，比如屋顶的亭子、墙体批荡等等，可以描述一下您记忆中誌念堂的样子吗？

誌念堂薄壳屋顶室内照片

朱发文摄

誌念堂薄壳屋顶室外照片

朱发文摄

唐景山先生与儿时玩伴在誌念堂门前合照

唐景山先生提供

唐 | 以前誌念堂的墙是白色的，上面没有雕花，窗户下面在“文革”时期被刷成红色。有一张照片是我们几个小孩在前面的广场空地拍的，可以看到建筑的一角。父亲在誌念堂正面安装了一个“日晷”，就是在墙体中间最上面插上一根棍子，太阳照射下来的影子可以显示时间。誌念堂门前没有台阶，只有一个灰砂砌筑的平台，比前面的广场高一些。后来有人在誌念堂外侧加盖了一个棚子，大概是包产到户后，大队租给别人后加盖的。

誌念堂的屋顶原来有一个小亭子，是用木板搭建的，上面铺着铁皮。不过亭子应该是拼装上去的，在建成的建筑上施钢筋有一定难度。屋面为了防止雨水渗透，做了隔水层并涂了沥青。楼板和顶部平台都是用水泥铺设的。沥青的比例可能不太好，太阳大的时候会粘鞋子，所以我们都不太上去玩。誌念堂没有其他装饰，都是竖向线条元素，属于西式风格。

誌念堂南立面顶上原本写着“芝臣公誌念堂”，但在 60 年代“破四旧”时被铲掉了。如果要修缮誌念堂，一定要先修好大门，它是誌念堂的门面。从前大门上雕刻了四个字：仁、慈、诚、朴，是家训，曾祖父希望我们后代能做到这四个字。

致谢：感谢广西艺术学院玉潘亮老师提供信息来源，玉林市政协黎仲祛先生、张玉华女士和宝岭村村委在调研中提供的大力支持，唐少山、唐景山两位老先生在采访过程中给予的宝贵信息，研究生李咨睿、本科生王宏鹏在调研和建模中提供的帮助，以及华南理工大学冯江教授在口述史访谈前和文稿整理过程中的悉心指导。

1 广东省立勷勤大学，为了纪念古应芬（别名“勷勤”）先生，由当时主政广东的陈济棠在1931年国民党第四次全国代表大会提出倡议而创建的。大学下辖教育学院、工学院和商学院。其中工学院以广东省立工业专科学校（简称省立工专）为基础进行组建。在广东省教育厅和广州市政府的督办下，省立工专于1932年秋季，依照大学课程标准，填设建筑工程等专业，始开岭南建筑学教育之先河。1933年8月，省立工专完成改组，并入勷勤大学，成为勷勤大学工学院，下辖机械工程学、建筑工程学、化学工程学三系。其中建筑工程学系成为我国最早创办的建筑学系之一。详见彭长歆、庄少庞《华南建筑80年：华南理工大学建筑学科大事记（1932—2012）》（华南理工大学出版社，2012）。

2 由于学科发展的时代背景和行政归属的变化，华南理工大学建筑学院在勷勤大学时期（1932—1938）、国立中山大学时期（1938—1952），建筑学系专业名称为建筑工程学，也曾有过房屋建筑（华工初期）、建筑学（华工）等多种称谓，还曾细分为工业建筑、民用建筑、城市规划等专业方向（“大跃进”时期），并发展出城市规划、景观建筑设计等专业。

3 广西省政府气象所，1934年11月成立，1935年8月新所建成，计有观测楼1座，办公厅仪器室等10余间。

4 黄绍竑（1895—1966），字季宽，广西容县人，国民革命军陆军中将加上将衔。辛亥革命时参加广西学生军北伐敢死队，1916年保定陆军军官学校第三期步兵科毕业。1926年6月1日任广西省政府主席，致力于广西的建设工作，在位期间主持创办了广西大学。

5 唐垄基（1856—1936），号芝臣，云山公后裔第十四代，基字辈三房人。清光绪布政司经历，五品奉政大夫。芝臣公先时家境贫穷，后经营小本生意，铺号“安记”，赚钱后广置田产振兴家业，迅速富甲一方。因在家中排行第二，乡人便称他为“发财二”，当时在鬱林（今玉林）属颇有名气。他深感文化知识的重要性，在其财产中设有“公储”，供子孙们读书求学，使其后代普遍接受学校正规教育，成才者颇多，在仕、农、工、商、学、医各界供职服务。

6 宝岭村，广西壮族自治区玉林市福绵区福绵镇下辖村，驻地宝岭，北距福绵镇人民政府4公里，东北为南流江、车陂江两江的合水点，东南为南流江，西与樟木镇上泉村相接。

7 据宝岭村族谱《唐云山家公谱》记载，村内为防止山贼入侵修筑城墙，将村子分为老城与新城两部分。城墙上设置三处闸门，墙角下有2米宽水沟，沟内设有防御设施。

8 谢鲁山庄，坐落在陆川县西南24公里的乌石镇谢鲁村，是中国四大私人庄园之一。山庄始建于民国九年（1920），历时7年建成，原为国民党少将吕芋农（1871—1950）的岭南园林别墅。据传吕一生嗜好读书，有藏书数万册，建书院意在宣扬儒家精神，孔孟之道。山庄原名“树人书屋”，又因园内花卉品种繁多，也称“谢鲁花园”，1980年更名为“谢鲁山庄”。2013年，谢鲁山庄列入第七批全国重点文物保护单位。

9 南流江，位于广西壮族自治区东南部，是广西独流入海第一大河，发源于玉林市北流市大容山南侧，自北向南流，故名“南流江”。《汉书·地理志》载，古代南方海上丝绸之路始发港是汉代的合浦港，在汉武帝元鼎四年（前113）就已形成，早于晋代的广州港和北宋的泉州港，南流江则是古代南方海上丝绸之路合浦港的江海互连水道。

10 船埠，位于玉林福绵镇南，原名“定川埠”，曾是中南省区及贵州南部地区最大的海盐中转站。《梧州府志》载“明代时渔盐商埠在辛仓埠（今新桥镇田横村黎咀），辛仓埠被洪水漫崩后，搬至定川埠（今船埠）……”因地处天然，有一水之利，是车陂江与南流江的汇合点（南流江通航至合浦总江口之起点码头），自明代以来就是广西食盐的最大运销点。《岭外代答》载文说述：“盐场滨海，以舟运于廉州石康仓，客贩西（西者，指广西）盐者，置十万于郁林州，官以牛马车自石康仓运贮之，东盐入西，散往诸州，有一水之便……”从合浦港来的商贸船只货物换乘内陆河船只，沿南流江逆水而上进入鬱林境内，多停泊在以今福绵区新桥镇田横村犁头圩为中心码头至船埠数公里的沿江两岸。北部湾所产的生熟盐巴、咸鱼海味等几乎都经船埠输入内地，内地产品由此中转，运至北部湾沿海各地。

11 红毛泥，即水泥，北方称“洋灰”、粤语叫“红毛泥”“英泥”，用于土木工程上的胶结性材料的总称，依照胶结性质的不同，可分为水硬性水泥与非水硬性水泥，诞生于1824年。

黄社俭先生谈江门新会黄冲村[1]建设与变迁

受访者简介

黄社俭

男，1950 年生，广东省江门市新会区崖门镇黄冲村南塘里人，1985—1988 年担任黄冲村委书记；黄冲族谱编辑委员会会长，《黄冲族谱》和《黄冲史话》[2]主编，2005—2011 年期间主持《黄冲族谱》和《黄冲史话》的编制工作，广东省黄氏文化研究中心（省总会）宗祠文化编辑九室副主任。

采访者：李咨睿（华南理工大学建筑学院）

访谈时间：2024 年 2 月 21 日，2024 年 4 月 18 日

访谈地点：江门市新会区富山居酒楼、黄冲小学

访谈语言：新会话[3]

整理情况：李咨睿，经补充访谈，4 月 30 日定稿

审阅情况：经受访者审阅

访谈背景：新会位于明清广州府的西南边缘，有大量的宗族村落。清代中后期，其西部和南部的村落存在大规模的新村建设。所建设的新村普遍经过统一规划，具有与老村分离、占地宽广、排列严格对齐、房屋样式统一的特点，与老村在形态上有明显差异。

2024 年 2 月 21 日访谈合影（左起：黄北顺，黄社遇，黄社俭先生，李咨睿，黄社畅）

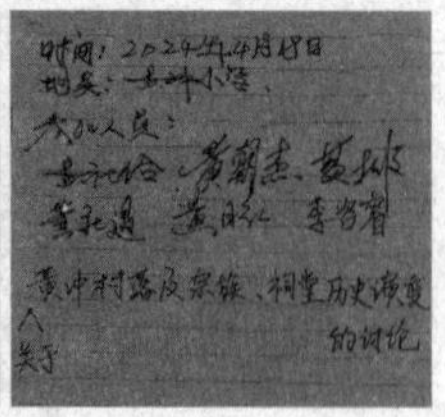
时间：2024年4月18日
地点：黄冲小学
参加人员：
黄社俭 黄朝杰 黄北顺
黄社遇 黄日红 李咨睿
黄冲村落及宗族、祠堂历史演变的讨论

2024 年 4 月 18 日访谈合影（左起：黄日红，黄朝杰，黄社俭先生，李咨睿，黄北顺）及签名记录（黄社遇因故提前离开）

采访者的故乡为江门市新会区崖门镇甜水村[4]，与黄冲村仅一村之隔，对新会村落形态有研究兴趣。为撰写硕士学位论文《明清广州府新会县村落形态研究》，通过《黄冲族谱》和《黄冲史话》了解到黄冲村存在形态差异明显的老村和新村。黄社俭先生退休前一直在该村居住，

熟悉村落情况，对宗族和历史有着浓厚兴趣，在编制族谱过程中掌握了众多历史信息。通过对黄先生的采访，尽力还原当时的历史进程并分析村落形态的生成逻辑，进而开展后续研究。

黄社俭 以下简称黄
李咨睿 以下简称李

“

李 伯伯您好，我是华南理工大学建筑学院的硕士研究生，研究新会的村落形态。2023年10月，我在广东省方志馆看到《黄冲史话》和《黄冲族谱》两本书，内有大量黄冲村的历史信息。此前，我已经3次到黄冲村调研，并在1975年的航拍图上做了标注。黄冲村的村落形态是新会崖门一带村落形态的典型代表，因此打算采访黄冲村的老人以对村落变迁、宗祠和宗族等信息进行更深入的挖掘。

黄 | 省方志馆的那两本书就是我捐献的，这么巧被你找到了。你是怎么联系到我的呢？

李 我昨天到新会景堂图书馆再次查阅《黄冲族谱》，在书的尾页看到您是主编。然后到黄冲村委取得您的电话，就联系您了。

黄 | 你可真是找对人了！我以前在黄冲当过书记，又是黄冲族谱编辑委员会的会长兼主编。听你的口音，你也是新会人对吗？

李 我老家就在三村，在甜水，不过我家从爷爷那辈就搬到会城[5]住了，对村里的情况不是太了解。

黄 | 既然大家都是崖西的乡邻，那就更应该互相帮助。我跟甜水还是挺有缘分的，年轻时在甜水工作过一段时间。最近，我还在帮忙整理甜水的族谱。

李 那您应该比我更了解甜水，我现在每年也只回去一两次。说回黄冲，《黄冲族谱》和《黄冲史话》中记载的内容，比如村中的里、宗祠、民居等，现在有一部分似乎已经被拆除了，我在现场并没有发现它们的痕迹。

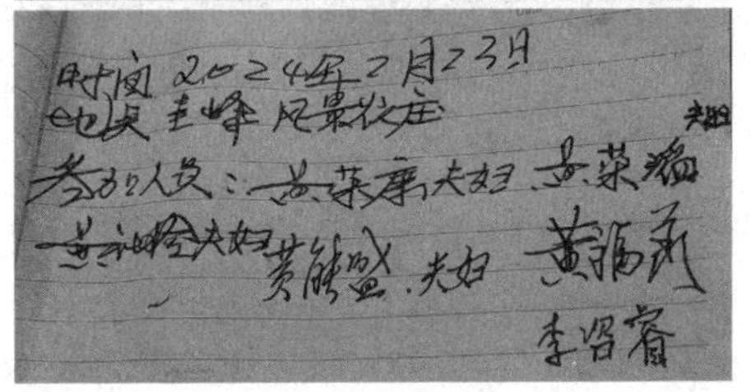

2024 年 2 月 23 日活动合影（前排右二：黄社俭先生，前排左一：李咨睿）及签名记录

黄 | 我可以跟你一起去到实地看看，我现在就

联系几位住在黄冲的懂历史的人过来帮忙。

李 那真是太好了，非常感谢您！

选址——“七星伴月莲花地”

李 伯伯您好，非常感谢您之前不辞劳苦带我在黄冲村调研，我整合调研信息后，对部分内容还存在疑问。首先，黄氏始祖最初是如何迁移到黄冲的？

黄丨黄冲的始祖是黄叔文，习惯称他“黄宝”或者“宝祖”。南宋末，宝祖从台山[6]迁移至新会崖西[7]。最初建村的地方并不在现在黄冲的位置，而是在低岗[8]，此处现在有一座低岗碉楼。黄冲先民在低岗居住的时间并不长，大约发展到三五户人家后，就全部迁移至黄冲老村的位置。有一首诗描绘黄冲开族立村的过程：

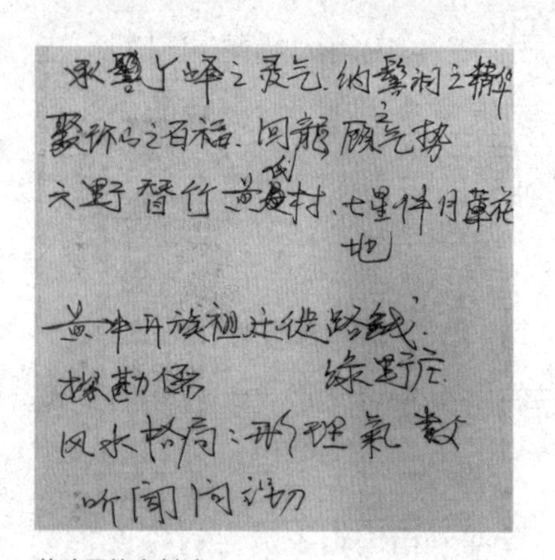

黄冲开族立村诗
（黄社俭先生依照回忆题写）

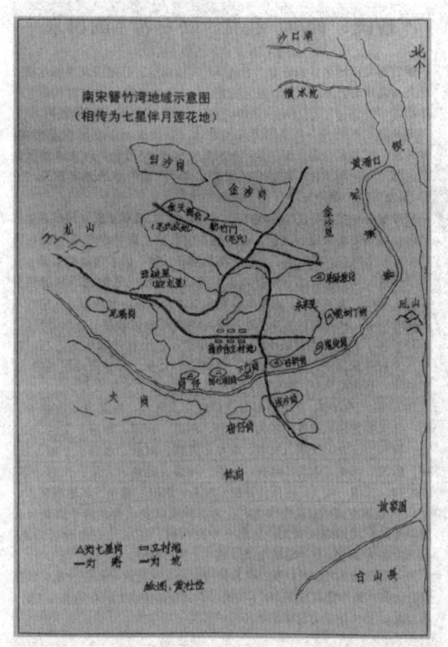

《黄冲史话》中南宋簪竹湾地域示意图[11]
黄社俭先生绘

乘丫峰之灵气，纳髻洞之精华。
聚环山之百福，回龙顾之气势。
六野簪竹黄氏村，七星伴月莲花地。

李 历史上，黄冲村所在的地理位置是一块风水宝地，这里的风水具体是如何表现的呢？

黄丨黄冲叫作“七星伴月莲花地”。历史上，黄冲老村所在的位置是一块台地，在其东南侧，有七座岗地沿台地的边界分布。发源于古兜山脉[9]的簪竹溪从台地南侧流过，注入银洲湖[10]，河水是偏白色的，河床似月牙形，因此称为“七星伴月”。黄冲所在的这片台地形状不规则，东西两翼较大，中间往内凹，形似水面上的莲花，因此称为“莲花地”。另外，黄冲的东西两侧有两座山，形似凤和龙。与此对应，黄冲村有一副流传久远的对联：凤鸣簪竹，龙跃黄冲。

李 《黄冲史话》中有一幅标注为南宋时期的地理环境手绘图，图上把黄冲老村的这片台地称为“高沙台”，沙地对建房立村比较有利吗？

黄丨这幅图表达的不是南宋时期，应该是明代。黄冲附近有三片各不相同的沙地，南北两片是白砂，黄冲老村就在南片白砂上，北片的砂地在现在的黄冲市场和青云里一带，北片的砂比南片的更细。这两片白砂都是硅砂，1949 年后建起的玻璃厂就以这两片白砂为原料。两片白砂中间夹着一片黄沙，在现在崖门镇政府一带，因此又叫“两银夹一金”，说明黄冲是“金银之地”。古时的崖西是一个巨大的海湾，叫“簪竹湾”。除了沙地外，其他地方都是冲积形成的泥滩地，不适合建房屋。

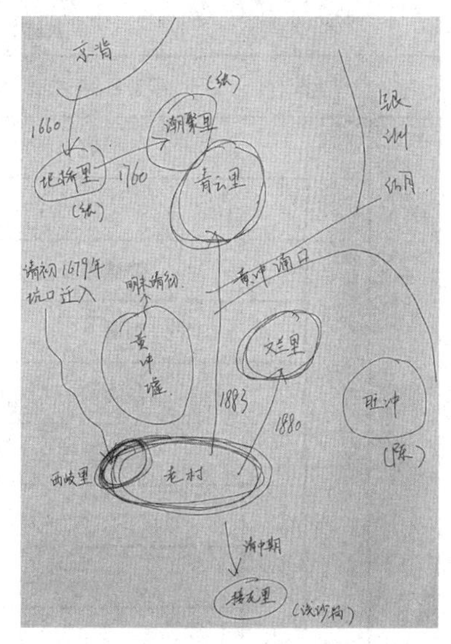

黄冲村落变迁示意图（采访者在采访时根据黄社俭先生口述内容手绘）

村落格局变迁

李 现在的黄冲村民并不全是宝祖一支，也有黄氏其他支系和张氏的村民，他们是何时进入黄冲的，又以何种方式取得黄冲的土地？

黄丨黄冲老村最西侧叫“西岐里”，当中的居民原本是崖西坑口[12]的黄氏族人。1679 年，黄冲村民因不胜山贼的常年侵扰，请求附近同姓的坑口黄氏前来支援剿匪。坑口黄氏打退山贼后，在西岐里一边居住，一边护村，渐渐长居于此。

青云里北边的潮聚里居住的都是张姓。1660 年（明永历十四年），京背黄氏[13]将现今圯桥里的土地赠予黄氏的张氏儿子德泽[14]。1760 年（清乾隆二十五年），因地小而人口渐多，张氏族人筹款买下黄冲的土地建立潮聚里新村。清末以来，随着黄冲墟商业的发展，众多外姓人迁入黄冲墟附近的新辉、新康、北盛三里，但都没有形成大族。

李 除了外族人建立的新村，黄冲族人也建立了青云里和文兰里等新村。这些新村是什么时候建立的，当时建立新村的原因又是什么呢？

黄丨黄冲最早建立的新村是黄冲墟周边的北盛里，推测立村时间为明末清初，后随着黄冲墟的商业发展不断扩大。清末，黄冲发展出两座新村，分别是 1880 年（清光绪六年）建村的文兰里和 1883 年（清光绪九年）建村的青云里。建新村的原因有两个，最根本的原因是老村的土地无法承载快速增长的人口，另一个原因是用建立新村的方式守卫受到外族威胁的黄冲涌口。黄冲涌口是商贸的必经之道，是一块风水宝地，清末的两座新村分别建于黄冲涌口的两侧，压制南侧的旺冲[15]陈氏和北侧的潮聚里张氏。

青云里——统一规划的新村

李 我调研时发现，青云里新村的形态跟黄冲老村有非常大的差异，青云里的建筑完全对齐、统一朝向，而黄冲老村的建筑则分成很多组团，每个组团朝向不同，组团内的建筑也不完全对齐，这两种形态是如何形成的？

黄冲村各房支族人集中居住地与祖祠所在地统计表

<table>
<tr><th colspan="7">房支名称</th><th>集中居住地</th><th>祖祠所在地</th></tr>
<tr><td rowspan="28">宝庵祖</td><td colspan="6">隐庵祖</td><td>东来里、岗咀里、接龙里</td><td>东来里</td></tr>
<tr><td rowspan="26">静庵祖</td><td colspan="5">静庵翁</td><td>—</td><td>岗咀里、青云里</td></tr>
<tr><td colspan="5">静庵翁长房·伯埙</td><td>—</td><td>—</td></tr>
<tr><td colspan="5">静庵翁二房·仲篪</td><td>—</td><td>—</td></tr>
<tr><td colspan="5">静庵翁三房·闲叟</td><td>—</td><td>文兰里</td></tr>
<tr><td colspan="5">静庵翁四房·泷溪</td><td>—</td><td>—</td></tr>
<tr><td rowspan="19">静庵翁五房·耕乐</td><td colspan="4">耕乐翁</td><td>—</td><td>晋康里</td></tr>
<tr><td colspan="4">耕乐翁长房·井泉</td><td>南北里、文兰里</td><td>青云里</td></tr>
<tr><td colspan="4">耕乐翁二房·廷玑</td><td>—</td><td>—</td></tr>
<tr><td rowspan="16">耕乐翁三房·廷瞻·勉斋</td><td colspan="3">勉斋翁</td><td>—</td><td>安居里</td></tr>
<tr><td colspan="3">勉斋翁长房·纯一</td><td>—</td><td>园头里</td></tr>
<tr><td rowspan="7">勉斋翁二房·东川</td><td colspan="2">东川翁</td><td>—</td><td>东来里</td></tr>
<tr><td colspan="2">东川翁长房·淡山</td><td>东来里、井头里</td><td>文兰里</td></tr>
<tr><td rowspan="5">东川翁二房·贝山</td><td>贝山翁</td><td>—</td><td>文兰里</td></tr>
<tr><td>贝山翁长房·心泰</td><td>—</td><td>文兰里</td></tr>
<tr><td>贝山翁二房·半仙</td><td>井头里</td><td>井头里</td></tr>
<tr><td>贝山翁三房·华明</td><td>东来里、井头里、岗咀里</td><td>东来里</td></tr>
<tr><td>贝山翁四房·翼明</td><td>园头里、北胜里</td><td>园头里</td></tr>
<tr><td colspan="3">勉斋翁三房·敦朴</td><td>晋康里</td><td>晋康里</td></tr>
<tr><td rowspan="5">勉斋翁四房·慎吾·悔窗</td><td colspan="2">悔窗翁</td><td>—</td><td>晋康里</td></tr>
<tr><td colspan="2">悔窗翁长房·述吾</td><td>晋康里</td><td>晋康里</td></tr>
<tr><td colspan="2">悔窗翁二房·月舫</td><td>晋康里</td><td>晋康里</td></tr>
<tr><td colspan="2">悔窗翁三房·虚舟</td><td>青云里、新康里、晋康里</td><td>青云里</td></tr>
<tr><td colspan="2">悔窗翁五房·卜琳</td><td>横塘里</td><td>横塘里</td></tr>
<tr><td colspan="3">勉斋翁五房·允清</td><td>南塘里、南北里、长塘里、安居里</td><td>南塘里</td></tr>
<tr><td colspan="5">静庵翁六房·横塘</td><td>横塘里、文兰里、金龙里</td><td>—</td></tr>
<tr><td colspan="5">静庵翁七房·桂源</td><td>—</td><td>—</td></tr>
<tr><td colspan="6">宝庵翁</td><td>—</td><td>园头里</td></tr>
</table>

黄丨青云里是统一规划的新村。在风水师定下村落朝向后，族正统一划分地块，再从老村发动有条件建新房的村民到青云里选地建房。青云里在南北方向上有 5.8 米宽的中巷和宽度在 1.6~1.9 米之间的若干条间巷，东西方向上有 3.7 米宽的上横巷和 4.2 米宽的下横巷。每个标准地块面宽 11 米，深 10.3 米。“族例”也对房屋的形制做出规定：建筑为“三眼灶”，横向三间，中间的厅宽 17 坑[16]，两侧的房宽 13 坑，前有两廊，宽 15 坑。此外，“族例”还规定，后一座房屋比前一座房屋高出一皮砖的高度，前座不能挡住后座的风水。

黄冲老村没有经过系统规划，大体上是按照“莲花地”（黄冲老村所在的高沙台）的轮廓修建，因此到最后也呈现出两翼丰满、中间内凹的形态。

李　听完您的解答，我的理解是：黄冲老村的形态跟地势相对较高的“莲花地”是密不可分的。“莲花地”内的高差是中间高、四周低。因此，在它被占满后，为了满足前低后高，不同组团的朝向都是向外的。虽然不同组团彼此朝向不同，但形态逻辑确是一致的。青云里新村同理，但它已经不再受到“莲花地”的束缚。在黄冲，房屋的选址是否位置越高越好，即以村落的后方为优呢?

黄丨从风水的角度来说，地势越高越好，后方的房屋风水比前方的房屋好。黄冲老村的确是越往外地势越低，水塘

黄冲青云里新村和张氏潮聚里新村

采访者摄

黄冲老村

采访者拍摄并拼合

黄冲村各里位置示意图

根据黄社俭先生口述内容绘制，坭桥里属于黄冲村北面的京背村，因其与潮聚里关系紧密，故此在图中标出

跟河道都在外围，村内雨水汇集到四面的水塘之中。

李 您刚刚把青云里的房屋样式称为“三眼灶”，我们称为“三间两廊”。

黄丨“三眼灶”跟“三间两廊”实际上是相同的意思，只是崖西这里习惯叫法不同。类似的，单开间房屋就叫“一眼灶”[17]。

李 《黄冲史话》上记录了青云里几座民居的修建年份，在您带我确认它们的具体位置后，我发现西侧房屋建成时间比东侧房屋要早。青云里新村是否从西侧开始建设呢，族例中是否规定了每座房屋建设的先后顺序？

黄丨你总结出的规律是对的，但族例不规定建设的顺序。一户人向宗族交钱取得一个地块后，就可以依照家庭的财力决定何时建房。大体上看，确实是西南侧房屋先建设起来，但不代表每一座房屋的情况都是如此。这种情况形成的原因有两个，首先是青云里西南侧原有一个岗地，地势较高，风水较好，村民优先选择此处的地块建房；其次，西北侧的潮聚里为张氏的地界，为了防止张氏进一步侵入黄冲，首先紧贴潮聚里建设房屋。青云里祠堂和碉楼的建设顺序也体现这个趋势，三座祠堂中最先建造的是虚舟黄公祠，其次是静庵黄公祠，最后是井泉黄公祠。三座碉楼中，最先建造的也是西侧的碉楼。

青云里“三眼灶”民居

采访者摄

青云里新村环境要素分布图

根据黄社俭先生口述内容绘制，据《黄冲史话》记载，民居①至⑦的建成时间依次为 1883，1891，1902，1913，1915，1927，1938 年；三座宗祠对应 1，2，3

三种拜祭空间——宗祠，社公和灯寮

李 在一般的村落中，同一房支族人的居住地会相对集中。您刚刚提到，黄冲老村有财力的家庭都可以在青云里新村领地建房，在分地的过程中，每个房支所分的地块会集中分布吗？我根据族谱整理出黄冲的各个房支，能请您逐一谈谈不同房支族人的主要居住地吗？

黄 | 在黄冲老村，房支成员的居住地会集中分布在该房支祖祠的周边。比如，允清祖的村民主要分布于允清祖祠所在的南塘里，以及周边的南北里、长塘里、安居里。但在新村，各房支的族人是完全打散的，没有规定需要集中。老村的每个里虽然会有占比最大的房支，但一个里往往由多个房支的族人组成，房支和里不存在非常严格的对应关系。

李　听完您的说明后，我做了比对，各房支祖祠所在地基本都是该房支成员集中居住的地方[18]。整理族谱时还发现，村民所认同的本房支始祖，在世代上并不是同代的。比如井泉祖、允清祖和扩真祖分别是第七、九和十二世代，为什么会出现这种差异呢?

黄冲村灯寮（聚龙里灯寮，东来里灯寮）

黄 | 如果不看族谱，是不会清楚这些始祖分别属于不同世代，你肯定也不知道自己是甜水的第几代人。对房支始祖的认同，是因为长辈们在祖祠内举行祭祖活动，代代相传。所以后代知道自己属于哪个祖，认同这间祖祠的祖先为房支始祖。族人一般会认定该支系下拥有祠堂的世代较晚的祖先为该房支的始祖，又因为不同房支在人数和财力上有差异，较大的房支在较晚的世代以下也拥有建造祠堂的能力，就出现了各房支始祖不同世代的情况。

李　按照您的说法，不会有村民称自己的祖先是静庵祖，即使现今超过九成的黄冲村民都是静庵祖的后代。

黄 | 是的，不会有人说自己是静庵祖的后代。

李 您刚刚提到，一个里中的居民并不全是同一房支的成员，历史上的里是一种管理单位，那是不是就出现了根据房支的血缘联系和根据里的地域联系两种不同的关系?

黄 | 是的，的确会出现以里为单位划分的情况。举个例子，村内的社公就是以里来划分的。社公就是土地神，同一个里的居民到同一个地方去祭拜社公，跟房支无关。另外，黄冲还存在着另一种以地域划分使用权的公用房屋，我们叫“灯寮”。一般情况下，几个里的村民共用同一个灯寮。以我居住的南塘里为例，南塘里的灯寮在敕义祖祠的位置，南塘里、长塘里、

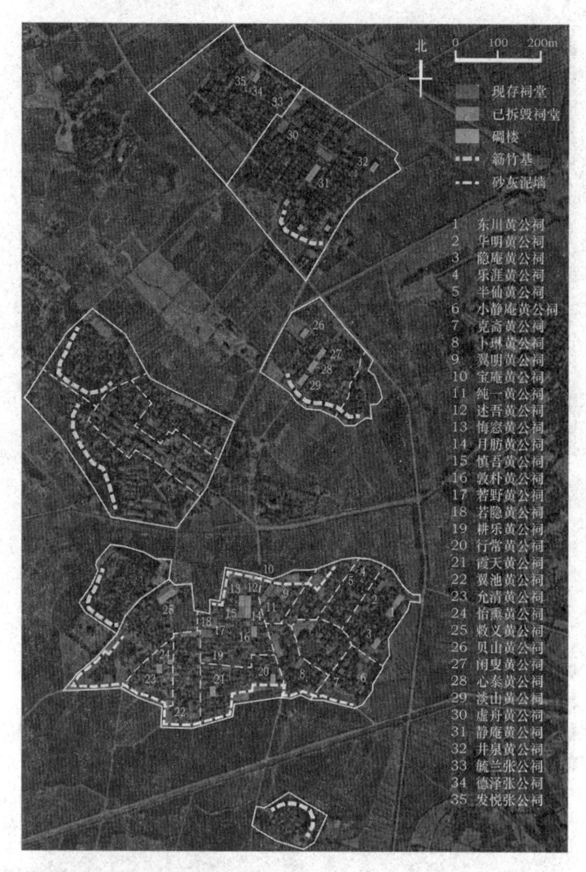

黄冲村宗祠和防卫设施分布图

根据黄社俭先生口述内容绘制

安居里、西岐里共用敕义祖祠处的灯寮。

李 西岐里跟黄冲是完全不同的支系，这么看的话，灯寮的确是只按地域关系来划分的，与房支完全不搭边。“灯寮”这两个字应该如何理解呢，它是一处用来祭拜的地方吗，起源于何时，跟社公有没有联系呢？

黄 | 灯寮跟社公毫无关联。社公起源于远古先民对山神的崇拜，他们认为山中一些形似佛像的山石是山神的化身，因而对这些石头进行祭拜。山民迁移到平原后，这种崇拜保留下来，他们把这些模样的石头搬到村里，当作土地神来祭拜，因此又称“石公”。在黄冲，这种仪式经过简化，用社稷代替石公，变成现在的社公。

灯寮可以被理解为一种庙，但灯寮内部一般不放置神像。以前，每逢初一十五或者其他节庆，人们会到灯寮里做一种灯，用竹棍扎起来，把一些公仔纸[19]一块块黏在上面，点灯祭拜。现在这种仪式已经消失了，灯寮逐渐演变成村民日常休闲的场所，但它本质上是一个用来拜祭的空间。灯寮不清楚起源于何时，很早就存在了。清代迁移至黄冲的坑口、水荫[20]两支黄氏族人，最先都是搭寮而居，除了用于居住的寮，还会搭一个灯寮屋，用来供族人聚集和活动。灯寮的面积很小，只有单开间单进，大约20~30平方米。现在村里的灯寮都是钢筋混凝土建的，以往都是采用黄泥墙瓦屋面的样式。

宗祠的建设，改建和拆除

李 上次在村里调研后，我统计了村中的宗祠数量，曾经存在的宗祠一共有35座，但目前尚存的宗祠仅有16座，仍在承担宗祠作用的只有宝庵黄公祠和发悦张公祠两座。黄冲村为什么会建起如此多的祠堂，这些祠堂都是什么时候建设起来的？

黄 | “家必有祠”是黄冲宗族文化的一种突出表现，历史上存在的祠堂或许比35座更多[21]。这些祠堂年代最早的是建于明代的宝庵黄公祠，是黄冲开基始祖黄叔文的祠堂。明代时不允

黄冲村祠堂信息表

名称	地点	始建年代	改建后功能	拆除时间	拆除缘由	现状功能
宝庵黄公祠	园头里	明代		—	—	祠堂
隐庵黄公祠	岗咀里	明代			自然倒塌	—
静庵黄公祠	青云里	1883 年后	黄冲小学	1956 年	修建凤山中学	—
小静庵黄公祠	岗咀里	明代	生产队队址	—	—	空置
闲叟黄公祠	文兰里	1880 年后	生产队队址	1975 年后		—
耕乐黄公祠	晋康里			—	—	空置
翼池黄公祠	南塘里		生产队队址	—	—	—
井泉黄公祠	青云里	1883 年后	供销社仓库	1973—1979 年	修建公社	—
敕义黄公祠	长塘里	1536—1623 年		1958 年	修建人民会堂	—
纯一黄公祠	园头里		卫生站	—	—	卫生站
东川黄公祠	东来里			1960—1975 年		—
敦朴黄公祠	晋康里			1950 年左右		—
慎吾黄公祠	晋康里		黄冲小学	—	—	教师宿舍
允清黄公祠	南塘里			1964 年	修建肥料厂	—
淡山黄公祠	文兰里	1880 年后		1950—1970 年	—	—
贝山黄公祠	文兰里	1880 年后	青龙学校	1975 年后	学校扩建	—
悔窓黄公祠	晋康里		黄冲小学	1991 年	学校扩建	—
心泰黄公祠	文兰里	1880 年后	青龙学校	1969—1975 年	—	—
半仙黄公祠	东来里			—	—	出租房
华明黄公祠	东来里			—	—	空置
翼明黄公祠	园头里			—	—	空置
述吾黄公祠	晋康里		黄冲小学	1991 年	学校扩建	—
月肪黄公祠	晋康里		黄冲小学	1991 年	学校扩建	—
虚舟黄公祠	青云里	1883 年后	村委会；民政会	—	—	空置
卜琳黄公祠	横塘里			—	—	空置
乐涯黄公祠	东来里			—	—	空置
若隐黄公祠	晋康里	1925 年	生产队队址	—	—	仓库
若野黄公祠	晋康里	1925 年		—	—	仓库
克斋黄公祠	岗咀里					空置
行常黄公祠	上塱里		生产队队址			—
霞天黄公祠	后塱里					—
怡熏黄公祠	南塘里					—
德泽张公祠	潮聚里	1760—1864 年		1960 年左右	私人转卖	—
发悦张公祠	潮聚里	1864 年				祠堂
毓兰张公祠	潮聚里	1864 年后	托儿所			空置

许民间私人建立祠堂，因此黄冲始建于明代的祠堂都称为“庵”，类似的还有隐庵黄公祠和小静庵黄公祠[22]。宝庵黄公祠的墙体最初是泥墙，墙基处有红色的石头，后来才换成青砖墙。

李 这种红色的石头可能是红砂岩。现在村中还有部分祠堂和民居以黄泥建墙，这种泥墙具体是用什么原料制作的呢？

黄 | 这种泥墙叫“砂灰泥墙”，是一层层舂制成的，厚度是一尺八（50~60 厘米）。现在村内使用泥墙的民居，留存时间可能有 200~300 年。当然还有一种情况是这户人家境过于贫穷，在后期也使用泥墙建房。

李 敕义祖祠也是建于明代，为什么名字中没有出现“庵”呢？

黄 | 敕义祖祠是黄冲最有名，同时也是规模最大的祠堂，位于安居里的入口处，前后有三进。敕义祖原名黄国赋[23]，一生中多次平定匪患，是新会有名的义士，历代《新会县志》[24]都为其立传。1523 年（明世宗嘉靖二年），敕义祖在招安土匪时不幸遭陷害身亡，朝廷在嘉靖十五年（1536）表彰其为义士，并批准黄冲乡以“敕义”两字命名，允许建立敕义祖祠。

李 换句话说，敕义祖祠是黄冲建造的第一座符合规定的祠堂。这些建于明代的祠堂有没有受到清初禁海的影响呢？

黄 | 有的，包括黄冲在内的新会南部大片土地，都在 1664 年（清康熙三年）第二次迁海令的内迁范围之中，至 1669 年才复界，其间全数民居和宗祠被焚毁[25]。复界后，黄冲村民重新在故地搭寮垦荒，之后在原址重建四座祠堂。

李 黄冲村剩余的祠堂是何时建造的呢？

黄 | 除了宝庵、隐庵、静庵和敕义四座，其他祠堂都是在清代乾隆和嘉庆年间及以后建造，此时建立祠堂已经不再被禁止。在这些祠堂之中，黄冲老村的祠堂比新村的祠堂建得早，新村的祠堂多是清末民初才建设的。

李 您之前多次提到黄冲村遭遇匪患，那村落是否有类似建立围墙的防御措施呢？

黄 | 有的，黄冲老村的围墙一直到改革开放后才拆除。围墙同样是砂灰泥墙，高约 2.2 米，但比建筑的泥墙要厚，有二尺四厚，大约 70~80 厘米，每隔一定距离设置一个射击孔。由于当时缺乏保护意识，如今，这面围墙完全不见踪影了。几座新村没有设置围墙，而是在村落后方密植簕竹，青云里还建有三座碉楼。

李 黄冲祠堂从数量最多时的30余座，到如今仍作祠堂使用的2座，中间一定发生了很多改建和拆除的事件，可以请您谈谈这中间经历的事件吗？

黄 | 黄冲祠堂的改建现象十分普遍，主要包括以下两类。最常见的是将祠堂改造成生产队队址，1949 年后，黄冲被划分成十余个生产队，除新辉、北盛外，其他生产队均以村中的祠堂作为生产队队址。其次是将祠堂改造成学校，1933 年成立的黄冲小学就以青云里的静庵黄公祠为校址，这是黄冲最早把祠堂改造成其他功能建筑。1949 年后，文兰里的贝山

黄公祠、心泰黄公祠，以及晋康里的慎吾、悔窓、月舫、述吾四个祠堂也分别被改建成青龙学校和后期搬迁过来的黄冲小学。其他改建情况还包括：虚舟黄公祠被改建为村委会和民政会，纯一黄公祠被改建为卫生站，井泉黄公祠被用作供销社仓库，等等。

祠堂拆除的情况也可以分为几类。“大跃进”至“文化大革命”的这段时间，在祠堂拆后以祠堂材料建设公共设施的现象，被拆除的都是规模较大的祠堂。例如在 1956 年、1958 年和 1964 年依次拆除静庵黄公祠、敕义黄公祠和允清黄公祠，材料分别被用来修建凤山中学、崖西公社人民会堂和浅沙岗肥料厂。此外，也有因改革开放后设施扩建而拆除的祠堂，这一类多见于曾被改建为学校的祠堂。例如曾作为黄冲小学校舍的悔窓、月舫、述吾三座祠堂，在 1991 年因黄冲小学扩建而被拆除。[26]

李 村民对幸存下来的祠堂有修缮吗？

黄 | 受制于资金短缺，只有宝庵黄公祠在几年前完成修缮，现在作为黄冲村文化室。老村中的翼池黄公祠和小静庵黄公祠，都因为年久失修而几近倒塌，族人由于资金短缺无法修复。村民其实非常希望能让古老的祠堂重光，但现实情况让我们有心无力。

李 非常感谢您，祝您身体健康，万事如意！

黄冲村现存祠堂：1 宝庵黄公祠，2 华明黄公祠，3 小静庵黄公祠，4 慎吾黄公祠，5 若野黄公祠，6 克斋黄公祠，7 若隐黄公祠，8 虚舟黄公祠，9 耕乐黄公祠，10 纯一黄公祠，11 乐涯黄公祠，12 卜琳黄公祠，13 翼明黄公祠，14 翼池黄公祠，15 发悦张公祠，16 毓兰张公祠

致谢：采访者在访谈和实地调研的过程中得到黄冲族谱编辑委员会和黄冲村民的热心相助，在此对黄冲前村委书记黄社遇、黄冲族谱编辑委员会副会长黄荣康、黄冲族谱编辑委员会副主编黄朝杰、黄冲小学校长黄日红、黄冲小学副校长黄社畅，以及黄冲村民黄北顺、张逵后、黄北锡、黄薛行表达衷心感谢！

1 黄冲村位于江门市新会区崖门镇中部，是崖门镇政府驻地，历史上一直是崖西地区的政治、经济、交通中心。历史上的黄冲村包括现崖门镇黄冲行政村和龙旺行政村的文兰里、青云里、潮聚里等自然村。文中的黄冲村指历史上的黄冲村范围。

2 《黄冲族谱》和《黄冲史话》由黄冲族谱编辑委员会编写，黄社俭先生主编，编成于 2011 年春，未正式出版。

3 新会话是粤语四邑片的一种方言，主要流行于江门市新会、蓬江两区和珠海市斗门区，以会城音为标准音。访谈中大部分使用新会话会城音，少数内容使用新会话崖西音。

4 甜水村在历史上与月堂村、东日村合称三村，甜水族人一般自称“三村李氏”，故访谈中又以三村指代甜水。

5 即今江门市新会区会城街道，新会区政府驻地。

6 即广东省江门市台山市。

7 指新会历史上的行政区划崖西镇，包括今崖门镇甜水村（含）以北区域，政府驻地为黄冲村。2002 年与崖南镇合并组成崖门镇，政府驻地仍位于黄冲。

8 位于黄冲村南面的苹岗村一带。

9 江门市新会区和台山市界山，在黄冲村西侧，呈南北走向。

10 指黄茅海与新会南坦岛之间的水域，为潭江的入海口，北部可通过江门水道和睦洲水道连通西江干流。新会人习惯称其“银洲湖”，又称“崖门水道”。

11 访谈中黄社俭先生表示此图表达的信息应为明代。

12 坑口即今新会区崖门镇坑口村，位于崖门镇北部。

13 京背即今新会区崖门镇京背村，位于黄冲村以北，紧邻圯桥里。

14 《黄冲史话》记载：1660 年左右，新会双水凌冲（东凌村）张先仪早逝，其妻林氏，偕子张德泽改嫁京背黄延。黄、林结婚后再生一子，得以继后。德泽自幼勤奋好学，志向远大。长大后，请求黄公允其以张姓开族立村。黄公出于道义，赠京背南面文武庙侧一块土地给德泽，由他自立村庄，保其张姓，繁衍后代。

15 旺冲即现在的新会区崖门镇旺冲村，位于文兰里以东，黄冲涌口以南。

16 “坑”即建筑辘筒瓦屋面上的一列板瓦，以此为房屋面宽的计量单位。约为 23 厘米。

17 新会话崖西音习惯把一间叫作“一眼”，“灶”是崖西一带古时流传下来的发音，因早期泥房的搭建方式与灶的搭建方式类似，故又称为“灶”，这种称呼保留至今。

18 黄冲村各房支族人集中居住地与祖祠所在地的对应关系见黄冲村各房支族人集中居住地与祖祠所在地统计表。

19 一种被制作成人形的纸片。

20 水荫即现在的新会区双水镇南岸村。

21 《黄冲史话》记载的黄冲祠堂共 44 座，其中黄氏 41 座，张姓 3 座。采访过程中对祠堂进行复核，有确切依据的只有 35 座。

22 黄冲村民为区分青云里规模较大的静庵黄公祠与岗咀里规模较小的静庵黄公祠，把岗咀里的静庵黄公祠叫“小静庵黄公祠”。文中沿用黄冲村民的称呼方式。

23 万历《新会县志》记载：黄国赋，名田。嘉靖二年大征，布政章拯、参政葛浩闻赋行义，具礼遣千户区朝辅召用之，赋不获，辞，遂散财起义，擒真贼五十余徒。长沙二乡，良民也，官兵期剿之，赋极力保全三百余家。委召抚未平贼，贼负固不服，赋以大义斥之，不听，遂遇害。章、葛二公指挥程监赍帛吊之，旌曰“义士”。

24 万历、康熙、乾隆、道光四个时期的《新会县志》中均有黄国赋传。

25 《黄冲族谱》记载：新会县执行“迁海令”始于康熙元年（1662）三月，本次迁移的仅仅是黄冲附近崖海一带的村落。至康熙三年（1664）五月，当局又下令第二次内迁 30 里（15 公里），内伸至睦洲、三江、外海、周郡以及崖西、双水的沿河地区，全县荒毁农田 50 余万亩（3.3 万公顷），占田亩总数的六成；被迫迁离原居的约 8000 户，占全县户数的一半。界外焚烧房屋杂物，百姓毁家失地，颠沛流离，劫难空前。

26 完整信息见黄冲村祠堂信息表。

李建国与贾永茂谈故宫官式古建筑石作营造技艺 *

受访者简介

李建国

李建国（2017 年 11 月 20 日）

1956 年 3 月生，北京人，1974 年进入故宫博物院工程队[1]石工组工作，师从石雕名师刘青宪[2]、石作匠师杨春堂[3]，学习明清官式古建筑石作营造技艺，并得到瓦作名师邓久安[4]的指导。他参与修缮栏板、望柱、台基、踏跺、石碑、露陈座等大量故宫古建筑石质文物，主持修缮建福宫花园与中正殿一区[5]的台基、柱础、假山、虎皮石墙、石子地面以及御花园堆秀山等建筑石活。他的石雕得到过启功、箫劳、郑珉中、杨新、刘炳森等文艺博物界大师的认可。2017 年被评为“官式古建筑营造技艺（北京故宫）”国家级非物质文化遗产代表性传承人。

贾永茂

贾永茂（2024 年 1 月 30 日）

1957 年 10 月生，北京人，1977 年进入北京市房修二公司石工班工作，师从房山大石窝石作匠师王哲[6]，学习传统古建筑石作营造技艺，1985 年调入故宫博物院工程队石工组工作。先后参与中南海“519”工程、天安门城楼修缮工程、钓鱼台养源斋工程、宛平城复建工程、弘义阁地面及台阶翻墁工程、惇本殿修缮工程、承乾宫修缮工程、箭亭修缮工程、南三所修缮工程、三台石活修缮工程等的石活加工制作、安装与修缮。2018 年被评为“官式古建筑营造技艺（北京故宫）”北京市东城区级非物质文化遗产代表性传承人。

采访者：何川（故宫博物院）

访谈时间：2016 年 5 月，2017 年 11 月，2023 年 5 月，2023 年 8 月，2024 年 1 月

访谈地点：北京故宫博物院修缮技艺部

访谈整理情况：2018年整理2017年11月和2016年5月访谈记录稿，2024年2月对历次访谈记录稿进行系统整理，删减口语化语言，节选营造技艺内容，保留行话俗语，对部分北京方言俚语做了改动、调整。

审阅情况：文稿经受访者审阅

访谈背景：在中国古代建筑营造技术的基础上，明清故宫古建筑在营造、修缮的过程中，形成一套完整的、具有严格形制的宫殿建筑施工技艺，称"官式古建筑营造技艺"。这套技艺不仅保持着故宫古建筑的原貌，而且直接影响中国古代建筑营造技术的发展。2008年，"官式古建筑营造技艺（北京故宫）"被列入国家级非物质文化遗产名录，评价其："作为官式古建筑营造技艺的典范，在600多年的发展变化中，产生了优美的建筑造型，形成了完美的建筑工艺技术，对中国，尤其是北方地区的建筑技术发展起到了重要的引领作用"。这套营造技艺包括"瓦、木、土、石、搭材、油漆、彩画、裱糊"八大作，其中的石作主要是对石质古建筑或古建筑中石质构件进行加工制作、安装与修缮的工种，主要有打荒、装线、刮边、扎边、打道、剁斧、扁光、磨光、安砌、灌浆勾缝等加工工艺。李建国和贾永茂从事古建筑石作修缮保护工作近50年，参与了大量文物建筑石作修缮具体操作工作，在石活加工制作安装、石雕、石活修缮等方面有丰富的实践经验。两人退休后仍继续从事石活修缮技术指导与顾问工作，并积极挖掘整理官式古建筑石作营造技艺做法规矩与匠作传统。

李建国　以下简称李

贾永茂　以下简称贾

何川　以下简称何

石料的种类与审石

何　李师傅，请教故宫古建筑上用的石料都有哪些？

李 | 主要是以青白石为主，还有汉白玉、小青石，也有花岗石、花斑石。

何　这四种石料是怎么配置使用的？

李 | 这是有严格等级制度的，琉璃活[7]主要配青白石。一般老百姓住的房子用灰瓦、泥瓦，用小青石，小青石也便宜。在故宫里小青石都是用在配房、耳房上，一般黑活[8]都是配着小青石。花岗石一般不用在建筑上，都是在地面上、河帮上用，故宫午门广场、神武门广

场地面都是花岗石地面。故宫里真正的汉白玉其实也不多，御花园天一门栏板是汉白玉的，钦安殿后身正中间那一块栏板是汉白玉的。大家都说故宫用的石料都是汉白玉，其实大部分石料都是青白石，并不是白色的石料就是汉白玉，汉白玉有油性，而且有肉透的观感。

何 汉白玉、青白石、小青子和花岗石在石料性质和加工性能上各有什么特点？

李 | 首先好的石料是原渣[9]。所谓原渣，石渣有戗渣、顺渣，产生渣的石料或者产生戗渣、顺渣的石料，这块石料里面是有产生石渣层的材性。就像戗面馒头掰开里面分层的，普通馒头掰开没有层，有这种的区别。石匠有一句俗话说："戗打顺渣"，就是用錾子打的方向问题，戗打劲儿比较大，去的荒[10]比较厚，戗打容易打下来一大块儿。顺杀[11]就是扎线、耍道，顺着打不下大块，不下大块就不斑坑，打得容易平。汉白玉的划分现在没有那么严格，在1980年代前后，我们这一代石匠所说的，真正的汉白玉的材性会更细腻、更肉透，会有玉的肌理和质感。白石头没有汉白玉的质感，没有油性透亮，就是干白，但是现在把白石头也归到汉白玉一类了。青白石跟汉白玉是一个矿坑里的，都是房山石窝出的，两种石料就是不同层，青白石更硬，汉白玉更细腻。小青子产在京西门头沟，主要特点就是出层，打平面容易，但是不容易打截，截头要是截得不好，那一打就扒拉了[12]，扒拉了就是给震得好多好多层。花岗石的主要产地是昌平延庆一带，北京产量最大的石头是豆渣石，是花岗石的一种，就是像豆腐渣似的，灰不溜秋还带点黑点儿。过去石料的名称全都是象形的，有一种泛红色的叫"红肖梨"，有一种泛黄色的叫"黄桑子"。

何 石料在加工之前需要检查石料情况，这个过程是怎么操作的？

李 | 拿平尺板放在石料上，测一下石料的边角（看）宽窄是不是够用，把石料的每一面都看一下，有没有明显的伤。

何 石料中的"伤"比较常见的有哪几种？

李 | 伤包括各种绺、沙眼、裂。绺，又有黄绺和白绺，在青白石或是汉白玉上，黄绺一般是一条宽窄基本一致的黄线，有一些沙子的感觉。黄绺有长有短，而且走向不确定，有黄绺的石料容易从黄绺的位

故宫太和殿三台汉白玉须弥座、栏板望柱（1983年6月）
故宫重华宫青白石台明、垂带踏跺（2023年9月）
故宫重华宫崇敬殿西耳房小青子台明、踏跺（2023年9月）

置开裂，要是黄绺整个穿过石料，石料就很可能开裂。白绺也叫“铁线”，铁线硬度比石料要大，打活的时候遇到铁线，錾子一打一滑，但是白绺过渣[13]，不像黄绺不过渣。沙眼就是石料上不规则的圆洞，有的大有的小，深浅也不一定。一块石料的一个面要是沙眼太多，就得翻个面用。一般要是裂，都是说的惊裂，就是石匠说的“惊了”，其实是一种暗伤，石料在开采或是运输、打活的时候受伤了，这种裂基本上是看不出来的，石料很容易从这个裂上出问题。

何 石料中的“伤”对加工有什么影响？带伤的石料还能用吗？

李 | 石匠打活都会碰上石料上的伤，一个是在选料的时候尽量躲开，选一个相对好加工的面来打。碰见绺、裂实在躲不过去，就只能慢一点打，加小心地打。好的石料肯定是用在最显眼的地方，或是对石料质量有严格要求的地方。有伤的石料也许在别处使用能把伤藏起来，也是可以使用的。不是有伤的石料就不能用了，要把合适的石料用在合适的地方。

灰浆材料的种类与调配

何 石活用的灰浆都有哪几种？

贾 | 石活上用的灰比较少，白灰浆、桃花浆[14]、油灰，基本上就这三种。

何 这些灰浆一般用在哪些位置？

贾 | 白灰浆和桃花浆是灌浆用的，油灰是勾缝用的。石活安装到位之后就灌浆，灌好浆之后，用油灰把缝勾上。

何 这些灰料是怎么调配的？原材料一般是从哪里买？

贾 | 白灰浆就是把白灰块泡水里，煮开锅后再续上水，然后搅匀，稀稠度就跟熬粥那种有黏糊劲儿就行了。桃花浆就是在白灰浆里面加黄土，一般是3个灰7个土（质量比），也是用水调匀了。油灰调起来难一点，油要用熟桐油，灰要用泼浆灰，先把油调匀了，如果黏合度不够，可以加水，然后把灰过一遍筛，再把灰和油掺和在一块，一直搅合匀了。

何 油灰的配比是多少？

贾 | 油灰比例大概是10个灰3个油（质量比），看实际情况需要油的多少。

何 油灰调配难度大，难在哪？

使用白灰浆灌浆（2001年5月）
使用油灰勾缝（2005年5月）

贾 | 油和水本来是不融的，但是都掺在灰里，它倒是能融了。调油灰不光需要“和”，还得“磁”“砸”。“磁”就是使用瓷碗或者一些硬的物件，把和好后的油灰再碾、再磨，把油灰里颗粒碾碎；“砸”就是用木夯砸油灰，让油灰完全融在一起。《工程做法》[15]里记载，一个壮工一天就和 40 斤油灰，可想这油灰确实不好调。

石料的起重与搬运

何 石料的重量都很大，搬运石料是怎么进行的？有什么技巧吗？

李 | 现在石料都有吊车来吊了，现场没有吊车空间的也有倒链和电葫芦这些机械设备，有了这些机械工具后就方便多了。石料从石厂到施工现场都是用货车拉，现场加工制作完，要上平板车或是杠杆车，拉到安装现场。到安装位置上，800 公斤以下的石头可以考虑人抬，最多也就是 8 个人抬，再重的石料就要搭三步搭了。三步搭，就相当于三脚架，在石料上搭好，在三步搭上安上滑轮，用大绳绑好石料，再通过滑轮抬石料。

何 起重用的三步搭是架子工来搭吗？

李 | 对，三步搭是架子工来搭的，架子工搭，石匠用。

何 起重和搬运也需要架子工来配合吗？

李 | 一般都是配壮工，架子工只管搭架子。

何 倒链和电葫芦是现在石料起重的主要设备了，跟传统方法比起来有哪些区别？

李 | 就起重来说没有什么区别，有一点区别就是安全方面的，机械设备要比传统方法快，有时候速度快了，石料本身重量很大，安全上会有一些隐患。

石作工具的制作、使用与维护

何 石匠常用的工具都有哪些？

贾 | 錾子、斧子、锤子、扁子、嘚子[16]、撬棍、刀子。

何 石匠的工具都需要自己来敲制吗？

石料抬运（2005 年 9 月）
使用倒链起重石料（2005 年 9 月）
使用撬棍挪运石料（2001 年 3 月）

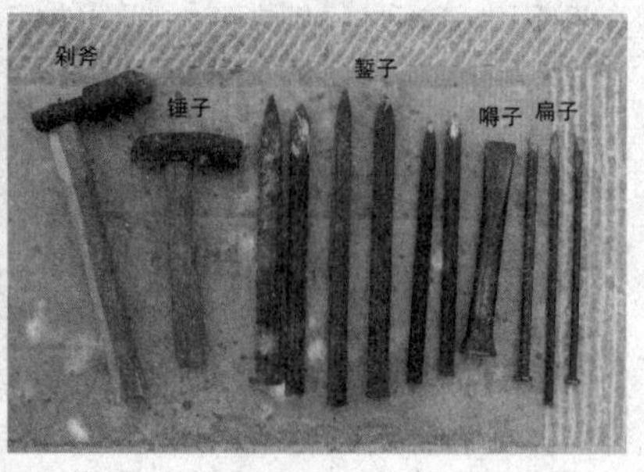

房山大石窝工匠高永旺使用锤子和錾子打道（2016 年 5 月 15 日）
剁斧、锤子、錾子、嘚子、扁子（2016 年 5 月 15 日）

贾丨对，錾子、扁子、斧子刃都要经常上火打，尤其是錾子，要是打活的话，每天都要重新敲錾子。

何　錾子是怎么敲的？

贾丨首先要看它的舌尖，要是舌头大，在烘炉里烧红了，等到烧到要泛白还没泛白的时候，从烘炉里拿出来，用锤子给它那尖往回归归，然后再两面敲，敲两面一翻就等于敲四面。拿锤子一敲，拿钳子夹着一翻再敲，砸出尖来，把这尖再归回去。头一次敲的这个尖儿是虚的，给它归回去再敲、蘸水[17]，把尖打掉，不要这个尖儿，然后再敲出来一个尖儿。把尖儿打好，蘸火最好是一次蘸好，打完了要是温度降下来了，这时候要回火，拿出来还得重新敲，要是不敲尖儿中间是糠[18]的，錾子不好用也用不住。最好就是一次打好了，蘸火蘸进去半公分，一看前边的尖儿变成黑色或者灰色，往水下一穿，再拉起来，然后看回火，回火往尖儿走，有一道线，看着线离尖儿快到半公分了，放水槽子里，那水槽子水就半公分深，这就打好了。

何　錾子蘸火怎么才能蘸得好，是全凭经验吗？

贾丨一开始蘸火都蘸不好，得学着看火候。蘸火的时候，这个尖儿的颜色就是红到发紫，这个火候蘸火的回火线看得清楚。如果到紫色了，回火线的颜色就特轻，不容易看得出来，蘸火的时候就抓不准回火线了。

何　石料打活时，工具使用有什么技巧？

贾丨要说工具使用的技巧那就只有多练，石匠的工具比较简单，主要就是锤子和錾子，操作上都是用锤子打，什么时候你能闭着眼睛翻锤晾掌[19]地打活了，那就算练出来了。

何　石匠的工具需要定期维护保养吗？

贾丨除了上火打，后来工具慢慢就有硬质合金的了，就是工具的刃都镶上硬质合金了，打就打不动了，都是用砂轮磨了。工具用得不快了，就上砂轮上磨。

石料的加工制作[20]

何　石活加工先从装线开始，怎么给石料找直找平？

贾丨装线先放加方线[21]，因为石料是荒料，它是不规则的。比如我需要的石头是 50 公分宽，荒料是 60 公分，那就需要给它放到 55 公分或者 57 公分的宽度，把小面的量给让出来。平面要放四条线，长面两条线平行，两个头要平行，角一定要是 90°，然后拿方尺套出来。放好线，然后把扎线[22]用嘚子往下劈，劈完了上錾子，最少打下 5 公分深。因为一般荒料的石头高低凹凸不平，打的时候把最低点给让出来。扎线打完了，第一步就是找完方了，开始放抄平线。放抄平线[23]的时候，就找最低点。先把长面的平线平着、横着拉、水平地拉，弹上线了，再找小面任意一个头，找头比较低的点，也是把最低点给让出来。弹上线，这时候长面和小面的线就形成一个平面了，大面上打对角的十字线，十字线中间的交点戳一根杆（装棍），这根杆儿不能动。然后从这两个对角底下的线，分别用杆抵着线，这两根杆之间绷直一根墨线，用这根墨线来靠中间戳的这根杆，这根杆上面就粘上墨点了。然后再调过来找另一个对角，对角一边有线，另一边没线，还是用杆抵着线，另一边绷直墨线来跟中间戳的杆上的墨点找平。这道墨线比墨点高就把杆往下落，比墨点低就把杆往上涨。找平了以后，没有线的这根杆不动，中间十字线上的这根杆可以撤了。然后在杆底下点上墨点，这个墨点就是弹线的点了，再弹线就抄平了。这个装线的原理就是用已经确定的三个点找另外一个点，三个点确定一个平面。

何　异形石料怎么放线？

贾丨跟正方形、长方形的放线方法一样，只不过是六方的、五方的、八方的或是三角的，算好角度就行了。

何　异形石料放线需要放大样吗？放大样在什么地方放？

贾丨对，需要放大样，在地上放就行。在地上放出大样了，再把大样尺寸翻到石活上。

何　什么时候需要做样板？

贾丨做栏板、柱子、沟门子[24]、花台阶图案、雨水沟的沟漏，都得要做样板，做规矩活[25]以外的这些需要形状、纹饰的石活都要做样板。

何　样板都是做成1:1的吗？样板怎么制作？

贾丨对，做原大尺寸的。做样板一般都是翻旁边的老活[26]，或者是看图纸上的尺寸和图案，样板可以用三合板做，也可以用纸板做。样板主要是做出石活的大轮廓尺寸，里面起线[27]不起线、雕刻的高低都由石匠个人来掌握了。

何　打荒是怎么打法？打大荒和打小荒是下料多少的区别吗？

贾丨打荒一般打道比较宽，要看有多厚的荒。一般不会有太荒的料，因为来料已经是糙加工过一遍了，基本上就是3公分左右的荒，分两步打，也就是打大荒和打小荒。打荒为什么分两步呢？要一步打，有可能斑坑。分两层打，打一层，然后再打一层，第一层打得大一点，第二层打得小一点。

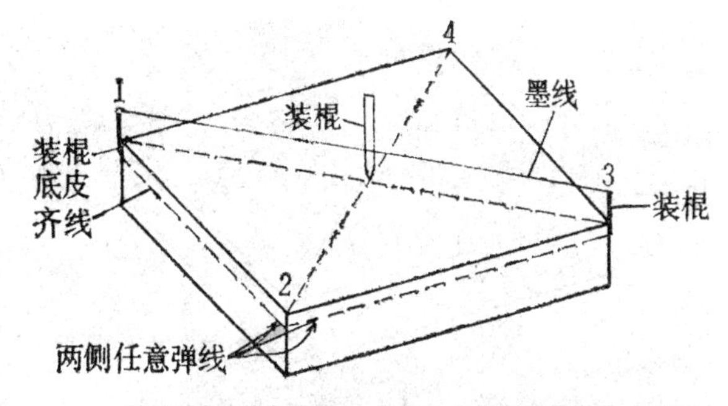

抄平线（装线）示意图：先在1、2点间弹一条线，再以2、3点弹另一条线，再分别以1、3点和2、4点弹对角线，1、2、3点形成一个平面，用装棍根据2、4点的对角线上找与1、2、3同平面的点位

何 刮边和扎线是怎么操作的？这两道工艺是为了定平和保活吗？

贾 | 打荒打完了，边全都得扎下去，之后就是刮边了。刮边刮的这道金边[28]是下一步打道要以这道金边为平，再一个就是为了下一步操作时保护各道棱角，因为宽窄已经定了，棱角要是打坏了，这块石料就没法用了。而且刮完边，錾子打道也有地方落脚了，錾子不会往下打出溜了，平着金边就打进去了。

何 打道和剁斧是石料进一步找平的加工操作，这两道操作工艺有哪些规矩？

贾 | 打道以前还要先扎边，就是从大面的一边向中间扎一小道边，扎边也是保护棱角的。要是不扎边，打道从一边直接捅到另一边，有可能棱就被捅掉一块。而且扎边扎到角上，要调过来，从角往回打，也是为了保住这个角。打道基本上就是 3 寸 10 道，约一厘米一道，打道也叫“刷道”“耍道”，实际上都是一回事，就是叫法习惯和口音上的区别。

何 扁光和磨光是对石料成活表面的精细加工，这两道操作工艺是怎么进行的？它们有什么区别？

李 | 扁光就是用扁子打石活的表面，扁光活一般在雕刻中使用的，扁完光石活表面可以看出来一刀一刀的痕迹。 磨光有一套特制的工具，首先要准备一块磨石，最好是青砂石，外形打成锅盖形，厚十几公分，正中打一个擀面杖粗细的眼，眼的位置安装一个木橛子。木橛子高出磨石 20 来公分。在木橛子上拴一根绳子，绳子相当于两个以上石活的长度。再准备粗沙子和一把钩子，然后两个人分别坐在石活两头，在石活上撒一把沙子，像拉大锯一样，两人来回拉动磨石，磨的过程中一直往石活上撒沙子。

何 打道、剁斧、扁光、磨光这四种做法在石料加工成活都有，石料成活表面做法是怎么选择的？

李 | 一般都是看老活是什么做法，按老活的做法做。还有就是看设计要求，设计要求是哪种做法，就按照要求来做。按照加工的平整度来说，打道是最糙的，它的痕迹就是一道一道的；剁斧就细一些了，它的痕迹就是斧印；扁光就更细了，基本上就是平滑面了，但还能

使用锤子和嗨子劈活（2017 年 11 月 18 日）

使用锤子和扁子刮边（2017 年 11 月 18 日）

使用锤子和錾子扎边（2017 年 11 月 18 日）

使用斧子进行剁斧（2017 年 11 月 20 日）

使用锤子和扁子扁光（2017 年 11 月 21 日）

看出来扁子印；磨光活看不见錾印、斧印、扁印，就非常光了。

何　石料加工是打平面更难还是打异形面更难？

李丨对一个石匠来说，打活是打平面还是打异形区别不大，难度上可能是划线复杂一些，但是划线一般都是掌线[29]的来划，打活的人也不需要划线。

石构件的安装[30]

何　石构件安装时的基本程序是什么？

贾丨安装台基的时候，首先是拴线。石活底下有埋头[31]，埋头已然就给好头[32]厚度留出量来了，直接就给好头座在埋头上。座上之后，打两个方向的水平尺，一个是山[33]上的，一个是前脸[34]的，再一个留好前脸的泛水。把好头装上，支垫好，在好头前脸上拴上一条直线，按着线来安装台明石[35]。把石活放到位后用撬棍、支点打起来。放石山[36]或者铁山，用山来找平。

何　石构件安装一般需要几人配合，具体是怎么操作的？

贾丨最少五个人，四个人一起抬活，四个人一起用撬。两人用撬容易把石活鼓出来，四个人在四个点同时用撬，里外各两人，还有一个人在中间背山[37]，或者是一个人在旁边打山[38]，山需要多大多厚，这个人在边上拿锤子打山。这样又省事又快，找平就看着水平尺和线，撬平了两边用山一背，就完活了。

何　在石构件修缮归安时，是怎么操作的？

贾丨先把石活后口[39]刨开，把后口的山全都晾出来，让出能下撬棍的地方。然后把石头先支平，再归回去，从两边好头上拉上线，看着线找平归位。要是整个台明都歪闪了，那就要从两个好头开始找，整个台明后口全刨开，腾出能下撬棍的宽度，从两个好头开始找，一块一块往中间合上。要是有的地方下沉了，拿撬棍给它打起来、支上，看看它底下的砖胎子[40]牢固不牢固、硬实不硬实，不硬实了就先把石头立起来，重新砌砖胎子。

何　在归安大体量石构件时，需要注意哪些问题？

贾丨石构件出问题主要是支垫不好，年头长了以后，石头中间塌腰了，石头长、跨度大，支垫不好就往下塌了。石活比较大的时候，背山一定要用石山或是铁山，一定不能用砖山，排山[41]也要用石山。有时候背山用石山背好了，在排山时用的砖山，时间一长，砖山就被压碎了，石活就歪出来了。

何　背山对石构件安装很关键，在背山时特别是归安过程中如何操作？

贾丨4 米长的石活一面最少背五个山，前后就是十个山，然后排山的时候留 10 公分的档子，全都给排上。背山时也得注意安全，两边用撬的人用稳了再背，而且拿山的手要三个指头（拇指、食指、中指）掐着山横着往里放，不能手背或是手心朝上拿着山。万一跑撬[42]了，石头压下来，你掐着拿山，山能挡着石头，不是直接压到手。

使用锤子和扁子扁光出坯
（2017 年 11 月 24 日）

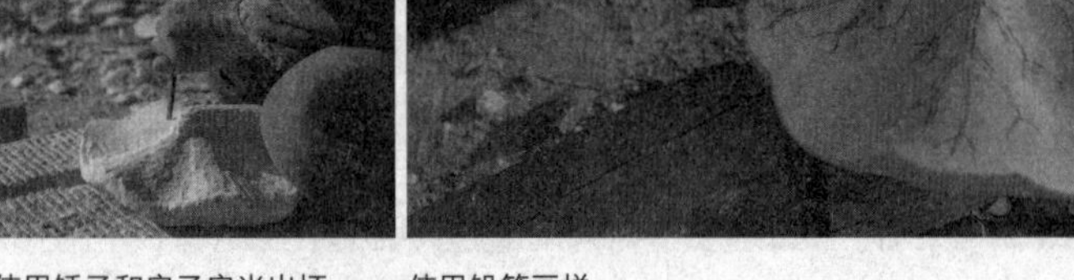

使用铅笔画样
（2017 年 11 月 24 日）

使用锤子和扁子雕刻
（2017 年 11 月 24 日）

石雕制作

何　故宫古建筑上的石雕构件，如花台阶、栏板望柱、须弥座等上的图案在雕刻前是怎么确定的？

李丨主要是看老活的图案，比如保和殿的花台阶，要更换的时候，它的图案基本都看不出来了，能看出大概是个马或是狮子，然后就去找同样是马的图案，翻到新活上来。

何　雕刻前需要先把石料打制出一个规矩的尺寸吗？

李丨基本上是需要打出一个规矩尺寸，比如打二十四节气望柱头，在荷叶墩以上都是圆的，雕刻时找圆需要先有方，圆在方的基础上找。

何　雕刻时的图案纹饰是怎么把握和呈现出来的？

李丨首先需要心里有这个图案纹饰的形象，还是说二十四节气望柱头，先把四个面全做出来，四面的中线就有了，按着中线一层一层往下包。先做出轮廓来，这大形出来了，然后再上细，用刀子刮。24 个瓣，就画出 24 个曲线来，然后上刀子刮，该压边的压边，该留线的留线。雕刻都是先把雏形做出来，定好位置，然后从中线开始往下包，随时把中线再复原上去。打一次这个中线就没了，就要再画上一次，过程中得画两三回线。

何　雕刻图案纹饰都有哪些规矩？

李丨规矩要找对，就是从老活翻活要把图案纹饰的尺寸量好了，量准之后再画下来，做样板。比如 10 公分里边有一个云头，这云头是多长多宽，在哪拐弯，定好几个尺寸点，一勾一画，再按线雕刻。

”

* 2019 年度故宫博物院科研课题项目：故宫古建筑修缮工具研究（课题编号：KT2019-12)，得到北京故宫文物保护基金会资助。

1 故宫工程队，即故宫博物院古建工程队，成立于1953年，专门负责故宫古建筑的保护修缮工作，下设有木工组、瓦工组、石工组、油工组、画工组、架工组、壮工组、铁工组、水暖工组、机修工组、电工组等。故宫工程队于1956年由事业管理改为企业管理，先后更名为工程管理处、古建修缮处、古建修缮中心，后又于2010年由企业管理改为事业管理，更名为修缮技艺部。

2 刘青宪，原鼓楼大街石作作坊业主，于1950年代到故宫工程队石工组，精于古建筑石活雕刻。

3 杨春堂，于1950年代到故宫工程队石工组，精于古建筑石活加工制作。

4 邓久安，原兴隆木厂瓦匠、故宫工程队瓦匠，师从故宫十老张国安，精于古建筑瓦活雕刻。

5 故宫建福宫花园与中正殿一区建筑于1923年毁于火灾，1999年开始复建。

6 王哲，原为北京房山石窝石匠，师从其舅父，后被招工至北京房修二公司石工班工作直至退休。

7 琉璃活，指古建筑屋面铺设琉璃釉面瓦（黄琉璃瓦、绿琉璃瓦、蓝琉璃瓦等）。

8 黑活，指古建筑屋面铺设没有釉面的灰瓦等普通瓦。

9 石匠行话，好石料才具备的材料性质，指石料有特定的、规则的石质纹理，加工起来容易。石匠只要上手加工就会知道这块石料是不是原渣石料。

10 荒，指糙加工打掉的石料。荒料是指石厂开采下来、经一定糙加工的原始石料。

11 顺杀，指石料加工要顺着石料纹理打制。

12 扒拉了，石匠行话，指石料经过加工震动后，石质变得松散。

13 过渣，指在打活时，錾子能按照石渣纹理打，打活更容易。

14 桃花浆，是指白灰与黄土混合而成的灰浆。

15 《工程做法》，指清工部《工程做法则例》，成书于雍正十二年（1734），由清工部允礼等纂修，全书分为工程做法七十四卷、内庭工程做法八卷、物料价值八卷，其内容记载清代官式建筑工程的具体规范以及用料及物料价格。

16 嘚（dēi）子，也写作堆子、锥子，指石匠工具，均读作 dēi，一种方头无刃有柄工具。

17 蘸（zhàn）水，即蘸火，淬（cùi）火的俗语写法。

18 糠，是指錾子淬火后内部铁质不坚硬。

19 翻锤晾掌，指石匠在石料打制时高抬锤子、翻起手腕、晾出锤底往复向下砸击錾子的操作姿态。

20 石活加工制作的一般工序流程为：选料、打荒（打大荒、打小荒）、弹加方线、扎线、小面弹线、大面装线抄平、刮边、扎边、打道（刷道）、剁斧、扁光或磨光。

21 加方线，指确定石料四边成直角、成长方形的基准线。

22 扎线，指扎边操作时的基准线。

23 抄平线，指确定石料大面、小面成平面的基准线。

24 沟门子，指安装在院落墙体底部排水豁口处的石质门状构件。

25 规矩活，指不需要雕刻和异形加工的石活加工，如踏跺石、台明石等长方形规矩形状的石活加工。

26 老活，指原来的石构件、原来的加工方法、原来的图案纹饰等原有形制、样式。

27 起线，指石雕构件整体轮廓内的细部雕刻规则纹饰，如栏板、望柱内的池子线等。

28 金边，指石料刮边后四周边沿形成的平整加工面，石料安装均以金边为水平基准。

29 掌线，指掌握划线规矩的人，并由他来负责所有划线工作，一般是技术最高的石匠担任掌线。

30 石构件安装的一般工序流程为：拴线、支垫找平（背山、排山）、灌浆、修活打点、勾缝。

31 埋头，即埋头石，位于古建筑台基的四角，位于好头石之下。

32 好头，即好头石，位于古建筑前后檐两端的台明石，从山面可看见其露明的小面。

33 山，指古建筑的山面。

34 前脸，指与山面垂直的方向，如山面为南北方向，前脸则为东西方向。

35 台明石，指用于建筑台明上的石料，中国古代建筑建于台基上，台基的地上露明部分统称为台明。

36 石（铁、砖）山，指支垫石构件的石片、铁片、砖块等，根据材质不同也叫“石山”“铁山”“砖山”等。

37 背山，指将支垫用的“山”放到要安装的石构件底下。

38 打山，指根据背山所需要的石块、石片尺寸与形状打制石山。

39 石活后口，指石构件的里侧隐蔽部位。

40 砖胎子，指用砖砌筑成的胎体，石构件安装在胎体之上。

41 排山，指背山后，将背山之间的空当再用“山”支垫，形成一排“山”。

42 跑撬，指撬棍没有撬顶住，从撬顶位置滑出、跑出。

张建龙教授谈2000年后同济建筑系设计基础教学的发展*

张建龙先生

受访者简介

张建龙

男，1963年11月生。同济大学建筑与城市规划学院教授，设计基础学科组责任教授，德国斯图加特大学、意大利威尼斯建筑大学访问教授。1985年同济大学建筑系城市规划专业学士；1987年研究生毕业，留校任教，从事建筑设计基础教学与研究。2007年获上海市育才奖（上海市教育委员会），2016年获宝钢教育基金优秀教师奖。从事城乡规划、建筑设计、既有建筑更新等实践，代表作品：同济大学建筑与城市规划学院D楼，2012年获“第五届上海市建筑学会建筑创作奖佳作奖”、2014年获“中国建筑学会建筑创作奖银奖”。近年来，聚焦中国风土聚落与传统民居空间原型，持续开展传统村落更新设计研究。历任学院院长助理、建筑系副主任等职，现任上海市建筑学会乡村建设专业委员会副主任。

采访者：钱锋（同济大学）

文稿整理：钱锋、赵霖霖（同济大学）

访谈时间：2023年10月26日上午9:30

访谈地点：上海市四平路1239号同济大学建筑与城市规划学院张建龙老师办公室

整理情况：2024年4月6日整理，2024年4月21日定稿

审阅情况：经受访者审阅

访谈背景：2022年是同济大学建筑与城市规划学院（早期为建筑系）成立70周年。因参与编写建筑学学科史，整理发展历程，访谈设计基础教学团队的负责人张建龙教授。张老师在同济求学，后一直任教设计基础团队，并接替莫天伟教授成为团队负责人。同济基础教学在莫天伟和张建龙老师领导时期，特别是进入21世纪后有蓬勃发展。

钱锋 以下简称钱

张建龙 以下简称张

❝

钱 张老师您好！在整理学院的建筑学科发展史时，了解到同济建筑基础教学一直有着独特之处。圣约翰大学建筑系有包豪斯式的基础训练传统，1952年院系调整、多校合并而成的同济建筑系在基础教学方面也有诸多探索，特别是在1956年密斯·凡·德·罗的中国弟子罗维东先生[1]在建筑系主持建筑初步课程时，采用组合画、抽象构图等具有现代主义建筑特色的作业训练。在1978年开始的新阶段教学中，罗维东先生的学生赵秀恒等成为基础教学的老师，又在教学中安排文具盒制作、海报制作等富有创新特色的作业训练。在莫天伟老师[2]和您主持基础教学工作后，特别是2000年前后有了更进一步的蓬勃发展，想请您谈一谈有关的情况。

张 | 好的，我尽量回忆。

莫天伟先生的贡献

钱 莫老师是1999年做系主任的？

张 | 具体的时间我已经记不太清楚了，莫老师原来是副系主任，后来做系主任。关于基础教学的发展，我记得非常重要的一个节点是 1997 年，在“一·二九”大楼，我们成立了陶艺室，由阴佳老师[3]主持。这是在莫老师的关心下打造的。那个时候的陶艺室只是美术老师的一间创作工作室，也有学生来上选修课，但还属于艺术类训练，没有和设计基础教学完全结合，我们甚至都还不太知道。

后来上课时发现，这里怎么还有一个陶艺室？它不应该仅仅是一个造型工作室，还应该跟基础教学有关联。美术老师开设陶艺训练，跟学生强调的是艺术造型，我们可以更强调空间形态和材料之间的关系，让学生用这一方式去理解和操作。

这套语言方式是和莫老师早期探索的“形态构成”完全对接的。莫老师的构成教学特别强调所谓“情态”：以往的构成主要讲纯粹的构成形态，而莫老师特别强调构成形态不是单一、纯粹的物理性构成，同时会传递基于材料所带来的质感，以及体验者基于人文历史从该形态构成所获得的感知。莫老师常用“情·态”一词来解释形态构成。所以他的构成概念在以往的基础上有所深化和扩展。

在此之后，我们逐渐地把陶艺制作结合到基础教学里面，2004 年在“一·二九”大楼

莫天伟教授（1945—2013）

正式成立“创新基地”，跟基础教学完全对接，有空间，有设备，有材料供应。所以开始完全结合是在这个时候，之前还有些松散。

钱 您还记得一些具体的设计基础训练内容吗？

张丨记得〇三级上课时，一年级还在沪西校区，但我们也让学生去触摸材料。做墙，有做纸墙，有做混凝土墙，有做夯土，有做砖墙，也有用小青瓦来的，等等。对材料的重视，是我们在教学中一直希望贯彻的。在这前后，我们慢慢摸索，逐渐形成可以与更多艺术造型的对接。

钱 莫老师当时是不是这方面探索的总负责？他的作用如何？

张丨当时莫老师对我们的教学是完全放手的，每次我们做了小小的实验，请他来看，他总是说“很好，很好”。我知道，他这样说是希望我们能更大胆地去探索，而不是用一个固定的模式对待我们的基础教学。

在莫老师的教学观念中，需要培养学生自身的认知能力，不是老师灌输的，而是由学生经过我们所提供的环境平台，自己建构的一种能力。他觉得这个更重要，所以他对我们很多实验都非常赞同。

另外，莫老师在课程中特别强调——建筑是为了生活。2000年他担任系主任之后，不能经常来上基础课了，不过有时还会来参加评图。我们每年新生的第一堂大课都会请他讲。他讲什么是建筑，拆字、溯源这两个字是怎么产生的：“建”是创立、提出，“筑”是强调动作——造，进而说明什么是建筑学的本体。他的课件里特别强调——建筑空间是为生活服务，是来自生活的。

他说空间，并不是说建筑师要去创造空间，而是要去找到它的原型，从这个原型了解其存在的意义，空间在于有人、有活动、有生活。那么建筑师要做什么？就是追寻路径，把空间做得更能适应生活的需求，甚至是能够引导更高质量的一种生活状态。那就是空间的意义。

莫老师传递给我们的，跟以前对“构成”的理解有很大的不同，空间不能脱离人和人的生活而独立存在。在这之前，我们都是抽象地去讨论空间，就像做出来一个模型，说它的光影怎样，有受光面、有暗面、有影子，然后光的变化怎样塑造了形体，使它呈现出来，好像空间可以独立存在似的。而莫老师更多地把生活融入进去，使学生能够非常实在地理解空间的意义。所以我觉得这是一个比较突出的方面。

尽管莫老师在做系主任以后参与基础教学的时间不是很多，但他把握住了一些关键点，知道哪些要抓住，哪些可以放手，让具体实施的老师更有能动性。

2002年“都市营造-上海双年展国际学生展”

钱 我记得当时的基础教学思想非常活跃，2002年时还组织了上海双年展的学生基础设计作品展，在社会上有很大影响，具体情况是怎样的？

张 | 2002 年的那次“都市营造 - 上海双年展国际学生展”由同济大学、清华大学、中央美术学院和中国美术学院四所学校共同参与组织，确实是基础教学成果的一次爆发。

其实在这之前我们已经做了很多。前面一次爆发是在 1999 年，我们做了一个艺术展，迎国庆、迎千禧，都是一、二年级学生做的，就在学院的钟庭，展览的最后呈现方式主要是“装置”。

装置其实跟我们的构成教学是完全对接的，只不过更强调材料，尺度也更大，还有基本的结构问题，因为如果不能支撑或悬挂，构想的形态无论怎么好都无法呈现。此外，装置本身还要表达观念，就是学生对社会或环境问题的反思，需要通过观念来传达，并通过一个具体的装置来呈现。

记得那天同学们布置好后，我请莫老师和常青老师[4]过来看。莫老师还是像以往一样，乐呵呵地说“不错，不错”；而常老师很兴奋，他说：“哇，潘多拉的盒子终于打开了！”到今天我依然记得这个场景。的确，恰恰是这样一种方式把学生内心的自由、对事物的认知完全释放出来，而且是用建筑和艺术结合的方式表达出来。

这还只是九九年的尝试。紧接着千禧年后，2002 年的展览可以说是完完整整、像正规军一样的大爆发。

钱 当时的展览作品是什么样的？有些什么特点？

张 | 2002 年那次我带的那个组在老美术馆（今上海历史博物馆），楼梯上去就能看到，用建筑砌块堆砌了一堵墙（《吸引力》）。这个墙是用大概 30 厘米 ×60 厘米 ×60 厘米的砌块砌筑的（实际上也没砌筑，就是垒上去），通过砌筑时砌块的错位，把柯布西耶的“Modular”（模度）那个人形的几个动作呈现出，相当于一堵人墙。

我记得这个作品获得了金奖。当时这个材料进到美术馆展厅的时候，还留着余热，是刚出厂的。那时大的平板卡车一般只能在晚上 7 点到第二天早晨 7 点之间进市区，但我们的作品获得特许在白天运进来。这个小组的四名骨干全部是女生，她们预先设计好，到现场再砌筑。这种场景以前是很难看到的，因为是在呈现自己的作品，她们把自己的能动性全都激发出来了。

2002 上海双年展 – 都市营造学生工作现场与学生获奖作品“吸引力”

拍摄者：张建龙

展览中有很多作品，现在想想还真挺前卫的。其中有一个在 1 平方米的面积里展示用石膏浇筑的 13 双半脚（《13 1/2》），直接针对当时上海公交的拥挤状态。其他一些国家和地区的城市都已有地铁系统，而我们还在挤公交，而且挤到这样一个程度：一个平方米里面站 13 个人都不止！我们的学生特别厉害，作品中的鞋子和脚全部是用石膏浇筑。除了地板上有13双半，还有一只悬在空中，可想而知车厢地面上立足之地都不够了（笑）。这是一种对于社会状况的反讽。

还有一件作品表现的是路口的自行车。学生没有去表现完整的自行车，而是找了很多轮毂，有大有小，26 寸、28 寸的都有，然后放在一条象征路口停车线的横线前后，冠以一个名字（《限线》）。这就是以最简洁的方式去揭示城市拥挤、繁忙和纷乱的状况。

这些展品的造型方式其实是我们原来教学构成的内容，但不再是一个纯粹的构成训练，而是借助于某种材料，也不是特意去做的，利用生活中一些现成的材料，把它元素化、单元化，通过特定的排列和秩序呈现某种观念。

还有好多案例令我印象特别深刻。所以我觉得这是一次类似于正规军打仗一样的展览，而且全是学生作品，确实令人震撼。后面的两届我们也都有作品参加。

2003年上海市双年展“上海美术设计大展”

钱 后面的展览是怎样的？

张 | 上海市双年展是一届艺术一届建筑主题，后面艺术那一届（2003 年）我们也有四个作品参展。那年展览的名字是“家”，跟我们在教学中对日常生活和生活空间环境的重视相一致。这也和我学生时代做的“文具盒”的作业产生了对接。文具盒作业最早是王伯伟老师[5]那届做的，我读书的时候也做了，后来中断很长时间。大概是从 90 年代开始，这个作业就不做了。我们觉得文具盒的作业，在搭纸房子之前是一个非常有效的动手方式。因为是 1 : 1，需要同时考虑材料和工艺，并由学生自己制作完成。

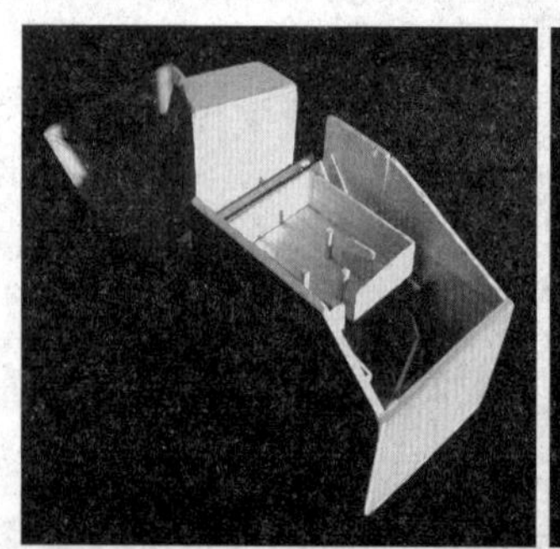

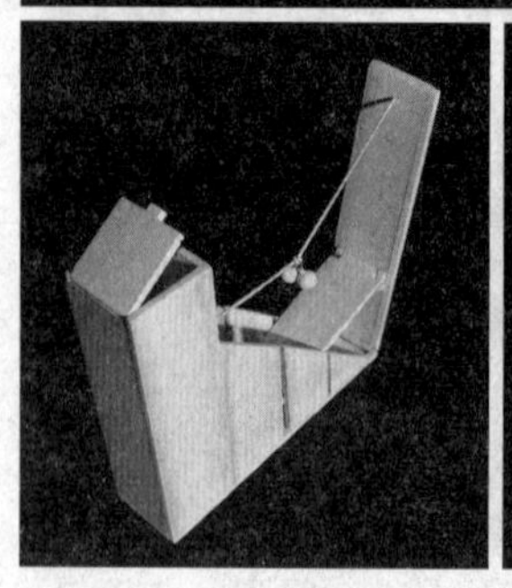

2003 年上海双年展同济学生作品
（《石》《竹》《梯》《楼》）

事先学生做了作业，我们要求其中四个得高分的单独再做一次，又各自取了一个名字，分别是《石》《竹》《梯》《楼》，都用与建筑相关的词来定义。但因为学生做的作业是用一般的模型材料做的，胶黏得不够牢，很容易坏，所以我又请一位师傅把四件作品，用柚木重做一遍。这个展览反响很大。

这些是我们探索新的基础训练。不过我们后来很少用“训练”这个词，因为讲“训练”是要达到某种标准，而我们的目标是激发学生们的能动性。试图通过基础教学，激发学生身体和头脑的能动性，打破他们原来在高中时期和之前已经形成的思想框框，让他们自由发散地去了解世界，并用自己的方式去归纳、总结，然后用作品来表达自己的观念和想法。

钱 这样对学生的创造性思维培养很有好处，学生一定会很受益。

2004年创新基地的成立

钱 2004年创新基地成立后的办学情况有大的改变吗？

张 | 之前的探索在 2000 年左右，是前期实验性阶段。2004 年创新基地成立之后，这门课的教学条件又有极大提高。首先是获得学校教务处以及学院更多的资金投入，可以购置更多设备和材料。我记得，以前在“一 · 二九”大楼上课（90 年代末）也有装置制作，学生用冷饮木棒做有跨度的桥，都是自己去找材料，很不容易。我们还聘请了专门负责设备管理和制作的黄龙祥师傅[6]，帮着做一些复杂的材料加工，而这些原来都是学生自己干的。所以 2004 年是非常重要的一个节点。

后来我们又开拓了好多东西，包括陶艺室以及其他材料的操作。当时国外学校的老师来访，会问：“你们做这些东西，学生要付钱吗？”我总跟他们解释说，学校是 state-run（国立），学生不交钱。他们很惊叹。考虑到学生有的家庭富裕，有的经济条件可能不太好，不能因为材料费阻碍了他们思维和观念的实现。学生们在这个平台上，在 CAUP（College of Architecture and Urban Planning）的环境中都是一样的，能够去实现自己的想法。

与德国的交流和联系

钱 您后来去德国访问，对基础教学有影响吗？

张 | 2005 年我去了德国斯图加特。其实对我们团队的影响还真挺大。我第一个去，把这个国际关系建立起来之后，后面连续不断地一直有老师去。2006 年赵巍岩[7]去了 3 个月， 2008 年李兴无[8]和孙彤宇[9]也去了，再后面还有其他团队的老师孟刚和黄怡，再往后是孙光临。大部分老师都是在托马斯 · 约赫[10]教授领导的住宅研究所团队。

我们后来把理论家沃尔夫 · 劳埃德（Wolf Reuter）[11]教授请来，他从 2006 年开始一直参与基础教学，给我们上设计方法论的课程。所以我们和德国的联系一直很紧密，包括后面从斯图加特大学毕业的李毅[12]，也加入我们团队。但可惜没几年她就回德国了。

她走后，2015 年王珂也去待了一年。所以整个德国对我们基础教学的影响蛮大。追本溯源，同济跟包豪斯也有一点儿关系，这或许就是彼此认同的基础。

国际建造节

钱　后来基础教学方面非常著名的是一系列纸房子的制作活动，每年都举办，已经持续十多年，吸引了国内外众多学校，后来一些中学生也来参加，成为“国际建造节”，有着广泛的社会和国际影响。这个活动是怎么开始的？

张 | 其实，这个纸房子的作业德国斯图加特大学也做。它试图把体验性和生活性，跟材料和空间进行结合，要求学生在没有太多专业知识的背景下，依靠身体的、自己过往的生活经验，来建造一个空间。

第一次是 2007 年，那时参加的只有整个年级一半的班级，大概就是六七个班。其中有一个作品没有建成，因为学生选错了材料，用的是家具里作为填充材料的蜂窝纸板。这种材料更多的是起平板作用，需要借助其他的节点才能支撑起来。

其他大多数同学用的是瓦楞纸板。对于材料，学生要思考的也和传统的建筑完全不同，不能只是传承原来的梁板柱体系。因为材料不同，结构方式自然就不一样。

第一年那批孩子们非常努力。这个任务布置下去以后，一小时之内，以同济为中心，半径大概 3 公里之内，各种店家的纸板就都被搜罗一空，包括大润发卖电器的废旧纸箱，全被我们学生收来了。我们说下面允许做垫层，用小的牛奶盒子之类的材料。也就是刚说完一个小时之内，同样半径里所有小店铺的废弃牛奶盒子全部被收来了。所以说整个教学过程中，老师都很开心，学生也很嗨。我记得第一次搭纸房子的那天晚上，按要求学生们要睡在里面。实际上他们彻夜都在闹腾，有好多好玩的事情。后续几年一直进行，不过到后来不要求睡一晚了。原因不仅是出于安全的考虑，更主要的是我们意识到这个作业越来越脱离了原初的教学目标。

2007 年建造节制作纸板屋场景

钱　怎么理解这个脱离目标呢？

张 | 原来这个课题是教学的需要，但逐渐就变成一个品牌，变成一场秀，好像逐渐脱离了原有的诉求，不再有人关心是否要睡在里面。再加上

有些参赛作品做成巨构的构成作业，不是可以供人活动的空间，却得了奖。这对我们学生有一些打击，他们说自己原来也有一些纯构成的设想，但在方案讨论阶段就被带班老师毙掉了，可是其他学校一些这样的作品却获了奖。所以这个差异让学生感觉挺伤心，很多带班老师也觉得伤心。但后来我们都说同济主要就是在打造这个平台，让更多人有所发挥吧。

“蜗居”作业和纸椅子作业

钱 之后你们有什么新的改变吗？

张 | 后来我们逐渐把这两个东西分离了，作秀是作秀，教学是教学，甚至有一年，应该是 2010 年之后，我们举办了一次“反建造节”，出的题目叫“蜗居”。新生进来第一周就做这个题目。那些学生当时也确实很单纯，我们就需要他们这种未施雕琢的状态。

赵巍岩老师负责这个课。他第二天早晨来看了学生们搭的“蜗居”后，拍了照片说：“嗯，我看到了难民营的样子。”但是他觉得很嗨，这才是应该有的。我们以往的作品太精致，太漂亮，太讲究工艺，太讲究它的所谓美学意义，但真实回归生活，一个露宿街头的人，他就要遮风避雨，能够保温，能够好好睡一晚上，这是首要目标。好看不好看，对他没有什么意义，反正第二天城管出现之前就拆了，对吧？

所以我们课堂上也讲，就住一晚，在第二天城管出现之前必须干净地撤离。这就又恢复了对生活的体验，同时也是对社会问题的一种批判。我们试图用一个课程作业，考虑如何容纳日常生活和对生活的体验，同时又把自身对环境、生活的经验和理解，通过简单的材料，以最有效的方式呈现出来。

这个活动，我们只做了一次，因为觉得太累了，老师们受不了，6 月份已经做了建造节，9 月份又要搞一次“蜗居”，活动太密集，后来想算了。因为每搞一次大规模活动都有安全隐患，如果真出了问题，还要承担责任。所以我们想还是安全一点好。“蜗居”这个项目后来就变成支撑装置（“纸椅子”）。

钱 “纸椅子”这个作业一直到现在还是新生进来的第一个作业，这方面有什么教学诉求？

张 | 是要回归到人体尺度，让学生了解自己的身体有怎样的尺度。回应某种姿态，需要怎样的支撑结构。依旧用纸板做，这就成了我们传统的第一堂课的支撑装置（纸椅子）——它既跟身体相关，又跟过往的经验相关，对于我们接下来探讨空间，是一个最核心要素的开启。

木构建造

钱 “纸椅子”应该是9月份入学新生的作业，那么一年级下学期6月份的建造节好像除了原来的纸房子，后来又增加了木构建造？

张 | 纸房子后来改了材料，曾有一段时间是用塑料板材。这些不同的材料实际上都有不同

的结构和形态要求，学生要能够领会。之后针对同济的学生、上海交通大学建筑系和上海大学建筑系的学生，在平行于“国际建造节”的同时，又举办了一个“木构建造竞赛”，起源于2019年。但后面因为公共卫生事件，我们停了好几次。中间2021年第二届，2022年的时候又因为实际状况变成方案竞赛。竞赛结束以后，我们选出最好的作品，让专业公司落地建成。

2023年我们是完整的第三届。学生做完以后，评选出一个一等奖，两个二等奖，然后也请专业公司复建，放到奉贤庄行郊野公园，作为城市空间艺术季（SUSAS）的展品，也算是进入城市空间艺术季的学生作品，而且是原汁原味的学生作品。我们要求专业公司在具体实现的时候，不能脱离学生原来的概念，最多只能做加法，不能做减法，不能完全改变学生的创意，基本只是强化节点，另外把材料选得更好，能够承载小孩上去晃荡。这个展览9月28日开幕，我带的那个班有个作品获了金奖，主创学生很有想法。

另外，有次一年级第一个学期我们做了另外一个竞赛，是给上海一个乡村做社区中心，就是老人聚集的地方，做一个名字叫“书厢”的“事件立方体”[13]。它可以放书，村民可以在里面坐着，里面有桌子，可以读书，还有小楼梯可以爬上去登高望远。

最原初的想法是将它放在田头，村民可以走上去看周边景色，但是现在乡村都不允许造这样的东西，一旦无人机看到这里多出一个东西，马上要停止施工的，所以我们就把它放在村里一个大空间（鲁星村农耕文化展示馆）里面，现在他们还在用。这个作业让学生们理解构筑物在日常环境中谁在用，这个使用者不是虚幻的，是真实的，而且对人体尺度有要求，包括人的行为、路径，以及他对空间的诉求，这些都要分析清楚，能满足。

最后又是我刚才提到的这个学生，三人小组中他是主创，又获了奖。所以他在本科一年级，一年中已经有两个作品被造起来了。

我的一件大学作品

张 | 我后来想想，第一次实现自己的作品也是在大二。就是虹口公园的那个中日友好纪念座钟，是我跟同班另外两名同学一起设计的。

钱 那个作品的故事是怎么样的?

张 | 那个应该是八几年，中日友好协会会长王震和胡耀邦邀请3000名日本青年到中国访问，其中一站就在上海，给我们出了个题目“中日友好纪念建筑”。全上海有400来个参赛者参加竞赛，最后没想到我们三个毛孩子得了一等奖，按照我们的想法实现了。

我们当时真刀真枪，还要算钢筋，做基础。正好学了建筑结构，全部凭着书本上老师教给我们的做计算，还不是工程设计院的那种计算。弄完以后，请园林设计院的总工给我们检查钢筋配得是不是太大，或者够不够?他说：“你们配的钢筋，一个导弹下来都打不掉。钢筋那么粗，还是螺纹钢筋！”无论如何，结构都是我们自己算的，包括混凝土里主要钢筋是多少，箍筋是多少，全部要做，就相当于是施工图。二年级的时候就完成了这套东西。

《时代建筑》还有我们一篇文章[14]，是我们三人合写的。要不是一天在检索的时候突然看到这篇文章，我几乎都把它忘了。里面的图都是手绘的。那个时候我已经到了二年级，现在的学生一年级就有作品建成了，更厉害。

中日青年友好联欢纪念钟座

基础教学与国际建筑思潮的关系

钱 我还想问一下，基础教学对于材料的重视，跟2000年左右国内强调建构文化的研究的思潮有什么关系吗？为什么当时会那么强调材料与结构？

张 | 这实际上有两条线，一方面是设计基础的探索，另一方面是艺术方面的探索。建构是莫老师一直关注的。他做系主任时候，跟岑伟、陈镌等都写了文章。好像岑伟也写过关于建构文化、tectonic 的讨论。我记得东南也曾经举办过关于 tectonic 的专题研讨会，戚广平去参加会议，他当时对这块非常感兴趣。当然除了对 tectonic 这个主题感兴趣之外，他对东南的很多设备也很感兴趣。

对材料的关注，不仅只有我们。其实我们读书的时候，包括王伯伟老师读书的时候，做的文具盒作业就体现了对材料和工艺的关注。我记得自己做文具盒的时候，大家都要开夜车，小组中的同学各有作品。我们用五夹板做，对于交接处的做法大家已经在探讨，有的同学做榫卯，用燕尾榫，当然做得没有那么完美。做这个要用木工的乳胶黏接，一般需要一个晚上才能干透，同时要保证它的形态不变，对工艺有很严格的要求，不然第二天就会起翘。做完之后，给我们上课的老师又说，你们要打蜡克[15]抛光，于是我们又开始打蜡克。

打蜡克的工艺真的很熬人。每上完一遍，都要等它干透后再用木工皮纸来砂，砂完以后再上第二遍。上蜡克的时候都是用纱布包着医用酒精棉，擦蜡克的料来涂，有点像后来的清漆，但不是清漆。清漆是上完就完了，而它是一层一层，就像我们渲染一样，螺旋形上的。记得我那个打了 10 遍，就有点像日本漆匠那样一层层刷，再一层层打磨。由于有这类作业训练，所以我们一年级的时候，就对材料和工艺，以及材料连接有了初步的概念。

其实后来我们学生做的纸板房子的构建也是一样，只不过材料更纯粹一点，完全用纸板。所以对材料和节点的关注，对承受结构和构造的关注，不是我们后来才想出来，一直就有，只不过以前是片段的。

创新基地的多种材料操作和造型练习

钱 基础教学方面后来还有哪些创新的探索？

张 | 除了刚才提到的1999年开始关注结构和构造问题，我们后来在基础教学里面还尝试过用砖块垒墙，追寻材料本身所对应的工艺方式。之后我们还希望学生能够再走远一些，看看有什么方法介入其他材料，对大家习惯的原有建筑结构和构造有所推进和变化，产生一些新的形态和连接方式。

这一点在后续的教学改革中越来越清晰，到2007年就非常明确了，突出表现在纸房子的作业里，就是用一种材料——瓦楞纸板，来形成它的空间兼结构，最终消解传统概念中的依附于原来钢结构、砖混结构、钢筋混凝土结构的梁板柱体系。

在艺术这条线索中，2004年开始，我们已经开始在造型领域逐渐摆脱所谓“艺术造型”，追求更多的是“材料造型”。艺术造型本身有一个艺术的框框在那里，比如做个陶艺，它始终是有个罐儿之类的造型，而我们恰恰需要把这个罐的形态消解掉，需要用新的形态呈现新的空间。

这个时候我们开始强调每一种材料都有它塑形的方式和可能性。那么对于某种材料，要让学生去探索、去尝试，要进入到材料本身，甚至进入它里面的原子结构，看看有没有可能从它的原子状态出发形成某种新的形态。这样对学生就不再有束缚，不是做一个罐，而是做一个以前没有过的东西。当学生拿到泥巴这种材料之后，要把它捏开，以不同的方式去加水，看看会产生什么样的结果。

钱 您说的这个应该是创新基地的多种材料操作和造型练习？

张 | 是的。这个实际上已经很晚了，到了大概2008年的时候，我们已经把材料造型纳入基础教学，时间为2周。学生选择不同的材料，有陶泥、琉璃、纸浆，有做雕塑，也有剪纸，剪纸后来再转为钢板雕，还有砖雕、木雕、编织，好多不同的材料种类。

按照常青老师的说法，这个做法其实是又打开了一个潘多拉的盒子。这个训练的结果就是在D楼基础教学组看到的那些作品。

到了2010年，我们开始从材料的角度做艺术造型，由美术老师讲。意图非常清晰，从材料本身找寻它的塑形逻辑，找寻它的结构和连接方式。这是我们在基础教学中一直希望学生去做的。

所以对于材料和建构的关注，是两条平行线。一条是基础教学，到后来包括参数化、生成设计也逐渐变得清晰起来，演变成我们现在核心的课程内容；另一条线是艺术方向。当时（吴）长福老师[16]有一个观念，也是对美术老师的要求，他认为美术老师必须首先是一个艺术家，然后才是个教师。也就是说，他们不应该只是教美术技能，更要将艺术追求过程中的一些经验和方法，分享给学生们，最终要建构起学生自身对艺术造型的理解，以及对建筑空间材料的理解。

基础教学中建筑和艺术两条线索的平行探索

钱 基础教学中建筑和艺术这两条发展线索之间的相互关系是怎样的?

张 | 我们希望这两条线是并行的。我们曾经合并过，但是发现合并对艺术家来说是个麻烦事儿，他感觉被加上一个套；而我们这边，学生好像也上了一个套，好像有一种模式，而我们恰恰希望学生没有模式，要通过自己对材料的理解，产生一个所谓的模式。这样 300 个学生就有 300 种模式。

现在艺术这条线也在积极地探索，特别是在于幸泽老师[17]来了以后，就像是脱缰的野马，一直走到 AI 去了。不过我们也不担心，因为他是鲁艺的油画本科，卡塞尔艺术大学自由艺术的硕士，又进入大师班，央美的博士，他有传统美术的功底。他跑得再远，也还有个核心的东西在，这个核心的东西就是：唯美与唯实的统一，并非完全脱离我们的根系。所以我们特别希望在另外一条平行线上，艺术造型方面有更多像于幸泽老师这样的一些实验。

当然也有很多人，像何伟老师、吴刚老师都在做，而且他们都是奔着当代艺术这个方向去做。包括吴茜老师也在做，她是国美综合材料硕士毕业，在这个方向也有她的一些做法。

我们建筑这条线，这几年变化也挺大，因为跟着学校大类培养，再加上学时、学制、学分的减少，总不能把原来一周两次、两个学年的内容浓缩起来，变成一周一次，一年半的内容，学生承受不了的。因为时间和精力都有限，所以都在改变。我后来也反思，可能心太急了。我们的出口是有标准的，画图要很精致。以前学生的作业可以直接参赛，可能现在不行了。不过不只是同济有这样的问题，其他很多学校也是如此，都减学时了。

以前专指委的院长系主任大会，大家都是用原来学生作业直接参赛，但后来学生的课程成果都没法直接拿出来，他们都要将作业重新加工，再做精致才能参赛。所以从大范围来看整个都在变，这个我们也接受了，没关系，关键是抓住学生的观念培养。

观念培养和整体教学安排

钱 观念培养方面有哪些具体做法，整体的教学安排又是怎样的?

张 | 赵巍岩老师在 2012 年写过一篇文章[18]，关于当时基础教学的情况。那篇文章是一个比较完整的介绍，整理从早期恢复高考、改革开放以后，一直到 2012 年整个基础教学的变化，并介绍了我们当时教学观念、教学方法的改变。不过 2012 年到现在又十多年了。

2017 年我跟徐甘老师[19]又写了一篇[20]。那年我正好在慕尼黑工大带毕业设计，我们两个电子邮件传来传去，完成了那篇文章。实际上是对基础教学到当时为止，已经相对比较稳定的教学方法的介绍，就是如何针对一个具象的、来自于生活的实体空间，把它抽象再提升，重新形成一个具体的空间。这空间的原型来自于实际生活，但最终要去创造一个更高品质的空间。

这方面我们也做了很多年，主要是一年级下的里弄课题。课题最后要求做一个三户宅或三代居的设计，节选于里弄的某一个空间。

里弄课题开始做的时候还比较早，一个星期还有两次课，课程时间够，前期做了微更新，从里弄街区调研中，发现生活中功能合理但非法的非正式（informal）空间。这种空间其实是老百姓日常生活中慢慢长出来的空间，因为有生活需求，这个空间是极其高效的，也不可能再多弄一点空间，否则邻居要不满的。

这是居民通过空间竞争，也就是在日常生活中，你退我进之间慢慢达成协议，形成满足生活需求的空间。同时他非常清楚这个空间是临时的，所以会用最廉价的材料去建造。我们让学生去调研，了解这些空间，了解里面的生活是怎样的，因为它更高效，没有多余的部分。学生要认可这种空间的当下合理性，然后用建筑师认为合适的材料和语言方式，把空间呈现出来。

但后来因为教学时间缩减，一个星期就一次课了，只能简化。调研还在，但一个系列的作业就只剩下一点，到最后是一个三户宅的设计。学生需要选取里弄中的一个片段，将其重新设计为一个能够容纳三户复合居住的空间。

在一年级下，我们对材料、建构和空间特别强调，其中材料建构是空间实现的重要手段和途径。这方面的关注在教学环节中逐渐强化和体系化，最后通过整个一学期（二年级下）的设计作业实现综合，学生要把整个建筑设计的结构系统、构造、表皮，都要画出节点大样，也就是更加系统地去探讨这方面的内容。

而二年级上的核心内容是解决结构问题，这个结构不是土木的工程结构，而是建筑师脑中的结构形态，它跟空间同步发生。2014 年之前，我们把这门课叫作建筑生成设计，现在叫设计基础三。建筑生成设计，主要是戚广平老师主讲的结构生成和空间生成，结构生成甚至早于空间生成，至少这两个是同时发生的。在引导学生解决完这个结构问题之后，我们再过渡到后一学期的综合设计。

对社会、日常生活的关注和介入

钱 我还想问一下，基础团队似乎一贯对于社会很关注，包括做的展览，都具有一种社会参与性的特点，对此当时是怎么考虑的？为什么要到公众场合做展览，有没有向社会宣传和施加影响力的想法呢？

张丨社会宣传、影响力，这些可能是领导想的事，我们更多关注的是日常生活。当你为社区、为村里做一个东西的时候，不是去扔一个只能远观的雕塑，而是要让它进入到人们的生活中，是人们需求的。以前我们也做过好多事情，都是片段的、陆陆续续的，后来才变成一个比较系统的做法。

我记得 2008 年，在世博会之前，团队的研究生已经有很多实践，都是进入社区的。比如去郊区采风，了解松江的剪纸艺术，访问八九十岁的老人，他们在生活中使用剪纸的方式。

我们觉得记录这个太紧迫了，所以赶紧去实录采访，去拍照片，把他们都记下来。

进入社区和民间，也是我们基础团队一贯的兴趣。说实话，我们好多老师主要是贪玩（笑），以前带学生去歙县，了解砖雕、木雕，老师们都想一起去，所以带一个 24 人的班，去的老师可能就要十多个。我们是特别希望了解生活，同时又从自然、从社会环境中采集很多原形的东西。

我们让学生在理解这些民间艺术之后，去创造，也希望他们的作品再回到那些环境里，因为那里有土壤，有根基。所以学生创作的砖雕、木雕也返回过原生地歙县，陶艺返回到宜兴，一些作品（木构节点创作）返回到东阳的传统营造技艺传承人那边的空间里。我们和民间环境有互动，是一个循环和双向的过程。

在这个过程中，但凡有展览平台，我们就去展出，不管这个展览是什么级别。我们 曾经到了 SUSAS、上海城市规划展览馆，后者给了我们持续的空间支持，要展什么都可以。我们也有到四平街道小街区里面的展览。我们看重的是这些作品能够跟大众对接，特别是和非常明确的使用者的对接，因为有这种对接，不管是作品还是展品，能够直接得到地方群体的肯定，那么对于我们和学生来说，都是一个很大的鼓舞。我们教学最核心和基础的，还是希望学生能够和社会生活及环境产生互动。

钱 您记得有哪些印象深刻的社区参与的设计建造活动吗?

学生们在同济新村搭建“戏亭”

张丨记得有一年我跟赵巍岩老师带历建（历史建筑保护专业）班，学生到二年级期末考试结束的时候，有一个设计周做快题。那时候的通常做法是前一个学期作业的最后画图放在设计周，这是比较消极的。

那次我跟赵巍岩老师说，咱们玩点有意思的吧，他说可以啊。我来找钱。带着那个历建班一起参与。我和同济新村贾瑞云老师[21]说我们要在同济新村里做个亭子。工会俱乐部门口有一个沙坑，沙子已经板结了，没人用，我们做一个临时的木构亭。一开始她说，这个很麻烦。我说没事的，就临时的，弄完后小孩能玩一玩，到时候要哪一天撤，我们马上就撤。然后她同意了，我们就带着学生去做。

师生们在自己搭建的“戏亭”前

那个设计周原本就一周，我们提前一周，总共用了两周的时间。第一周到同济新村居委会，邀请居委会的管理人员、物业人员以及新村居民开现场会。我们说准备在这里做一个小型的、可使用的装置，临时的，看看大家有什么想法。

参与的三方人员中，物业从管理方角度提出建议；居委会从更高的社区管理、从政治的视角建议这个事儿应该怎么做；而居民说，哎呀，我们这儿就这旁边有一块绿地，还可以晒晒太阳，建议不要动，这个沙坑好久不用了，一直空在那里。所以我们最后就是决定在沙坑那里做。

学生们第一个星期调研、总结、出方案，24 个人出 24 个方案，然后再归纳为 12 个方案，再归纳为 6 个方案，最终聚焦一个方案，这些都在一个星期解决。接下来的一个星期分成两半，前一半画图。他们最后设计了一个“戏亭”，因为旁边有打太极的，有练嗓子的。他们用了三个景框，景框本身的结构和构造一体化，既形成顶，又形成带景框的墙，然后墙延伸下来折来折去，变成不同高度的坐面，可以让人休息。

剩下的半星期我们开始加工，连接方式、结构都探讨完以后，模型做了一轮又一轮，然后在现场制作。这个亭子也不是固定在地下，就是搁置在上面。后面有一天到现场，当时基本差不多了，但还没全弄完，小孩子就已经全都蹿上去玩了。所以这个短平快的项目，高度浓缩了我们对材料、结构、构造、人、事件的理解，它和所在场地的关系、跟道路的关系、跟花园的关系，以及阳光下来是怎样的光影关系，这些因素我们都考虑进去了。

落成那天，德国斯图加特大学的托马斯 · 约赫教授正好在同济，李毅也在，还有韩国釜山国立大学的李仁熙（Lee Inhee）教授也在，我把他们拉过去一起参加落成仪式，大家都很高兴。那应该是 7 月份的事。

亭子在那儿立了一段时间，国庆节前几天贾老师突然来电话，说你赶紧把它撤了吧。我问不是用得挺好，我经常去看的。她说十一之前要大扫除，整治小区面貌，突然多出来一个亭子，城管要问的，都没报备过。我说行，就撤了吧，反正教学目的已经达到了。学生们都很开心，实现了他们的想法，亭子也使用了三个月，功成名就，撤就撤了吧。

钱 后来新村的这种设计建造小品有没有再做下去？

张 | 我本来是想能够拓展这个设计，但后来有了国际建造节也就无所谓了。再加上后面设计周没有了，精简学时取消了，所以也就没有再继续。

基础教学的总体特点

张 | 我觉得有关基础教学，整套思路曾经有着模块化的各个组成部分，有的在部分课程中实现，有的在整个学期中实现，有一些在这种短平快的小学期里实现，也有通过全国和国际建造节的方式实现，是很多样化的。有些已经比较稳定，有些可能是因为有了这个或那个就自然被取代了。但是对结构、对构造、对人、对塑造空间方面，我们觉得必须持续追求。

而空间营造最终还是为人服务，所以我们希望有明确的使用者。

当然我们最终的目标是培养学生，一方面学生要能够明确为某个特定的使用人群去做，另一方面也可能在未来的实践中，使用者不确定，也要知道如何为大众去实现合适的空间形式，这是我们基础教育应该帮助他们培养的能力。

再回到赵巍岩老师，他一直在强调教学要有观念、知识和技能三方面内容。在我们的基础教学中，排在第一位的是观念，这是决定当代人跟上一代人不一样的地方，知识是变化的，因为有些知识随着时代发展会退出历史舞台，又会产生新的知识，它是动态的。其实观念本身也既有基本的内容、核心的价值，也有新的内容产生。技能更是不断变化的，现在像于老师已经到了 AI 层面，用机器臂来画画了。所以这三个方面都是基础教学中最关注的，但是它们也一直处于动态之中。

钱 非常感谢您的介绍。

”

* 本文由国家自然科学基金资助（项目批准号：51778425）

1　罗维东（1924 年 10 月—2014 年），广东三水人，1945 年重庆中央大学建筑系毕业，获学士学位；1952 年美国芝加哥伊利诺理工大学（IIT），获建筑科学硕士；1945—1952 年，上海中国银行建筑科、中国海关总署建筑科任职；1952—1953 年就业于导师密斯 · 凡 德 · 罗建筑师事务所；回国后，1953 年—1957 年 2 月任同济大学建筑系副教授；1957 年 6 月在香港创立“香港建业工程设计公司”。1976 年以来，在中国台湾创立“台湾罗维东建筑师事务所”。主要作品有：北京瑞士饭店（又名“港澳中心”）、上海维多利亚广场、青岛世界贸易中心、香港九龙尖沙咀新世界中心、香港九龙美丽华大饭店、香港华都酒店（今柏宁饭店）、香港中环新世界大厦、高雄汉来大饭店、台北市来来喜来登大饭店与来来百货公司大楼等。

2　莫天伟（1945—2013），浙江奉化人，出生于重庆，从小生长于上海，1968 年清华大学建筑系学士毕业，1981 年清华大学建筑系硕士毕业；即入同济大学建筑系任教，曾任建筑设计初步教研室主任、建筑设计基础教研室主任，1999—2003 年任建筑系主任；为全国高等建筑学专业教育指导委员会委员、中国建筑师学会建筑创作与理论专业学术委员会委员、上海市建委科技委员会委员、上海市住宅发展局科技委员会委员等。长期从事建筑教学、教学管理和教学科研工作，领衔进行的建筑设计基础教学课程改革和建设在国内同类高校中引起很大反响。在全国性刊物和学术会议发表教学研究相关论文 20 余篇，著有《建筑形态设计基础》《建筑设计基础》《视觉形态动力学》《建筑细部设计》等，对我国建筑设计基础教学的改革和深化具有推动作用。多次获得教委等多项省部级优秀教学成果奖，2003 年获上海市第一届高校“市级教学名师”奖，2004 年获上海市优秀教育工作者称号，主持“建筑设计基础”课 2004 被评为上海市级精品课程、2010 年被评为国家级精品课程。

3　阴佳，生于 1958 年，本科毕业于上海大学，同济大学建筑系设计基础教学团队教授，研究方向为环境公艺术、绘画艺术；曾参加第九届、第十届全国美展，首届中国壁画大展与中国风景油画展，第三届中国油画大展等。作品收录于《中国现代美术全集》《中国壁画百年》《第九届全国美展获奖作品集》《第十届全国美展壁画作品集》《当代中国城市雕塑 · 建筑壁画》等。参与或主导上海人民英雄纪念塔、中山舰纪念碑、上海地铁系列壁画，北京人民大会堂国宴厅、中央统战部与中央组织部等系列环境装饰设计。

4　常青，1957 年 8 月生于西安，中国科学院院士（2015）。1982 年获西安建筑科技大学学士学位，1987 年获中国科学院硕士学位，1991 年获东南大学博士学位，同济大学建筑与城市规划学院博士后、副教授、教授、建筑系系主任（2003—2014）。同济大学学术委员会委员、城乡历史环境再生研究中心主任，《建筑遗产》和 *Built Heritage* 主编。2009 年获评美国建筑师学会荣誉会士（Hon.FAIA）。长期从事建筑学的理论与历史研究与教学，并与保护工程设计实践相结合，领衔创办国内第一个历史建筑保护工程专业；主持完成 5 项国家级研究项目，先后获教育部和上海市科技进步二等奖，出版著作 10 余部，发表论文 70 余篇，主编《城乡建成遗产保护与研究》丛书。兼任中国建筑学会城乡建成遗产学术委员会理事长，中国城市规划学会特邀理事，上海市规划委员会专家咨询委员会成员，上海市建筑学会常务理事、历史建筑保护专业委员会主委，上海市住建委科技委副主任、建筑设计与保护专业委员会副主任。

5　王伯伟，1951 年出生，浙江定海人，同济大学建筑系 1982 届建筑学专业毕业，1982 年起师从冯纪忠教授攻读研究生，1988 年获博士学位，留校在建筑系执教，1999—2003 年任建筑与城市规划学院院长，著有《建筑人生：冯纪忠访谈录》（上海科学技术出版社，2003）等。

6　黄龙祥，1959 年 4 月 18 日出生，籍贯上海，上海向明中学高中毕业，毕业后在上海航空工业技术学校学习过两年，毕业后留校任教，2004 年上海航空工业技术学校并人同济大学，应聘进人同济大学建筑与城市规划学院创新基地模型室，从事模型室管理工作。

7　赵巍岩，1965 年出生，同济大学建筑系博士，曾为德国斯图加特大学访问学者、瑞士伯尔尼大学高级研究员、美国夏威夷大学访问教授，教授建筑学及艺术课程，现为建筑设计基础及中澳国际班艺术造型课程负责人。主要研究方向为建筑设计、建筑美学、建筑教育、艺术教育。主要著作有《当代建筑美学意义》《建筑学课程设计 · 建筑设计基础》等，艺术类书籍《物我之间：写生的一种方法》《画境之外》等，并在各类学术期刊上发表建筑学、建筑教育、艺术教育类论文多篇。设计作品多次获得中国勘察设计协会、上海勘察设计协会奖项，并获得倪天增教育奖等多项教育类奖项。

8　李兴无，1963 年出生于河北张家口，同济大学建筑与城市规划学院副教授，硕士生导师，国家一级注册建筑师；上海市书法教育研究会会员； 1985 年同济大学建筑城规学院本科毕业，获学士学位，之后留校任教至今，分别于 1990 年和 2015 年获得同济大学硕士学位和博士学位。2004—2005 年任德国柏林工业大学访问学者，2008 年任德国斯图加特大学访问学者。长期从事建筑基础教育以及建筑设计及理论研究，同时致力于中国传统文化，特别是中国水墨、书法等方面的研究。“建筑设计基础”课程荣获 2010 年度国家精品课程称号，2014 年“空间叙事 · 模型表述空间”获得建筑设计基础教学改革与实践一等奖。2017 年在“全国高校建筑设计教案 / 作业观摩和评选”活动中获评为优秀教案。发表学术论文多篇，出版专著《笔墨空间》（西泠印社出版社），《当代书法：李兴无》和《当代水墨：李兴无》（江苏凤凰美术出版社），《王秋野：独自倚楼》（同济大学出版社）。

9　孙光临，1965 年生于哈尔滨，1989 年于同济大学建筑系建筑学专业本科毕业，1992 年获硕士学位，同年入职同济大学建筑系，建筑系副教授、国家一级注册建筑师，长期从事建筑学本科高年级专业课教学工作，在教学的同时参与专业设计实践工作，主要专注于建筑设计和城市设计，主持与参与的设计项目多次获省部级等各种专业奖项。

10　托马斯 · 约赫（Tomas Joches），1952 年出生于德国巴伐利亚州本纳迪克特伯恩城（Benediktbeuern），后于慕尼黑工业大学学习建筑，1984 年成为城市和区域规划学院的学术干事（Academic Officer）。他于 1990 年获得博士学位，题目是“中世纪村庄的居住结构和地形”。在从事自由职业一段时间后，他于 1997 年加入了斯图加特大学，并成为“住宅与设计研究所”（IWE）所长。2007 年，约赫教授被任命为中国上海同济大学的顾问教授，2009 年成为美国加州大学伯克利分校客座教授。

11 沃尔夫 · 劳埃德，1943 年 5 月出生于德国下萨克森州哥廷根，受教育于德国斯图加特大学和加州大学伯克利分校（1971 年建筑硕士，1977 年工学博士）。1993 年埃森工业设计学院设计理论教授，1998 年至今，在斯图加特大学住房和设计学院担任设计方法教授。2006 年起，任上海同济大学客座教授。主要从事设计与规划的理论与方法、城市规划的策略、建筑与规划中的权力、建筑师与规划师的知识、政治在规划中的作用、设计与规划中的理论与方法及工具等领域的研究与教学。

12 李毅，女，1978 年出生，上海人，2011 年毕业于德国斯图加特大学，获博士学位；2013 年进入同济建筑系任教，建筑设计及理论方向，2014 年离职前往德国。

13 “事件立方体”是该设计作业的名称，要求学生用木材做一个立方体的构筑物，内部具有一定的功能和空间。

14 张建荣、张建龙、马振荣《中日青年友好联欢纪念钟座设计》，《时代建筑》1985 年第 4 期。

15 蜡克是手工漆（Hand Lacquer）的一种。在现代喷涂的单层清漆（varnish）出现之前，人们使用手工涂抹的虫胶（shellac）漆来创造家具表面的透明光泽。虫胶溶液是酒精和紫胶（lac）的混合物，紫胶是吃树皮的雌性昆虫分泌的树脂。从东南亚各地的树上收集的紫胶经过蒸煮、过滤、还原和干燥，制成琥珀色的碎薄片。由它制作的虫胶溶液可以单独用作面层，或者与油或蜡结合使用，成为欧洲家具上漆的方法，统称为 le laque européen。它是由试图再现亚洲漆器的光泽演变而来。虫胶最初在中国古代有各种用途，包括作为漆的基料、胶水、化妆品颜料和保存食物。欧洲人在马可 · 波罗时代开放贸易路线时发现了它。此后，它被用作面漆和清漆的基底，进一步创造了中国漆器（Chinese lacquer）的外观。

16 吴长福，1959 年 11 月出生于上海。1983 年 7 月毕业于同济大学建筑学专业，曾任同济大学建筑系副系主任，建筑与城市规划学院副院长、常务副院长，2009 年 7 月至 2014 年 3 月任院长。全国高等学校建筑学专业指导委员会副主任、主任，全国高等学校建筑学专业教育评估委员会暨全国建筑学专业学位研究生教育指导委员会委员，中国建筑学会建筑师分会理事，注册建筑师分会理事，中国美术家协会建筑艺术委员会副主任，世界高层建筑与都市人居学会（CTBUH）中国区理事等；兼任同济大学建筑设计研究院（集团）有限公司副总裁、都市建筑设计院院长；民进上海市委常委、城市治理委员会主任。长期从事建筑设计教学、研究与工程设计实践工作，主要研究方向为公共建筑设计理论与方法。曾多次获得国家及上海市优秀建筑设计奖、建筑创作奖、优秀城乡规划设计奖和上海市教学成果奖，2014 年获中国建筑学会建筑教育奖。

17 于幸泽，同济大学建筑与城市规划学院副教授，建筑与建成环境教学创新基地副主任、设计基础学科组艺术造型实践教学负责人，艺术家，策展人。毕业于鲁迅美术学院油画系，后分别获得德国卡塞尔美术学院自由艺术系硕士学位、大师子弟荣誉学位（Meisterschüler）和中央美术学院建筑学院设计艺术学博士学位。曾担任中央美术学院建筑学院讲师、瑞士伯尔尼大学艺术史学院客座教授，主持 2019 年上海市艺术与科学规划项目。研究方向为美育、当代艺术、公共空间艺术。出版《超象》《未知之城》《观念影像》《自在玩物》等多部著作及画集；在艺术核心期刊发表多篇当代艺术研究和造型艺术教学方法论领域的论文。现为上海美术家协会会员，德意志联邦艺术家协会会员（BBK），奥地利维也纳舒尔茨艺术中心签约艺术家。

18 赵巍岩《同济建筑设计基础教学的创新与拓展》,《时代建筑》2012 年 第 3 期 ,54-57 页。

19 徐甘，1968 年出生于江苏海门；工学博士；美国麻省理工学院访问学者（2006 年 12 月—2007 年 3 月）。1993 年入职同济大学建筑与城市规划学院建筑系；副教授，硕士生导师；长期从事设计基础教学，担任设计基础学科组教学主管（2014 年 9 月—2021 年 7 月），主持和参与设计导论、建筑概论、建筑设计概论、设计基础 1—3、建筑设计 1 等全系列设计基础课程教学；组织各类实验和实践教学，包括基于竞教结合的“同济大学国际建造节”和“木构建造竞赛”的策划实施。作为骨干教师参与的“建筑设计基础”，2010 年获国家精品课程称号；出版教学类专著包括《建筑设计基础教学体系在同济大学的发展研究（1952—2007）》等；发表教学论文 10 余篇，并获得多项各级教学成果奖和教学奖励；兼任同济大学建筑设计研究院（集团）有限公司都市建筑设计院副院长、副总建筑师，设计实践成果获得多次省部级奖励。

22 张建龙、徐甘《基于日常生活感知的建筑设计基础教学》，《时代建筑》2017 年第 3 期。

21 贾瑞云，1937 年出生，山东兖州人，1960 年毕业于同济大学建筑系，学士学位，1959—1961 年同济大学建筑设计院团总支书记，1961 年进入建筑系设计院三室任助教，1973—1978 年任地下建筑系助教，1978 年起任同济建筑系民用建筑教研室教师，历任助教、讲师、副教授，1998 年退休。设计作品有唐山市体育中心、胜利油田孤岛新镇科研楼、青浦人民医院病房楼等。

（部分注释参考王凯老师整理同济大学建筑系教师名录，在此表示感谢。）

陈中伟谈上海近现代建筑外饰面材料、工艺与技术细节

访谈现场，左起：丁艳丽、陈中伟、袁亚宾、李均阳
蒲仪军摄

受访者简介

陈中伟

男，生于1963年，上海人。上海建筑装饰（集团）有限公司副总经理，上海建筑装饰（集团）设计有限公司总经理，国家注册一级建筑师。参与及主持的保护修缮设计项目有：天主教徐家汇圣依纳爵教堂、天主教佘山山顶大堂、天主教董家渡教堂、天主教洋泾浜若瑟堂、中国共产党第一次代表大会会址、国际饭店、中国福利会少年宫、武康大楼等。多次获得上海市建筑遗产保护利用示范项目奖及上海市优秀工程设计奖。

访谈者：蒲仪军、丁艳丽（上海工艺美术职业学院），张天等（同济大学）

文稿整理：钱锋、赵霖霖（同济大学）

访谈时间：2023年12月26日下午

访谈地点：上海徐家汇圣依纳爵天主堂

整理情况：闫亚宾、沈家佳整理初稿，蒲仪军、张天、丁艳丽整理

审阅情况：经受访者审阅

采访背景：上海工艺美院建筑遗产修复传承中心在上海市文物局的指导下，联合上海文物保护工程协会、上海市文物保护研究中心等，挖掘本地特色建筑技艺传承方面的人与事，留下记忆，传承技艺。本访谈是其中一节，主要聚焦上海近代建筑技术、材料与工艺。

蒲仪军 以下简称蒲

陈中伟 以下简称陈

丁艳丽 以下简称丁

❝

蒲 陈总好，您作为上海知名的历史建筑保护专家，请谈一下您是怎么进入这个行业的？

陈 | 1984 年我从学校毕业，分配到上海市房管局查勘设计室，从事房屋修缮设计至今。从房屋修缮设计到历史建筑保护修缮设计，应该讲是时代创造的机会。经历了从计划经济到大拆大建，再到历史建筑保护，（我）深知历史建筑保护的重要性。

蒲 您保护修缮了这么多的上海近代建筑，可否概括总结一下上海近代建筑的技术特征。

陈 | 上海近代建筑以西式建筑样式居多。比如我们眼前的徐家汇天主教堂[1]，包括佘山天主堂[2]、董家渡大教堂[3]、洋泾浜若瑟堂[4]等上海 16 处近代大教堂都是我修复的。这些宗教建筑资料相对比较完整，可以梳理出一些上海近代建筑技术的特征。佘山天主教山顶大堂，是罗马风建筑风格，采用了当时较为先进的砖及混凝土梁、柱结构体系。董家渡教堂是较为典型的巴洛克建筑风格，砖木结构，屋面采用当时较为先进的屋架做法，营造出室内大空间。洋泾浜若瑟堂是典型的罗马式与哥特式的混合建筑风格，砖木结构。早期的建筑都以砖木结构为主，层数也不高。随着新材料的出现，如混凝土、钢结构、打桩技术等，使得上海建筑有向高度发展的可能。我认为屋架也是西方建筑技术带来的，使得屋面形式得到发展，内部空间也有很大的发展。

徐家汇教堂

佘山山顶天主教堂

国际饭店

缸砖

丁 所参与的这些上海近现代建筑的修缮项目中，有哪个项目让您对近代建筑材料和工艺印象深刻？

陈 | 印象最深的就是 1996 年参与改造和设计的国际饭店辅楼。我在现场驻场了大概两年。主楼建

筑是邬达克设计的，装饰艺术风格。当时规划要求附楼的外立面风格按照主楼进行设计。主楼是钢结构，外立面均采用陶土缸砖贴面。我分析和研究了国际饭店的所有面砖。主楼外墙的面砖不是现在普通的面砖，它其实是缸砖，一共有 36 种规格，最重的一种面砖一块大概有三十几斤，中间有孔，用钢丝穿越缸砖，形成类似干挂的构造。面砖和缸砖最大的区别是烧结温度不一样，缸砖的温度更高。普通面砖的烧结温度可能是在 1100℃，缸砖可能是在 1300℃以上。

蒲 您说国际饭店面砖规格有36种，这么多的品种，是不是应用在建筑不同的部位？最大尺寸是多少？

陈 | 是的，用在不同部位。就像外窗的四周围护不止一种面砖，窗的上、下及左右面砖也是不同的。窗的上天盘面砖的角度小于 90°，下天盘面砖大于 90°，主要是考虑防水构造，就像抹灰面需要滴水槽一样。最大的长 30 多公分，位于窗间三角形的面砖。

丁 这些面砖初建时是用什么方式黏合的？

陈 | 国际饭店主体结构是钢结构，外墙采用角钢钢架、钢筋网片和角钢焊接，再在钢筋网片上焊接钢板网做的造型。加工时预留可以穿钢丝的空隙，用构件和钢筋网连接，再在面砖和钢板网之间灌水泥砂浆使之固定。所以修复历史建筑，需要把原来工艺材料研究透。后来在附楼改造时，外墙我们也采用钢结构加钢筋网片和钢板网泥幔墙的做法，但面砖经过优化归纳成 6 种规格，并采用黏贴剂粘贴的方式。现在修复扩建工程完成要二十几年了，我每年都会去看看这外墙砖有没有空鼓、下坠等问题。

丁 这个建筑（落成）90多年过去了，上面瓷砖脱落或者破损情况严重否？

陈 | 国际饭店表面这些深褐色的面砖，因为质地比较好、硬度很大，吸水率大概在 4%以内。所以保存得还是比较完好。建筑立面用缸砖不是很多的，大多用釉面陶砖或者泰山砖。

张 我注意到建筑材料写缸砖的都在非常后期，1930年代相关杂志才出现缸砖这种广告。

陈 | 是，这种材料是比较后面出现的。缸砖的强度很大，因烧结温度越高，变形率就越大，次品就越多。因此当时做辅楼改造的时候，优化了原有的面砖形式设计和施工工艺，最终简化到 6 种。

石材

蒲 看来当时建筑材料很讲究。除了缸砖，石材也是一种主要材料吧？

陈 | 对，石材有两种，一种本地产品，一种进口的。进口的可能更多是装饰类的，就是大理石。

张 看到过有在云南买大理石的材料记录，从云南买过来肯定是相当的贵。然后还有很多石材的开采记录，是在宁波鄞县一带，有很多沿海水路过来的。

蒲 宁波鄞县的石材是青石吧?

陈 | 其他的也有，比如说红砂岩，宁波还有一种红色的（石头），大明山一带红颜色的（石头）特别多。

蒲 那宁波石材用在上海什么建筑上呢?

陈 | 石库门的门箍上。比如中共一大会址石库门的石门箍就是宁波产的石材。

丁 还有其他材料来源地吗?

陈 | 比如国际饭店（外立面）下面黑色的石材，就是山东过来的。邬达克设计的四行储蓄会所，下面就是汉白玉，很漂亮，据说是从北京运来的。部分建筑窗台有做石材的，不一定都是金山石，也有焦山石。过去这些石材和木材大都是水路过来的，不像现在公路运输很发达。我小时候在黄浦江、苏州河边还看到好多木筏漂流，黄浦江、苏州河边上有好多材料场集散地和加工场。当时建筑材料大都采用水路运输。

丁 您刚才举的这几个例子都是水路可达的。

张 根据我的研究，当时他们会运到黄浦江边上，江边有些木场，直接机器开锯加工。

中共一大会址

四行储蓄会所

四行储蓄会所

抹灰

丁 以上都是建筑成品材料，那么非成品及现场制作的材料工艺情况如何?

陈 | 1910 年代到 1930 年代是上海建筑发展水平比较高的阶段。除了成品材料，当时都是采用传统材料现场工艺来形成不同的肌理和效果。比如说外墙抹灰，可以做到多种抹灰形式。大家可能都知道拉毛工艺，就拉毛工艺，也有好多不同的肌理，还有大毛、中毛、小毛、卷毛、撒毛、压毛等，包括外墙的各种肌理。上海的工匠非常聪明，如抹灰项目就像做陕西面食一样，一种材料可以做成好多种不同的形式、颜色、口味。

丁 那您能举一个外墙表面工艺的例子吗?

陈丨有一个卫乐公寓[5]，东、西山墙很高，实体墙面较多。但设计师设计了在水泥砂浆面层上做竖向水波纹肌理，使得外立面生动有趣。假如现在做这样一气呵成的水波纹，就做不出来，我不知道他们当时怎么做的。包括现在音乐学院的 4 号楼，沿淮海中路，它的外墙是水平的水波纹，做得非常自然。我们现在也不知道它是怎么样的工艺做的，修缮时就碰到问题了，做了多少次试验，小样就是做不到原来的那种肌理。我也去试过，做不出来，一气呵成的水平波纹状不知道当时是采用什么工具做出来的。

蒲 那你觉得主要问题是什么？

陈丨有几个方面，首先是工艺没有选对，材料有问题。以建筑外墙为例，当时石灰是主要材料，也是最基础的材料。现在石灰用的很少，要修缮出原样肌理就难了。国富门公寓是俄国人设计的，每面窗间墙和其他墙面都采用一种材料，就是混合砂浆，但两部分混合砂浆形成的肌理不同。后来外墙涂刷了涂料，各个时期修补的痕迹较为严重，修缮时决定将外墙全部铲掉按照原有工艺、肌理重新做。工人做了小样，但到真的上墙面时就做不出来。现在真正静下心来做这种历史建筑修缮的工匠确实很少。修一个老建筑都是当一个工程来做，不是按照艺术品来做。建设工程都采用竞标形式，要中标必须是低价，那怎么能把它做成精品？

卫乐公寓

水刷石

丁 请您再讲一下水刷石这个上海的特色建筑材料和工艺。

陈丨水刷石是上海近代建筑外饰面中最常用的施工工艺之一，使用非常广泛。据考证这是日本过来的，别名 Shanghai plaster。上海最早采用水刷石外墙的是外滩 3 号[6]，还有比较早的比如说外滩 2 号[7]也发现有水刷石，和平饭店南楼建于 1906 年底层也有水刷石。所以水刷石到底在上海什么时候出现的还需要考证和研究。水刷石是一种仿石工艺，它是根据建筑不同的风格及色系，配不同种类和颜色的石子，仿石效果非常逼真。

黑石公寓

水刷石的骨料多样，包括白云石、花岗石，也有透明的方解石，还可以添加玻璃等材料。水泥的颜色也可以多样，各种各样都有的。香港路 59 号工商联的房子[8]就是这种做法。包括徐汇区复兴中路上的黑石公寓[9]的水刷石工艺可以在天花上做水刷石线脚，确实非同一般。

张 就我之前看到一些柱子的柱头都是水刷石做的，很难想象那些花及植物形态怎么做出来的。

陈 | 花式一般都是下面预制好以后到上面安装的。首先要做模子，就如做月饼的模子，胚模要扣掉做水刷石的厚度，不然花式就比原定的大了。

张 那这个模板应该是木工做的，这个木工师傅很厉害，要雕出那么复杂的形状。

陈 | 过去这叫雕刻木工，翻砂制品都由木雕工来完成胚模。配合做水刷石的工种是抹灰工，抹灰工和瓦工其实是一样的。

丁 翻样和关切是不同的工种。

陈 | 关切是泥水匠。翻样是木工大师傅的叫法。其实木工分类也较细，比如有大木作或小木作，做大木的师傅，通常不会做门窗，小木也做不了梁架大木作。

张 之前就发现上海好多墙面上的图案都是预制的，但是不知道是怎么预制的。

陈 | 就是用模具，是一分二。你看这个做好以后，旁边肯定会有一条的。先做好这一个，再做下一个。

丁 现在还有模具老的样本留存吗？

陈 | 还没有发现，也很难保存。现在翻模倒很简单的，用硅胶或者牛皮胶把它翻成一个阴模。这个工作很简单，翻好以后就可以做花式了。如表面有装饰肌理，阴模就要增加装饰层的厚度。

大世界

仁济医院

蒲 水刷石是呈现层，基层是什么？

陈 | 基层过去都是采用软地脚做法，通常就是石灰基。

蒲 水刷石还有一种叫斩假石，也是比较有特色的。

陈 | 斩假石和水刷石，我认为有明显的不一样：第一，石子的颗粒大小是不一样的。水刷石大一些，斩假石小一些，黄沙水泥也能做斩假石；第二，斩假石必须是硬底，就是水泥砂浆刮糙，不含石灰，传统的水刷石就采用软底脚石灰为主，就是现在常讲的软底脚和硬底脚。

蒲 外地水刷石，比如厦门与东南亚等地会加一些玻璃，上海有这样的情况吗？

陈 | 上海有的，比如大世界[10]的墙面，大面积用的就是，山东路上的仁济医院[11]，全是添加咖啡色的玻璃做的。人民广场的大世界，墙面水刷石掺加了玻璃，啤酒瓶玻璃敲碎后形成的类似石子大小。上海的工匠特别聪明，会动脑筋，

啤酒瓶敲碎以后做上去，很好看。当时这个项目是我们公司去修缮的，要求修旧如旧，这些水刷石的玻璃放到现在已经都不发光了，但新修上去的这个玻璃瓶都是闪闪发光的。水刷石在 20 世纪的 20 年代中后期到 30 年代登峰造极。

混凝土预制仿石

蒲 我之前不太关注建筑材料，做了这个研究后，发现材料运用其实博大精深。我仔细观察了很多建筑外墙，看是石头，其实都不是石头做的。那么这些仿石工艺里面，你印象比较深的是哪些？

陈 | 印象最深的就是佘山山顶大教堂，佘山山顶大教堂是 1990 年代我参与修缮设计的。我开始以为室内的柱、门窗套等全部是石头造的，现场发现不是！除了人可以摸到的高度是金山石外，其他部位都是混凝土预制仿石构件，按照石材安装工艺做的，使我大吃一惊。这种仿石材工艺登峰造极，真的以假乱真。所以做好以后我就开始关注这种混凝土仿石材。

蒲 我觉得这个也是上海的一个特色。根据每个项目的经济条件不同，因地制宜采用不同手法。斩假石与水刷石有什么不同？

陈 | 水刷石和斩假石的外墙工艺，远看都像石材，近看还是不一样的。水刷石仿石材效果比较粗犷，不像抹灰仿石比较细腻。斩假石的工艺更复杂，就是按照石材来做，仿石来做的。所有的石材的外部肌理都能做。研究斩假石，要看原来的石材怎么样。各种肌理它都能做。最简单的，现在西藏路广东路口的上海市工人文化宫[12]立面的斩假石，就采用仿毛石施工的。所以斩假石，第一个要研究它的工具，没有这个工具是做不出的。理论上讲各种的肌理只要想的出来，应该都能做。

蒲 颜色上呢？

陈 | 颜色也都可以做，想要什么颜色就有什么颜色，主要是在水泥砂浆里面掺加无机颜料就可以了。水刷石墙面采用的石子颗粒粒径大约 4~6 毫米或更大，窗的线脚，用小石子，粒径大约在 2~4 毫米。线脚若采用大的石子颗粒，做不出想要的线脚阳角。这种线脚可以用扯模的方式来制作，大的颗粒做水刷石是扯不出小尺度线脚的。

蒲 有的建筑我看也不是全用水刷石，比如线脚、腰线用石材。这个主要还是跟当时的经济条件有关。那么总的来讲石材是比仿石的成本高了？那如果石材其实也是就近取的，这种情况下用水刷石还是便宜吗？

陈 | 当然了。当时因为人工便宜，材料贵。但现在就主要是人工贵了。

丁 您能讲讲斩假石工艺的特色工具吗？

陈 | 斩斧知道吧，主要斩假石工具是如斧头一样，也有些工具像做菜拍大排骨的工具一样，这些工具是方的，有点是尖的，做在墙面上，上面是一粒粒麻点一样的。徐汇区在淮海路、

湖南路中南新村的斩假石，像筷子敲上去的，有的斩假石还有表面像蘑菇一样，也有如燕窝肌理，很有趣的。色彩上想到什么色彩，它就能做出来。

蒲 石材包括仿石材在上海近代建筑中应用情况是什么样的？

陈丨这个也很有意思。上海外滩是上海近代建筑精华的展示面，这一排建筑大都采用石材贴面，到了外滩的第二立面、南京路，越往后，越往西，仿石的材料越来越多，像先施百货大楼[13]、新新百货[14]、永安百货。包括大上海计划[15]那边，特别市政府大楼那些应该也都不是真的石头，而是采用仿石材的预制混凝土斩假石工艺。

陈丨大上海计划里面有三处建筑。一个市政府大楼——绿瓦大楼，一个国立图书馆[16]，还有一个是国立博物馆。外墙就是仿石材混凝土预制块。所以说 1920 年代中国的预制混凝土的水平，我认为水平很高。

蒲 所以仿石，水刷石或斩假石工艺是上海蛮明显的当地建筑特征。

铅条彩绘玻璃

蒲 您能讲一下铅条彩绘玻璃吗？这也是上海特色的近代建筑的技艺。

陈丨铅条彩绘玻璃，无论在我修复的宗教建筑，还是其他类型的上海近代建筑中用的还是蛮多的。上海本地化最早的彩绘玻璃发源于距此不远的土山湾工艺院，就是你们美院徐汇校区现在的场地。土山湾工艺院主要为教堂等生成所用的材料和设备，其中就包括彩绘玻璃。工艺美院现在要恢复土山湾的工艺传统很好，就是对于上海近代建筑装饰技艺文脉的延续。

从工艺上讲，做铅条不难，难的是玻璃绘画和设计。因为有些图案，并不是一个个小块镶出来的，而是他们有烧釉这种工艺，在玻璃上把图案画上去，再烧制出来。这会比较难。

蒲 那现在上海近代建筑中彩绘玻璃的保存情况怎么样？

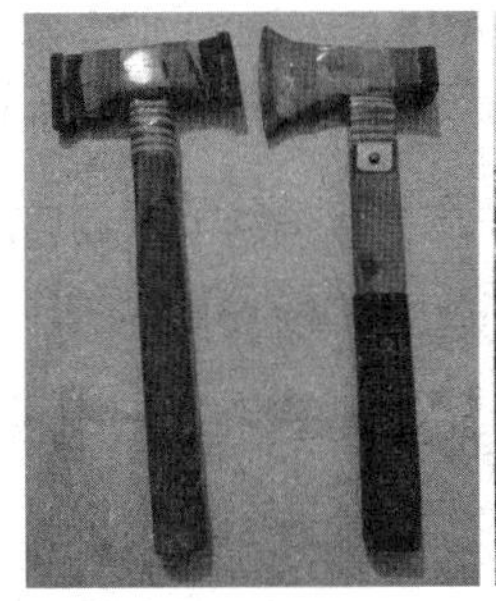

斩假石的斩斧

绿瓦大楼

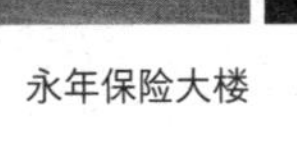

永年保险大楼

永年保险大楼－彩色玻璃

陈 | 我印象中，余庆路一个幼儿园在楼梯间里面有彩色铅条镶嵌玻璃；还有外滩北京东路这一带的盐业银行大楼，四川路上永年保险大楼[17]，都有彩绘铅条玻璃。但因“文革”、房屋主权变更等原因，保存好的不太多。

蒲 我看过浦江饭店的楼梯间有彩绘玻璃，但已经变形得很厉害。对于这种变形很厉害的彩绘玻璃，您建议如何修复？

陈 | 彩绘玻璃也是能修的，并不难。现在这项工艺还没有失传，好像也是你们学校毕业的学生在做这些工作。当然是要了解和研究原工艺和材料，尽量按原来的材料与工艺修复。我们现在看到的徐家汇教堂的彩绘玻璃，已经是改良了。有些玻璃是做两层或三层的，就中间一层是铅条玻璃，外面这层用钢化玻璃做在一起。因为教堂，假如有灯的话，鸟会撞碎玻璃或使得铅条玻璃变形。所以徐家汇教堂玻璃是两层，外面是钢化玻璃，里面是彩绘玻璃。本来要做三层，再来一层钢化玻璃，如同一个夹心饼干。但是这些玻璃都太重了，厚度太厚，要装三层玻璃就要改窗料的形式。考虑到这里的木窗是原始的，所以不能把窗的形式改掉，也就没弄三层。在大堂玫瑰窗这里也是两层，但外面做了一个不锈钢网，避免鸟撞。

中西技术的转化

丁 上海近现代建筑大多都是由西方建筑师设计的。您觉得有哪些设计之初的理念，中国工匠在施工的时候，又有一些新的创造和转化的？比如今天您举例教堂柱头上的雕饰，就是中国工匠选择国产的梅园石[18]制作而成。

张 或者本来他画的图是西方的东西，但是中国的工匠用中国的手段，既完成了他的设计理念，又完成了创新实践。

陈 | 这还是蛮多的，比如我修复的这些宗教建筑，大都是中西合璧的。佘山山顶大教堂完全是外国人设计的，由他们教堂的监工来监管，但都是中国的工匠在造。原来设计都是石材贴面，但大教堂在 2 米以下摸到的地方都是花岗石，2 米以上手摸不到的地方都是用混凝土仿石工艺做的。真是以假乱真，既达到了效果，又节约了成本。

三菱银行

张 我研究在1910年就开始出现了预制混凝土材料，出现特别早。

陈 | 是，像广东路 102 号三菱洋行[19]，1910 年左右的建筑，它的外墙下面部分都

是梅园石砌筑，混凝土台口上部的女儿墙上面全部预制混凝土仿石预制块砌筑丁：那这样做主要是因为经济因素吗？

陈 | 经济是一部分因素，我估计当时还有可能是水泥混凝土刚出来，稀有而且比较时髦。

蒲 那石库门砌筑的方法是如何转变的？

陈 | 石库门作为上海独特的一种居住类型，分为早期、中期和晚期。早期就是民国以前，中期是 1911 年到 1920 年代，1930 年代及以后就是晚期了。早期是中式的，木构架承重，外面砌墙，砖墙仅仅是围合的（作用）；为节约砖，砌墙也是空斗墙。黄浦区河南路、宁波路，包括天津路，这里的几个弄堂可能还会有早期石库门建筑，但很少了。随着建筑技术与材料的发展，原来花岗石的石库门门头后期变成混凝土预制、水磨石，也有水刷石的，越做越简单了。最根本的原因是住宅的需求越来越大，人工越来越高，需要简化材料工艺。

丁 那时候会用传统的材料和工艺，但是采用西方形式的做法？

陈 | （这种做法）很多，因地制宜，是上海的建筑特征之一。比如青砖就是传统材料，但做了好多西式房子。再比如董家渡教堂，它的屋面应该是中式小青瓦，并不是现在使用的平瓦。当时不可能都用进口材料，施工需要因地制宜，就地取材。

张 那铺砌方式有变化吗？

陈 | 中式传统做法，空斗墙比较多，砖的大小也和西方的砖不一样。只是西人来了以后，按照英式来做，或者按法式来做，它的大小不一样了。因为模数不一样，按照英式来做的青砖，与过去按照鲁班尺来做的不一样。

蒲 综上所述，我觉得上海的外墙材料和工艺非常有意思。就拿水刷石来说，戴仕炳老师总结，水刷石是上海一个极具特色的、中西结合的建筑材料与工艺。带着这个课题，我也到全国各地以及欧洲和东南亚等地去考察。的确这种工艺在世界各地还是蛮多的，不是上海特有的。但是我也认同戴老师的观点，上海水刷石用得比较淋漓尽致，有很多种表现形式，我理解这也是一种上海性，一种上海特有的因地制宜的城市特征。

陈 | 卵石墙面就是在上海地区比较普遍的外墙做法，可以讲是物尽所用吧。但卵石墙面外形肌理变化单一，不像水刷石那样可以做出各种线脚，肌理变化丰富。所以后来卵石墙面渐渐就不用了。还有如外墙的拉毛、压毛等抹灰类工艺，也非常本地化。斩假石我认为也是抹灰类墙面做假工艺登峰造极的工艺，非常有上海本地特色。

材料工艺与遗产保护

蒲 您做了这么多近代建筑遗产的保护，从技术工艺上最大的感受是什么？

陈 | 还是当时工艺的精细度（高）。比如你看（佘山山顶大教堂）上面所有的窗下面都是斩假石的，远看一模一样，到现在还没风化，现在的技艺很难做到。佘山大教堂的屋面

都是薄壳体，屋面板的厚度大概只有5公分，2英寸都不到。上面就是用水泥砂浆粉刷挂瓦条，至今保存完好，很了不起。再比如石库门里弄建筑，清水墙外侧什么抹灰、涂料都没有，却不渗水，什么原因，是砌法和现在的不一样。传统砌清水墙砌筑，可能一天只能砌1米或者1.5米左右（高），不能再砌上去了。灰缝的饱满度是很高的。为什么现在外墙材料用现浇混凝土，外侧还做水泥，上抹灰，还刷防水涂料，外墙还渗水？现在都是砌筑砖墙，都是坐灰的，端头是装缝的，中间都是空的，这样的砌筑方式不渗水、漏水才怪。过去造的房子，除了混凝土本身强度差一点，耐久性差一点，其他没什么大问题。现在做的混凝土层，混凝标号做到C60，还要开裂，为什么？正常的工期没有保障，如为了赶工期，今天浇好混凝土，明天就要上二层，初凝刚刚凝了，就要拆模板，通常要混凝土设计强度达到80%强度，才能拆除模板。所以修缮工程一定要有工艺和工期来保证质量。

丁 您刚举了混凝土的例子，抹灰有类似的这种细节吗？

陈丨抹灰也是。现在我们在做设计的德邻公寓[20]保护性修缮项目，整个外墙上抹灰是没有分隔条的，不要看这么简单的抹灰，其实难度是很大的。整个墙面上，没有一个分仓缝，就是一个整面的水泥抹灰，看似简单，但要真正做好还有蛮大难度的。

丁 如何做出那么均匀的效果呢？

陈丨我估计有几个原因。第一个是当时的人工比较便宜，不像现在人工比较贵；第二，当时工人是真正的工匠，现在工匠缺失。当时做这种墙面都是有好多的工匠一起做，整个一个面没有不和顺的感觉。前两天，我去胜利剧场[21]，他们正在修缮外立面，我说施工单位如果要讲究工艺的话，必须把这个墙面上所用的水泥、黄沙、石灰全部准备好，水泥要同一批次的，不是同一批次肯定会有色差，当时一定要同一批次的。然后一群工人同时做，这样才能没有接排缝。过去的做法是把水泥黄沙预拌好，打包放在旁边，用时再拿出来拌。黄沙都要洗干净晾干准备好。

德邻公寓 修缮效果图

胜利剧场

还有一点，当时工人都是材料各尽所用，没有一点浪费。如水刷石墙面大块的原石，人工敲碎后大的石子做墙面，余下的小石子做线脚。包括鹅卵石也是一样，也是黄沙过筛多余的剩料。

丁 你认为在近代建筑遗产修缮中，材料和工艺如何继承和保留？

陈丨修复历史建筑时，一定要对它原工艺、做法有深入的，在把这些了如指掌后，才能把历史建筑修好。现在修复设计方案中出现最多的一句话：按原样进行修复。可是原来材料工艺究竟是什么都没有弄清楚，怎么修得好？同时，现在最基本的传统材料也难找了，如纸巾石灰、河沙、能砌筑清水墙的砖，现在都不好找；再者好的传统技术工人也不好找，能做的年龄大都在 60 岁左右，所以要大力培养年轻人，这样才能把传统工艺传承下去。

蒲 我们学校就在培养建筑修复的人才，还有最后一个问题，您怎么看待建筑遗产修缮过程中的原材料与原工艺？

陈丨我们在建筑遗产保护中强调原材料和原工艺，在当今现代科技和快速化发展的背景下，也并不是一成不变的。在传统工艺中，涉及重点保护部位的工艺，我认为大概只有泥瓦匠是代替不了，外墙面抹灰、贴瓷砖，厂里是加工不了的。木作，部分还是可以厂里加工。油漆工艺也可以改变原来油油漆的工艺做法，可采用电动工具来施工提高效率。建筑设备部分更是大部分被现代技术和设施更新。只有泥瓦工的手艺活目前还是无法替代，保护建筑的重点保护部位绝大部分都是泥瓦工通过手工做，动手和造型，这部分不能被替代。

蒲 在修复行业中，以西方的职业标准，这一职业类型为建筑遗产修复师，我们学校现在就在培养这方面的人才。

陈丨太好了，这类高技能人才非常缺乏，懂理论，会施工，会动手，会美术的一线修复人才非常缺乏。比如建筑彩绘，没有美术功底的画不了，配色也需要美术功底。要灰塑一个狮子，一定要有美学造型基础才能雕得像样。再看园林中垒假山这个工种，都要有美学基础才能堆得像样。期待你们学校在这方面的人才培养中形成特色，多出成绩，为企业和行业输送更多的建筑遗产修复高技能新生力量。

1　原名圣依纳爵教堂，上海著名的天主教堂，位于上海市徐汇区徐家汇蒲西路 158 号。教堂由英国皇家设计师道尔达（W. M. Dowdall，1842—1928）设计，建筑风格为新古典主义时期法国哥特复兴式。1906 年动工，1910 年建成，为双塔砖木结构。

2　远东地区级别最高的教堂，位于松江海拔 99 米的佘山之顶。葡萄牙建筑师叶肇昌（Father Francesco Xavier Diniz，1869—1943）设计，钢筋混凝土结构，1925—1935 年建造。平面呈拉丁十字形；外墙全部用清水红砖砌筑，局部圈梁、过梁、双叶窗中柱用金山石和预制混凝土仿石工艺镶砌；采用三联券窗、连续半圆券券饰等，屋面绿色琉璃瓦。

3　即董家渡天主堂，又名圣沙勿略堂。西班牙建筑师范廷佐（Father Jean Ferrer，1817—1856）设计，砖木结构，1847—1853 年建造。立面由两道水平檐口线脚分段，下面为爱奥尼克双壁柱，上为两个巴洛克式小钟楼及曲线漩涡状女儿墙，顶端为弧线三角形山花，立十字架。内部为罗马风式，以半圆拱券为基本构图要素。

4　又名圣约瑟教堂，上海较早的天主教堂，江南教区及耶稣会账房所在地。葡萄牙建筑师罗礼思（Father Ludovicus Hélot，1816—1867）设计，砖混结构，1860—1861 年建造。有哥特特征的晚期罗马风，拉丁十字形平面，单独塔式立面构图，门窗均为半圆券。内部用束柱和肋骨拱顶，宗教题材的彩色镶嵌玻璃窗。

5　复兴西路 34 号，建于 1934 年，由法商赉安洋行设计，现代主义风格的高层公寓住宅。建筑面积 3797 平方米，钢筋混凝土结构的 13 层公寓。立面对称，强调竖向线条，中轴设一串挑出的半圆阳台，屋顶部分中部高起。外墙为水泥砂浆，立面中部竖线条及凸出的半圆形阳台为暗红色粉刷，其余部分为浅黄色粉刷，极少装饰，只在山墙顶部及南侧有简洁、重复的线条装饰。建筑室内装饰亦为装饰艺术派风格，与外部造型协调统一。

6　原为有利银行（英），公和洋行设计，裕昌泰营造厂承建，是上海最早的钢筋混凝土结构建筑之一。1916—1918 年建造，折中主义风格。正立面三段式构图，东北角设巴洛克式塔厅，檐口、壁柱、券部等也采用巴洛克装饰。

7　原上海总会、英国总会，1909 年 2 月 20 日奠基，1911 年启用。5 层钢筋混凝土结构，由马海洋行设计，正立面三段式构图，正中部位 6 根通贯两层的爱奥尼克巨柱；窗楣、塔楼以及墙面装饰带有巴洛克特征，装饰图案都为植物花式。底层大厅有贯通两层的 8 对塔什干双柱，回廊在柱间向厅内作圆弧出挑，拱形玻璃雨棚。厅内北侧有一半圆形平面的铁笼式电梯；南侧有长达 110 英尺（33.583 米）号称东亚第一吧台。

8　原为上海银行公会（由信成、中国通商、四明、浙江兴业银行等组成），东南建筑公司设计，钢筋混凝土结构，1925 年竣工。古典主义风格。

9　坐落在复兴中路 1331 号，1924 年建成，砖混结构，室内设有温水游泳池和电梯。沿街主立面采用对称构图，横五段纵三段划分，并使用曲面，具有巴洛克特征。主入口开敞门廊是立面处理重点，使用简化的科林斯柱式，并带有古典主义风格。整个建筑外立面均采用水刷石工艺，公共部位马赛克地坪很有特色。

10　大世界，曾经是旧上海最吸引市民的娱乐场所，1917 年开业，占地 1.4 万平方米，创办人是黄楚九。以游艺杂耍和南北戏曲、曲艺为其特色，12 面哈哈镜是其独有的稀奇物。1930 年转由上海滩青帮头领黄金荣经营，以上演全国各地戏曲为主，很受大家欢迎，因而名声大噪，游客不断，成为当时远东地区最大的游乐场。现为上海市文物保护单位。现存的主体建筑由周惠南设计，森茂营造厂承建。

11　原名麦家圈医院。1844 年 2 月，英国人雒魏林医师和麦都思牧师在大东门外设立上海首家教会医院，1847 年迁至麦家圈，1926 年雷士德捐遗产重建。德和洋行设计，钢筋混凝土结构，1930—1932 年建成。现代派风格，功能分区合理，设施先进，有暖气设备。

12　原为东方饭店，新瑞和洋行设计，竣工于 1929 年，钢筋混凝土结构，西方古典复兴外观，主楼七层。中华人民共和国成立后，1950 年以筹募职工文娱基金的方式购置东方饭店为上海总工会直属的文化事业单位——上海市工人文化宫。

13　位于南京东路 690 号，建成于 1917 年，原四大百货公司之一，德和洋行设计，魏清记营造厂建造，新古典主义风格。

14　位于南京东路 720 号，建成于 1925 年，原四大百货公司之一，鸿达洋行设计，鸿宝营造厂建造，折中主义风格。

15　大上海计划又称"新上海计划"，是南京国民政府为建造新上海市，打破公共租界与法租界垄断城市中心的局面而制定的计划。1929 年开始，抗日战争开打，上海沦陷，计划不得不中断。到 1943 年，收回租界，战后接收的国民政府将重心重新放在原租界。大上海计划无疾而终。

16　位于上海杨浦区，董大酉设计，是当时上海特别市政府"大上海计划"的重要一环。1935 年 10 月竣工，1936 年 9 月试行开放，中国固有式风格。

17　位于上海市黄浦区广东路 93 号。该建筑建成于 1910 年，建筑由通和洋行设计。由英商永年人寿保险公司所建，故得名永年大楼。该建筑汇广建筑公司（英）承建，钢筋混凝土结构，英国新古典主义风格，局部巴洛克装饰。底层为连续半圆券窗，入口门廊为爱奥尼式柱，二三层为通贯的爱奥尼式壁柱，大柱间设帕拉蒂奥式组合窗，彩色镶嵌玻璃窗，极有特色。

18　梅园石，产自浙江宁波，属于火山 - 沉积型的凝灰质砂岩，色泽呈灰紫色，素雅大方，石质细腻，硬度适中，广泛应用于工艺、古典建筑、石雕等，属稀有矿产资源。

19　建于 1914 年的日商三菱洋行上海分行大楼，是一幢具有欧洲古典主义风格的四层大楼，以与四川路相交的转角处为轴线，两翼呈直角展开，出入口在中轴线上，并设有亭式的五层顶层。设有半圆券门洞，券顶有锁石装饰；二层和三层设计为通高的三扇圆拱窗；檐下有西洋建筑雕花，四层为方窗。中轴线建筑沿广东路、四川路外墙在挑檐下部均采用梅园石，女儿墙采用混凝土预制仿石材构件。

20　五和洋行设计，怡昌泰营造厂承建，钢筋混凝土结构，于 1935 年建成，现代派风格并带有折中主义特征。外立面简洁，构图严谨，强调褐色面砖窗间墙的竖向效果，立面为三段式构图，顶部窗顶设券形装饰。

21　胜利电影院的前身叫好莱坞大戏院，1929 年建成，位于乍浦路鸭绿江路口（今乍浦路 408 号）。戏院的建筑外观为圆形三层，屋顶有一中国式建筑。

“

口述方法与研究

20世纪以来传统营造工匠生存状况变迁缩影：兰州大匠段树堂生平（卞聪、林源）

口述史方法下的社区记忆与情感探寻：以丰泉古井社区游戏场变迁为例（沈瑶、罗希）

结合口述与文献资料探寻耒阳石湾古建筑群的价值（罗珞尘、韩晓娟、苏晶、蒋柏青、覃立伟、陈翚）

改革开放初期东南大学建筑设计院如何在国际互动中促进知识流动：基于口述史方法的大学设计院个案观察（张祺、李海清）

”

20世纪以来传统营造工匠生存状况变迁缩影
——兰州大匠段树堂生平

卞聪，林源

西安建筑科技大学建筑学院

摘要：“在人类历史上，没有任何一个世纪在变化的规模和深度上能同20世纪相比。”[1] 然而现有针对20世纪的历史研究多从重大事件、重要人物切入，对工人、农民等群体的研究通常以宏观的视角展开，难免在细节之处有所缺漏。故本文以兰州传统营造工匠段树堂的生平经历为研究对象，以口述为引、考据为基，尝试对近百年来传统营造工匠的生存面貌变迁作一个“探沟”。

关键词：20世纪；传统建筑；营造工匠；社会变迁；段树堂；兰州营造业

引言

段树堂（1916年11月—2007年7月），男，甘肃省兰州市人，是众所周知的兰州鼓子界的巨星[1]。他培养了多位曲艺传人，补全了兰州鼓子“十大调”[2]，几以一己之力实现了兰州传统曲艺文化的完整传续，但是鲜有人知的是，段树堂还是一位身怀绝艺的大木匠。他出身“名门”，民国时期就是兰州木工工会会长；1949年以后，更作为兰州市第一建筑工程公司施工技术科科长，协助任震英[3]在兰州的城市建设中作出突出贡献。他经历了天翻地覆般的社会变革，努力接受新思想、新技术的改造，学习梁思成的《营造则例》和李瑞环的《木工简易计算法》，以旧时代传统匠人的背景对兰州传统大木作营造技艺进行理论化，穷毕生之所学总结出《木结构工程概要》，留下300多页手稿，其功或许不下于姚承祖。然而历史的洪流滚滚而下，段树堂继承的几大绝艺，只有作为消遣娱乐的曲艺留在大众的视野中熠熠生辉；经数百年绵延传承的兰州传统营造技艺却几乎消泯。何也？

1 1949年前

1.1 出身坎坷

在西周及以前，中国古代匠人的地位经历了圣人、贵族、自由的氏族工匠等身份的转变。尽管社会地位逐渐下降，但技术专长依旧使得工匠保有较为优越的经济地位。进入封建社会，技术优势性逐渐被生产资料的重要性取代，工匠转变为普通的劳动者。在魏晋之后更是沦为被奴役的对象，被强制纳入匠籍。这种身份的转变，反映出古代各阶级之间“良贱之别”观念的形成。孔子提出的“君子不器”在一定程度上被曲解，形成实质上的“道器分离”——工艺技术与精神修养被置于个人评价的两极。唐代宰相阎立本以精擅建筑、绘画而称著于世，但也因此被时人称为“既辅政，但以应务俗材，无宰相器”，故其训诫子孙勿习末伎[4]。

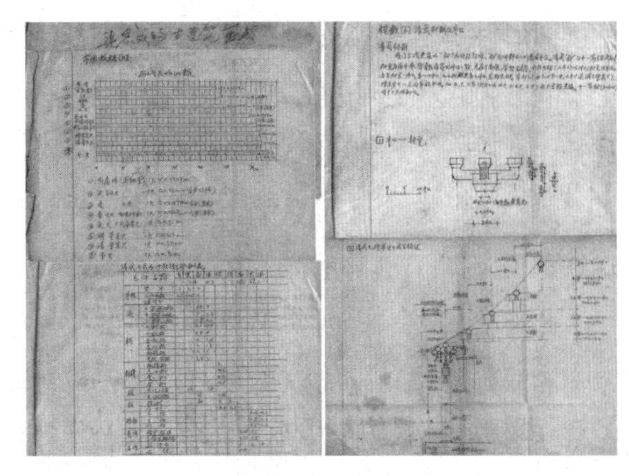

段树堂手稿《梁思成的古建筑要点》

兰州段氏先祖本是明肃王锦衣卫，随肃王就藩迁移、定居于兰州段家滩，有明一代出了 4 位进士、9 位举人，可谓书香传家[5]。段树堂家中世代耕读为业，原本不会从事木工“贱业”，但因少年失祜，家道中落，由其姑母照顾长大。清末保有一技之长的匠人在农业社会中仍然具有一定的经济地位优势，当地流传着“嫁给木匠不愁吃穿”的俗语。段树堂应是为生计考虑投身匠门。

另一方面，段树堂幼年的生活环境或许对他踏上匠途起到一定的引导作用。段家滩比邻黄河，土地肥沃、便于灌溉，许多工匠在此族居[6]，到近代留有名姓的就有段氏、范氏、李氏、刘氏等家传匠人。其中，段氏祖先段续[7]更被认为是兰州水车的首创者。此外，在其 12 岁那年，家里雇人干活，他出于好奇动了一个鲁姓木匠的斧子，挨了鲁木匠的训。他别不过气，便当鲁木匠面说：“要学木匠！而且一定要比鲁木匠学得好！以后你鲁木匠要来我手底下干活，我还不要你！”当时少年意气，不想日后段树堂成为兰州年纪最小的“尕掌尺”后却是应验了。

在其出门投师之前的这段时间里，段树堂的姑母把段家拳法传给了他，更重要的是送他上了四年私塾。清末的识字率低于 1%[8]，传统营造行业中识字者更是寥寥，非常不利于技艺的传承与发展，为此匠人常把营造比例、加工技巧编成口诀、歌谣以便记忆、传承。尽管段树堂仅是粗通文墨，但正是从中获得的学习能力使其从一众只会埋头干活的木匠中脱颖而出，为数百年传承的兰州营造法留下宝贵的文本资料。

1.2 学艺艰难

中国的匠籍制度起源很早，战国时期管子就提出“四民分业”的思想，其中“勿使四民杂处”及“工之子恒为工”[9]等主张即为匠籍制度之开端，对后世影响深远。随着社会分工不断细分化、复杂化，统治者逐渐意识到活跃的工商活动对经济发展具有重要的促进作用，终于于清顺治二年（1645）废除了匠籍制度[10]。尽管如此，此后数百年强大的文化、制度惯性仍然使得父子传承、宗族传承成为传统技艺传承的主要方式。到清末民初，兰州传统营造技艺中的大式（官式）大木营造技艺仍然世代相袭、掌握在“高、王、兰、李、卡”五大匠门手中，知名“座头”[11]均出其门，其他匠人只会营建简单式样的民居建筑。

此外，当时各行各业对拜师学艺设置了一定的门槛，有各种潜规则，例如：徒弟入门通常都需要有人作保，并交一笔不菲的学费或者等价的鸦片[12]；徒弟要伺候师父师娘，包揽全家杂活；徒弟要待师如父，哪怕师父动辄打骂徒弟，心中亦不得有怨；有的甚至要签生死契约，若学艺过程中遇伤残、疾病、死亡，师父一概免责……即便如此，几年下来真正得师父倾囊相授、习得真传的徒弟也是寥寥。

段树堂 14 岁出门学艺，向县门街[13]彭家木匠铺的彭爷拜师，学习做家具、棺材和盖民房。彭爷是颇有名气的小“座头”，除了擅长大小木作技艺，其削活[14]更是一绝，尤擅人物雕刻。彭爷为棺木四角雕刻的鬼力士神情惟妙惟肖、肌肉轮廓分明、线条流畅，乃至其他匠铺制作棺木时也来彭家铺子定制雕刻构件。这种压箱底绝活一般不会传授给外姓弟子，都是师父在内堂独自加工制作，甚至连送货都是派家人亲自去办，不给徒弟近距离观察的机会。很多时候，弟子们只能想办法偷学。

他深知学艺不易，真传难得，想要超越前辈更是难上加难。为了比肩乃至超越前人，他一生中转益多师，先后正式、非正式地向多位兰州有名的木匠、削活匠请教。根据匠师追忆和其流传下来的雕刻绘本来看，他的雕刻师父除了彭爷，还有冉大爷、胡氏、单氏、李氏等削活匠。可惜这些匠师只留下了图样与姓氏，其人及流派已不可考。

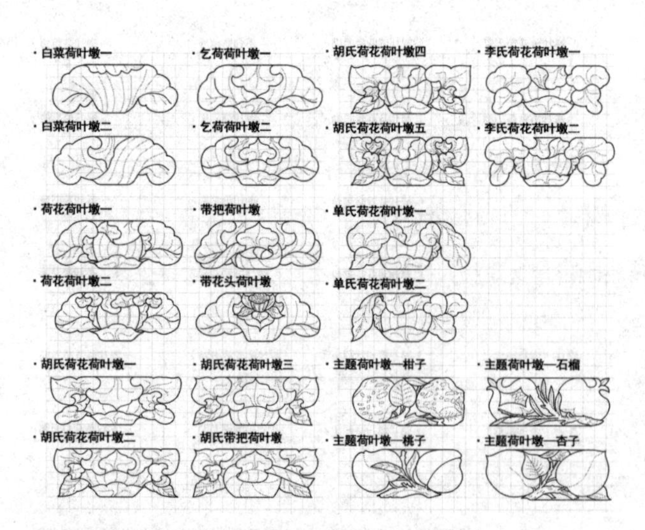

段树堂手稿《木结构工程概要》中部分雕刻图（卞聪翻样）

1.3 成名不易

段树堂 19 岁便学成出师[15]，开始到市面上讨生活。因其年纪轻轻便能在营造行业中独当一面，人送外号“尕掌尺”。“尕”为小之意，故这个外号在当时多少有些调侃的意味。几年间，随着经手的活计越来越多，段树堂逐渐形成自己的班底，也在匠行中积累了一定的名气，承接项目的规模也越来越大。然而，只掌握民房营造技艺限制了他的事业发展，甚至闹出过赔工赔料的笑话。辗转之下，他找到当时最负盛名的王氏，带艺投师，拜王氏[16]五兄弟中的王三爷为师，求教大木作技艺。

段树堂拜师王三爷时已经是20世纪30年代末期，当时社会动荡、民不聊生，营造业受到很大影响，座头们已经很难接到大式建筑的营造项目了。王氏一族也只能通过修建民居维持生计。这样的情况下，几乎无人愿意学习大式建筑的营造技艺，乃至王氏也仅有王三爷的小儿子王树之愿意继承家学。当时王氏五兄弟均已步入暮年，恰逢段树堂有心求教，不忍祖业后继无人，便倾囊相授。

随技艺相传的，还有王氏在匠门中的地位。自1917年至1949年兰州成立多达200多个社团，其中工人团体47个，就包含木工、泥工、油漆工等营造业工会[17]。据多名匠师回忆，德高望重的“兰座头”接任王大爷成为木工工会会长，但到40年代初时其年事已高，遂卸任。后经票选，继任者便是段树堂。其后是李家的座头李柏清[18]。当时所有匠人与古时相同，只能穿杂色短打[2]，哪怕一般座头也不例外，仅有行会会长等德高望重者才能穿长衫，是民国政府给予工会半官方身份的象征。

身在其位，便谋其政。作为公选的木工工会会长，最重要的职责便是想方设法带领木工群体在乱世中活下去。当时，会长们提出的办法便是轮流制——但凡有规模较大的项目，经过商议后让某位大座头去接活，除了座头和掌尺等个别核心人员一直经历此项目的全过程，其他所有木工轮流去工地打短工，工资日结，只要够维持其家人一段时日的生活，便换他人接替。轮空的木工自去种地务农，或到街上摆摊卖菜、卖小吃——很多工匠闲时都在经营兰州特色小吃，如冬果梨、灰豆子、甜醅子等。

工会制度在一定程度上代替了传统匠帮、匠族形成的“行业规矩”，逐渐出现了现代管理组织的雏形，维护了会员的利益[19]。当时兰州的匠人群体一方面迫于生计，一方面受到民主共和思想的影响，空前团结，服从工会安排，短暂形成共克时艰、杜绝恶性竞争的局面。不过革新背景下，仍有一部分传统行规沿袭下来，直到21世纪初仍然如此。比如，“没有明确师承的匠人不能接活，否则全体抵制”“不许外地匠人来当地接活，除非拜本地匠人为师，出师后方可接活”等。辩证来看，这种地方市场保护措施，确实不利于匠艺的传播、交流和发展，但对保证地方做法的纯粹性起到一定的作用。

此外，从今天社会生产的角度看，这种按照职业进行工会组织的方式存在很大的弊端，规定工人结社须按职业组成，即要求工人建立的不是产业工会，而是职业工会[20]。仅从营造业的角度看，营造活动通常是以木作为主、多工种配合的整体行为，各工种缺一不可。而在具体营造项目中，往往由座头安排一应事务，木作施工完成后由哪个油漆彩画匠班或哪个泥瓦匠班入场，全听座头安排。故此应当按照生产性质组建包含木工、泥瓦工、油漆工等所有相关工种的营造行会才更能协调安排、维护行业整体利益。

1.4 时事纷扰

早在1925年，中共就在兰州建立中共甘肃特别支部，开始围绕兰州进行有组织的革命斗争。1945年9月，中央决定恢复中共甘肃工委；一年后，为了更好地在兰州及周边地区开展统战、群众和情报等工作，建立了区域性地下组织中共皋榆工作委员会。

据弟子们回忆，段树堂曾提到：在抗战胜利之后，有一日在茶馆中唱鼓子、会朋友，其间和一家药房的老板娘“杜太太”寒暄了起来——这位“杜太太”实际上是一名地下党员[21]。当时中共皋榆工委应上级“思想进城、政策进城、工作进城”的指示，正筹划在兰州开办一个印刷厂以宣传统战思想，但是苦于找不到合适的地方。段树堂得知后便仗义相助，把自己的一院房子租给他们使用。后来一名在甘肃报社工作过的排字工来和段树堂接洽，在那一院房子里办起了印刷厂。这名排字工其实就是中共皋榆工委所属东区工委的负责人之一——兰州印刷工人支部书记梁朝荣。据梁朝荣回忆：“就在西区工委遭到破坏不久之前（1949年7月之前），为了保护秘密机关的安全，党组织在靠近皋兰山下偏僻的段家庄租了一院房子，周围是农田菜地，很隐蔽。”[22]这个回忆与段树堂提到的故事可以互证。

在与地下党员的相处中，作为工会领袖的段树堂受到进步思想的影响，双方建立了一定的革命友谊。这成为段树堂后来加入共产党，一辈子为兰州城市建设而奉献的引子。

2 1949年以后

2.1 城市化进程中的高光与落幕

1949年后，稳定局势、发展生产是第一要务，兰州市并没有立即开展大规模的城市建设。到1954年左右，时任兰州市建设科科长的任震英主持完成了《兰州市城市总体规划》的编制工作，这是中华人民共和国批准的第一部城市规划。为了应对大建设的局面，兰州市第一建筑工程公司从1951年的150人到1958年扩增至5333人[23]，合并了很多私营建筑公司，大量原属传统营造行业的工人投入其中。1955年，段树堂到市建一公司担任施工技术科科长、木工队队长，接着主持了金天观（改为工人文化宫）的修缮工程。

在旧城改造的过程中，政府领导下将很多土地利用效率不高的建筑群拆除或迁建了。例如，1956年兰州市政府将中山林及其周边地区征为甘肃报社用地，将中山先生铜像和附近一些古建筑迁建到五泉山；将静宁路上原有的一座过街门楼拆除，毁弃下层砖砌城门，上层三开间大殿整体搬迁到白塔山，即为今日气势恢宏的一台大殿。同时期，为了拓宽现解放路路口，任震英派李柏清为首的工匠团队拆除了兰州西关清真大寺的入口部分建筑[24]，其中牌楼门迁建到白塔山，成为二台的主体建筑屹立至今；门楼两侧附楼拆下来的几朵斗栱被凑成白塔山两座奇巧的三角亭——春风亭和喜雨亭；而代表河陇地区最高砖雕水平的“柿柿如意”砖雕墙等也被移建到白塔山，可惜毁于2010年以来的修缮项目中。在白塔山建筑群的修建过程中，段树堂参与了一台长廊重檐角亭与喜雨亭等建筑的设计，一定程度上保全了旧城改造中拆毁的传统建筑。

1967年在“破四旧”运动中，兰州西关清真大寺和桥门清真大寺剩余的古建筑群被拆除了。由于这两座清真寺都是纯正的兰州传统建筑，房管局的工人没有拆除古建的经验，便请段树堂到现场指导了一段时间。不过，在时间紧、任务重的情况下，最终大量建筑难免落入被暴力拆除的境地。此外，还有原本占地广大的白云观为给建设用地让位，如今只余西侧主轴线上不到一半的建筑群。

50年代开始的城市化进程中的大拆大建，是传统建筑营造业从业人员最后的高光表演，却也是兰州传统建筑在时代长河中的落幕。大量古建筑遗存在这个过程中为城市建设让路，其中有占据中轴的兰州鼓楼，悬挂“万里金汤”、气扼两河的雄关皋兰门城楼，八景之一、“虹桥春涨”的雷坛河握桥，纪念左宗棠的左文襄公祠等。从此，该地区的大型楼阁、大型重檐攒尖建筑、木构拱桥等营造技艺便宣告失传。

大量从业者在1961年两山公园落成后被遣散，大部分只得回乡务农，其他留在建筑公司的也被迫转型，之后更是迎来“大跃进”“文革”。正如任震英所说：“十年浩劫就像一场大洪水，将兰州连山带河‘吞没’了……”[15]其间，以西关清真大寺邦克楼为代表的兰州木塔营造技艺也从此失传。而在全国范围内，传统营造技艺传承的物质环境和文化背景经受

兰州西关清真大寺入口与邦克楼

兰州白塔山二台牌楼与喜雨亭

兰州南门皋兰门与雷坛河握桥

了近乎毁灭性的打击。例如香山帮的匠人大部分被迫遣返务农吃“大锅饭”，仅余部分匠人也不许再修建传统建筑，而是改为家具匠，哪怕从事传统建筑模型制造的教学模型工，也被强制要求改用钉子替代榫卯结构[25][8]。同时期，跟随段树堂学习传统大木作技艺的弟子们被迫全部转投他业，一时出现了后继无人的情况。

段树堂在金天观修缮完成后，调任兰州钢厂建设项目工地主任。此时“大跃进“运动开始了，留苏回国的结构工程师出于“多快好省”的建设要求，减配一处车间设计中的钢筋用量，导致建筑垮塌。随后段树堂作为工地负责人之一被带走审查，5 天后确认责任在于结构工程师，他才得以放归。尽管这件事主责不在段树堂身上，但是他深感自责，认识到要顺应时代、搞好生产，掌握新知识体系下的生产技术至关重要。

2.2 顺应时代的改变

城市面貌整饬运动结束后，没有了古建筑的新建、修缮项目支持，大量传统营造匠人转行，剩余的也挣扎求存。段树堂在参与了一些现代建筑建设工程后，尝试对传统建筑进行改造。在此过程中，他开创了兰州地区用钢筋混凝土替代木构梁架来修缮传统建筑的先河。1960 年代，兰州五泉山浚源寺大雄宝殿，因修建时结构单薄且用材不好，导致檐柱难以承受荷载而劈裂，加之修建时天沟排水设计不善，导致前檐金柱受雨水侵蚀而朽烂，已然摇摇欲坠。1976 年，兰州市政府提出修缮浚源寺大雄殿，交由建委主任梁朝永负责，由市园林局进行方案论证。在市园林局技术科任职的段树堂义无反顾接下了该任务，于 1978 年通过图纸审批。在方案论证阶段，想起师父王三爷晚年的交代[26]，同时考虑到木结构受力、耐侵蚀、耐火等性能较差，已经具备现代建筑施工经验的段树堂毅然决定使用钢筋混凝土结构替换抱厦和前檐的木结构梁架。

在当时，兰州地区甚至没有使用钢筋混凝凝土结构修建仿古建筑的先例，更何况该方案是用钢筋混凝土结构替换部分木结构梁架——仍旧使用木料进行修缮加固是最稳妥的方法。尽管对主体梁架进行替换修缮的话需要尺寸较大的木料，但以当时的重视程度[27]完全能够满足要求。因此段树堂此举是在对旧结构、旧材料、旧工艺进行反思的情况下，开展的一次尝试与创新。1981 年大雄殿完成修缮，抱厦及前檐部分柱头以下的柱、梁、枋是钢筋混凝土结构，柱头以上的斗栱、梁、檩、椽、翼角等是木结构，并用预埋钢筋螺栓的方法解决雀替、荷叶墩、斗栱等木构件与钢筋混凝土结构衔接的问题。同时，园林局油漆彩画班不得不做出相应的探索与改进，首次尝试在混凝土表面制作地仗、绘制彩画[3]。度过 40 多年风霜雨雪，浚源寺大雄殿除了外檐彩画略有褪色，如今巍然屹立、再未经修缮。该项目也为兰州传统建筑的转型积累了经验。钢筋混凝土梁架、木构屋顶的仿古建筑在兰州大地上生长起来，如小西湖螺亭、兴隆山大佛殿、兰州盆景园、白塔山和五泉山上的诸多亭台楼阁，等等。由此，单纯木构架的传统建筑逐渐退出当地中大型项目的竞争，只余一些家庙、亭子、牌坊尚且沿用。

此外，他参考现代结构做法发明了很多“折衷”做法，比如为节省材料、简化结构、加大跨度等目的而创造出一种“人字屋架带翼角”做法。该做法建筑造型及外檐与一般传统建筑别无二致[28]。此外，段树堂还优化改良了很多传承下来的节点做法，如平枋绞接做法的改良。他还引入现代建筑制图的规范标准，为了便于数据标注与应用，大胆抛弃营造尺[29]；参考《木工简易计算法》引入三角斜法来计算各类角度，与自古流传的匠师用口诀、歌谣、鲁班字等记录营造信息的方式大相径庭——这些手段都大大降低了传统营造行业的门槛。

2.3 市场萎缩下的传承困境

到了 1971 年，段树堂在“一打三反”运动中受到牵连，被关入大沙坪监狱改造。当时该监狱收押的还有许多建筑师、工程师，段树堂的很多现代结构知识就是向他们学习的。段树堂被判刑 5 年，服刑 2 年又 10 个月后，于 1973 年底回到家中。时任兰州市建委主任的梁朝荣，介绍他到西固区的工地上当技术员。后由于修缮白塔山塔院、五泉山浚源寺等古建筑群的需要，段树堂又被任震英调回市建公司担任技术顾问。

段树堂服刑期间老伴病故，自己的职务也被免除，三个儿子都不愿意继承木工家学。幸而还有事业未竟，自 60 年代开始到 1976 年元月，他完成了兰州《木结构工程概要》的“架、饰、栱、刻”四大章节的主体内容，并在总则后留下序言：“以上的几点是本人在木结构工程工作中多年体会和积累的一些在操作中需要和应用的项目，因而把它总结起来，留在记忆中或传至下一代，在今后工作中作为参考。不到之处难免，希今后的木作工师加以补充，并提出指正为盼。”另外，其在总则中提出针对古建筑修缮项目可能会遇到的“换、扶、挪、拆”等情况作出了解释，提出施工的八大手法与严防的八种错误，但注明“以上四种多不碰上，不再详细说明”；以及留下了兰州地区古建筑木构件名称表。这时段树堂才松了一口气——哪怕后继无人，起码留下了“秘籍”。幸运的是，因缘巧合下，他先后收了陈宝全、范宗平等弟子，没有让技艺传承断绝在自己手中。但传承困境仍在，

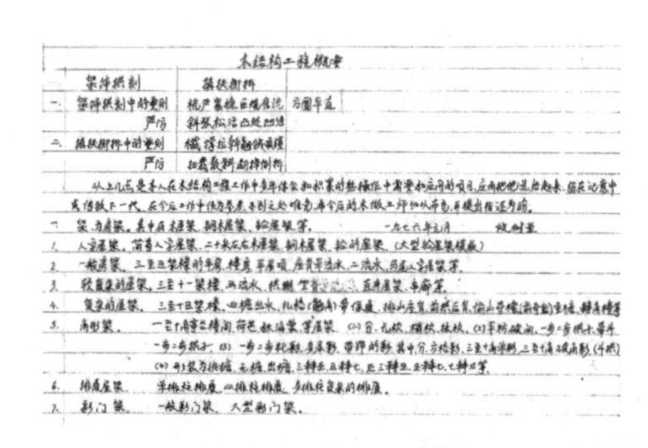
木结构工程概要

一九七六年元月 段树堂

7. 彩门架。 一般彩门架。大型彩门架。

段树堂手稿《木结构工程概要》目录（扫描版）

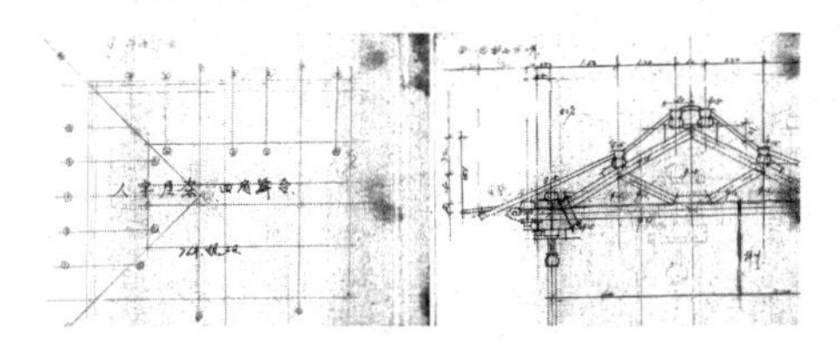

人字屋架卷棚歇山戏台部分图解（扫描版）

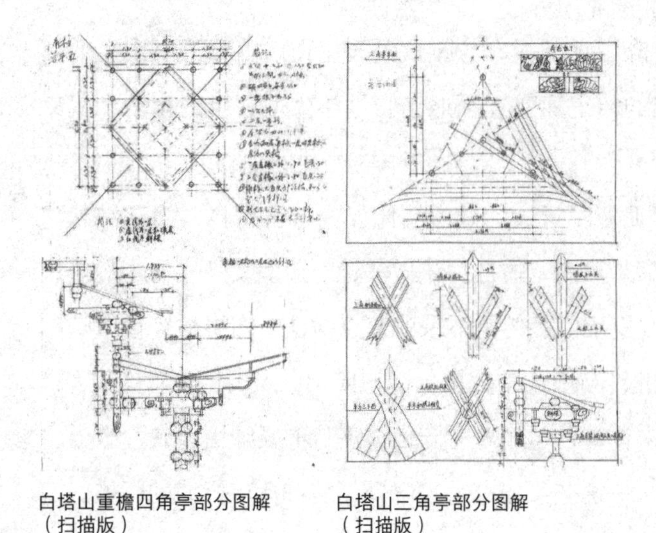

白塔山重檐四角亭部分图解（扫描版）

白塔山三角亭部分图解（扫描版）

为此他主张放下旧时代工匠的“门户之见”，希望弟子们在维持生计的前提下尽量将手艺广泛地传播出去。

八九十年代以后，国资建筑单位逐渐倒闭、转型[30]。由于兰州当时稍有名气的匠人都进入企事业体制，深感其害，没有名气的匠人更是挣扎求生，偶尔靠修建民居、制作家具的手艺接济生活。此时，兰州周边临夏地区的匠帮则较为团结，靠清真寺项目、地方寺庙祠庙建筑项目维系传承。到21世纪初，临夏匠帮在市场资本介入下，呈现席卷甘肃地区古建市场的势头，成立了甘肃古典公司。目前，脱胎于兰州作法的临夏营造技艺已经申请成为国家级非物质文化遗产。反观兰州传统营造技艺除了几位古稀老者，已无后继之人。

3 段树堂传统营造事迹概述

1955年之前，自己承揽工程，也做家具、棺材。

50年代中期，在兰州市第一建筑工程公司担任施工技术科科长，主持金天观建筑群（国家级文保）的修缮、新建工作；并参与白塔山建筑群修复方案设计。

1958年，为配合道路拓宽，未落架整体搬迁了武都路普照寺（现已拆毁）山门大殿，一夜之间向后平移了8米，震惊兰州建筑界。

1961年，主持兰州八路军办事处（省级文保）修缮项目，新增一座八角亭。

1963—1966年期间（具体不详），参加全国科学技术交流大会（在天津举办）。

1971年，在“一打三反”运动中受到牵连，被关入大沙坪监狱改造。

1973年底，“改造”结束，经梁朝荣介绍到兰州西固当工地技术员。

1977年，设计白塔山塔院的修复方案。

1978—1981年，主持白塔山塔院（省级文保）的修复工程。

1981—1982年，设计并主持五泉山浚源寺大雄宝殿（国家级文保）的修缮项目。

1982年在五泉山项目土建完成后，按照任震英手绘意向图，设计皋兰山三台阁，由韦醒民绘制施工图，并指导门下弟子陈宝全施工。

1983年，主持甘肃省政府大门（原属肃王府，全国仅存明代亲王府大门）下沉扶正工程。

1984 年，指导修复白云观（省级文保）戏楼；同年，设计省委皋兰山林场的仿古建筑。

1985 年，指导修缮榆中桑园子村戏楼（周氏祠堂望河楼）。

1986 年，设计、指导新疆乌鲁木齐红山公园的仿古建筑群项目。

1987 年，设计小西湖公园螺亭。

1993 年，设计、指导白塔山公园大门的修建。

4 结论

段树堂的从业经历实际上是一部经济转型史。从经济规律来看，近百年来，传统营造技艺衰落的本质是供需关系失衡导致的。清末民初，中国从农业社会向工业社会转型，旧的生产、生活模式被打破，产生新的建筑需求是必然的。但这种工业化的进程是循序渐进的，大量中国人仍停留在传统生产、生活惯性之中，对传统建筑的需求是渐次消退的。因此，在工业化完成越迅速的地区，传统建筑被摒弃的速度也越快。到 20 世纪七八十年代我国基本完成了社会主义工业化转型，传统营造业的经济优势地位也完全被新生建筑业所替代，导致后继无人。

事实上，前辈们早已预见此情形。朱启钤成立营造学社时就感慨，传统营造业“人既不存，业将终坠”的情形。对此，梁思成、刘敦桢等一方面从事史学研究，对营造技艺进行理论化保存；另一方面对传统营造技艺进行现代化改造，创造了一些中式造型、西式结构的建筑，试图通过供给侧改革适应时代需求。前者起到不错的效果，清官式、香山帮等做法率先理论化，被立为标准，也便于传播，由此占据了为数不多的古建筑市场中的绝对份额，保住了南北两支做法的传承。后者至今难言成功。

悲观地看，全国范围内传统营造技艺的消亡趋势是难以逆转的，尤其是众多地域性营造流派已然或濒临消亡。但我们来不及缅怀，只能尽力抢救前人留下的遗产，尝试在传统中汲取力量，构建新的文化氛围，以期形成新的供需关系、新的传承模式，让传统建筑文化焕发新生！

1 兰州鼓子，是流行于兰州地区的一种民间曲艺形式，中国曲艺的古老曲种之一，2006 年被列入第一批国家级非物质文化遗产，编号 V-24。国家二级演奏员、作曲家肖振东编纂了《兰州鼓子荟萃》收录曲目 171 首，并撰文《兰州鼓子界的巨星：段树堂》纪念段树堂。

2 见蒋明云《浅析兰州鼓子 < 演功 > 音乐及唱腔的审美特征》："段树堂不但在演唱上堪称一绝，对兰州鼓子的传承也作了大量贡献，后来兰州鼓子界的著名艺人王雅禄、魏世发、郑永瑶、彭维海、肖振东等都是他的学生。他晚年将失传的兰州鼓子'十大调'补全为新的'十大调'，全部录音，交于学生记录、学唱。"

3 任震英（1913.4—2005.8），黑龙江阿城人，1937 年毕业于哈尔滨工业大学校（今哈尔滨工业大学）。1949 年后，历任兰州城市建设局局长、总工程师，兰州市副市长等职。1990 年 12 月成为我国城市规划领域获全国工程设计大师称号的第一人。

4 《旧唐书·列传·卷二十七》："立本，显庆中累迁将作大匠，后代立德为工部尚书……太宗击赏数四，诏座者为咏，召立本令写焉。时阁外传呼云：'画师阎立本。'时已为主爵郎中，奔走流汗，俯伏池侧，手挥丹粉，瞻望座宾，不胜愧赧。退诫其子曰：'吾少好读书，幸免墙面，缘情染翰，颇及侪流。唯以丹青见知，躬厮役之务，辱莫大焉！汝宜深诫，勿习此末伎。'"

5 《明史》卷二八一，列传第一六九·段坚。

6 《逸周书·程典》："工不族居，不足以给官；乡不族别，不足以入惠。"清末以前，工商业从业者通常合族而居，例如香山帮、东阳帮都是传续至今的著名匠帮。

7 段续，字绍先，号东川，明代理学家段坚之子，兰州段家滩人。明世宗嘉靖二年（1523）癸未科进士，历任云南道御史、湖广参议后升密云兵备副使等。

8 按照《清末中央教育会议论述》中提到的："粗通文墨者总数仅约 300 万左右"，以清末近 4 亿人口作为基数，1909 年左右识字率低于 1%。

9 《国语》卷六《齐语》："四民者，勿使杂处……"

10 《清世祖实录》卷一六："免山西章邱、济阳二县京班匠价，并令各省俱除匠籍为民"。或见《皇朝文献通考》卷二一："除豁直省匠籍，免征京班匠价。前明之例，民以籍分，故有官籍、民籍、军籍、医匠释灶籍，皆世其业，以应差役。至是除之。"

11 兰州人称为"座头"，应当与营造行业中广泛指代的"作头"含义相近，但又超出一般某类匠作负责人的意思，而是接近当下设计、施工全包的项目负责人的含义，或与宋代都料匠近似。

12 木作技艺有成后，段树堂出于兴趣想拜秦腔大师"麻子红"（本名郗德育，1891—1942，独创"郗派"秦腔艺术，被认为是民国甘肃秦腔第一人）为师。而"麻子红"提出拜师要求是一大碗"烟膏"。段树堂为了拜师，典卖了在段家庄的部分田地买了鸦片作为学费。

13 原皋兰山县衙门前大道，今兰州陇西路。旧时从县门街到官苑（官吏府邸聚集区，位于今天兰州武都路上）是县城中心区域，开设了一些匠作铺面，白天有很多打零工的木作、泥水作、油漆作的匠人在街面上揽活。

14 兰州木雕工具简单，主要运用一把单刃小刀进行削、刻，因技法特点将雕刻称为"削活"。

15 根据《兰州市志·劳动志》第五篇第一章第二节《学徒培训》（第 169 页）中提到："兰州解放前，兰州市各厂、店招用新工人后，也采取以师带徒的方式给徒弟传授技艺。学徒进厂、店时，要有一定社会地位或某店铺的担保，学徒家长给资方写立字据。学徒时间一般为三年，三年内不得私自退出。学徒期满后，第一年谢师，不给报酬，第二年晋为师傅，才按月发薪"，段树堂学艺一共五年可能就是 3+1+1 的形式。

16 王氏住在官苑附近，应当是官匠出身，族中世代传承兰州大木营造技艺。1919—1924 年，清末进士刘尔炘募资重修五泉山，将清末遭兵燹破败的五泉山整饬一新，重修了崇庆寺（后改为浚源寺）、大悲殿、地藏寺、卧佛殿、千佛阁、道教酒仙祠等原有殿宇；新建太昊宫、三子祠、层碧山庄等殿堂十余处；迁建了原甘肃举院明远楼，改为万源阁。在这次规模浩大的以工代赈工程中，刘尔炘雇佣了王氏五兄弟负责其中相当一部分工程，最具代表性的就是翻建浚源寺。当时浚源寺只余过殿金刚殿，大雄宝殿只残存台基。最后王大爷当座头，王三爷掌尺，重修了一座五开间带抱厦的歇山大殿，是兰州现存规模最大的殿式传统建筑。

17 甘肃档案信息网．民国时期档案：全宗号 60《兰州市总工会、兰州市商会》、全宗号 61《兰州市社团》。网址：https://www.cngsda.net/mgsqda/32122.jhtml、https://www.cngsda.net/mgsqda/32121.jhtml。访问时间：2023/6/9。

18 据匠师们回忆，李氏自清末以来以大木匠艺传家，世代与王氏交好，到李柏清时其父让他拜王氏王大爷为师，是王氏匠门中的大师兄，与段树堂亦师亦兄。

19 民国十三年（1924）颁布的《工会条例》规定："（4）工会的职责为维护会员的利益；介绍会员的就业；与雇主缔结团体契约；组织合作银行及劳动保险；组织生产、消费、购买、住宅等各种合作社；组织各项职业教育、劳工教育等；组织医院或诊治所；调解会员间的纷争；调查并编制一切劳工经济状况、就业与失业情况等。"

20 民国六年（1917）颁布的《中华民国暂行工会条例》规定："凡从事于同一职业之劳动者有 50 人以上得依本条例组织工会"。以及民国十三年（1924）颁布的《工会条例》规定："（1）凡年龄在 16 岁以上，同一职业或产业之脑力或体力之男女劳动者，家庭及公共机关之雇佣者，学校教师职员，政府机关事务员，集合同一业务之人数在 50 人以上者，得适用于本法组织工会。"

21 见刘秀文《甘肃第一位女共产党员：秦仪贞》提到：1926 年春，37 岁的秦仪贞加入中国共产党，其平日里的身份是兰州中外大药房老板杜酋康的太太，利用社会身份为兰州地下党员工作的开展提供便利。

22 引自雷媛《英雄忆峥嵘 · 潜伏兰州："暗战"11年迎来解放——原中共皋榆工委所属东区工委的负责人之一梁朝荣讲述地下党斗争的故事》《兰州晨报》2009年9月1日。

23 引自《兰州市志 · 城建综合志》第691页："1952年，职工150人，1958年，增至5333人…… 1961年，精简人员。1962年，职工691人……"

24 此处是根据亲历者与段树堂的弟子提供的口述材料，并与测绘实物比对得出的结论——即在1952年逐渐开始的旧城改造运动中，兰州很多古建筑群就被陆续拆除，其中包括兰州西关清真大寺和桥门清真大寺的部分建筑。在《兰州市志 · 城建综合志》中提到，兰州西关清真大寺与桥门清真大寺毁于"文革"。冯利芳先生在《勿忘"城市要发展，特色不能丢"——纪念任震英老前辈百年诞辰》提道："（任震英）顶着'右派'帽子，被开除党籍、降职降薪的他利用'大跃进'拆除下来的各种古建筑构件，带领工人，在荒凉的白塔山上巧妙地设计建造了风格独特的'古典园林'。这种'化废为宝'的做法受到社会的广泛赞赏，梁思成先生高兴地称之为'回锅肉'，周恩来总理也曾欣赏过他的'大作'。"可见冯先生认为是"大跃进"中拆除，但"大跃进"是1958年5月党的八大二次会议后才在全国范围内全面开展起来的，而白塔山公园一、二、三台建筑群在1958年已经开始修建，历时13个月完成。故此以上两个观点都不准确。同样在《兰州市志 · 城建综合志》中第479页提到："1958年，利用改造旧城时所拆古建筑材料，重新构思设计，兴建总面积约8000平方米的三台仿古建筑群和遮阴长廊，成为白塔山公园主体建筑"，也肯定了五八年开始的白塔山公园建设中利用了旧城改造过程中拆除的古建筑构件。此外，将旧照片中的西关清真大寺门楼与现今白塔山二台牌楼的照片、测绘图对比，其主体应是同一建筑无疑。

25 见冯晓东《承香录：香山帮营造技艺实录》，中国建筑工业出版社，2012年，第150-151页："徐和生在'文革'期间，因在'破四旧，立四新'的政治运动中坚持尊早香山传统的木工技艺，拒绝用钉子制作古建模型，受到不公正对待，不幸在一个风雨交加的夜晚自杀身亡，仅40余岁。"

26 兰州五泉山浚源寺，原建于明代洪武年间，后毁于兵燹，自古便是兰州佛教活动的中心。1919年，刘尔炘募资，请兰州匠门王氏的五兄弟在原址复建了浚源寺大雄宝殿，建成兰州体量最大的带抱厦大殿。王氏兄弟曾以此为傲。但由于资金有限，选材较小，该建筑建成时便留下隐患。当时段树堂师父王三爷任掌尺，负责该殿设计及绳墨方面的工作。其晚年见到大雄殿的破败景象后，曾伤心流泪、懊恼自责地嘱咐段树堂：建筑为百年大计，当慎重选材、慎重设计，希望弟子能代自己重修、加固大雄殿，否则愧对祖师。

27 据弟子们回忆，市政府高度重视浚源寺修缮项目，时任市委书记的王耀华经常到一线关心进度。

28 兰州白塔山公园三台大殿即属于该情况，是传统造型与现代结构的折衷。外形与传统建筑别无二致，甚至檐廊部分还施以斗栱、雕版等装饰性构件，而内檐梁架上做天花吊顶掩盖人字梁架。以剖面图数据为例，人字屋架在前后檐檩间距为6米时，所用大梁直径仅为20厘米；而按照兰州传统营造法，跨度6米时所用大梁直径至少为60厘米。因此可见人字屋架的性能优越之处。

29 段树堂先生在手稿《一般房架木工用料表简要说明》第三条中提到："表中及草样中的尺寸以公尺计算。若用木尺时必和3.15换算，也就是1公尺（1米）为3.15尺。"以此计算可得段先生所言一木尺为31.75厘米，这与兰州营造尺为明代营造尺（31.8厘米）的现有研究结论相符合。

30 《兰州市志 · 第十二卷 · 城建综合志》记载了当时市建一公司的经营状况："1985年后，建筑市场竞争日趋激烈，工作量、实现利润很低，经济效益下滑。1987年，成本亏损118万元。1989年，亏损249万元。"

参考文献：

[1] 金冲及 . 二十世纪中国史纲 [M]. 北京 : 社会科学文献出版社 ,2009: 1371.

[2] 李斌成 , 李锦绣 , 张泽咸等 . 隋唐五代社会生活史 [M]. 北京 : 中国社会科学院出版社 ,1998:74.

[3] 卞聪 , 张敬桢 . 兰州传统建筑营造 [M]. 北京 : 中国建筑工业出版社 ,2022: 364-365.

[4] 中国文物研究所 . 中国文物研究所七十年 [M]. 文物出版社 ,2005.

[5] 兰州地方志编纂委员会 . 兰州市志 · 第十二卷 · 城建综合志 [M]. 兰州：兰州大学出版社 ,2002:690.

[6] 兰州地方志编纂委员会 . 兰州市志 · 第四十八卷 · 劳动志 [M]. 兰州：兰州大学出版社 ,2002.

[7] 马金山主编 . 兰州南北两山史话 [M]. 兰州 : 甘肃文化出版 ,2008.

[8] 冯晓东 . 承香录香山帮营造技艺实录 [M]. 北京 : 中国建筑工业出版社 ,2012.

[9] 邓明 . 段续创制兰州水车考释 [J]. 档案 ,2003(5):35-37.

[10] 萧国亮 . 清代匠籍制度废除述略 [J]. 社会科学辑刊 ,1982(3):111-113.

[11] 关晓红 . 清末中央教育会述论 [J]. 近代史研究 ,2000(04):116-140+1.

[12] 张家泰，杨宝顺，杨焕成．从北大红楼到曲阜孔庙 1964 年第三届古代建筑测绘训练班记忆 [J]. 中国文化遗产 ,2010(2):7,9,102-107.
[13] 刘秀文．甘肃第一位女共产党员：秦仪贞 [J]. 发展 ,1995(10):46-48.
[14] 冯利芳．勿忘“城市要发展，特色不能丢”：纪念任震英老前辈百年诞辰 [J]. 城市发展研究 ,2013,20(3):4-9.
[15] 本刊记者．兰州规划三十三年：访规划战线老兵任震英同志 [J]. 城市规划，1984(6):5.
[16] 蒋明云．浅析兰州鼓子《演功》音乐及唱腔的审美特征 [J]. 戏剧之家 ,2015(17):11-12.

附：段学义、范宗平、陈宝全先生谈段树堂前辈（节选）

受访者简介

段学义，男，生于 1951 年，甘肃兰州人，段树堂三子，工人，未从事传统营造业。

范宗平，男，生于 1953 年，甘肃兰州人，段树堂弟子，出身匠门，曾先后在兰州市建筑工程公司园林工程队和兰州市园林建筑公司任职，作为座头、掌尺参与了兰州地区众多传统建筑的新建、修缮工作。

陈宝全，男，生于 1959 年，甘肃兰州人，段树堂弟子，出身匠门，曾先后在兰州市第二建筑工程公司和兰州市园林建筑公司任职，作为掌尺参与了兰州地区众多传统建筑的新建、修缮工作。

访谈者：卞聪（西安建筑科技大学）

采访时间：2018 年 10 月至 2023 年 10 月年期间多次

采访地点：兰州理工大学、兰州范宗平先生家中等地

整理情况：卞聪

审阅情况：经受访者审阅

访谈背景：作者在研究兰州传统建筑营造技艺的过程中与范宗平先生结识，后拜其为师，其间了解到很多师门渊源、兰州工匠的传承和生存状况，并在范师父的介绍下认识了段树堂的弟子、子侄。五年来，作者在与范师父、师伯们的多次访谈、闲聊中搜集到许多与段树堂先生相关的口述材料，以下为与本文主旨相关的内容。

段学义 以下简称段

范宗平 以下简称范

陈宝全 以下简称陈

段 | 我们祖上也算大户人家，但是我父亲四岁就没了妈妈，九岁就没了爸爸，是当时还没出嫁的姑奶奶（其父妹妹）带在身边拉扯大的。家道中落，很多家产都被分了去。

范｜兰州段家滩到宁卧庄一带靠着黄河边，土地肥沃，灌溉便利，有很多水车匠、木匠居住在这一块。有点名气的就有段家、范家、李家、刘家等。这些匠人之间多少都有点亲戚关系。我们家就是世代水车匠，我爷爷和父亲会建水车，也能做一些家具、盖盖民房，但是不会盖大殿、亭子。我们和刘家是姻亲关系，他们有会修大殿的掌尺。我妈妈也是出身匠人家庭，我二爹（舅舅）也是木匠。

范｜师父给我们说过，他十二岁那年，家里请了个鲁木匠来干活，他调皮动了人家的斧子，被鲁木匠训哭了。他气不过就说："要学木匠！而且一定要比鲁木匠学得好！以后你鲁木匠要来我手底下干活，我还不要你！"后来师父十九岁就当上了兰州城里年纪最小的"尕掌尺"，接了活还请了鲁木匠一起干。

由于我师父手脚勤快、头脑机敏，又是抱着极大的学习兴趣，两三年间便把彭爷的手艺基本都学了七七八八，唯独雕刻鬼力士的技巧没能学会。尽管他私下参考彭爷教授的基本功和其他雕刻形象偷偷琢磨，但做出来的鬼力士却总是空有其形。恰好有一次彭爷刻完几尊鬼力士放在竹篮中小心用布盖好，吩咐师娘捎给别家铺子老板，便回后屋休息了。他见此机会便耍了个小聪明，假装要去街上溜达，给师娘说："师娘我正要去街上转转，有啥子要捎带的我可以给你跑个腿。"由于他平时总抢着干家务杂活、嘴又甜，很能讨师娘欢心，有很多跑腿的活计也乐意交给这个机灵的小徒弟去办，师娘略一迟疑便交代他快去快回。转过街角，他便小心揭开遮盖，端详彭爷刻的鬼力士，用指腹摩挲揣度削刀运力的特点，并努力将雕刻形象狠狠地印刻在脑海中，然后快跑来回交差。师娘见他回来得很快，并未起疑心。几次之后，师父便逐渐掌握了彭爷的绝活。

师父出师一年多以后，有一富户来找他，提出要修建一个合院（在今兰州中央广场附近），除了"出檐房子"（单坡或双坡民房）之外还想要在庭院中修建一个四角亭。他接下后便开始组织人手进行施工，很顺利便完成了合院的修建，但在四角亭的修建上却犯了难。四角亭体量虽小但涉及翼角与关心垂（与雷公柱类似）的制作与安装、屋面举折等难题，靠对已有亭子的简单观察、测量很难搞清楚其中的复杂构造。他带着一帮"徭刀"（指只会拉锯子等简单活计的木匠）强顶着头皮，推测着尝试修建，结局自然可想而知——赔工赔料还坏了名声。

陈｜段师爷（因辈分缘故喊段树堂师爷，实际上是师父）开始那会儿就我一个徒弟，好几次干活时都给我说："过了五十岁，一定要找到合适的人把手艺传下去！"

口述史方法下的社区记忆与情感探寻
——以丰泉古井社区游戏场变迁为例

沈瑶　罗希

湖南大学建筑与规划学院

摘要：城市发展，旧城改造，社区居住空间不断更迭，而街巷承载的历史文化记忆与情感却跟随着老一辈社区居民逐渐消失。本文从儿童游戏视角入手，采访儿时居住在丰泉古井片区的四代人，阐述不同年代的社区与儿童游戏经历的记忆场景，以探讨居民与街巷、邻里之间的情感联系，最后提出重塑社区的记忆与情感链条对于居民的必要性，进一步思考城市更新过程中社区历史记忆与情感的延续问题。

关键词：口述史；四世代游戏场；城市更新；社区记忆与情感

1 研究背景与意义

随着城镇化进程的加快，人们的居住环境发生了较大的变化，长沙市丰泉古井社区同样经历了这一急速转变，社区街巷空间留下了各年代的典型特征。学界对城市发展过程中住宅空间[1-4]、街道空间[5-8]的形态演变有较多关注，以此探讨不同时期社会背景下的城市环境与生活空间之变，少有从儿童游戏空间变迁的视角探寻这一过程。而童年的经历对一个人的影响是极为重要的。游戏是儿童的本能，是孩子们生活必需的活动[9]，贯穿儿童的成长与发展过程。社区作为连接宏观与微观环境的中介，是连接家庭、学校、社会三大儿童成长环境与儿童社会化的第一场所。过去生活、环境、游戏紧密相连，儿童以在游戏中自然掌握为基础，从经验和事件中收集新的兴趣，培养求知欲、判断力。[10]一个人在童年时代经历的一切，往往会根深蒂固地积淀下来，对个体的心理和行为产生终生难以摆脱的影响[11]。儿时在社区的游戏经历，能够形成一个人对于空间的文化记忆与情感联系并作用至成年。这种通过儿时游戏搭建的、对于一个时代背景下的空间记忆中所包含的情感，能够形成居民与社区之间紧密相连的纽带。

我国经历了经济的高速发展，住宅高层高密化趋势显著，对于社区的记忆与情感价值的探寻步伐对比于住宅建设速度较为滞后，同时需要承认，社区街巷对于儿童的发展、居民的归属感培育的价值还未被充分挖掘[12-13]，亟待从儿时游戏记忆中的社区空间深入挖掘，探索社区空间中承载的独特的记忆与情感。面对当下社区治理精神力匮乏之难题，记忆社区内蕴的巨大情感恰恰赋予社区治理以丰沛的精神资源。在记忆社区中，实践主体因共同岁月而情同此理，因共同经历而人同此心，因曾经守望相助至今仍念念不忘，因彼此休戚与共当下仍命运相通[14]。通过口述记忆呈现人们的精神世界的特征，对于深入探索社区的在地文化等构成必要基础[15]。因此本文试图通过儿时居住在该地的居民口述史，从他们的描述中探寻居住空间变迁过程中不同代居民对于社区记忆选择与情感的表达，以期对城市更新中增强居民归属感与社区治理具有一定的积极意义。

2 研究对象、内容与口述史方法的运用

历史的长沙被称为“水井之城”，有“九井十三桥”之说。据统计，长沙有3000多口水井，“丰泉古井”掘于清道光八年（1828）。然而随着时代的变迁、城市的发展，古井在人们生活中的实用性逐渐减弱，不少已经从市民生活中“销声匿迹”，只留下了极少数的古井继续见证时代的发展。丰泉古井也因失修一度被毁，2006年长沙市政部门在丰泉古井原址上重新挖掘水井，并砌以石基石栏，命名“丰泉古井”，这也是如今丰泉古井社区名称的由来[16]。

调查形式	校社共建工作坊活动			现场观察	校社共建工作坊活动	
开展地点	丰泉古井社区书房	丰泉古井社区先锋空间	丰泉古井东茅街小学	丰泉古井社区	丰泉古井社区先锋空间	丰泉古井社区
参与对象	居住在社区的儿童39人	社区老人+儿童，共15人 社区老人+儿童，共5人	社区儿童，共27人	• 丰泉古井社区空间信息	社区儿童，共5人	湖大师生、社区儿童与居民
活动事件	• 认知地图法，对社区儿童的活动场地偏好与对社区街巷空间的感受进行调查	• 丰泉古井社区游戏场图鉴第一期 • 丰泉古井社区游戏场图鉴第二期	• 以“我与社区的故事”的游学形式，邀请儿童拍摄对自己有意义或是印象深刻的场所 • 绘制社区意象地图并进行单独访谈	• 儿童对街巷空间的使用现状调研	• 小小议事员：世界儿童日主题活动	• 共游·共寻·共绘白果园
获取信息	✓ 描绘自己的通学路径 ✓ 标示喜欢的、不喜欢的、危险的、常玩的场所 ✓ 标示风景最好的地方、有小动物出没的地方等	✓ 三世代社区认知地图 ✓ 30多年来社区游戏空间的更迭	✓ 社区漫步和照片映射 ✓ 社区意象地图绘制和访谈	✓ 社区内部道路使用现状，包括机动车、慢行道路 ✓ 街巷空间车辆停放	✓ 对街巷公共空间儿童友好设施的使用频率、使用感受等方面进行信息采集	✓ 描绘经常游戏的地方 ✓ 游戏感受

时间　2017.6-9　2018.11　2019.1　2019.11　2020　2021.11　2022.10

调查形式	现场观察	校社共建工作坊活动	个体访谈	N元N世代社区工作坊活动	个体访谈
开展地点	丰泉古井社区及化龙池社区	丰泉古井社区东茅街小学	丰泉古井社区书房（唐姑娘爱看书） 社区居家养老服务中心东茅街104号	丰泉古井社区书房（唐姑娘爱看书）	丰泉古井社区 高层住宅楼下场地
参与对象	丰泉古井社区空间、人文与历史文化信息	居住在社区的小学生20人	儿时居住在社区的几代人，包含78岁王奶奶、80岁赵爷爷（一代居民），43岁李叔叔和赵爷爷儿子（二代居民），赵爷爷孙子（三代居民）	儿时居住在社区的三代人和当代居住在社区的儿童（28人）	当代居住在社区高层住宅的儿童
活动事件	• 社区查阅社区更新、空间历史相关资料 • 实地探访调研街巷空间（住宅形态、高度、年代、立面等）	• 社区店铺认知工作坊5次，包括mapping标记，店铺游戏活动口述 • 街巷互动工作坊3次，街巷历史文化空间熟悉度、游戏场所与满意度调查 • 游戏工作坊3次，收集儿童在社区的游戏场所，并了解其对于游戏空间的评价	• 半结构访谈5次，采访时间约2小时/人，地图辅助引导回忆，形成口述史	• 老·中·青·幼四代工作坊“游聚白果，N代共忆”，时代对话与社区漫步，对王奶奶、赵爷爷三代家人进行再次回访 • 人群带动，搜寻到儿时居住在社区但现在不居住在社区的老人3位，通过工作坊活动进行信息采集	• 搜寻到居住社区高层儿童2位，进行半结构访谈
获取信息	✓ 丰泉古井社区四代街巷空间变化地图 ✓ 人文历史信息	✓ 社区游戏场所认知地图 ✓ mapping标记获取对于社区游戏空间的空间意象 ✓ 当代儿童游戏空间、游戏方式、游戏时间与游戏玩伴	✓ 三代居民儿时的生活经历与社会背景 ✓ 三代居民儿时游戏空间、游戏方式、游戏时间与游戏玩伴	✓ 社区与儿时游戏空间、游戏方式、游戏时间与游戏玩伴信息多方整合 ✓ 社区与儿时游戏场变化探讨	✓ 当代高层居住儿童游戏空间、游戏方式、游戏时间与游戏玩伴信息获取

时间　2023.2　2023.3　2023.4　2023.5　2023.6　2023.7　2023.8　2023.9　2024.4

丰泉古井社区调研历程及居民参与时间轴

丰泉古井社区行政归属长沙市芙蓉区定王台街道，虽是位于长沙市中心城区的一个老旧社区，但毗邻长沙最繁华的五一商圈，并以白果园历史文化街区而闻名，社区面积 129 公顷，居民约 5500 人，内设有一所东茅街小学，社区内 80% 的建筑物建于 19 世纪末 20 世纪初，街巷内有许多近代历史保护建筑。

研究主要通过口述方式进行，并同步以实地观察、认知地图方式收集信息。从 2016 年起儿童友好城市研究室介入社区更新；自 2018 年开始，社区与小学建立联系，开展关于探寻社区街巷空间游戏经历的系列工作坊活动。本文通过现场调研、半结构访谈、校社共建工作坊，调查四世代居民儿时游戏活动，以探索社区及其中儿童游戏场的变迁。在采访不同世代居民的过程中，根据受访者回忆的情景进一步引导记忆追溯，为帮助回忆辅以不同年代地图，最大限度地呈现受访者儿时在社区的游戏经历，依次反映社区空间的历史场景与变迁历程。其中“世代”定义为，出生于同一或是相近时期，在成长过程中处于相似的政治社会背景中，共同经历了某一重大政治事件或是社会变革的年龄群体 [17]。在研究中，探寻的社区及其游戏场空间被划分为祖辈时期（20 世纪 50—60 年代）、父辈时期（20 世纪 70—80 年代）、孙辈时期（20 世纪 90—21 世纪 10 年代）、当代（21 世纪 20 年代）。

3 多代口述下的社区及儿时游戏空间变迁历程

1938 年“文夕大火”，长沙成为一片废墟，很多拥有历史价值的古建筑都毁于一旦，建筑是在其后建成的。民国时期，白果园一带是高官政要居住的地方，因此是长沙最早的“富人区”，较为著名的有国民党陆军一级上将程潜，中国著名将领、军事家陈明仁等。这些建于民国时期的高官住宅具有较高的艺术价值、历史价值。东茅街为大户商贾云集之地，靠近现今蔡锷南路侧为沈、许、章姓大户住宅所在地，1950 年拆建为省重工业厅及宿舍，而这片区域“富人区”的称号仍被 50 年代的孩子们口口相传。

3.1 祖辈时期（20 世纪 50—60 年代）

在 20 世纪 50—60 年代，白果园向南由织机街与化龙池片区划分，西由黄兴路（1941 年由南正街更名）划分，沿街建筑多为两至三层低层建筑，以居住建筑为主，商铺大都是售卖生活性用品的小店铺，位于临街建筑一楼。登隆街为社区内主要的商业街，多为居民自家经营。

3.1.1 儿童游戏时空自由且独立

1952 年，我国取消干部子弟学校，学生就近入学。调查的两位老人中一位儿时在小古道小学就读，另一位从原来的干部子弟学校“育才小学”转到织机街小学就读。这时家与学校从空间上来看仅几巷之隔，“上下学都是步行，上课时间大概是早上八点至下午三点，这时我们没有补习班，空闲时间很多，每天都能玩儿，放学就可以在社区和朋友玩耍”（王银文[1]）；“课上就可以完成作业，每周有两天下午不上课，有时在自己家（白果园一号，今程潜公馆）二楼会和同伴一起组建自习小组”（赵亦田[2]）。解放初期，社会治安良好，家长也不会限制儿童的户外活动，“能玩到晚饭前”（王银文）。由于这个时期通讯水平有限，以及“大跃进”时期到来，家长忙于务工务农，儿童也不用向家长报备行程。

3.1.2 儿童街巷游戏种类多样

此时街巷内还未有治理区域的划分，居民大都具有极强的“领地意识”，自发管理住宅附近的环境卫生。但传统价值观下，人们并未铲除家门口、街巷路边自由生长的杂草，反而为儿童留下这些自然空间。“房子旁边都有草丛”，甚至“晚上天黑会和邻居伙伴一起去抓萤火虫、蛐蛐，环境虽然并不好，但有很多好玩的，把蛐蛐蜻蜓夹在书里，乐趣很多”（赵亦田）。同时这个时代的交通方式以步行为主，有单车的人都十分稀少，改革开放后才有了公交车。这时街巷空间的任何角落都是孩子们自由玩耍嬉戏的游乐场，“五六个女孩子在家门前空地跳皮筋、跳房子，和现在不一样，不用担心道路有车；登隆街包子店、南货店好逛”（王银文）。这时的街巷空间（据回忆为小古道小学附近）还保留有传统的祭祀建筑，成为儿时游戏经历的一部分，“有时过节祭祀时，会跟随父母或与小伙伴一起在城隍庙院子里玩耍，但是后面庙被拆除了”（王银文），位于登隆街的长沙剧院、黄兴路上的剧院是儿童结伴游戏娱乐的场所，“五岁我就开始看越剧咯”（王银文），“在剧场看剧，有时还会加入戏剧表演，帮忙跑个龙套”（赵亦田）。

3.1.3 街巷商业生活氛围浓厚

店铺是老人们回忆儿时街巷游戏时印象深刻的记忆之一，也是如今随时代变化难以再复刻重现的场景。“生活气息很好，商店不大，但各尽所能、各取所需，黄兴路和登隆街还有补袜子、补扣子的小店，以前会有流动的小商贩买零件，我们买回来装矿石收音机（耳机、线圈、可能是锌矿石），白果园大门旁做钉子的商店，公共厕所在白果园大门对面，街边卖酒、卖烤红薯，油粑粑，卖南货、两分钱的早餐，生活气息很浓厚；白果园口一

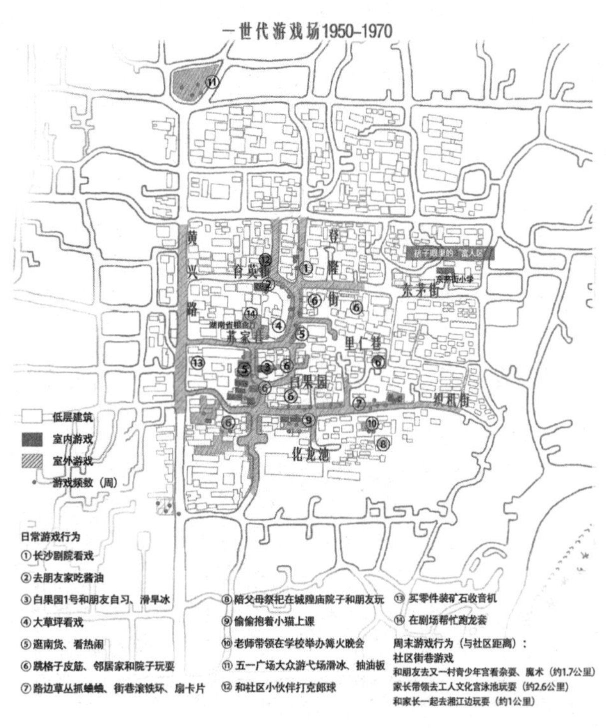

祖辈时期居住空间及游戏场（第一世代）

织机街—化龙池路边，早上上学能够看到十几桶娃娃鱼”“每个家庭家都有自己的生意”“现在环境变化，以前生活的味道没有了”（赵亦田）。

3.2 父辈时期（20 世纪 70—80 年代）

20 世纪 70—80 年代，在改革开放的热潮下，长沙城市建设恢复。这个时期黄兴路改造为人车分流道路，路幅宽达到 17 米，其中车行道宽 12 米，两边各宽 2 ~ 3 米的人行道，成为儿童游戏驻足之地[18]。“这条路两旁有药店、针织商店等等，有时我们放学还会去逛黄兴路两旁的儿童商店玩”（李贝[3]）。

3.2.1 游戏空间伴随商业空间部分转移

1971 年整条黄兴路（南路、中路、北路）改称“大庆路”，1981 年恢复原名。在这个时代公交车成为人们较远距离外出的交通工具，周末与节假日时家长会坐公交车或者骑单车带儿童出行，“有时去烈士公园，有时在五一广场平和堂逛”，街巷内仍旧保留步行或者单车的出行方式，巷子里没车。“除了登隆街外街巷没什么商店，都是住户，有店铺也大都是便利店，街巷里活动的都是当地居民”（李贝）。日常儿童游戏活动大都分布在黄兴南路—苏家巷—登隆街—东茅街—育英街围合区域。此时街巷内还没有规划的公园范围，道路两旁也已没有草丛，但仍旧是当时儿童的玩耍之地。此时周末和节假日则“转战”到黄兴路。据回忆当时黄兴路上车水马龙，十分热闹，堵人又堵车，寸步难行，“家长会带我去平和堂逛”“街巷人群和现在比少很多，都是以本地居民为主，以前都是乘坐公交车（2 路），主要在黄兴南路，黄兴路步行街原来都是大的商铺”（李贝）。

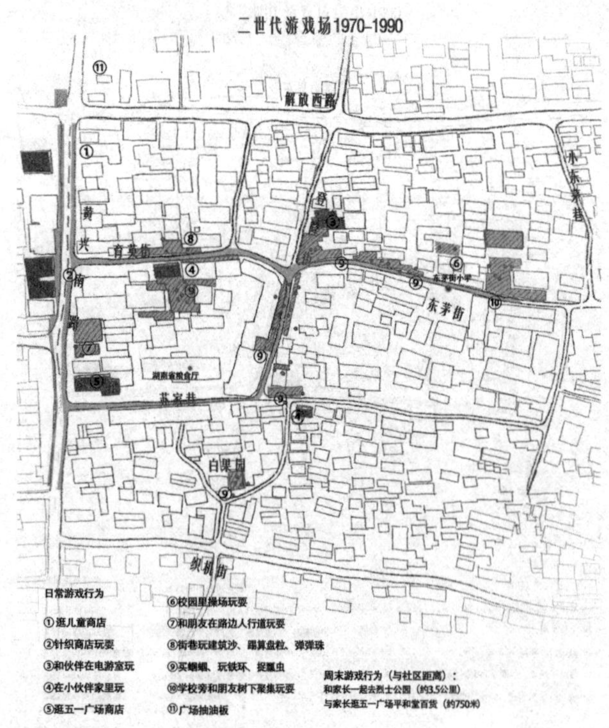

父辈时期居住空间及游戏场（第二世代）

3.2.2 游戏转向室内与虚拟空间

这个时期的长沙店铺在傍晚就已关闭，大部分孩子们晚上的户外游戏时光变成室内活动。“晚上店铺就关了，天黑会有点危险，饭后我们一般会在家看电视”（李贝）。此时白果园附近已经鲜有商铺，而长沙剧院经历 1966 年停业，1972 年复业，并于 1986 年改建成舞厅。功能的转变使得其可供儿童看戏、看电影游戏的功能消失，戏剧文化也从儿童游戏中脱离，儿童的户外游戏种类骤减。随着80年代初国内单机游戏引入市场，室内游戏向虚拟游戏转变，登隆街的电游室，成为当时儿童们的游戏选择之一，儿童常常会三五成群凑钱去电游室玩耍，电游室成为孩子们的“秘密基地”。

3.2.3 邻里熟知且玩伴关系紧密

“游戏伙伴既是邻居又是同学，和邻居家很熟悉，门大都是敞开的，差一两岁的小朋友也能玩到一起去。东茅街巷子里还保留了我同学家的房子（门口做了标记），但是现在已成空房”“当时四五个小伙伴一起滚铁环、玩建房子的沙子，有时还会一起踢算盘粒，抽油板，跳绳”“那个时期家人在上班，我们一般自己出去玩不会和家里报备，再说当时也没有手机这种通讯方式”（李贝）。即便通信技术略有滞后，社区人员复杂度不高、儿童与邻里之间相互熟悉使得家长对于儿童独立出行的限制不大。家长有时会拜托邻居帮忙看护儿童，有助于邻里与玩伴之间的联系建立。

3.3 孙辈时期（20世纪90—21世纪10年代）

这一时期，社区及周边环境受快速城镇化影响发生较大变化。1990年黄兴南路（黄兴路更名）步行街修建完成，不再通车。90年代末建筑改造，许多一二层的老房子拆建为多层住宅，小东茅巷的房屋全部被拆除，所在地段成为东侧蔡锷南路路基和绿化带；2000年蔡锷南路修建，社区半数低层建筑拆建为多层与小高层住宅。2004年织机街改建为人民西路，同年白果园和化龙池均被定为历史文化街巷，快速城镇化的推进下东侧丰泉家园、鸿盛大厦两栋高层住宅出现。围墙和封闭的大门使得高层住区与原始街巷相隔离，使得社区内部分街巷空间结构发生变化。从赵亦田口中得知，社区居民也经历了一次内部“移民”。“当时我带头搬家，居民陆续搬离原住宅，我就搬到了现在的住所”（赵亦田）。

3.3.1 游戏向虚拟网络空间发展

21世纪，互联网游戏刚刚普及，家里有电脑的儿童成为“孩子王”。这些儿童的家成为聚集活动的据点，网络游戏给儿童的游戏体验带来新鲜感，“每天都玩电脑，有固定关电脑睡觉时间，7点到9点钟玩游戏，邻居小伙伴会到自己家里一起玩电脑，第一次玩网游是二年级，泡泡堂、冒险岛、跑跑卡丁车”（赵朕宇）。虽然电脑游戏成为当时儿童游戏热潮，但总体街巷的肌理与开放社区模式仍旧保持，使得许多过去游戏的聚集模式得以保留。“六七个小伙伴一起玩，有许多是住在外面的，但大部分一起玩的小伙伴都是邻居同学，离得都很近，可以挨个到家楼下喊下来玩，晚上9 ∶ 30（手表看时间）到时间自主回家”（赵朕宇[4]）。

3.3.2 通学功能占据儿童街巷活动主体

随着教育体制改革，使得学生课业压力增加，课外补习班如雨后春笋一般遍布在蔡锷

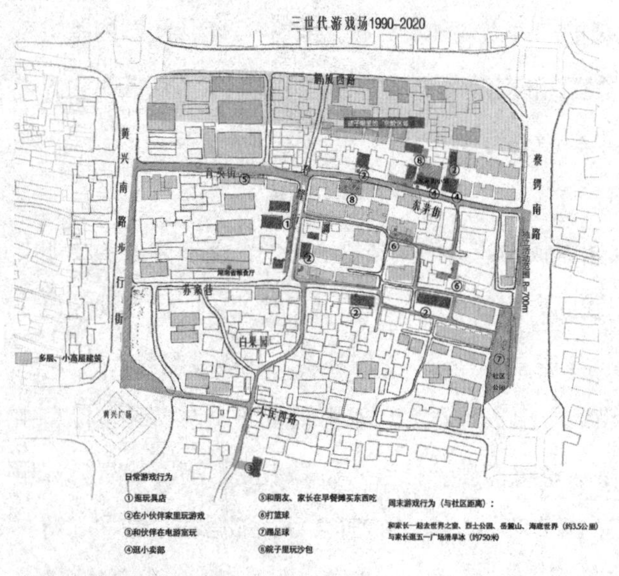

孙辈时期居住空间及游戏场（第三世代）

南路两侧，成为当时儿童们的补课“一条街”。“晚饭后会在人民医院后门对面上书法课，一周两次；三年级时，每周六会去修业小学对面补习英语、奥数、作文，每次都有三四节课时长”（赵朕宇）。在课业压力与网络游戏双重作用下，使得街巷户外游戏时间大幅减少，东茅街作为主要通学路，成为儿童通学与游戏活动的主要场地，街道两侧分布着早餐铺子与零食店，“当时兜里有 5 ~ 10 元零花钱，早上学校门口小摊或者居民家门口自己摆桌，经常在那里吃 1 块钱的炒饭，2 块钱炸鸡柳”“暑假要去社区打扫卫生做实践作业”（赵朕宇），通学与被动的实践活动成为儿童与社区街巷道路互动的引力。

3.3.3 街巷商业空间发生变革

2011 年黄兴路地铁开始修建。随着地下交通的普及与人流的增多，社区周边的公交车逐渐被地铁替代，下半年社区北侧国际金融中心始建，至 2018 年完工。2016 年，白果园—化龙池片区进行步道建设与社区基础设施优化。自 2018 年起社区开展有机更新活动，观音井巷、东茅街巷、丰盈里巷、丰盈西里巷、苏家巷等进行更新，涉及建筑改造、片区内道路与广场功能优化、耕耘圃景观美化。“正值国金商业中心区域进行修建，登隆街、东茅街曾经变为盒饭‘一条街’以满足大量工人用餐需求”（龙欣[5]）。同年，社区开始进行外来招商引资，许多青年商户入驻，玩具店、小众服装以及潮流首饰店等新兴业态加入，社区历史街巷风貌、地理位置的特殊，也为社区引入大量的流动人口，增强了社区的活力。而伴随着现代儿童游戏生态发生变化，在儿童眼中社区神秘的、可探索的空间较少，可停留的空间较少，儿童的“秘密基地”逐渐消失，儿童难以在某处驻足[19]。

3.4 当代（21 世纪 20 年代）

2020 年，社区三轮有机更新完成，社区内环境得到进一步美化。社区外部交通便捷度提升，许多青年商家入驻到社区主要街巷建筑一层，社区活力被进一步激发，出现了以登隆街店铺以居民日常生活性为主，苏家巷、育英街、观音井巷等街巷店铺以休闲娱乐为主的新旧互融商业景象。

3.4.1 儿童活动安全感降低

进入互联网时代，手机、智能手表普及使得孩子们的游戏方式发生改变。儿童有时会聚集在东茅街小学附近零食店铺或者空地一起玩网络游戏、绘画、做作业或看书等，有时也会相伴去黄兴广场玩具店。“朋友到楼下喊我出来一起玩”（小朋友1[6]），大量的人流和自由出入的私家车也造成社区居民的出行问题，有家长会提醒儿童独自出行时避开周末游客聚集地，“周末白天在家或者和妈妈去逛街，很少在楼下院子玩，都是车，楼道里有许多陌生人出入不安全，妈妈不允许我独自下楼出门”（小朋友2）。

3.4.2 儿童交往方式变化

社区内部分低层、多层居住的儿童，周末会自发和小伙伴一起在社区内玩耍，部分高层居住儿童则出现独立出行的限制，需要家长的陪同或获取许可，“有时奶奶找社区朋友玩会带我一起出去，我会找社区的小学同学玩儿”（小朋友2）。此外，社区内的小卖部成为儿童游戏与交往的重要场所，“妈妈不在家的时候我会带弟弟去楼下的小卖部玩，那里有好多吃的和玩的”（小朋友3）。“学校门口有三家小卖部，但是我最喜欢中间那个”（小朋友4）。社区内一起游玩的伙伴大部分都住在东茅街小学附近，儿童玩伴的年龄也逐渐倾向于同龄，而与社区其他居民联系不强，邻里交往缺失[20]。随着交通方式便捷度的提高，许多儿童玩伴的结识以家长为媒介，有时互相熟识的育儿家庭也会相伴带子女到城市公园以及近郊乡村出游，以向外寻求自然空间。

3.4.3 社区儿童游戏场重塑的探索

虽然社区基础设施受限，但儿童始终具有将街巷空间转化成游戏场地的能力，而当今城市居住建筑向高层高密不断发展，游戏网络化趋势下，儿童游戏空间发生逐代改变，过去以街巷道路为主的自发形成的游戏场正在逐渐消失，儿童的户外游戏逐渐与社区剥离的现象愈发显著。在政策保护作用下，社区大部分的街巷空间与空间属性得以保存，在街巷中生活的儿童的游戏空间与方式在一定程度上有所继承，但对于当代儿童来说，游

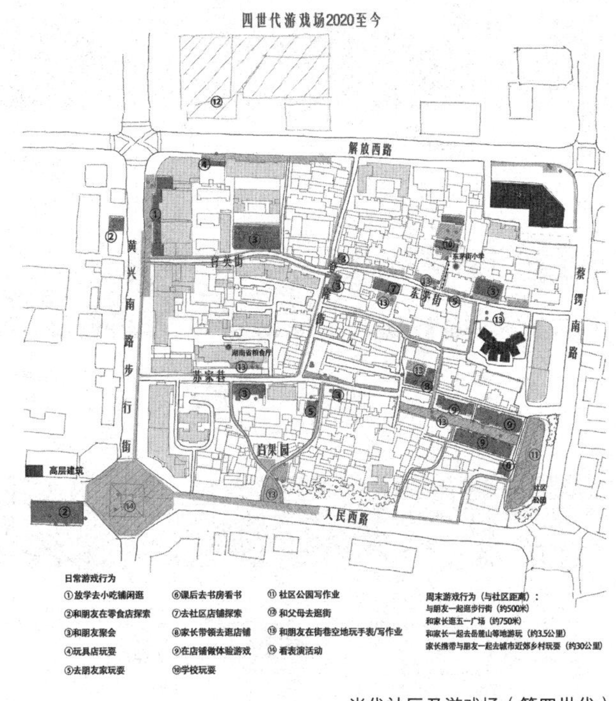

当代社区及游戏场（第四世代）

戏生态已然发生变化，丰富多彩的外部环境对于儿童具有更高的吸引力，这对当代社区街巷空间的更新提出了更高的要求。

在更新的过程中，可以尝试采取以儿童为主体的方式，通过以游戏为形式的方式带动社区全龄居民，增强儿童接触自然空间、历史文化与居民邻里互动参与社区治理的机会，重塑社区街巷空间与儿童游戏的链条。2015 年起，湖南大学儿童友好城市研究室介入丰泉古井社区更新进程，带动以儿童为主体的居民参与到社区治理事务，如举办街巷游戏节、共建社区花园等以社区街巷为载体，居民为参与主体的工作坊活动，以期能够进一步增强居民与社区街巷之间联系，并得到许多反馈，“这个小花园是对我有意义的地方，因为是我做的”

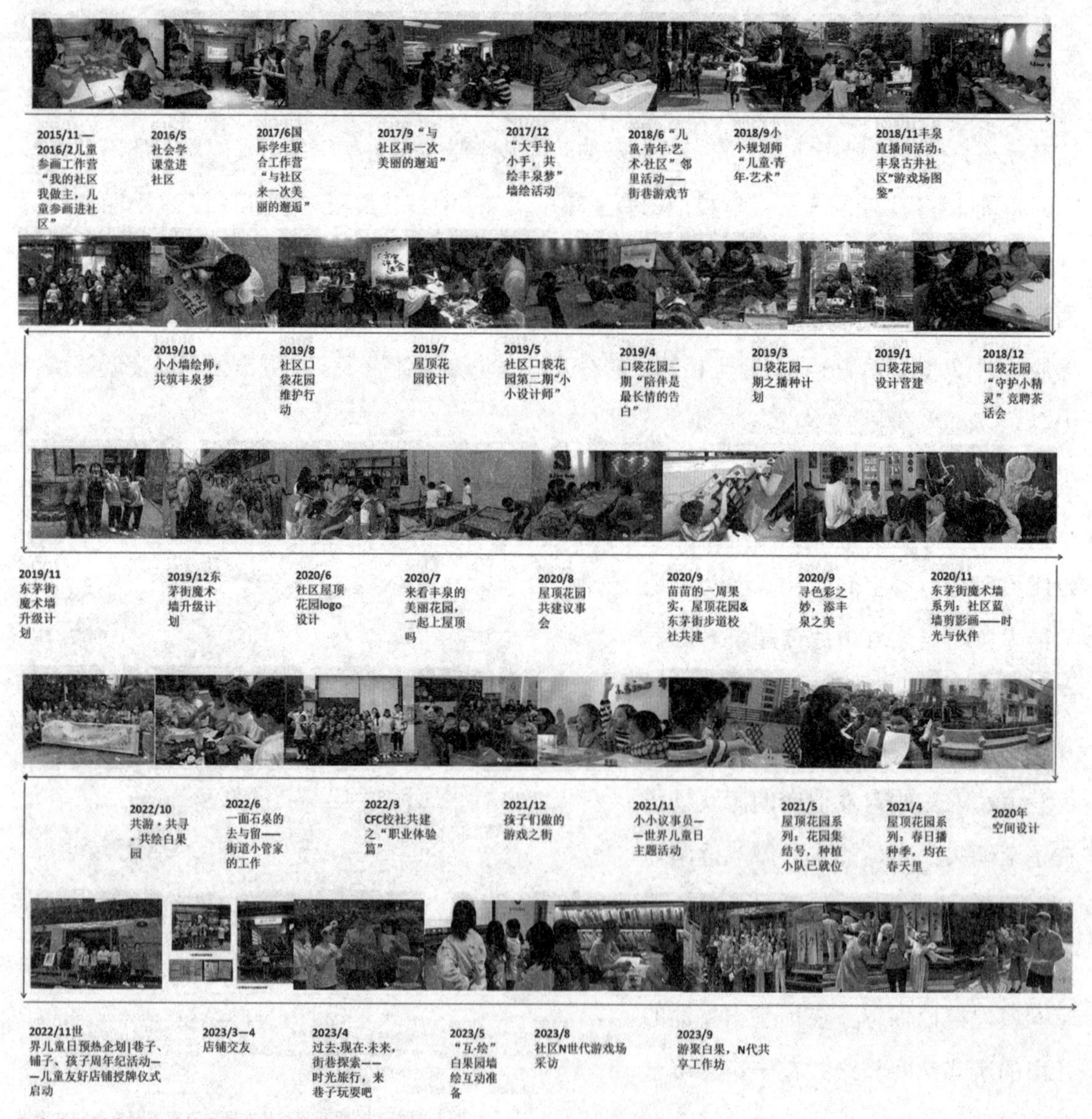

儿童友好城市研究室在丰泉古井社区开展的工作坊活动

（小朋友5）[20]，“之前当社区小导游时发现了这个可以游戏的好地方”（小朋友6），“我们曾经在小石桌旁边进行角色扮演，探讨石桌是否要留下”（小朋友7）。

4 总结与启发

本文以儿时游戏视角，对儿时居住在社区的四代人进行口述访谈，探寻不同时期的社区、居民对儿时游戏的记忆以及与街巷、邻里的情感联系。通过对居民的口述访谈发现，四代人的居住环境发生了较大的变革，包括街巷空间内建筑功能、层数的变化，人口、邻里关系的转变等等，反映在不同时期儿童游戏经历的变化，游戏空间向社区外分散，游戏类型趋于室内与网络化，游戏时间减少，儿童与社区、邻里社区街巷空间的联系正逐渐减弱，对于街巷空间的记忆被复杂的网络游戏世界取代，这是伴随着城市不断发展而出现的普遍现象，不难想象高层住宅小区这一现象更为突显。社区街巷空间是承载社区居民情感的社会交往场所，是儿童户外游戏活动的非正式空间，也是儿童的“第一游戏空间”。社区的记忆与情感根植于此，又因此进一步创造更为深厚的地方感。最后，如何在儿童游戏生态发生较大变化的背景下，重塑儿童与社区及社区街巷空间的联系，需要在城市更新过程中进一步思考。

1　王银文，女，1945 年生，1945 年居住在小古道街，曾工作于织机街红星织布厂。
2　赵亦田，男，1943 年生，1952 年起居住在白果园 1 号（今程潜公馆），曾工作于长沙市军管会。
3　李贝，男，1980 年生，儿时就读于东茅街小学，在地居住至今。
4　赵朕宇，男，1994 年生，上述第一代被访人赵亦田嫡孙，童年就读于东茅街小学，自出生起在地居住至今。
5　龙欣，女，1974 年生，2012 年就任芙蓉区定王台街道丰泉古井社区居委会主任，2013—2020 年任社区党委书记，现任芙蓉区民政局党组副书记、副局长。
6　小朋友 1—7，为工作坊活动非正式访问，居住在今丰泉古井社区，就读于东茅街小学。

参考文献：

[1] 张卫，唐大刚．空间组构视角下城市近代住宅的特征演变研究：以长沙为例 [J]. 现代城市研究 ,2019(1):82-87,110.
[2] 王鲁民，许俊萍．宅内行为模式与集合住宅格局 :1949 年以来中国集合式住宅变迁概说 [J]. 新建筑 ,2003(6):35-36.
[3] 王思锋，金俭．中国住宅合作社的发展变迁与现实思考：以当前住房保障为背景 [J]. 理论导刊 ,2011(9):73-75.
[4] 李学斌，黄晓星．社区秩序形态的变迁与元治理秩序的形构：基于 Z 市两个住宅小区的案例研究 [J]. 学术论坛 ,2021,44(3):87-98. DOI:10.16524/j.45-1002.2021.03.007.
[5] 乌敦，阿拉腾图娅，木希叶乐．基于 GIS 的呼和浩特市近百年街道时空演变及其特征分析 [J]. 地理科学 ,2019,39(6):987-996. DOI:10.13249/j.cnki.sgs.2019.06.014.
[6] 周麟，田莉，张臻，等．基于空间句法视角的民国以来北京老城街道网络演变 [J]. 地理学报 ,2018,73(8):1433-1448.
[7] 刘佳燕，邓翔宇．权力、社会与生活空间：中国城市街道的演变和形成机制 [J]. 城市规划 ,2012,36(11):78-82,90.
[8] Wang, F., He, J., Jiang, C. et al. Evolutionof the commercial blocks inancient Beijingcityfromthe street network perspective[J].*Journal of Geographical Sciences*,2018,28(6):845-868.
[9] 大村璋子．「自分の責任で自由に遊ぶ」遊び場づくりハンドブック [M] 京都：ぎょうせい株式会社 ,2000:3-9,15-16,157-160.
[10] 木下勇．遊びと街のエコロジー [M]. 东京：丸善 ,1996.
[11] 梅珍兰．童年的意义、困境与出路 [J]. 全球教育展望 ,2013,42(3):99-107.
[12] 子どもの游びと街研究会．三世代游び场图鉴：街がイトらの游び场だ ![M]. 东京：风土社 ,1999.
[13] Yao,Shen,Kinoshita Isami and Hu Huiqing. Children's play environment growing up in urban residential district of China.Proceedings of the 6th Conference of the Pacific Rim Community Design Network[C]// Quanzhou,Fujian,China,2007.
[14] 陶宇．记忆的接续：从社区记忆到记忆社区的心灵实践 [J]. 社会发展研究 ,2023,10(2):99-121,244.
[15] 刘亚秋．口述史作为社区研究的方法 [J]. 学术月刊 ,2021,53(11):123-131,146.DOI:10.19862/j.cnki.xsyk.000307.
[16] 网红芙蓉｜古城有古井，传承芙蓉记忆 [EB/OL].(2021-04-21).https://m.thepaper.cn/baijiahao_12319352.
[17] 王瀚，陈超．台湾地区选民政党认同的世代差异——基于 TCS 调查数据的分析 [J]. 台湾研究 ,2019(1):50-59.DOI:10.13818/j.cnki.twyj.2019.01.010.
[18] 老黄兴路的变迁：从南门口到小古道巷 [EB/OL].(2021-04-13).https://www.sohu.com/a/460500517_100000683.
[19] 云华杰．儿童友好视角下的街巷空间更新策略研究 [D]. 长沙：湖南大学 ,2020.DOI:10.27135/d.cnki.ghudu.2020.000994.
[20] 刘梦寒．城市儿童的社区空间意象特征研究 [D]. 长沙：湖南大学 ,2020.DOI:10.27135/d.cnki.ghudu.2020.001023.

结合口述与文献资料探寻耒阳石湾古建筑群的价值 *

罗珞尘 韩晓娟
湖南大学建筑与规划学院
蒋柏青
耒阳市纸博物馆
陈翚
湖南大学建筑与规划学院、湖南省地方建筑科学与技术国际科技创新合作基地、砖石质文物智慧化保护利用技术湖南省重点实验室、湖南省测绘地理信息学会文化遗产保护专业委员会
苏晶
湖南大学设计研究院
覃立伟
湖南大学建筑与规划学院

摘要：城镇化进程对乡村历史建筑的保护构成了严峻挑战。目前，乡村历史建筑的研究及遗产申报过程中，资料信息的不足已成为维护其真实性和独特性的主要障碍之一。采用口述史研究方法能有效地弥补这一缺陷，为研究增添丰富的人文和历史维度。本文选取湖南省耒阳市石湾古建筑群作为案例，结合口述记录、史志资料和碑文族谱等，探讨口述史与文献资料相结合在乡村历史建筑研究中的应用。

关键词：石湾村古建筑群；口述史结合文献资料；价值研究；乡村历史建筑

1 引言

在数次调研耒阳石湾古建筑群的过程中，笔者有幸结识了一位在石湾村工作数十载、年逾七旬的老组长：曾祥古。通过与他的交谈，了解到石湾古建筑群面临的诸多挑战：人口流失和村子“空心化”导致建筑群形制的变化，建筑面积减少到鼎盛时期（清朝）的四分之三；加之管理不善和保护力量薄弱，许多珍贵的建筑构件遭到盗窃，尽管村民尝试维修和保护，但常常力不从心。石湾的困境不是个别现象，而是我国许多乡村历史建筑共同面临的挑战。

近年来，政府对乡村历史建筑的重视度有所提高，提供了多方面的支持和保障，但随着保护进程的深入，学者们意识到文献资料缺失成为乡村历史建筑保护修缮的又一大挑战。基于这一背景，本文以耒阳石湾古建筑群为例，在搜集与整理资料的工作中引入口述史研究方法。通过建筑本体、文献资料和口述记录三者相互印证，全面了解历史建筑的文化内涵和社会意义，为后续的保护修缮工作提供有力的指导[1]。

2 研究背景

“历史建筑”一词通常描述的是具有文化、社会、情感或技术价值，但在稀缺性和代表性上较为普通，且建造时间较短的当代建筑[2]。第三次全国文物普查（2007—2011年）表明，在过去30年中，超过4万处的不可移动文物已消失，这还尚未计入那些未认定为文物保护单位的历史建筑。如何有效地保护这些历史建筑，成为建筑学者面临的一个关键问题[4]。

自世纪之交以来，口述史研究被广泛运用于建筑学领域，有效地解决了既往单一文字资料研究造成的信息片段化、文化记忆丧失、保护策略不合理等问题。在对耒阳石湾古建筑群的调查研究中，通过文字资料能获取的信息十分有限，许多细节需通过村民的讲述才能完整理解。结合曾祥古老人[1]和村民们的口述记录、有限的文献资料和族谱碑文，我们能更准确地理解相关历史文化信息。由此可见，口述史研究在历史建筑研究中扮演着重要角色。然而，随着城镇化进程的加速推进，人口外迁、村舍荒废、记忆流失等问题日益凸显，了解相关历史背景信息的人日益稀少。因此，及时获取口述资料就显得尤为迫切。

3 石湾村古建筑群概况

3.1 历史信息

石湾古村位于湖南省耒阳市公平圩镇下辖的行政村内，占地面积约为4.3平方公里。石湾村内有耒阳市（县级）文物保护单位石湾古建筑群，以及4A级旅游景区“蔡伦竹海”，两者之间距离不足20公里。文献资料对于石湾古村的历史记载较为匮乏，然而，值得庆幸的是，曾祥古老人长期致力于石湾古村历史信息的整理，并完成族谱修订工作。他详尽的口述为我们提供了完善近代以来石湾古建筑群缺失的历史背景信息的机会：

笔者访谈石湾村曾祥古老人

曾祥古（以下简称曾）｜我们这个古建筑群有500多年的历史，整个村子也有870多年历史了。曾氏第四十代子孙仁旺公从武昌迁入耒阳县，经过7代人的经营，在耒阳县建立了曾氏宗祠。四十七代子孙仲连公从耒阳迁入石咀上，仲连公的儿子耆佑公字号“石湾”，他从石咀上迁入现在的石湾古村。耆佑公后经人俊公来到五十代祖先朝贵公，当时正是改朝换代的时候。进入明朝政局相对稳定，人丁逐渐兴旺。朝贵公育有八个儿子，文一郎至文八郎。从这一代开始基本形成石湾古村现在的格局。因为文一郎没有子嗣，我们这一房也就是文二郎一房，守着下湾里的祖先堂，我作为这一房的大房，负责日常事务管理和族谱的修订。

罗：石湾村是因耆佑公得名的吗？

曾｜主要是这个说法。据说是因为耆佑公为人十分正直，一位老先生说你就叫石湾吧。在我们这，石湾用来形容人很正直。也有说是因为修建祖先堂时打造的一对石鼓，现在已经将它埋入地下，为了保护用水泥把它盖住了，以后要翻新祖先堂的时候再把它搞出来。

罗：所以您这一房就定居在石湾古建筑群了？那其他一脉是分居到别处吗？

曾｜对，就是我刚提到形成的格局。朝贵公的八个儿子中有记载的，文三郎分到上湾里，我们这叫下湾里，都属于石湾村；文四郎和文五郎相传迁到四川和广西；文七郎搬到现在的新湾里和老湾里；文八郎因为喜欢读书，深受朝贵公喜爱，刚好耒阳潭下大水洞留有仁旺公传下的产业，八郎便迁到耒阳县谭下大水洞定居。

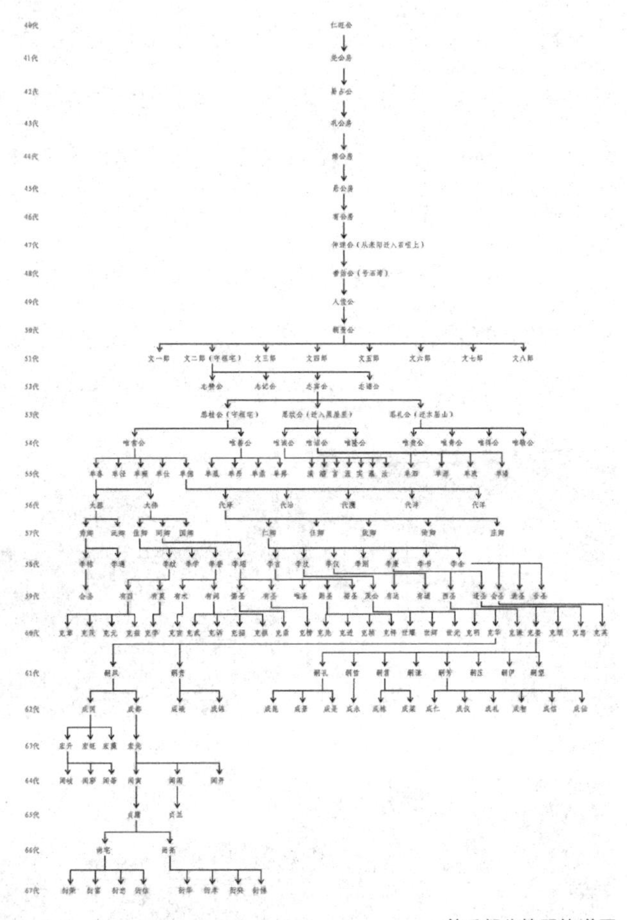

曾氏部分简明族谱图

罗：听您介绍，咱们古建筑群也划分成好几个部分，能给我讲讲它们的形成和关系吗？

曾｜我们这一房随着家族的壮大发展，祖先们开始寻找土地并兴建房屋，陆续建成老屋里、黑屋里、宪行里、新屋里等建筑。这些建筑群的分布格局像船舶，因为船的形状代表漂泊不定，思字辈的祖先于是又建了金龙山、桂林庵、谷仓等建筑，象征船的桅杆。虽然在风水上加以布置，北风的侵袭仍无法避免，因此又兴建了灶王殿。这就形成我们石湾古建筑群现在的格局。

3.2 形制演变

从地形格局上看，石湾位于耒阳市的南部，位于老官道老牌坊以东的丘陵山麓之下，小水河上游的石湾江从洞中蜿蜒穿过，两侧有千亩良田。古建筑群总占地约 2 万平方米，现存的古建筑多为清朝时所建。曾祥古老人同我们讲：按形制，石湾古建筑群包括 7 个村（这里的村仅为区分，并非行政村域），对应 7 个大门，每个大门上都有曾氏家族的堂号，分别对应：曾珊湾里村的三省第，建于元朝末年；红里上村的南武城第，建于明洪武年间（1368—1398）；老屋里村的南忠恕第和曾贞安祖屋，建于明永乐年间（1403—1424）；仁卿村的北忠恕第，建于明朝永乐年间；黑屋里村的武城第，建于明正统年间（1436—1449）；宪行里村的北武城第，建于清朝顺治年间（1644—1661）。黑屋里村的大学传家，建于清乾隆年间（1736—1795）。

石湾古建筑群的现状经历严重的损毁和衰败，其中两座武城第和三省第完全倒塌重建，其他建筑也多陷于断壁残垣的状态，或因改建失去原貌。据文献资料记载：石湾古建筑群按形制可以划分为三个主要区域。首先，位于村南侧的第一区域建筑面积较大，主要以“大学

三省第（遗址）

红里上村南武城第

老屋里村南忠恕第

金龙山

黑屋里村武城第

宪行里村北武城第

黑屋里村大学传家

仁卿村北忠恕第

灶王殿（后育婴堂）

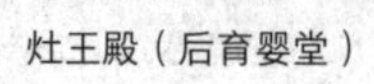

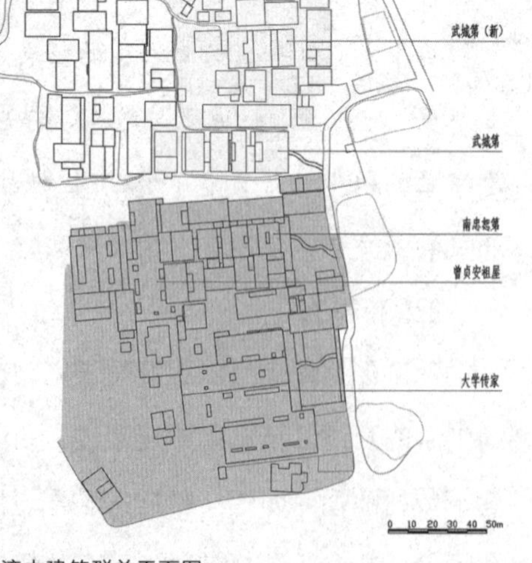

石湾古建筑群总平面图

传家”为核心，呈现出三进四厢的院落布局。其次，位于村中部的第二区域，现存的传统建筑规模不大，包括“曾贞安祖屋”“忠恕第”“武城第”等院落，沿地形布局，形成一个整体建筑群。第三，位于村北侧的区域，包括清乾隆年间建造的金龙山庙宇和光绪年间（1875—1908）建造的灶王殿。虽然现存的建筑仍有200余间大小房间，但石湾古建筑群的占地面积仅为原来的四分之三。

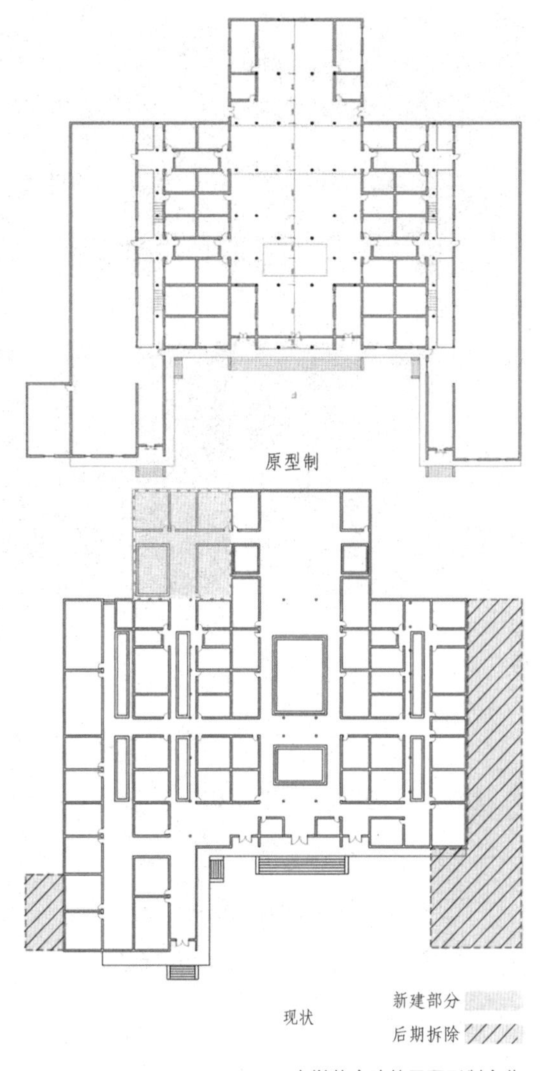

大学传家建筑平面形制变化

主要原因归为两点：首先，据碑文记载，建筑群自发性修复多，缺乏资金支持和专业指导，如对原本的石砖墙面进行抹灰处理、拆除两侧耳房随意改建、用钢筋混凝土柱代替出现受力问题的木柱等。不过，好在有一群以曾祥古老人为代表、文物保护意识强的村民，保留了原有构件，为未来的修复提供了可能性。其次，曾祥古老人提到：管理不善也是导致建筑衰败的重要原因，诸如咸丰皇帝赐的将军匾在抗日战争期间失窃；建筑内的精美木雕、汉白玉工艺品和砖块也在近些年遭遇盗窃。

罗：听村民说石湾板桥以前很著名，现在还在吗？

曾｜不在了，听老人说石湾板桥一共有九块石板，每块的重量有数十吨。因为2012年我们这边发大洪水，需要板桥两边的墩子来堵洪水，就拆掉了。当时沿线一条包括二郎祠、金龙山、灶王殿、桂林庵、谷仓、忠义祠、祭魂塔、习字落、石湾石板桥，现在就剩灶王殿和金龙山还在了。

罗：那别的是因为什么原因消失的呢？

曾｜像二郎祠，是前几年维修不当拆了；桂林庵、谷仓和忠义祠是七六年定为危房拆的；习字落和祭魂塔是“文革”毁的。

据曾老讲述，现存的灶王殿与金龙山，曾与二郎祠、育婴堂、桂林庵、谷仓、忠义祠、

保留的原柱础

汉白玉门槛

汉白玉窗框

祭魂塔、习字落、石湾板桥这些特殊构筑物，共同勾勒出石湾古建筑群的壮美风景线，承载着石湾古村的历史文化记忆。例如，忠义祠、祭魂塔是为纪念石湾村在抵御太平天国战争中的贡献而建造的，记录着石湾建筑群的往日荣光；而二郎祠、灶王殿则代表石湾村民的民间信仰文化。然而时至今日，这些构筑物已损失殆尽。仅存的金龙山和灶王殿也面临着保护不善的困境。灶王殿自“文革”后被征用为育婴堂，现已荒废；金龙山虽经过多次修缮，却已失去了历史的痕迹。曾祥古老人痛心疾首地向我们详细讲述了古建筑群的变迁，结合碑刻和文献资料，我们得以大致还原石湾古建筑群的演变与发展历程。

3.3 建筑特色与结构特点

石湾古建筑群中现存的传统建筑多为明清时期的遗存，展现了典型的耒阳地方民居的多进式院落特色。与传统的三进三出古民居不同，石湾古民居按照六进六出的规制进行建造。这些古民居基本位于同一地平线上，呈现中轴线对称布局，依山傍水，采用砖木结构，覆盖小青瓦、五山封火墙和金字墙。每个院落的形制相似，前面设有大禾坪，在还未修水泥路之前用 2 米高的矮墙围合成前院，矮墙上还设有枪眼，用于防御。建筑形制通常包括锁头形门厅、下天井、前厅、过堂、中厅、上天井、祖堂、左右耳门、回廊、厢房等建筑设施。石墩、木柱、檐枋等雕有龙凤、瑞兽、花草等装饰图案。屋脊有吻兽、灰塑等构筑。各院落的建造均采用砖、石、木结构，修建方法相似，房屋的尺寸大致相同，建筑外观和造型一致。每户院子侧面设有边门过小巷与相邻院子相通，合理布局采光透气，使整片院落户户连贯，形成一个完整的古民居群。

石湾古建筑群的选址、建造、形式和风格都展现了耒阳传统建筑的特色，尤其是五山封火墙、悬山顶和清水墙面等元素，体现了湘南传统民居的特点。据曾祥古老人介绍，像清乾隆年间建的金龙山庙宇、光绪年间建的育婴会，都有一定规模。特别是金龙山庙在嘉

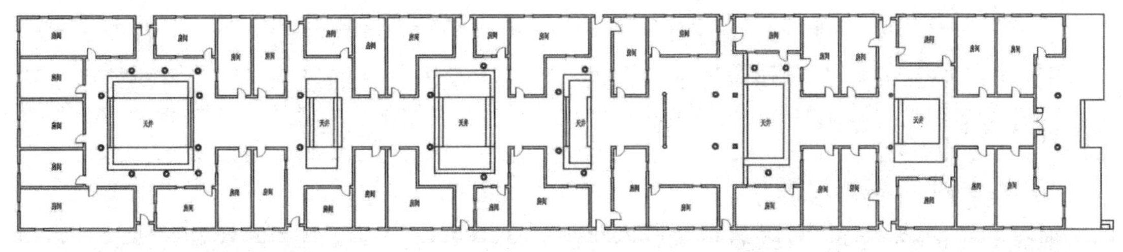

北忠第平面现状图

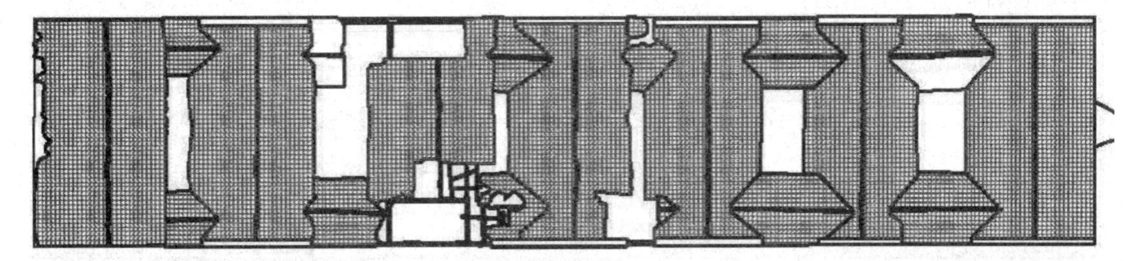

北忠恕第屋顶现状图

五山封火墙

脊刹装饰

穿插枋

门槛

天井

防护挑檐

庆、同治年间及民国时期都有碑刻记载，曾数次进行修缮，现在仍能看出旧时旺盛的香火。石湾古建筑群仍然保持着明、清两代和民国时期特色，刻在石头上的那些堂训和家规，显示了古村曾经的严谨和繁荣。

4 石湾古建筑群特有文化价值

作为文化遗产的重要组成部分，历史建筑在当今社会越来越受到人们的重视。这种重视不仅是出于对文化遗产的保护需求，更源于对社会文化发展的深刻认识和对民族精神的传承。在保护乡村历史建筑文化记忆方面，口述相传起着至关重要的作用。在对石湾古建筑群进行的两次调研中，我与曾祥古老人进行了深入交流，详细了解了石湾古建筑群所蕴含的独特历史与文化价值。

4.1 曾国藩与石湾古建筑

根据族谱记载：当年曾国藩被钦点翰林后，拜访同族，也是为了筹备上京钱款，先到了耒阳另外的两个曾家大村，却没有筹到多少，于是坐船返回耒阳城。曾贞安的母亲罗氏听说后，立即吩咐儿子立马备轿，第二天清早去耒阳接曾国藩来石湾，大办酒席，热情款待。曾国藩在石湾一住四十余天，并在石湾留下不少墨宝。村里的老人说小时候在书房楼上还看见过。曾国藩回湘乡，从清水铺码头上船，曾贞安派人挑了六担银钱送到船上。太平天国第二年，攻打湖南，曾国藩驻衡阳招募乡勇，曾贞安帮助筹资银洋一万元，招募了500多名乡勇。后来这些人都战死，为了纪念他们，咸丰皇帝降旨修建忠义祠和祭魂塔，赐予将军匾和半边金卯，供奉在祖先堂。道光二十五年（1845），石湾村新屋起造；咸丰八年（1858）落成，大办喜酒，请曾国藩赴宴，曾忙于国事，便派其弟曾国荃携其亲书“清军府”和“恺悌宜人”两块金匾前来祝贺。可惜两块金匾也在1958年时不知去向。

据村里老人言，曾国藩从石湾招募的500名壮士，并非全部都战死。一小部分幸存下来的乡勇由于曾国藩担心他们过于自负，不服从管教，被处决。这也解释了为什么称之为“忠义祠”而非“忠烈祠”。范文澜先生的《中国近代史》中对曾国藩的描述，提供了对这一说法的支持：“曾国藩不仅消灭了太平天国的农民起义，还消灭了一大批农民中偏向反叛的乡勇。”“消灭革命的一部分，转过来又消灭被利用者，所谓兔死狗烹……”[6]

4.2 红军与石湾古建筑群

根据记录[7]，1928年4月，湘南起义失败后，朱德、陈毅率领的部队前往井冈山与毛泽东会师。途经耒阳小水的金沟湾时，受阻于白色势力的驻扎，红军难以前行。

大学传家侧门上的红军标语

朱德将军的马用过的马厩

罗：刚刚我们在大学传家后院看到的马厩，您说朱德将军的马当时就拴在那，能为我们讲一下那段历史吗？

曾 | 当时湘南起义失败后，朱德的军队从我们这经过，到小水的金沟湾过不去了，因为白鬼子在那，不让红军过去。是我们这个村九组的一个老人

和他的亲戚经常在那边走，就带着红军从小路水沟里面过去了。

罗：朱德的部队当时是在石湾住过几天吗?

曾 | 是的是的，住了几天。还有一个有意思的传闻，之前听老人说的：白鬼子来村里抓人，因为我们这以前不是现在这种大路，都是那种石板路，村前面都是用石板围起来的，我们每个建筑群之间都是相互连通的，而且道路狭窄，后来白鬼子没抓到人，反而迷了路。

建筑群遍布的红军标语和这些口述故事展现了石湾古村与红军之间的渊源，突显了石湾古村在当时军事行动中的地理和建筑环境重要性。

4.3 育婴堂功能演变

石湾育婴堂位于村东侧的一隅，据碑文记载，始建于清朝咸丰初年（1851），至今已有172年的历史。由当时六房公的贞培公、贞萱公、兴闾公等捐资建造，为四逢三间的堂栋。多年后，石湾知名的乡绅春甫先生、华甫先生捐资建了第二栋和配套的厨房、厕所，以及一些摇床、座栏等设施，当时育婴堂共收留了几十名因贫困和残疾而被遗弃的小孩。

罗：育婴堂是你们这很特别的建筑，刚刚在灶王殿和金龙山里看到许多关于育婴堂的石碑，能给讲讲育婴堂的历史吗？

曾 | 育婴堂始于咸丰初年，用于同治年间，最开始建造的目的类似于现在的福利院，家里实在养不起孩子，就送到这里，后来育婴堂倒塌了，就征用了前面的灶王殿，石碑都移到灶王殿和金龙山。抗战时期，育婴堂被用做仓库。解放后又改成合作医疗社，相当于现在的社区医院。

罗：现在灶王殿旁边的金龙山是新建的吗？

曾 | 不是新建的，那是老房子，是后来翻新了。最开始金龙山和育婴堂是一样高的，像侧墙都是原来的，只是贴了一圈新的瓷砖，金龙山过去是和尚住的地方。

罗：灶王殿为什么没用了？

曾 | 因为当时反对封建迷信，所以就用做育婴堂了。

罗：刚刚看到金龙山边上的观音堂，也是以前修的吗？

曾 | 不是，那是一几年才修的，因为金龙山是和尚住的，观音堂就住的尼姑，也是后来为了祭拜观音菩萨修建的。

据曾祥古老人讲述，曾国藩到此受到捐助和朱德兵败到此避难时，都夸赞石湾村为民办事的社会风气做得好。结合碑刻记载，不禁让人感慨：几经变迁与功能置换，育婴堂不变的是其公共属性，以及对于弱势群体的人文关怀。

有关育婴堂的部分碑文石刻

4.4 风水民俗与“歪门邪道”

作为全国姓氏族谱中最全的姓氏之一，石湾古村的曾氏后裔自清代至民国逐渐形成颇具规模的古村，同时也传承发展了独特的家族文化与民俗信仰。村内的七座大院分别使用了“忠恕第”“大学传家”“武城第”“三省第”四个不同的堂号，这在同姓村落中十分罕见。据曾祥古老人讲述，这些堂号背后都有其独特的寓意：忠恕第代表“忠心处己，恕道待人”的家训；武城第象征着他们的发源地山东武城；三省第有传言说是代表他们迁徙至耒阳的三个省，也有说是象征“吾日三省吾身”；大学传家则是村中过去出了很多读书人，是一种荣誉的象征。据村民们讲述：过去，村里有中秀才或及第的，还会在大门道路尽端的位置修建当地特有的甲子门，但如今这些构筑物早已不复存在。

此外，调研过程中还发现了一些有意思的现象。所有通向大门的石板路都是弯弯绕绕的，建筑群的大门也与立面有一定角度。据曾祥古老人介绍，这些路的尽头都朝着过去的石板路，而弯弯绕绕的设计一方面体现着当地特殊的风水寓意，象征着龙摆头，而路的尽头抬高的设计则象征着龙抬头；另一方面，大路笔直对向大门（尤其是祖先堂）会有煞气，而史书记载石湾古建筑群南面有一个龙形口，被视为风水宝地，大门要朝向它，但又不能正对，以免被吞噬旺气。所以石湾建筑群的大门朝向不尽相同，这种设计蕴含着石湾村民对传统风水的理解与尊重。

5 总结与思考

了解石湾村古建筑群往昔的辉煌与繁荣，对比现今仅存的两座基本完整的建筑群，不难感叹曾家族的兴衰变迁。这一家族曾与唐宋八大家之一的曾巩有关，本应继承“曾子文章众无有，水之江汉星之斗”的文学传统[8]，将祖辈的文学才华与清廉家风发扬光大。然而，历史的巨浪不幸将其卷入，造成家族文化与遗产几乎被洗刷殆尽。目前，仅能依靠有限的文献资料和日渐模糊的碑文石刻，勉强窥见这段历史。通过对石湾村曾祥古老人和村民的访谈，收集了丰富的口述信息，并与文献资料相结合，进一步了解了石湾古建筑群的历史演变、性质变化、建筑特色和结构特点。这一过程不仅挖掘了石湾村独特的历史记忆和民俗文化，而且为建筑修复工作提供了指导。此外，口述史的收集与分析强化了社区的参与意识，为历史建筑的传承和保护工作打下了坚实的基础。

本研究的实践还发现，选择口述对象的过程至关重要，应选取那些直接经历过相关历史事件或与建筑有紧密联系的人士，并考虑到其文化背景与社会地位。在与口述对象的互动中，避免提出可能引导回答的问题，更多地倾听他们的叙述，只在必要时提出疑问。通过这种方法，能更准确地理解和记录历史。同时，对口述资料的整理过程揭示了当地政府文献资料中的几处错误。这些资料的不够准确，以及口述资料中不可避免的主观色彩，强调了口述资料和文献资料结合使用的重要性。这种结合不仅能够更接近历史的真实，也是在资料匮乏的情况下，对濒临失传的古建筑和非物质文化遗产的抢救与保护发挥不可替代的作用。

斜道

歪门

入口处“龙抬头”

1 曾祥古，男，1948 年出生于湖南省耒阳市公平镇石湾村，1969 年 12 月加入中国共产党，退伍军人，1988 年至今担任石湾村二组组长，其间积极呼吁保护石湾古建筑群，带领村民募资修缮石湾古建筑，让部分古建筑得到有效保护。2021 年，曾祥古被选聘为石湾村“湾村明白人”，为石湾村的基层治理和建设发展贡献了不菲的力量。

参考文献：

[1] 江攀 . 口述史方法在风土建筑研究中的作用——以访谈重庆江津陈宅后人陈洪佑为例 [J]. 新建筑 ,2022,(2):12-17.

[2] 张松 . 中国历史建筑保护实践的回顾与分析 [J]. 时代建筑 .2013(3)：24-28.

[3] 邢博 , 谢丁丁 , 王庆生 , 等 . 依托文物建筑建设民宿的可行性、挑战与对策 [J]. 城市 ,2022,(11):47-54.

[4] 佚名 .4 万余处文物消失：不可移动文物犹如脆弱的瓷盘 [J]. 东方收藏 , 2012.

[5] 常青 . 建筑学的人类学视野 [J]. 建筑师 ,2008(6):95-101.

[6] 唐河主编 . 曾国藩通鉴 上 [M]. 北京 : 华艺出版社 , 1998.

[7] 《湖南红色基因文库》编纂出版委员会，中共湖南省委党史研究院编著 . 湘南起义 [M]. 北京：中共党史出版社 ,2023.

[8] 陈媛媛 . 寻找逝去的“家园”[D]. 武汉 : 华中师范大学 ,2006.

改革开放初期东南大学建筑设计院如何在国际互动中促进知识流动——基于口述史方法的大学设计院个案观察

张祺 李海清

东南大学建筑学院

摘要：大学设计院发端于社会主义改造时期的“教育革命”，虽在市场化进程中发生变革，仍同时与建筑学科和建筑设计行业相关，成为促进知识流动的基础。研究聚焦东南大学建筑设计院在改革开放初期开始的国际互动进程，针对1980—1990年代在实践层面和教育层面的典型事例，挖掘图纸、档案、照片等史料，并对所涉及主要人物开展口述史访谈，印证、补充图档信息，丰富历史细节，总结其在国际互动中促进知识流动的作用机制：开展学术交流支持建筑教育、通过海外取经促进自身发展、借由多样传播惠及建筑行业。研究反映出该院在市场化进程与机构变革中，保持促进知识流动的自觉。研究可加深对中国建筑学科与行业现代转型过程的认知，也为学科、行业变局之下大学设计院再变革提供历史镜鉴。

关键词：东南大学建筑设计院；国际互动；大学设计院；机构变革；知识流动；口述史

1 大学设计院：知识流动的特殊推手

知识流动是中国现代意义上的建筑学科、建筑行业诞生与发展的关键动力，名家大师、教育机构、设计机构、学术团体[1-9]均发挥了促进作用。其中大学设计院展现出独特价值——既是建筑教育体系之组成[10]，又从属于建筑设计行业，为知识流动提供了更多可能。

1950—1960年代初，清华大学、同济大学、华南工学院、南京工学院等高校始设大学设计院作为产学研结合基地[10]，区别于一般国营设计院集中国家设计力量意图[11]，意在服务建筑专业教育、促进知识流动。大学设计院在步入市场化进程后如何发展变化？是否仍能促进知识流动？运作机制是否有特殊之处？探讨上述问题，有助于加深认知中国建筑学科与行业现代转型过程，也可为当今变局之下大学设计院转型变革提供历史镜鉴。

有关大学设计院，现已积累一定数量的个案剖析，多为概览发展历程、实践成果及其与建筑系科的互动[12-14]，亦有长时段深入考察[15]，反映出大学设计院有助于建筑设计方法、原理、理念等知识流动[16]。研究视角与方法颇具参考价值，但仍待深入剖析大学设计院个体在不同时期促进知识流动的作用机制，为进一步认知大学设计院的角色作用提供可能。

对此，文章针对东南大学建筑设计院[1]展开个案观察。东大院萌芽于1960年学校自设设计院，1965年经教育部批准正式成立，是中国首批大学设计院之一，多年来在业务规模、人员素质、项目获奖、科研成果等多方面也处于头部地位[17]。在改革开放后的市场化进程中，该院在1980年代末开始了实践、教育等层面的国际互动，并自觉促进知识流动，支持建筑教育、促进自身发展、惠及建筑行业，可视作大学设计院运作机制的一种典型表征。

2 改革开放后东大院的国际互动概述

2.1 市场化与全球化时代背景

20世纪70年代初，中国完成军事化国家构建进程，踏上去动员化和全球化再次转型之路。[18]改革开放后，党和国家的工作重点由围绕阶级斗争转向以经济建设为中心，构成国家发展的政治经济底色。

具体到建筑设计行业层面，共和国成立初期建立设计院体制，虽然改善了建筑设计资源配置状况，但行业生产力仍然落后，需要进一步提升与转型升级[19]。

国家方针政策为行业变革指明了方向。十一届三中全会公报提出："积极发展同世界各国平等互利的经济合作，努力采用世界先进技术和先进设备"，政府随后指出，"社会主义现代化建设要利用两种资源——国内资源和国际资源，要打开两个市场——国内市场和国际市场，要学会两套本领——组织国内建设的本领和发展对外经济关系的本领"。[20]改革开放与20世纪90年代经济体制转轨，带来更为紧迫的竞争与对外交流。至21世纪初中国加入世贸组织，建筑市场愈加与国际深入接轨。

时代浪潮下，面向全球、参与市场竞争成为中国建筑设计机构的变革方向[21]，亦影响了大学设计院。

2.2 东大院国际互动早期概况

1979年以来，东大院经历了机构更名与人员扩编（1979年）、设计收费（1982年）、试行技术经济责任制（1984年）、推行全面质量管理（1987年）等诸多变革，成为学校"创收大户"，设计成果也在全国屡次获奖。[22]

时任院长孙光初[2]敏锐觉察到市场化和全球化动向，在1988年度工作计划中明确提出"立足本校，面向全国，走向世界"目标[3]。同年《新华日报》以头版头条报道该院承接国外设计任务事例[23]，可见此举在当地的开拓意义，亦是东大院国际互动历程的开始。

东大院的国际互动在早期便已呈现多元形式，一方面涉足设计实践，包括参与援外项目、与海外机构合作设计；另一方面涉足建筑教育，包括培养外国实习生、与国外高校学术交流、派员出国深造、受国际组织委办培训班等。

东大院国际互动状况（1980—1990 年代）不完全统计

	年份	地点	工程名称	设计阶段
海外项目	1987	索马里	摩加迪沙某商业中心	方案—施工图
	1988	索马里	星月旅馆	方案—施工图
	1989	巴巴多斯	国家体育馆	方案—施工图
	1989	莫桑比克	议会大厦	可行性研究
	1990	美国	夏大希洛分校中国园	方案
	1992	乌干达	中国大使馆三号楼	方案—施工图
合作设计	**年份**	**地点**	**工程名称**	**合作设计机构**
	1987	南京	中心大酒店	香港 P&T
	1990	南京	中日友好会馆	日本 YUUA
	1993	南京	SUMBC 大厦	香港 P&T
	1994	南京	同仁大厦	香港 P&T
	1995	苏州	吴宫喜来登大酒店	香港 P&T
	1995	南京	南京国际金融中心	美国 HOK
	1995	南京	丁山香格里拉花园酒店	香港 P&T
	1996	苏州	盘门酒店	香港 P&T，新加坡 KNG
建筑教育	**年份**	**地点**	**互动事件**	**主要涉及人员**
	1988	南京	UNESCO 委办培训班	孙光初、沈国尧
	1989	日本爱知工业大学	学术报告	沈国尧
	1991	夏威夷大学希洛分校	学术互访	沈国尧
	1991	东南大学	指导英国实习生林凯伦	沈国尧
	1997—1998	英国牛津布鲁克斯大学	前往深造	王的刚

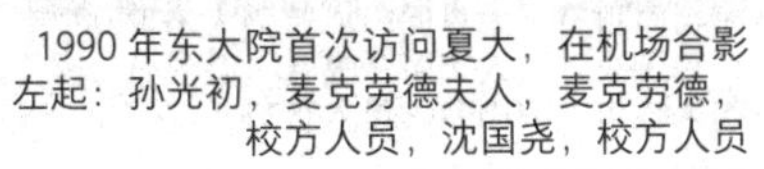

1990 年东大院首次访问夏大，在机场合影
左起：孙光初，麦克劳德夫人，麦克劳德，校方人员，沈国尧，校方人员

东大院

1991 年克肯道尔到访东大合影
左起：史兰新，XX，沈国尧，克肯道尔，毛恒才，孙光初，卜世珍

东大院

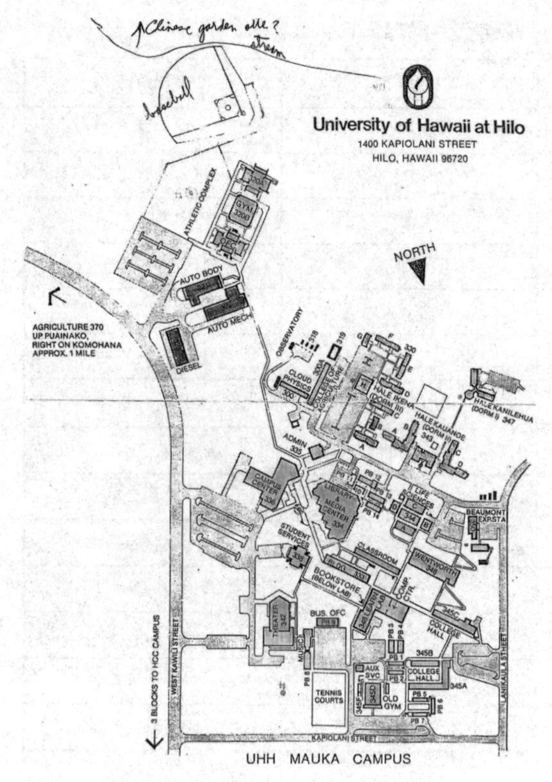

沈国尧手绘夏大校园分区并在左上角标注“Chinese garden site where？”

东大院

沈国尧在爱知工业大学讲稿插图

东大院

步入21世纪之后，东大院也与加拿大、美国、日本等多个国家和地区著名建筑师多次合作，并进一步介入国际会议交流等多元形式的国际互动。

1980—1990年代作为东大院国际互动的早期起步阶段，为其后的国际互动奠定基础，也是本研究的重点考察时段。对此回望，市场竞争目的下的设计生产居多，但仍有相当数量的活动促进了知识流动，起到支持建筑教育、促进自身发展、惠及建筑行业作用。

3 学术交流支持建筑教育

大学设计院与建筑系科紧密关联，自然也受大学职能[24]影响，注重学术交流。东大院创院元老、时任总建筑师沈国尧教授[4]便是其中典型，多次与国外高校学术互访，且接收培养外国实习生，以多种形式支持建筑教育。

3.1 与国外高校学术互访

东大院1980—1990年代与国外高校开展了数次学术互访，依托“中国园”项目契机与夏威夷大学（简称“夏大”）互访是其中的典例。

1990年，夏大希洛分校（University of Hawaii at Hilo）意图筹建一座古典园林，孙光初和沈国尧应邀访问，并提出初步方案：“主要对接项目上的事情……关于园林……带了一些幻灯片……根据现场情况又制作幻灯片。”[5]借此契机，东大院与夏大达成学术互访。

1991年4—6月，沈国尧应邀赴美讲学、参观，并宣读“中国江南园林”“中国园林的特征”等学术报告[25]，传播中国古典园林知识。其赴美前曾言：“此次活动必将扩大我院的国际影响，必可以获得较多的专业信息”[6]，可见此行意图。

与此同时，夏大欲在1992年夏季组织学生赴中国参观学习古典园林。为此，克肯道尔教授（Judith Kirkendall）先行前往中国考察园林[7]，为教育旅行计划作出铺垫。

1991年克肯道尔到访考察安排（沈国尧提议）

日期	考察安排提议
7月6日	上海参观：豫园、城隍庙
7月7—8日	苏州参观：园林、虎丘
7月9—11日	南京参观：瞻园、夫子庙、中山陵等
7月12日	扬州参观

此外，东大院还帮助夏大麦克劳德教授（Russell Mcleod）寻访最新研究成果《中国古典园林史》[26]，资料获取来之不易："目前新华书店还没有公开发行，后来向作者Zhou Weiquan（周维权）教授联系买到一本……最近的新书目录，园林方面的书籍很少，有些书是有关中国古建筑的书籍，现将目录和内容摘要也随信寄上，若感到满意我可以代你购买。"[8]提供最新学术信息的举动反映出东大院对促进知识流动的责任感。

虽因征地问题和建设资金短缺[5]，"中国园"项目最终并未落地，但东大院与夏大的学术互访，却促进了园林知识对外传播。

与夏大的交流并非东大院与国外高校互访的孤例——1989年11月，日本爱知工业大学创立30周年之际，沈国尧到访该校，并宣读"中国的哲学思想与建筑环境"学术报告，传播中国传统建筑知识。

可以看到，虽然经历了市场化变革，但东大院并非仅仅关注国际市场开拓，而是试图借此推动中国古典园林知识、哲学思想等对外传播，反映出主要践行者沈国尧的国际视野，以及东大院对促进知识流动的自觉。

3.2 接收培养外国实习生

支持生产实习是东大院的设立初衷之一[13]，也是服务建筑教育的方式之一。自1965年正式成立起，该院接收的绝大部分实习生来自本校，但在1991年却曾接收过一位特殊的外国实习生林凯伦（Karen Lim）[9]，并被其高度评价为"在中国的非凡时光""如此改变我的三个月"。[10]

林凯伦的实习计划由沈国尧与建筑系王文卿教授共同制定，涵盖建筑渲染、工程设计、中国传统建筑调查研究三部分，为期三个月。这份安排得到妥当实施[10]——林凯伦一方面由东大院王的刚老师[11]指导，参与南京泰山镇环泰歌舞厅室内设计[12]；另一方面由沈国尧、王文卿指导，考察南京、无锡、苏州、上海园林及皖南民居。

王的刚如此回忆设计实习环节："一定会有关于中国建筑元素的交流……设计上的事情……大家就一起干……我那时也是年轻得很，没把自己当作是要带她还是干嘛……一块干就可以交流了。为什么会找到我，我觉得因为沈（国尧）总也有自己的东西（要做），（而且）可能语言交流起来我相对比较方便。”[12]

外出考察园林和民居是东大建筑系教学的惯有环节，此次考察对象也都是中国特有的物质空间形态。皖南考察主要由王文卿指导，另有著名水彩画家崔豫章教授同行。时隔32年，林凯伦仍生动回忆了对皖南民居的惊叹：“我当时对精细雕刻的木作感到非常惊奇，还有庭院平面，它们很好地为居住者提供了隐私，为村庄提供了明确界定的街景”“乡村景色里的建筑和非凡的细节难忘而极具启示意义”[10]。她也描述了对皖南民居建造模式的体会：“建筑和工程被紧密结合在了一起。英国的建造（模式）和这完全不同，但我也收集到一些和中国相同的地区建造模式。王教授和沈教授对此都很感兴趣，也在崔先生的水彩画中得到了如此精妙的描绘。”[10]

048

东南大学建筑设计研究院

东南大学外事办公室：

关于英国诺丁汉大学建筑系学生林凯伦（Karen J. Lim）来我院实习事，经研究，遵照黄启文主任批文，同意在我院实习二月，内容已由沈国尧、王文卿同志商定为：

1、建筑渲染（包括水彩画），

2、工程设计（包括施工图），

3、中国传统建筑调查研究。

由于沈国尧同志11月中旬有出访任务，来华时间最好定在11月初，请审批。

此致

敬礼！

东南大学建筑设计研究院

附：实习课程内容英文稿

林凯伦实习内容安排包括三项内容

东南大学档案馆

沈国尧指导林凯伦参观学习园林

林凯伦在实习中受到沈国尧、王文卿建筑观的影响和形塑，甚至为她此后在英国保护登录建筑的职业方向奠定基础：“这绝对影响了我的工作和信念。沈教授和王教授都强调尊重过去，并以一种对环境敏感的方式开展设计。我在英国一直尝试做到这些。”[10]

沈、王二人在学理上对林凯伦的指导，承袭了东大建筑学科对中国古典园林和传统民居的长期关注。沈国尧早年曾跟随刘敦桢先生开展园林研究、编撰《苏州古典园林》，所受教诲对他“后来认识建筑、探索建筑以及创作建筑等方面都有十分重要的意义。”[27]林凯伦如此谈论所受影响：“沈教授告诉我中国古典园林的哲学和意涵。我一直尝试把这种对材料和环境敏感的原则，运用到我开展的工作中。在很多方面它们具有普遍意义。”“（他们）启发了我去尝试理解历史和环境，理解环境的影响，和兼顾实用和感官愉悦的细节之美……他们为我打开了一扇新大门——一种与艺术和自然密切相关的观察方式。”[10]可见，对林凯伦实习的指导并非仅停留在实践层面，而是触及深层的学理与设计观念。

无论是与国外高校互访交流，还是和建筑系共同指导外国实习生，乍看似与作为市场环境下设计机构的东大院并无必然关联，但恰恰反映出其作为东大建筑教育体系之组成，与建筑系在人员、学理、教学方法上深度关联、共同运作。

王文卿（左图左三）指导林凯伦（右图左三）考察学习皖南民居，与村民合影

林凯伦

皖南民居和南京栖霞寺鸟瞰图

林凯伦摄

4 海外取经促进自身发展

派员海外取经也是东大院国际互动的机制之一，意图提升建筑师能力素养、促进机构发展。

4.1 派员出国学习考察

出国学习考察是东大院派员海外取经的方式之一，王的刚便是典型案例。其于1997~1998年赴英国牛津布鲁克斯大学，作为保罗·奥利弗教授（Paul Oliver）的首个外国研究生[12]学习乡土建筑国际研究[13]课程："硕士论文方向是湘西民居……就对Paul Oliver（有所了解）……他那时在做《世界民居大百科全书》的编辑工作……知道他要开这门课……就给他发邮件了。"[12]

崔豫章为林凯伦示意水彩写生

林凯伦

王的刚不仅在英国取得硕士学位，而且在国内传播了其研究成果——讨论文化干预的一篇论文被UIA第20届世界建筑师大会论文集收录[14]，研究英国传统民居的硕士论文[15]也作为东大出版社的第一本英文书籍正式出版。

王的刚深造得到东大院的支持："设计院也不管我，还都很鼓励我。"[12]沈国尧还欲与牛津布鲁克斯大学达成学术互访，二人在1998年2—8月就此通信十余次，虽然因时间问题

王的刚基于硕士论文出版的著作封面

未能成行，却足以反映上节所述东大院的学术交流热情。

此外，东大院还积极派员外出考察。以两位曾任总建筑师为例，沈国尧曾赴美、澳、日、东南亚等多地考察校园建筑，高民权[16]也曾在美、法等地访学、考察[28]，为东大院开展相关设计实践与研究提供了认知储备。

4.2 合作设计汲取经验

1980—1990年代，在中国设计院整体生产力水平较低、有待进一步发展[19]状况下，与P&T、HOK等生产管理模式更为现代的海外机构合作，为东大院提供了相对成熟的设计与管理经验参照。

办公室主任耿建民老师[17]作为亲历者，如此描述通过合作汲取经验的意义："创作能力，还有人家那套技术管理（经验）……（对我们）有一定帮助和提升。我们那时候还比较粗放……我们是综合设计院，各专业都有，像P&T这种公司就是一个建筑专业……这些老牌事务所，图纸质量真是不一样。方案深度就近乎于……施工图，很详细，考虑得也很正确……还有，人家分得比较细，比如说商务的就管商务，合同敲定下来了，任务就完成了，后面的事情专门有项目经理去跟进、对接……还有职业素养，国内建筑师需要学习这个……"[18]

1990年代，东大院曾与新加坡康建筑与都市设计事务所（KNG Architects & Urbanists）合作，副总建筑师高崧老师[19]因此赴新加坡工作三年，积累了管理工作经验："（原来）我是跟随式的，有沈（国尧）老师带着……我并不是冲在最前面的。到了新加坡……后来我的角色变成一个地区的领导，独立地去做各种（事情），包括公司的运作、项目上的协调等等……状态和角色的不同，使得我回来以后基本上就走向……一开始是中层的领导岗位，后面到了院层面上的领导岗位……（在新加坡）不同的状态，使得我……已经提前有了这样的经历和准备。"[20]可见和海外机构合作助推了自身设计和管理朝向高质量发展。

东大院支持下的海外取经，既有建筑师出于个人兴趣主动学习考察，又有与海外机构合作，从中汲取先进经验，为机构发展作出了人员素质的提升准备。

5 多样传播惠及建筑行业

东大院除通过国际互动促进自身发展外，也在此基础上通过举办培训、发表论文等多种方式传播前沿实践经验，试图惠及建筑行业。

5.1 国际组织委托培训

1988年末，受联合国教科文组织（UNESCO）委托，国家教委基建局和东大院共同举办了“全国中小学建筑设计、管理培训班”，60余名学员大部分为“多年从事中小学建筑设计、研究、基本建设管理的中青年工程师”。培训班意图使学员开阔视野，了解和掌握国内外中小学建筑设计概况及发展趋势，提高设计、研究和基本建设管理水平及技术经济效益[21]。

培训为期一周，包括授课和参观两部分：参观安排在沪宁两地，授课针对国内外学校建筑，含规划设计概况和发展趋势、基本特点和环境设计、技术经济问题三个专题。授课中国专家除沈国尧来自东大院外，其余均为各地设计院和高校建筑学院“有经验的副教授及以上专家”。[21]

UNESCO不仅为培训班提供资金支持[22]，而且在课程类型、目的、内容、方式、人员安排等方面提出建议、赠送资料。亚太地区总办事处（简称“亚太办”）负责人贝侬（John Beynon）和教育建筑专家卡达罗纳（Mr. Caldarone）也前来授课。其中贝侬介绍了亚太办扶持亚太国家发展教育事业的指导思想和宗旨，以及部分国家根据本国经济情况，因地制宜设计建造学校的技术经验。[21]

国家教委的总结报告指出了培训班的作用：“我国广大农村学校目前……大多为无图施工，技术上存在不少问题。这次培训……必将有利于在符合国家有关技术规范的情况下，更好地因地制宜、因材制宜地设计和建造出经济、坚固、适用，适合建筑教育发展需要的学校建筑来。”[21]可见此次培训有利于改善中国学校建筑设计力量薄弱且分布不均的状况。

5.2 自发推广设计经验

中华人民共和国成立后，设计实践在一定程度上受“民族形式、社会主义内容”官方

1988年UNESCO委办教育建筑设计、管理培训班合影
左起：郭枫、卡达罗纳、沈国尧、王华、贝侬、毛恒才、孙光初

东大院

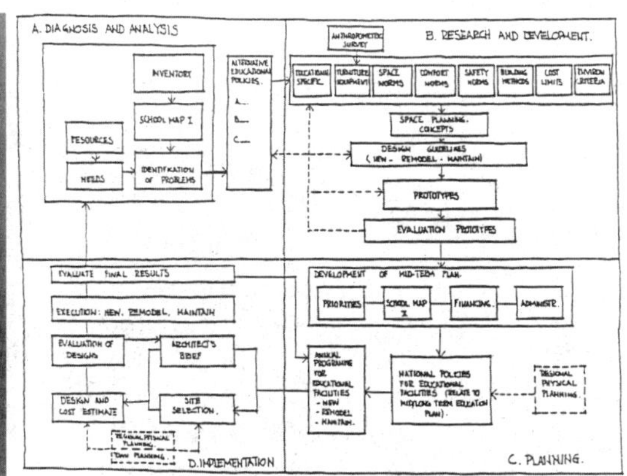

UNESCO提供的学校建筑设计指南示意

东大院

1988 年全国中小学建筑设计、管理培训班授课与参观行程安排

日期	上午	下午
11 月 27 日	开幕式，沈国尧、贝侬授课： 学校建筑规划设计概况与趋势	王绍箕[24]、张宗尧[25]授课： 学校建筑基本特点与环境设计
11 月 28 日	闵玉林[26]、叶文俊[27]授课： 学校建筑的技术经济问题	讨论授课内容
11 月 29 日	参观南京市中小学	参观农村中小学
11 月 30 日	评议参观内容	参观南京市新建筑
12 月 2 日	参观上海市中小学	参观中小学，评议参观内容

话语制约[6]，援外实践受制约相对较少，成为设计院设计探索的契机，此类实践的探索性在此后也得到延续。虽然无论从援外实践数量还是规模上来说，东大院并非个中主力，但却保持了对前沿知识的敏锐，以及对传播相应知识的自觉。巴巴多斯体育馆项目便是其中典例。

巴巴多斯体育馆援建始于 1987 年："主要目的是到海外，一个是借此打开一些市场，第二个也培养锻炼设计人员队伍。"[5] 项目占地 16000 平方米，建筑面积 9900 平方米，设 3988 个固定座位，是该国首个达到国际赛事标准的室内体育设施，在加勒比各岛国中也意义重大。[28]

巴巴多斯体育馆考察报告封面及部分内容

东大院

巴巴多斯体育馆建成照片

东大院

东大院翔实考察了当地条件以支持设计。1987 年 7—9 月，余传禹[29]带领八人小组[30]，"建筑、结构、水暖电（专业）都去了"[31]，考察当地建筑业、结构材料、建筑设备等情况，搜集了详尽前期资料[28]，并直接影响了体育馆外观——当地民居屋面明快的红色钢板材质被应用于体育馆屋面；宽阔休息平台上的比赛大厅，也充分考虑了当地气候条件与生活习惯。[29]

针对成套援建由中方提供

建筑材料和施工机械设备要求[30]，以及体育馆建筑对其他专业技术要求，东大院进行了相应研究并以论文和培训班形式传播经验。

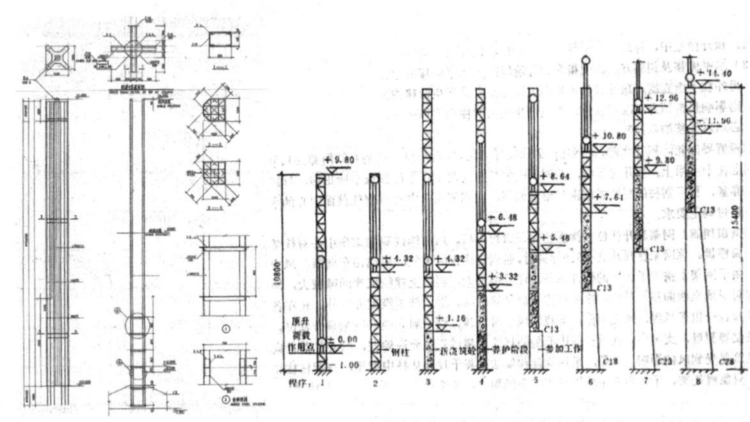

东大院劲性柱结构图纸与网架顶升程序示意[31]

如屋顶网架施工需要兼顾节省钢材和施工便利，东大院与施工方共同研究，在原设计砼柱中设置劲性钢柱加以解决，“把网架在地面安装好，顶升上去，再做外围的结构”[31]。此做法的发表[31]为解决类似问题提供了参照。

余传禹在网架顶升施工现场

东大院

又如电声设计，电气工程师曹子容老师[32]意识到相关知识尚缺乏普及，以培训班形式推动了知识传播：“我通过巴巴多斯体育馆……体会到……设计院……缺少电声方面（知识）……我就提出以设计院和学校的名义办一个电声设计学习班……7 天就结业了。（参加的）都是省内的，主要是南京市的一些设计院，报名很踊跃。因为大家也觉得这块东西正好是我们缺的，我请的是南大声学系的老师来讲课的……这个老师参加了巴巴多斯体育馆的电声设计。”[33]

东大院与高校学术交流更多是以建筑师自身的学术认知支持建筑教育，而举办培训班、发表论文则是基于设计实践的经验传播，有利于提升建筑设计行业整体水平、改善分布不均状况，反映出该院对促进知识流动的自觉。

6 口述史方法运用回顾

如文章开篇所述，东大院成立较早且处于大学设计院头部位置，至 2025 年建院 60 周年之际，理当回顾省思机构发展历程，国际互动早期状况观察正是其中一项专题。

机构史研究涉及机构、人物、事件、实践等多个方面，相关图纸、档案、影像资料众多，但原本处于散失状态，口述史方法可为建立史料关联、还原历史细节提供极大帮助，故受本研究倚重。

东大院 1979 年在编人员仅 20 余人[34]，至 1997 年发展至 110 余人[18]。本研究所选 9 位访

访谈对象基本情况

曾任东大院职务	人物	与国际互动的关联
院长 / 副院长	孙光初（1942—）	提出发展目标，组织培训班
	余传禹（1940—）	参与巴巴多斯体育馆援建
	高　崧（1963—）	前往新加坡学习管理经验
总建筑师	沈国尧（1932—2022）	开展学术互访，指导外国实习生
建筑师	王的刚（1963—）	赴海外深造，指导外国实习生
其他专业人员	曹子容（1946—）	参与巴巴多斯体育馆援建
	朱玉佩（1945—）	参与巴巴多斯体育馆援建
办公室主任	耿建民（1961—）	熟悉东大院各部门、全流程
实习生	林凯伦（1969—）	从英国专程前往东大实习

口述史访谈对象与个案关系

谈对象，兼顾人物身份、在院资历、对东大院发展的贡献，以及与所选案例的关联程度，涵盖院长、总建筑师、建筑师、其他专业人员、办公室主任、实习生等多重身份，在国际互动中作用各不相同，故具有代表性，亦有助于还原事件原委——如孙光初是“走向世界”目标的提出者，为该院国际互动奠定基础；沈国尧是学术交流的主要践行者；高崧、王的刚是赴海外取经、深造的典型。但本研究口述史工作仍有缺憾，巴巴多斯体育馆主要建筑师杨为华已经过世，高民权身体状况欠佳，未能开展访谈。

因访谈对象出生年代涵盖 1930 年代至 1960 年代，多年事已高，故访谈次序以年龄为主、事件相关性为辅，并注重预先沟通和多方求证，在一定程度上提高了访谈的针对性和有效性。[35]

上述以机构发展为主线、结合典型事件选择访谈对象的方法，以及在此基础上安排访谈次序等经验，可供其他相关研究参照。

7 改革开放初期东大院国际互动状况反思

改革开放以来，受市场化和全球化趋势影响，东大院在机构变革中开启了国际互动，反映出开阔的国际视野和对促进知识流动的自觉。这直接受到东大建筑系影响——1927 年国立第四中山大学首设中国高等教育建筑系科，师资和课程便已体现欧美和日本影响；此后，建筑系师生多次参加国际交流、竞赛活动；1982 年，东大建筑系首办“中国建筑”主题的国际培训班，招收了美国明尼苏达大学建筑系 10 名学生，共举办 7 期，招收来自多个国家共 120 余名建筑系学生。上述事件均反映出东大建筑系对国际互动、知识流动的长期重视。

东大院之所以能通过国际互动促进知识流动，也离不开与建筑系的紧密关联。一方面，该院许多人员来自东大建筑系，所受教育成为促进知识流动的基础——如沈国尧早年跟随刘敦桢研究园林，是后来与夏大交流、指导林凯伦等过程中传播园林知识的源头。另一方面，东大院与建筑系长期紧密合作，有助于二者共同促进知识流动——如林凯伦到东大实习，便受益于东大建筑系与英国诺丁汉大学 1984 年签订的互派学者协定。[32]83-126，以及访问学者之一王文卿与东大院的长期合作；沈国尧到访爱知工业大学，则得益于 1980 年两校建筑系建立交流关系。

虽如上文所述，东大院在 1980—1990 年代通过多样国际互动，为促进知识流动作出一定贡献，此种国际视野与知识流动自觉也在 21 世纪得到延续，但早年与某些高校、国际机构形成的联系并未持续，或可视为一种缺憾。如孙光初坦言：“这么好的一个契机，我们跟联合国应该联系更密切一点，可能更好，当时认识比较浅薄，就没把这个事情很好地重视起来……现在要有这样的机会，我肯定会主动要跟联合国挂钩。”[5]

总体而言，东大院的国际知识流动反映了大学设计院最初设想的运作机制特征——产学研结合、与建筑系共同发挥作用。反观当今，行业下行，个别大学设计院资质降级乃至转让，其余多数大学设计院的转型变革也迫在眉睫。值此回望东大院在改革开放初期的国际互动状况、促进知识流动的作用机制，以及个中缺憾，或可为大学设计院寻找自身定位、施行变革提供历史镜鉴。

1 下文均以“东大院”指代，包括发展过程中的南京工学院建筑设计院（1965 年正式成立）、南京工学院建筑设计研究院（1979 年更名）、东南大学建筑设计研究院（1988 年更名）、东南大学建筑设计研究院有限公司（2011 年改制并更名）等名称。其他大学设计院均以校名 +“设计院”指代。

2 孙光初（1942—），男，1983—2001 年任东大院院长。

3 ①以竞争求生存，以质量、信誉求发展。②实现两个三高：人员高素质，设计高质量，社会、经济高效益。承接高校建筑、高层建筑、高标准建筑为主的设计科研任务。③管理上实现四化：规范化、标准化、系列化、程序化。参见：东大院资料。

4 沈国尧（1932—2022），男，东大院主要创建者之一，1981—1995 年任副院长、总工程师、总建筑师，1996—1999 年任院总建筑师、技术委员会主任。

5 根据笔者 2024 年 4 月 25 日对孙光初访谈整理。

6 参见：沈国尧 1991 年提交的赴美申请报告，东大院资料。

7 根据东大院曾任党委书记卜世珍回忆，其陪同克肯道尔教授考察了扬州园林。

8 参见：孙光初致麦克劳德信件，东大院资料。

9 林凯伦（Karen Lim），女，1969 年生。本科阶段就读于英国诺丁汉大学建筑系，来东大实习前，1988—1991 年在该校学习。现为英国 Cowper Griffith Architects 事务所合伙人，作为建筑保护认证建筑师（Architect Accredited in Building Conservation），专注于保护登录建筑（Listed Buildings）。

10 根据笔者 2023 年 11 月 28 日至 2023 年 12 月 23 日期间与林凯伦的 7 次邮件往来整理。

11 王的刚（1963—），男，1999 年任东大院副总建筑师。

12 根据笔者 2024 年 2 月 2 日对王的刚访谈整理。

13 乡土国际建筑研究，International Studies in Vernacular Architecture。

14 据王的刚介绍，“Techniques of Teaching and Learning - a Discussion of Cultural Intervention”为其留学研读期间所作，因已过征稿时间，故单独发邮件给吴良镛先生，得到邮件回复，特许并同意增加至《面向 21 世纪的建筑学》论文集第二卷。

15 *The Windrush Spring Settlements: A Cotswold Vernacular Architectural Tradition*，2000 年正式出版，中文题为《辉映山川——英国科茨伍德地区的乡土建筑传统》，由朱光亚先生赐名。

16 高民权（1934—），男，1965—1986 年任职于东大院，曾任副院长、副总工程师。

17 耿建民（1961—），男，2008—2021 年任东大院办公室主任。

18 根据笔者 2023 年 7 月 21 日对耿建民访谈整理。

19 高崧（1963—），男，2002 年任东大院副院长，城市建筑工作室创始人之一。

20 根据笔者 2024 年 1 月 30 日对高崧访谈整理。

21 参见：国家教育委员会基本建设局，东南大学建筑设计研究院《关于举办全国中小学建筑设计、管理专家培训班的情况报告》1988 年，南大学档案馆资料。

22 UNESCO 亚太地区总办事处为培训班资助经费 7500 美元。参见：东南大学档案馆资料。

23 参见：东南大学档案馆资料。

24 王绍箕，男，时任天津市建筑设计院总工程师。

25 张宗尧，男，时任西安冶金建筑学院教授。

26 闵玉林，男，时任湖南大学建筑系教授。

27 叶文俊，男，时任上海市教育局计财处调研员。

28 参见：《巴巴多斯体育馆考察报告》，东大院资料。

29 余传禹（1940—），男，结构工程师，1985—2003 年任东大院副院长。

30 组员包括高民权、屠庆炜、林挺泉、杨为华、曹子容、王超、王重欣。

31 根据笔者 2022 年 4 月 29 日对余传禹访谈整理。

32 曹子容（1946—），男，曾任东大院电气专业总工。

33 根据笔者 2023 年 5 月 11 日对曹子容访谈整理。

34 参见：1979 年《南京工学院建筑设计研究院固定编制内人员名单》，东大院资料。

根据笔者访谈王的刚经过，查找到受访者公开信息较少情况下，预先沟通既可帮助受访者提前准备和回忆，又可修正访谈问题适配受访者经历及立场，提高针对性与有效性；根据笔者向沈国尧求证林凯伦身份经过，在口述史料信息存疑、受访者记忆模糊情况下，应进一步挖掘档案资料、多方求证、厘清事实。

参考文献：

[1] 徐苏斌 . 近代中国建筑学的诞生 [M]. 天津 : 天津大学出版社 ,2010.

[2] 钱锋 , 伍江 . 中国现代建筑教育史 [M]. 北京 : 中国建筑工业出版社 ,2008.

[3] 单踊 . 西方学院派建筑教育史研究 [M]. 南京 : 东南大学出版社 ,2012.

[4] 顾大庆 . 中国的"鲍扎"建筑教育之历史沿革——移植、本土化和抵抗 [J]. 建筑师 ,2007(2):97-107.

[5] 郝曙光 . 当代中国建筑思潮研究 [M]. 北京 : 中国建筑工业出版社 ,2006.

[6] 薛求理 , 丁光辉 , 常威 , 等 . 援外建筑：中国设计院在海外的历程 [J]. 时代建筑 ,2018(5): 42-49.

[7] 宋科 . 知识史视角下中国 1950—1970 年代援外建筑的美学与政治 [J]. 新建筑 ,2022(1):126-132.

[8] Sun Zhijian. Framing China's Tropics: Thermal Cechno-politics of Socialist Tropical Architecture in Africa (1960s-1980s) [J].*Singapo Journal of Tropical Geography*,2023,44(3):519-538.

[9] 中国建筑学会 ,《建筑学报》杂志社 . 中国建筑学会六十年 [M]. 北京 : 中国建筑工业出版社 ,2013.

[10] 华霞虹 . 高校设计院与建筑学的教育革命：以 1958 至 1965 年间同济大学建筑设计院的组织与实践为例 [J]. 时代建筑 ,2018(5):22-27.

[11] 王俊杰 , 陈启 . 国家建筑设计院的创立及苏联影响，1952-1955[J]. 建筑学报 ,2020 (S1):171-174.

[12] 董丹申 , 李宁 . 大海之润 , 非一流之归 大厦之成 , 非一木之材——高校建筑设计研究院的成长与展望 [J]. 时代建筑 ,2004(1):68-75.

[13] 韩冬青 , 李海清 , 单踊等 . 东南大学建筑设计研究院机构创建回溯与认知——兼议大学设计院在产学研体系中的定位与作用 [J]. 建筑师 ,2020(6):81-90.

[14] 刘亦师 . 清华大学建筑设计研究院之创建背景及早期发展研究 [J]. 住区 ,2018(5):143-150.

[15] 华霞虹，郑时龄 . 同济大学建筑设计院 60 年 [M]. 上海 : 同济大学出版社 ,2018.

[16] 李华 , 葛明 ."知识构成"——一种现代性的考查方法 : 以 1992—2001 中国建筑为例 [J]. 建筑学报 ,2015(11):4-8.

[17] 中国勘察设计协会高等院校勘察设计分会 . 高等院校勘察设计研究院发展研究报告（2004—2013）[R].2014:7-17.

[18] 郑永年 , 黄彦杰 . 制内市场：中国国家主导型政治经济学 [M]. 杭州 : 浙江人民出版社 ,2021:249.

[19] 朱剑飞 . 关于设计院的再思考：设计创新和制度伦理 [J]. 时代建筑 ,2018(5):38-41.

[20] 中共中央文献研究室 . 三中全会以来重要文献选编 上下 [M]. 北京 : 人民出版社 ,1982.

[21] 丁光辉 , 薛求理 . 中国设计院：价值与挑战 [M]. 北京 : 中国建筑工业出版社 ,2022:67-122.

[22] 芳子 . 南工设计院创出特色：引入竞争机制 实行有偿服务 促进教学科研，共获国家和部、省、市设计奖近 50 项 [N]. 南京日报 ,1988-04-20:1.

[23] 莫炯琦 , 张明亮 . 南工建筑设计院积极参与国际建筑市场竞争 承接三项国外设计任务 [N]. 新华日报 ,1988-06-06:1.

[24] 任燕红 . 大学功能的整体性及其重建 [M]. 重庆：重庆大学出版社 ,2021：67-107.

[25] 邱雅陆主编 . 巨匠集 当代中国著名特许一级注册建筑师作品选 第 2 卷 [M]. 北京：中央文献出版社 ,1999:35.

[26] 周维权 . 中国古典园林史 [M]. 北京：清华大学出版社 ,1990.

[27] 沈国尧 . 往事历历 , 师恩绵绵——回忆跟随刘师敦桢参加《苏州古典园林》编写的日子 [C]// 刘敦桢先生诞辰 110 周年纪念大会暨中国建筑史学史研讨会论文集 .2007：32-34.

[28] 戴复东 . 在美国做访问学者记事 [M]// 裘法祖等 . 共和国院士回忆录 1. 北京：东方出版社 ,2012:14-26.

[29] 高民权 . 巴巴多斯体育馆介绍 [M]// 窦以德等编 . 全国优秀建筑设计选 1995 下 . 北京：中国建筑工业出版社 ,1997:81.

[30] 中华人民共和国国务院新闻办公室 . 中国的对外援助白皮书 [R/OL]. 2011-04[2024-04-22]. https://www.gov.cn/govweb/wszb/zhibo448/content_1851979.htm.

[31] 刘德伐，刘亚非 . 巴巴多斯体育馆网架整体顶升 [M]// 浙江省土木建筑学会施工学术委员会编 . 结构工程施工实例 . 北京 : 中国建材工业出版社 ,1993:3-19.

[32] 东南大学建筑学院学科发展史料编写组编 . 东南大学建筑学院学科发展史料汇编 [M]. 北京 : 中国建筑工业出版社 ,2017.

“

历史档案识读与建筑师年表

”

刘健回忆20世纪20年代唐山交大土木工程系的学习生活

20世纪30年代的刘健（1908—1988）

回忆者简介

刘健（1908—1988）

男，字建之，湖南益阳人，在益阳读小学，在武昌和长沙读中学，1925年考入唐山交通大学土木工程系，就读预科和本科，至1931年7月毕业。先后在北宁铁路局、铁道部新路建设委员会、湘桂铁路、叙昆铁路、康青公路局、粤汉铁路局等单位工作。其中1945年1月至1946年8月，在美国大西洋沿海铁路公司工务处任实习员。1949年后，在衡阳铁路局、长沙铁路局、广州铁路局工作，曾任广州铁路局工程处、基建处总工程师，1971年退休，1978年改为离休。

塑料封皮笔记本

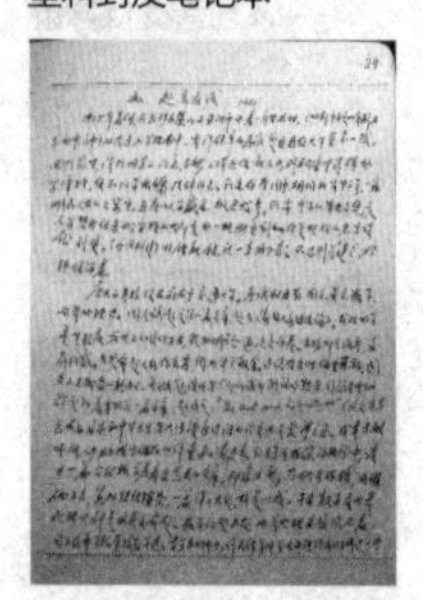

《浮生琐记》手稿

整理者：刘晖（刘健孙，华南理工大学建筑学院）

撰写时间：1977年

撰写地点：青岛航校营舍

整理情况：原稿用钢笔写在塑料封皮笔记本上，字迹较小。识读过程中得到张程与、刘叔华的帮助。整理时删节涉及家庭私事，以及与主题关系不大的部分，约3000字，并添加小标题。

审阅情况：未经本人审阅

回忆背景：1977年刘健于青岛养病时撰写回忆录《浮生琐记》，第五、六章回忆在唐山交通大学土木工程系6年的求学生涯。从考试录取、精英教育、校园生活、校友人脉与同乡情谊，到动荡时局的感时忧国，细节丰富，文笔流畅，言辞诙谐，从个人视角对中国早期土木工程教育的记录，是时代的缩影。

考试入学

伪造文凭，将错就错

1925 年暑假，我在长沙岳麓山的湖南工专[1]附中还差一年毕业时（旧制中学是四年制，不分初中、高中），从大专入学指南中，看到往年的考试题目，自信大可晋京一试。回到家里，得到母亲的同意、支持，又得岳保叔[2]之力，到祠堂里请得助学津贴，便和同学张镛结伴北上。到京，住李阁老胡同[3]北安里 3 号，一家湖南人开的公寓里。闻唐山大学[4]盛名，报名报考，所需中学的毕业文凭，是人家替我伪造的。学校大印是用一块肥皂刻的，但是把我的名字误作刘健（应为刘建）。将错就错，就一直用下来了。不过别号"建之"，始终保留着。

唐山交大的考场设在府右街交通大学[5]，考试科目有国文、英文、数学、世界地理等。国文试题是写一篇文章，题为《有治人无治法论》。我毫无旧学根底，茫然不知如何下手，只好胡说一通，免交白卷。出场叩之同考，多有同感。可见命题人故作玄虚，倒也无关取舍。这说明当时偏重英（语）、算（术），国文不过聊备一格而已。英文试题，除听写（即听试者朗诵而默写之）及语法测验题外，着重于写一篇文章，题目是"The Art and Literature"（论文学与艺术）[6]，要求中学生写如此漫无边际的论文，也是荒谬之至。我幸未被吓倒，尽脑海里储存的词汇通通凑上。记得曾于《英语周刊》[7]中，读过一篇介绍梅兰芳舞台艺术的文章，印象方新，乃尽其所忆，堆砌上去，略加组织渲染，一篇洋洋大文已成。其余数学及世界地理也都是英文命题。数学问题不大。世界地理多摸风不着，因为在中学根本没有学过。幸亏在附中时，刘天铎老师[8]曾用英语给我们讲过一些美国风光，如华盛顿、纽约、芝加哥、旧金山，还有什么洛桑矶（洛杉矶）、好莱坞、黄石公园。这些地名及其有关特点，都还记得一些，拼拼凑凑，也算没有交白卷。后来知道录取与否，主要看英文、数学这两门。而我之侥幸录取，恐怕还是靠英文一门得分较多。

某夕，有人在公寓院子里高声叫我名字，说有唐山交大寄来的挂号信。拆开一看是几张油印通知，包括录取名单和入学须知。寓内全是湖南同乡，而且多系来京应试的年轻人，他们都拥入我的住房向我道喜。在旧社会，大学毕业一般无就业保证，故有"毕业即失业"之说，而唐山交大和北京交大为交通部所办，毕业生皆分派铁路工作，难怪这样被人羡慕。

正取与备取，1% 的录取率

我们那届招考是分在北京、武汉、上海三处同时举行（据说按向例也应在广州招生，但因"时局"关系[9]取消），报名人数共达 2000 余人。录取人数仅正取与备取各 23 名。所谓备取原为备正取出缺时递补，故人数一般至数名即够；但这次备取的作用不同：第一人数多，与正取人数恰好相等；第二不须等待正取出缺，就可同时入校。原来是为大官权要子弟，别开方便

竺可桢教授（1890—1974）

之门而设。当时国家元首、临时执政段祺瑞之孙段昌兴[10]就是备取入校的。此人很特殊，带有保镖、仆役，独占一间寝室，还自带足球等运动用具。大家都视为当然，不以为怪。

精英教育

上课不叫名字叫号码

接到录取通知后，我如期到东站[11]，搭京奉铁路的火车，前往唐山。同伴有长沙人梁希杰，他去天津北洋大学，在天津先下车。我到唐山后，照通知指示先到注册股办理入学手续。

我的注册号码是A354，其中A字代表一千，等于说我是自从创办唐山路矿学堂以来，入校学习的第1354人。教员上课点名都喊号码，听到“Three fifty four”我就答一声“Here”，也有答“Present”，意思就是“到了”。我们习以为常，从未追究来由，最近从竺可桢教授[12]的传记中，看到一段记述：竺可桢在16岁时（1916年）在唐山路矿学堂念书，教授理化和土木工程的教员是英国人。他们不认识中国字，也懒得记学生的英文名字，把每一个学生编上号，他的号码是127，洋人喊声“Hundred one two seven”那就是叫他。竺可桢觉得人格受到侮辱，厌烦描写那时的心情，说：“就像监狱里的囚犯一样。”到我们在校肄业时，仅剩美国人Patten和Eaton（伊顿）以及一位教德文的德国人三位外国教员，还是保留这个传统。

完整的课程体系和全英文教材

唐山交大是六年制，包括预科两年、本科四年。预科约相当于公立高中，课程有国文、英文、高等代数、解析几何、第二外语（法文或德文）、世界史、物理、化学、英语修辞学、生理卫生。除国文临时印发讲义外，全部采用美国的英文课本。一书之值，恒在银洋两三元之上。高班同学常于食堂门前贴出让售旧书的字条，购售两便，是方便贫苦学生的好办法。英文课本为文词古奥的*Treasure Island*（《金银岛》）、*The Last of Mohican*（《最后的莫西干人》）两本，单字古僻，又多方言，皆日常生活中用不上的。前者描述一个名Long John Silver、独眼独脚的凶恶海盗的故事，这时同班的陈柏坚在宿舍走廊上骑自行车，不慎摔到阶下，受伤颇重，跛足杖行数月，同学送给他一个Long John的诨名，从此就是他的别号了。我们的世界史课本，既无一言涉及中国，也没有提到新大陆的美国、加拿大，更不用说亚非其他国家了，其实只能算是欧洲历史。预科还有一门军事体操，由留法学军事的法文教员侯建武兼任。我30年代住北京时，曾在东安市场（今东风市场）遇到过这位老师，知道他被唐山交大解聘后失业，生活很困难，我曾量力解囊相助。

本科四年中的课程主要有微积分、力学、材料力学、结构学、桥梁工程、钢筋混凝土工程、水力学、铁路工程学、铁路号志工程、公路工程、天文学、地质学、机械工程、电机工程、建筑学、给水工程、沟渠工程、市政工程、海港工程、测量学（包括水文测量）。

宽进严出，淘汰率近半

传 1927 年初秋，我班升入本科时，增添了招考入校的插班生陈大镆、李沛芳等八人及由清华大学、青岛大学、北京交大转学来的陈振钊、彭运鸿等十二人。总计先后同班的同学共有 68 人。到 1931 年毕业时，尚剩 35 人，名单如下[13]：

吴炎 赵鸿佐 孙振英 王维桢 朱钧甲 翁元庆 陈俨 朱文秀 孙秉辉 杨瑜 刘健 肖瑾 涂允政 王治 陈柏坚 沈恩燮 李开域 庄永基 罗驯 陈大镆 于仲凯 李沛芳 周惠久 张永贞 王泰明 林同棪[14] 王志超 马毓山 彭运鸿 崔宗培 田种德 陈振钊 沈恩森 王世铨 沈炳勋

严格的考试制度

夙闻唐山交大考试制度甚严，同学皆有畏心。例如数学，在起始阶段，不过是复习中学课程，而首次月考（test）及格者寥寥无几。三题之中，仅做一题者居多，故得分亦仅为 33 分。其余两题原不见于课本，老师也从未讲到。我们到图书馆找参考书，才知道什么九点圆（nine-point circle）的问题。教授有意为难于人，以崇个人威信，由此可见。我这次月考，自然也没有及格，但得分又略高于 33 分。是因我对那两道难题，凭主观臆测，胡诌了几句，黄教授[15]也许是念我大胆勤思，格外照顾了几分。有趣的是前面提到的谭兴铎，经不起教授大人的吓唬，说这才开始，今后的千关万卡，如何得过，毅然决然退学而去。

在此讲一段插曲：1967 年初，春雪弥漫，“文化大革命”正进入高潮之际，我出差在长沙，接到广州吴志敏副局长电话，叫我即刻往韶山，代表路局参加韶山红铁路[16]修建指挥部。在路基施工中，有一段路基出现沉陷涌水。据当地老农说，约一百年前，这一带多有煤洞，传说曾因煤洞坍塌，压死过很多人。指挥部召集省内有关部门派技术人员兼程来到韶山，连夜开会，研究处理。会议中，我发表意见后，紧靠我左手坐的煤炭局老专家突然转过头来问我：“你是刘健吧？”我十分惊讶，他接着说：“我是谭兴铎哩，一听你讲话的口音，又是代表铁路的，就肯定你是刘健无疑了。”散会后，邀他到我房里烤火，两老围着火盆，畅谈往事，互道别后情景。屈计自从 1925 年之秋冬间，唐山分手，弹指一挥，已是 42 年过去了。如今都是白发苍苍，不禁感慨唏嘘。谭还说：“你的相貌固然没有大变，最有趣的是你走路的姿态神情，也都与少年时一模一样呢。”韶山一别，瞬又十年，竟无缘再晤。

黄寿恒教授（1896—1969）

1930 年唐山交大赴北京西山勘测设计实习，左一为伍镜湖教授

西山实习

1930 年秋，我班由伍镜湖教授[17]领导至北京西山，做铁路定线勘测设计实习[18]，住卧佛寺。

从踏勘、初测、定测至计算制图完成，无不认真其事，耗时月余蒇（音 chǎn）事。随即转往塘沽作水文测量实习，为离校后担任实际工作，打下牢实基础。是为唐山交大特具之朴实学风。其他如物理、化学、机械、电机（包括初兴之无线电）、水力、混凝土、建筑材料，以至木工、水质分析等等，皆有设备完善之实验室及实习工厂，为当时其他各大学所不及。书本知识皆通过操作、实践以证真理，裨理论与实践相统一。唐山交大誉满中华，蜚声海外，良非偶然也。有北大地质系学生周光（梅芳），益阳人，原不相识，由同乡中知我名，特意专程来卧佛寺与我会面。就寺之后院，畅谈甚洽。余回校后，辄有书信往来，周一开始即以弟相称，遂成莫逆之交。有关与周君之交往，以后将再叙及，名人来校讲座不赘。

名人来校讲座

唐山地处偏僻，在校六年中见在校学生作公开讲话者不多，回忆先后有如下些人：张继（国民党元老）、李烈钧（旧军阀）、白崇禧（新军阀）、Waddell（John Alexander Low Waddell，1854—1938，美国著名桥梁工程专家）、Mendel（美国著名工程师）、王赓（1895—1942，留美军事学家，陆小曼前夫）、金涛[19]（金荷娟之叔父）、李治（Wiliam Orr Leitch，1871—1948，苏格兰著名工程师，北宁铁路总工程司）。

驱逐教授，赶走校长

入校不久，即发生“学生驱罗”风潮。事情从驱逐化学教授伊顿开始。伊顿（Fred C. Eaton）是美籍日耳曼人，与教务长罗忠忱教授[20]是美国康奈尔大学的同学，其弟 Paul Eaton 在唐山交大任机械系教授（原机械系，在我们入校之前不久并入南洋[21]，而南洋之土木系并入唐山）。据说罗在美留学时，每得伊顿母之照顾，故关系不同寻常。伊顿其人，脑子比较迟滞，有时讲课过于仔细，不免显得啰嗦；另一方面，死抱课本，照本宣讲，又显得学问贫乏，使人瞧不起。平心而论，根据我后来与他接触的印象，伊顿是一个老实、诚恳、教学十分认真负责的好人，并不是如何讨厌。当时，初入校门，我听说此人该赶，亦不详其“罪状”，后来知是由于少数激进分子，极端仇视洋人所鼓动。校长是孙鸿哲[22]，但教授的去留大权操在教务长之手。这也是欧美大学的传统。罗不同意，就赶不动。因此学生就干脆打出驱罗的旗号。紧接着教授会（所谓的 Faculty）公布一张打印的英文通知，大意是说：值此学生骚动期间，继续上课无益，故决定即日起罢教。当时也搞不清谁是这次风潮的领导人。只见每当开大会时，出头露面的有熊世平、黄轩、谢大祺、肖洁杉、朱国洗[23]等，都是高班的旧生，没有一个是新生，也没有应届毕业的本（科）四（年级）学生。当时传说罢教是由陈茂康教授[24]在教授会上提议并坚持最力。陈是有名的物理学家，性情奇倔。有一天学生发现这位老教授夹着几本书向图书馆蹀躞前进，就将他围起来，一面跟着他走，一面质问他罢教的理由何在？陈一口四川话答曰："你们闹事，我们就罢教。"此时熊世平带头高呼："打倒陈茂康！"陈还是从容不迫地边走边说："你们谁敢打我，我就去法院起诉。"学生没有办法，也只能再呼喊几声口号了事。风潮发生后不久，孙鸿哲辞校长职。学生开大会决定推荐新校长人选，并推选几位代表到北京交通部请愿，要求于胡敦後、胡仁源[25]、茅以升[26]三人之中选派一人接充校长。交通部先派了胡仁源来。胡在教育学术界颇负盛名，当过短时的教育总长。他解决风潮的方针是保罗复教，当然不受学生的欢迎。胡亦知难而退，悄悄地溜走了。交通部乃改派茅以升来。茅系唐山出身，留学美国，得工学博士学位，在力学理论方面有所创造，称为"茅氏定律"，驰誉欧美。那时茅还年轻，又是学生提名要的，本应很受欢迎，可是茅下车伊始就召开大会，宣布解决风潮的办法。他说："我也是唐山毕业出来的。我的力学学得不错吧？谁教的呢？罗教授；我的化学也学得不差，是伊顿教授教的。这样有名的老教授，能教出像我这样的学生，难道教你们就不行了？这是说不过去的。我们知道有些同学感觉唐山的考试制度太严格，也有的对工科没有兴趣，我们可以帮助这些同学转学到其他国立大学。譬如南京的国立东南大学，也是很著名的大学嘛。散会后，你们回到寝室，如果得到学校的通知，就按照去办理转学手续。"茅讲这番话时，台下的嘶嘶之声、以鞋擦地之声，此起彼伏。一散会，全体同学涌至校长楼，推代表向茅质问，这个解决风潮的方案是怎样产生的？茅答以奉龚总长[27]的指示，同学要看书面文件，茅说政府的机密文件，不能公开。于是"打倒茅以升"的口号，声震屋瓦。这位新贵茅博士当晚就离开唐山回北京去了。临行曾说："再也不进唐山交大的门了。"学校风

罗忠忱教授（1880—1972）

孙鸿哲校长（1876—1937）

茅以升校长（1896—1989）

潮还在闹，军阀混战也正酣。京津这块肥肉由冯玉祥的虎口落入张作霖的狼牙。东北军运输司令、军阀常荫槐[28]带领武装卫队来到唐山，接收学校。以校长名义，贴出“安民布告”，勒令立即复课，并将带头闹风潮的学生熊世平等十七人开除，风潮渐告平息。常遂将校长位置让给亲信程崇[29]。这次风潮闹了四个月，所损失的时间要在两年之内，尽量压缩寒暑假来弥补。此亦可见唐山学风之严谨不苟了。

大革命时代，国民党的所谓国民革命军桂系军阀白崇禧于 1928—1929 年之间进入唐山。窃据南京的蒋家王朝也于此时沐猴登场。铁道部长孙科派其亲信郑华[30]博士来当校长，与上海南洋公学及北京交通大学合并为国立交通大学。唐山交大正名为“国立交通大学唐山土木工程学院”，简称“交大唐院”。继郑华任院长的是李庢身[31]、李书田[32]。交大校长原由孙科自兼，后由黎照寰[33]接替。

大学生活

门虽设而长关

学校有一座颇为堂皇的大门，颜体额曰“交通大学唐山学校”，不知建自于何年。全校所有房屋，皆在此大门以北。大概曾有向南大事扩建发展的计划，先建此门，以表决心而壮观瞻。

20 世纪 20 年代唐山交大校园

但余留唐六载，迄未见其启用，出入仍走大门北之便门。同学讽之曰：“门虽设而常关”，确实如此。

唐山交大校门

生活方面，校内仅有一个食堂，由商人包办，也没有伙食委员会一类之民主管理、监督组织，听任奸商放肆剥削。当时伙食标准，有每月6元及每月12元两种[34]，还可以临时添菜。我和多数同学，一般取其廉者。记得早上总是稀粥、咸小菜，外加两个鸭蛋般的小馒头。馒头可以临时叫侍役拿进厨房切片煎蛋，付加工费若干。中、晚餐记得总是大米饭为主食，极为单调，下饭菜蔬为四盘一高汤，供一桌八人食用，量微而质劣。希望寄托于发现菜里苍蝇，每蝇罚炒蛋一小盘。只要有耐心，发现并不为难。即此可见厨房之清洁卫生不堪问矣。

小卖部的李胖子

便门南边，依围墙搭有小棚，仅可遮风雨。有李姓大胖子在此设一小店，出售香烟、花生、冰淇淋、汽水、信纸信封、练习簿，以及进口雀牌炼乳，并代售邮票，价格公道，服务和气，生意十分兴隆。一般购物，可免付现，由“顾客”自己在本人名下之小本上画一笔钱数即可。待何时收到家里寄来汇款再结算付款。倘不方便，也不一定要付清，甚至可以反而向胖子通融缓急。多由于毕业离校时，犹欠相当之数，谓俟入路领得薪水再偿还，胖子亦莫不欣然诺之。传说胖子自童年起，就在此便门前摆摊小卖，其后“业务发展”，才入门搭棚。此人虽不过无文化之小摊贩，但为人诚实爽快，极得人缘，为全校师生所称许。校友回校，多入棚寻胖子周旋道旧；亦有离校多年，趁回校之便，偿清旧欠者，类此种种，传为佳话。我班毕业旅行时，胖子要求随队同行，企有获晤债主之便云。我们在校时，胖子年约三十岁，近闻陈大镆[35]说胖子之子亦唐山毕业，胖子忠厚为人，可谓善良有子矣。

体育活动：打网球

在预科时，我们的体育活动是以网球为主，同玩的常为罗驯、杨以运。到本科后，杨转学上海南洋大学（今上海交大），有插班来的王泰明补充参加。球艺皆平平，比较起来首推杨以运，次王泰明，再次罗驯，最蹩脚的是我了。今杨、王二位已先后去世，据王治说杨解放后供职中南电业局，不幸因触电身亡，王则于“文革”时期因宿疾病故。

唐山交大运动场相当广袤，除标准足球场外，有跑道，有篮球场、排球场、网球场十余处，而以网球场占多数。当时打网球，本属奢侈之事，球拍虽已有国产，不算很贵，但网球还靠舶来，价昂不敢问津。好在唐山洋人不少，多有来校，与校医杨锦辉与陈茂康教授，高班同学肖人彦[36]、黄九如[37]等同戏。他们惯用新球，打一两次就不要了。拾球的小孩（boy）捡起来，卖给我们穷学生，付十一之值可得。杨锦辉的球艺当时在华北享有盛誉，后身入少帅张学良幕，充张之私人教练。杨兼预科的生理卫生（Physiology & Hygiene）课，英语道地而流利，与西人无异。全校本国教授中，英语水平首推罗忠忱教授（一直兼教务长），其次就数杨了。

在东讲堂之东，有一座相当规模之游泳池，也是从来不见使用。池之两旁有小房多间，料系游泳更衣之用者，后改为单间盆塘浴室，但是仅有冷水龙头，热水须叫“听差”从锅炉房提来。那时学生招呼工友都是喊“听差”，无名无姓，极不礼貌。

课余生活：野餐和露营

唐山位于华北平原，并无山陵。仅有因煤矿废渣长年堆积成丘，作金字塔形。当地人民称之为“小山”，高亦百余米，可以攀登，俯瞰全市风光。1926年我与陈柏坚、罗驯、杨以运等十来个同学，携炊具、油盐柴米，登小山之巅，作野餐之会，极华年天真放任之乐。

1928年暑假，高班留校同学组织海滨露营，以消长夏。主其事者为“双簧”艺人李洙[38]，向学校借用帐篷、行军床、炊具之类，洽拨车皮，诸事就绪，出发。先到山海关，然后转秦皇岛，最后插入支线到达北戴河。下车后见候车室十分宽敞，而旅客稀疏，与车站商量借用其半，免支帐篷，蒙慨然允诺。北戴河为华北避暑胜地，恨为洋人、军阀、官僚盘踞，一般人民竟不得问津。但是我们穷学生自有穷办法来此畅游。见黄毛碧眼之辈喧宾夺主，可耻败类虎狼，沆瀣一气，大好河山，耻遭践踏，青年忧国，又岂能无动于衷？

民众教育

我曾在班内被选参加学生会为干事（若今之委员），兼长民众教育部，兼民众学校校长。当时热心共事者有李汶[39]、陈培英[40]诸子。为筹措民教经费，曾组织募款文艺晚会，主要节目为话剧《回家以后》，由黄炽昌[41]、马宝璠[42]两君分担男女主角，协同筹备演出事宜的有高玉镜堂[43]等。晚会票价颇昂，由一元至十元分若干等，因属募款性质。而唐山其地，富有者伙。地方除京剧、唐山闹子[44]外鲜有勉堪一睹之文艺活动。如我校文化艺术水平较高之话剧、京剧，自然极受欢迎。一旦公演消息传出，前来定购戏票者争先恐后，不计廉侈。一次演出，净赢逾光洋五百元之多。

当选班长，为同学鸣不平

在唐山的这几年里，也曾参加过一些集体活动，如当选为班长，为同学跑腿服务。有一次（1929年）我和崔宗培[45]同任班长（不分正副）时，有青岛大学转学过来的俞皓鸣[46]。他不了解唐山的校规（所谓的College Rule）。校规规定考试书桌上不得有片纸只字，更不消说成本的书了，违者开除不贷。俞在水力学小考时，让课本留在书桌上，而没有送到教授的讲台上。陈茂康教授一发觉，就将俞的考卷没收，并令俞马上退出教室。俞还茫然不解，也就听之。我们可知道后果严重，非同小可，马上去找陈教授说情。陈仅答以“俞皓鸣倒没有翻看桌上的课本，但是也没有将书送来讲台。开会时，我就这样如实地报告，结果如何，且看会上如何表决吧”。我们一听，知道陈这一关无法突破，就凉了半截。转身去找院长李屋身。李与俞父有素，甚有意成全，奈权在教授会，也表示无能为力。结果俞即因此被开除出校。俞君幸得李院长介，转入上海复旦大学毕业。我们班毕业旅行到上海时，俞君曾来旅馆与同学欢晤。1945 年暮春，我在重庆准备出国中，与俞邂逅，时俞供职中央（储备？）局，相距近途，曾承数度过访，把袂畅谈。此时彼此暌违已十六年，而俞之风度，翩翩犹昔，惜此后为一别竟成隔世，能不凄然兴感？

毕业与求职

校友襄助毕业旅行

1931 年春，我班组织了一次毕业旅行。事先写了一封“言之有理”的八行书，分寄铁道、交通、财政、教育等部之部长以及几条主要铁路的局长，请求资助。果然信无虚发，或多或少，有款汇到，其中以财神孔贼祥熙捐输之数为大。算事一行用耗，绰绰有余。运输问题，要求沿途车站拨用专车，亦皆顺利。出发时，由崔宗培同学领队，并有伍镜湖、顾宜孙[47]两位教授同行指导，还有工友二人随行帮助装卸行李及看守什物。

先到天津，住河北女师学院，因唐津近途，又无什值得参观之处，未事勾留，越宿，即洽车沿津浦线南下，至济南下车。游大明湖、趵突泉、千佛山等名胜。换乘胶济铁路局所备之专车至青岛，住青岛大学。此校房屋皆以大块花岗石砌建，极为壮观，原为德帝国主义所建之俾斯麦军营，今已改设青岛海洋学院[48]。在青岛路局负责人陆委员（陆家保[49]同学之父）及前物理学教授孙宝墀（当时在胶济路任工程司）及老校友姚章桂[50]、王洵才[51]等之热情接待，并设盛宴洗尘。参观了钢梁之现场拼铆及架梁施工。登停泊青岛港之军舰参观，舰名“海威”，还参观了日人开办之屠牛场。见牛群临宰杀前，泪倾如雨，邻人凄恻。漫游以建筑多样化闻世之青岛市容及瑰丽幽奇之海滨风貌，信哉避暑胜地、世外桃源。西人称青岛为“东方绿洲”，良非过誉。在青岛还参观了德帝国主义所遗之水族馆。忆原有巨鲸骸骨，体大盈室，今馆存犹昔，但不见当日之巨鲸矣。同学王志超，家住青岛西镇，曾邀同学数人到家晚餐，菜十余味，皆鲜美异常。王说是太夫人亲手烹调，每菜原料不离鱼虾，倘非介绍，难以辨识也。

青岛游罢，返回济南，再转车南下，直抵南京。先参观浦口轮渡工程。主其事者为前院长郑华。在当时算得是国家一大建筑，若与解放后所建之长江大桥较，实微不足道。在南京瞻仰中山陵，游览明孝陵。铁道部人事局局长代表铁道部及留宁校友分别设宴招待。离南京，先在镇江下车。前校长孙鸿哲在此任江苏省建设厅长，茅以升在此任水利局局长，其他校友有朱泰信[52]等多人。在校友招待宴席上，茅代表致欢迎词，说镇江有青翠幽胜之金山，又有耸立江心的焦山，但是我们还是不能忘怀于亲爱的唐山，借景达情，亦善于辞令者矣。宴后将桌椅移开，围观陈体诚[53]表演"酒疯舞"，以胡琴伴奏。陈系上海交大出身，也算校友，时陈任公路局长。在镇江畅游了金焦二山。金山寺内有洞，深不可测，持火炬探入约百米，不敢继续前进。据住持和尚说，此洞可通焦山，但未身试，难必确否。我们就金山茶寮饮茶，观赏长江风貌时，有校友某招待小食，得尝镇江驰名之肴肉、干丝，清爽不腻，味美无伦，他处不可得也。

马鸿逵的招待餐

杭州游罢，仍沿沪杭、沪宁、津浦、北宁等线返回唐山。中途在曲阜下车，瞻仰孔庙孔林，印象确已模糊。但忆同学，连我自己在内多向孔夫子神像鞠躬致敬；亦有少数行跪拜大礼者，有谓于仲凯即其一。游罢孔庙，仍回专车北驶至泰安下车，时已傍晚。大家在月台上徘徊，静候领队同学联系食宿。忽有一军官至，说马司令（马鸿逵[54]）请诸位在某处便饭，众大异之。悉有南京金陵女子大学学生若干人与我们乘同次列车到达泰安，亦游览泰山者。彼校系美国教会所办。蒋介石老婆宋美龄致电嘱马鸿逵照顾。马遥见站台上还有许多青年人流连，问是何人？既知亦是大学生来旅行者，便命一并招待。正苦枵腹间，得此意外之大嚼，岂不快哉？次日早起，携干粮水壶，直奔泰山而去。泰山名闻天下，遥遥视之，俨然若一突起无奇之大馒头而已。既达山麓，即渐入佳境，古木参天，浓荫苍翠；一路流泉曲涧，叮咚清响，沁人心脾。天然崖石之上，刻全部金刚经文，字大逾方尺，叹为伟观。因一时疲乏，竟未达南天门，中途而罢，至今惜之。

毕业纪念

回到唐山后即着手于毕业论文（thesis）之写作。埋首图书馆，穷搜参考资料，结合课堂笔记，实习心得，撰稿誊抄（皆用英文楷书或打印）并附图说，夜以继日，匝月始装订交卷。

此时，从天津大北照相馆请来技师，大批拍摄各种大小纪念影片。陈俨负责编辑纪念影集，举凡校园风景、黉舍建筑、毕业旅行各地留影，以及校内生活写实具备，惜已连同全部书籍毁于金陵烽火[55]。陈俨生长于英伦，洋气十足，为一纪念班徽，不惜侈费，远求于以艺术闻世之罗马。徽以紫铜为材，作矩形，色泽古朴大方，缀以麂皮怀表带，又合实用，是一极合理想之纪念品。奈沧桑多变，类似区区细物，应已早还尘土，徒留影像依稀。

离校前夕，学院举行惜别晚宴于校长楼。黄寿恒教授代表院方致辞，忆有如下数言："诸君出校，均将成为工程司，其地位介于劳资之间。今欧美先进国家，劳资矛盾日益深刻，罢工之风，势如燎原之火。诸君将来应在劳资两方之间，本着公平合理的原则，起调停作用，其裨益于国家社会，自非浅鲜。"教授高论，料从欧美拾来。噫嘻！便便大腹之资本家先生疯狂剥削工人，又慑于工人阶级之觉醒，竟异想天开，欲乞灵于所雇佣之工程师居间调停，妄企苟延其无可挽救之命运，不亦大可哂乎。

入职待遇优厚

学校接到铁道部分派工作[56]名单，我被派到北宁铁路（旧京奉铁路，由北京至沈阳）限8月底前到天津路局报到。此路之英文名称当时为 Peking Mukden railway，国际知名。以其位置优越，货运繁荣，设施先进，盈利之丰为全国最，有黄金铁路之誉。员工物质待遇，亦较他路优厚。例如年终奖金，原应得月薪之三倍，我们入路正赶上"九一八"事变，路权大受影响，亦实发两个半月之奖金。对工程技术人员的住房，犹有特别优待。按传统，原应分配每人独院之"洋房"（平房）一栋，凡大学出身之实习生、工务员（英文统称 Student engineer）在外段工作者得享此待遇。倘未获占用这类公房，则每月给房贴25元。当时交大毕业生实习定为一年，月领生活费65元。期满通过考试，授工务员职（相当于今之技术员）月薪80元。在初授实职的一年内，通过所谓的考绩，每半年增薪10元，加至100元为止。以后的升职加薪，就再无定准，靠各显神通了。

战争阴云

奉天班的由来

在此补充说一点奉天班的始末。在我们考取入校之时，东北军阀张作霖大事培植党羽，

刘健大学毕业照

毕业生与伍镜湖教授（中坐者）合影，伍左边着白裤者为刘健

扩充实力，有问鼎中原之野心。为了逐步把持铁路交通，招考一班青年，送来唐山培养。经学校复试，认为程度太低，必须补习一年，故称为“预备班”。因学生皆奉天省籍，故当时习惯称之为“奉天班”。学生来到后，先是与我班混合住东新宿舍，旋由奉天省拨款另建宿舍安置，预备学习完即升入正式的预科一年级，即成为1932年班。故1926年暑假，唐山交大停止招收新生一次。黄万里正于此时来唐，因有特殊夤缘，未经考试即加入此班，以一江苏人得入奉天班是非常特殊的。

1928年国民党北伐军进入济南城后，外交特派员蔡公时横遭日本强盗无理惨杀，噩耗传来，同学们莫不义愤填膺，痛感弱国之耻，一以至此。学生会举行追悼大会，余曾热心参与筹备及会场布置诸事。

东北参观

1930年冬[57]，在伍镜湖、顾宜孙等教授的率领下，赴东北参观。先到山海关，借住田氏中学(李开域之母校)。桥梁厂厂长罗英[58]、号志工程司汪禧成设席于俄国餐馆招待。在榆校友皆参加。其中有邵福旿[59]由别处赶回参加盛会，还讲了话。邵系邵福宸[60]之兄弟。讲话中，说他一生的日记不慎在这次回校中途遗失，予人印象颇深。在此参观桥梁厂及号志工程处，继续前进，到达沈阳。见马路上积雪盈尺，略一不慎，倾跌堪虞。交通警察衣帽臃肿，皆皮衣，亦为内地所罕见。在沈阳住青年会楼上大厅，搭地铺。负责人阎宝航[61]上楼与同学周旋，表现热情。当时日寇横行无忌，挑衅之事，常有发生，风声时紧，人心惶惶，有大难即将临头之势。原拟参观全国规模最大之兵工厂，厂长为翁元庆之父翁之麟[62]，亦竟以碍于有强邻监视不便而罢。仅参观了当时规模最大、设施先进之沈阳新站，建设初成，正待交付运营中。曾往东陵参观东北大学，此校建设规模庞大，参观时仍在大举继续施工之中。校长刘风竹[63]，曾对我们致辞欢迎并介绍建校情况，讲话中对在座之顾教授表示推崇备至。我们还坐“南满铁路”火车到了抚顺，参观露天煤矿。眼见国家的宝贵资源，听任强邻霸占开采，令人扼腕。日人利用矿渣中之乌石块，制成光洁精致之文具玩具，设专肆发售，索值颇昂，同学中有购作纪念者，但不知其枨触何如耳。

东北同学

1925年深秋，谭兴铎退学离去后，寝室空位，住过一个奉天班学生刘长山[64]。年较长，相处甚洽。不久迁至为奉天班专建之寝室，仍常来吾室闲话。“国民革命军”进入唐山后，刘即退学回东北老家，还是不时来信，致殷殷之意。到1930年，他当了某个地方的税务局局长，因夙知我经济上比较困难，突然汇来银洋100元，并说此款是馈赠，以后还将继续汇寄。我回信感谢，说我明年即将毕业，此款还是一定要归还，并请不要再寄款来。1931年8月开始入路工作，即盘算集款，以早日归还此款。“九一八”沈阳事变突然发生，我急忙到天津东站附近之邮局将款汇出，久无回音。至邮局查询，说对方签收无误，嘱我本人再去信，竟从此断绝了联系。那时东北日寇横行，哀我同胞死于非命者无可数计。此人命运何如，未可揣测。余为此人此事，每常耿耿于怀，至今难释。

顾宜孙教授(1897—1968)

感时忧国，前路茫茫

1931年7月与六载相依之唐山母校告别，应老同学江锐之邀到北京。江亦同时卒业于北京大学教育系。江建议趁暑假去西山度暑，谓有湖南人任培元赁得北辛村农舍，可以共栖为邻。乃偕江及其新恋之胡氏同往。至则一小小院落，平房一所，大小四间，另有厨房杂屋，花香鸟语，环境清幽。任系初识，攻哲学，时正忙于译著，谈吐不俗，成为知交。胡氏名君碧，国立女大学生，专修体育，为短跑选手。中间曾邀其同学罗某来村小住。罗亦湘人，风度楚楚，不苟言笑。某夕，五位“老九”就庭院纳凉赏月，天南地北，漫谈为欢。俄而谈到国家命运，青年前途，侃侃娓娓，各抒所见。话甚投机，午夜犹无倦意。将入室，骤见玉盘高挂，枝映金波，始晤如此良宵，适吾廿三初度。遥想前路茫茫，险夷难卜，为之转恻不寐者久之。

阎宝航(1895—1968)

兹撰《痛忆母校》[65]一词以殿此章之后。

校园建筑：讲堂

调蝶恋花·痛忆母校

1976年12月9日

黉宇崔嵬清末肇，蜈实扬华[66]，誉满神州噪。

李郁桃秾千百少，学风淳朴人称道。

校友声华相续耀，一震成灰，无迹供凭吊。

母校形销神不杳，竹书应镂唐山傲。

刘健晚年在长沙铁路医院

1 即湖南公立工业专门学校，1917 年并入岳麓书院，1926 年与商专、医专等组建湖南大学。

2 刘健堂叔刘岳保。

3 今力学胡同。

4 唐山大学，交通部唐山大学简称，该校曾多次改名、合并、分立、迁移校址。在刘健就读期间，校名先后有：交通部唐山大学（1922 年 7 月—1928 年 2 月）、唐山交通大学（1928 年 2 月—1928 年 6 月）、第二交通大学（1928 年 6 月—1928 年 9 月）、交通大学唐山土木工程学院（1928 年 9 月—1931 年 8 月）、交通大学唐山工程学院（1931 年 8 月—1942 年 1 月），可见时局的动荡。本文统以唐山交大指代该校。

5 指北京交通大学。

6 据《西南交通大学史》第二卷，该年招生考试英文题目是 The Art of Literature.

7 《英语周刊》（*English Weekly*），上海商务印书馆出版的著名外语教学类期刊，创刊于 1915 年。该刊面向高小和初级中学的学生及自学初级英语者，既传播语言知识、启发教育，也介绍中外文化，文章涉及新闻、科技、文化、文学等多个领域。

8 湖南公立工业专门学校附中英文教员刘天铎，美国哥伦比亚大学哲学博士，1927 年 4—7 月任湖南工科大学行政委员。

9 当时广州国民政府与北洋政府分庭抗礼，南北交通不便，唐山交大无法按惯例在广州举行招生考试。

10 据《西南交通大学（唐山交通大学）校史》，1925 年奉系军阀张作霖欲保送一批奉天省学生入学，学校当局则坚持入学条件，为此特设补习班，准予补习一年升入预科，预科成绩合格，方准升入本科。段昌兴属于特设补习班，查校友录，他归入 1931 届肄业，应是成绩不合格未能毕业。

11 指京奉铁路正阳门火车站。

12 竺可桢（1890—1974），字藕舫，浙江绍兴人，气象学家、地理学家、教育家，唐山交大土木工程系 1913 届毕业，曾任中国科学院副院长、学部委员。

13 黑框是原稿所加，应为成稿时（1977 年）已知去世的同学。

14 林同棪（1912—2003），即林同炎，福建福州人，美籍华裔土木工程学家、中国科学院外籍院士、美国国家工程院院士，预应力混凝土理论及设计领域的奠基人之一，世界闻名的土木工程结构大师，被誉为"预应力先生"，唐山交大土木工程系 1931 届毕业。著有《结构概念与体系》等。

15 黄寿恒（1896—1969），字镜堂，原籍江西省清江县（今樟树市），1914 年毕业于唐山交大土木工程科。1916 年考取清华公费赴美。1917 年在麻省理工学院获土木工程学士，1918 年获航空工程硕士学位。1923 年到唐山交大任副教授、教授，是唐山交大著名的"五老"教授之一。

16 从湘潭至韶山的铁路，是沪昆铁路的支线，当时称为"红铁路"。

17 伍镜湖（1884—1974），字澄波，广东台山人。1912 年毕业于美国纽约州门塞勒工科大学（Rensselaer Polytechnic Institute），1913—1915 年在粤汉和京张两铁路工作，1915 年起唐山交大任教授至退休。伍镜湖对工作极度认真，对学生要求严格，一丝不苟，是唐山交大著名的"五老"教授之一。

18 据《西南交通大学史》，每年暑假，学校均组织三、四年级学生赴北京西山开展铁路定线实习。考虑到中国水利事业亟待振兴，而水利人才培训犹赖实习，于是在暑期实习环节中增加塘沽水文测量，与西山测量一并进行。

19 金涛（1888—1970），字旬卿，1909 年为第一批庚子赔款留学生，1912 年获美国康奈尔大学土木工程学位，曾任交通部铁路技术委员会工程股专任会员，平绥铁路（北京—包头）总工程师，北大工学院教授。

20 罗忠忱（1880—1972），字建侯，福建闽侯人。1895 年入北洋大学机械系，后保送北洋官费留美，1906 年入美国康奈尔大学土木系，1910 年毕业，又入该校研究院攻读一年。回国后 1912 年 8 月到唐山铁路学校（当时的校名）任教务长兼土木工程教授，后学校多次易名、搬迁，始终在学校任教和工作，2 次出任校长（主任），毕生致力于办学和工程技术人才培养。唐山交大第一位华人教授，享有崇高威望，被尊为"五老"教授之首。

21 据《西南交通大学（唐山交通大学）校史》大事记第一分册：1921 年 7 月，交通大学京、唐、沪三校进行系科调整。沪校土木科并入唐校，唐校机械科并入沪校，沪校改称交通部南洋大学。

22 孙鸿哲（1876—1937），字揆百，号寒松，江苏无锡人。早年入读北洋大学铁路专科，后赴英国留学，毕业于爱丁堡大学机械系。回国后三次出任唐山交通大学校（院）长。执掌唐山交大期间，躬身敬业，廉政治校，在恶劣环境中坚持不屈。1937 年 10 月，积劳成疾，在北京去世。

23 熊世平，字揽迪，湖南人，唐山交大土木工程系 1927 届肄业；黄轩，湖南衡阳人，唐山交大土木工程系 1928 届肄业；谢大祺，四川人，唐山交大土木工程系 1929 届肄业；三人均为社会主义青年团员。肖洁杉，字杰三，四川人，唐山交大土木工程系 1928 届毕业；朱国洗，江苏人，唐山交大土木工程系 1929 届毕业。

24 陈茂康，四川巴县（今重庆市巴南区）人，重庆广益中学考取第二批留美，1910 年赴美留学，1914 年美国康奈尔大学电机机械专业毕业，获理学硕士学位。1916 年回国后，任唐山交大教授，讲授电机工程和水利学。发明几何计算尺和复数计算尺。

25 胡仁源（1883—1942），字次珊，浙江吴兴（今湖州）人。1902 年壬寅举人，肄业于京师大学堂，毕业于日本仙台高等学校及英国待尔模大学（University of Durham）。1914 年任北京大学校长，1926 年 3 月任教育部总长，1926 年 3 月—1926 年 6 月任唐山交大校长。

26 茅以升（1896—1989），字唐臣，江苏镇江人，著名工程师和教育家。唐山交大土木工程系 1916 届毕业，考取留美，1917 年获康奈尔大学桥梁系硕士，1919 年获匹兹堡卡耐基理工学院博士。1920 年回国，担任唐山交大教授，时年 25 岁。1921—1952 年间曾四度出任唐山交大校长。解放后曾任全国政协副主席、中国科协副主席、中国科学院学部委员、九三学社中央副主席。

27 茅所言龚总长，据年代推断，应为龚心湛（1869—1943），号仙舟，合肥人。1925 年冬，龚心湛由北洋政府内务总长改任交通总长，1926 年“三一八”惨案后，段祺瑞内阁总辞职，龚遂脱离政坛，在天津做寓公。

28 常荫槐（1876—1929），字汉湘，吉林梨树人，历任京奉铁路局局长、北京安国军政府交通部次长（代理总长）、唐山交大校长、黑龙江省省长等职。

29 程崇（1884—？），黑龙江双城人，毕业于政法学堂。1913 年起历任黑龙江省高等检查厅检察官、绥化县知事、龙江县知事等职，1927 年任唐山交大校长。

30 郑华（1887—1960），字辅华，福建永定人，留学美国康奈尔大学桥梁研究所，历任山海关桥梁厂厂长、唐山土木工程学院院长（1929 年 5 月—1929 年 8 月）、铁道部设计科长、京赣铁路局局长，曾主持浦口铁路轮渡设计建造。于 1929 年短暂担任交通大学唐山土木工程学院院长。

31 李垕身（1889—1985），字孟博，浙江余姚人，1907 年自费赴日留学，在金泽第四高等学校工科学习；1913 年赴美留学，康奈尔大学土木工程学院，获土木工程师学位。1929 年任唐山土木工程学院院长（1929 年 8 月—1930 年 5 月），后调任京沪铁路局局长。中国科学社成员，创办《科学》杂志，先后发表《胶灰制造法》《实地测量记》《三和土之制造及用法》等。

32 李书田（1900—？），号耕砚，河北昌黎县人。北洋大学土木工程学士，美国康奈尔大学土木工学博士，享誉我国土木工程界的著名专家。1930 年受聘国立交通大学唐山土木工程学院院长，主持制定《交通大学唐山土木工程学院专章》，建树甚多，颇负时誉。

33 黎照寰（1888—1968），字曜生，广东南海人，中国近代教育家、爱国民主人士和社会活动家，交通大学校长。1907 年赴美留学，先后获得哈佛大学等多所院校的学士、硕士学位，1929 年以铁道部次长身份兼交通大学副校长（此时交通大学校长如正文所述，由孙科兼任），1930 年任交通大学校长，并辞去铁道部次长之职，1932 年参与创办中国民权保障同盟。

34 据《西南交通大学史》1931 年学生膳费约 8 元（可能是取 6 元档的多，12 元档的少，平均值约 8 元）。

35 陈大镆，湖北宜昌人，唐山交大土木工程系 1931 届毕业，留校任唐山交大土木工程系助教，城乡建设部建筑技术发展中心高工退休。刘健的同班同学和挚友，毕生保持书信联系。

36 肖人彦，湖北人，唐山交大土木工程系 1927 届毕业。

37 查 2 份唐山交大同学录，均无黄九如，但都有黄五如，广东人，唐山交大土木工程系 1928 届毕业，疑为笔误。

38 李洙，唐山交大土木工程系 1932 届毕业，1949 年后任铁道部大桥局高级工程师。

39 李汶，江苏人，唐山交大土木工程系 1933 届毕业，是土木工程系建筑门第一届毕业生，留校任材料试验助教，长期讲授画法几何及工程制图、房屋建筑学等课程，后为西南交通大学土木工程系教授。我国工程制图领域使用仿宋字的主要推广者之一。

40 陈培英，福建人，唐山交大土木工程系 1933 届毕业。

41 黄炽昌，广东人，唐山交大土木工程系 1933 届肄业。

42 在 2 份《校友录》中均记作马宝珍，唐山交大土木工程系 1933 届毕业。

43 校友录中未查到此人，疑为高镜江，字阅楼，安徽人，唐山交大土木工程系 1932 届毕业。

44 疑为唐山评剧，俗称唐山落子，谐音写成了唐山闹子。

45 崔宗培（？—1998 年 11 月 9 日），河南南阳人，唐山交大土木工程系 1931 届毕业，1934 年考取河南省官费留学美国爱荷华大学研究生院学习水利工程，获博士学位。曾任河南焦作工程学院教授，四川省政府及全国水利委员会技正、中国农村水力实业公司总工程师、东北水利工程总局总工程师、华北水利工程总局工务处处长等职。1949 年后，历任水利部设计局副局长、北京设计院副总工程师、水利电力部技术咨询等职。

46 俞皓鸣，校友录上记作俞浩明，唐山交大土木工程系 1931 届肄业。

47 顾宜孙（1897—1968 年 8 月），字晴洲，上海南汇县人，中国土木工程学会理事长、结构工程专家、教育家。1918 年毕业于上海交通大学土木工程系，当年考取公费留美，1921 年在康奈尔大学获博士学位，1922 年归国在唐山交大任教，1945—1949 年任唐山交大（交通大学贵州分校、唐山工学院）校长，“五老”中最年轻的一位。

48 今青岛海洋大学。

49 陆家保，唐山交大土木工程系 1930 届毕业。

50 姚章桂，唐山交大土木工程系 1922 届毕业。

51 王洵才，唐山交大土木工程系 1920 届毕业。

52 朱泰信，唐山交大土木工程系 1924 届毕业，曾留学英法两国，1931 年至 1942 年任唐山交大副教授、教授，讲授都市计划学、道路工程、市政管理、污水处理和排放、给水工程、微生物等课程，1949 年后曾任湖南大学土木系教授。朱泰信和许元启、罗河、李汶等四人，与“五老”相应，并称“四少”。

53 陈体诚（1894—1942），字子博，福建闽侯人，陈宝琛后人。1915 年毕业于上海交通部工业专门学校（今上海交大），赴美留学，专攻桥梁工程。1918 年留美学者在纽约成立中国工程师学会，任会长。回国后，先在闽江工程局任工程师，1928 年任浙江省公路局总工程师、局长，与茅以升合作修建钱塘江大桥。1933 年 10 月任全国经济委员会公路处首任处长，筹划全国公路网。抗日战争期间担任西南运输处副主任，兼海防分处处长，滇缅公路管理委员会秘书长，中缅公路总局副局长等。逝于昆明。

54 马鸿逵（1892—1970），字少云，回族，国民党西北军高级将领，1930 年率部参加中原大战，攻占山东泰安。

55 1937 年南京沦陷前夕，刘健举家随铁道部撤离，但全部书籍和珍贵物品都没能带出来。

56 此即“部派实习”，当时铁道部考虑为中国铁路发展吸纳更多人才，以及解决学生就业，要求交大学生毕业后到铁道部及各路局实习，为期一年。

57 据《西南交通大学史》，此次赴东北参观是在 1930 年 1 月。

58 钱塘江大桥总工程师，美国康奈尔大学桥梁专业第一班的中国学生，与茅以升同学。著有《罗英文集》。

59 唐山交大土木工程系 1915 届毕业，曾任西南交通大学教授。

60 唐山交大土木工程系 1914 届毕业。

61 阎宝航（1895—1968），字玉衡，辽宁海城人，为世界反法西斯战争的事业立下了不朽的功勋。时任奉天基督教青年会总干事。

62 翁之麟，字振伯，江苏常熟人，曾任北洋政府陆军部军械司司长，1921 年起任东三省兵工会办。

63 刘风竹（1891—1981），字冬轩，吉林德惠人，1913 年留学于英国伦敦大学，1914 年留学于美国密歇根大学，获法学博士学位。1921 年回国后曾任吉林法政专门学校校长。1927 年任北京政府教育部专门司司长兼民国大学校长。1928 年被东北政务委员会聘任为东北大学副校长。

64 刘长山，辽宁人，唐山交大土木工程系 1932 届补习班入学，肄业。

65 1976 年 7 月唐山地震，唐院校园原址毁于一旦，故有此感。

66 1916 年，唐山交大参加教育部举办的全国专门以上学校成绩展览，选送展品获得优等奖状，是年 12 月，获教育总长范源濂颁发“竢实扬华”匾额一方。

基于历史志书文献与志图识读的复原设计探讨
——以长沙贾谊故居清湘别墅古典园林复原设计为例

柳司航，柳肃

湖南大学设计研究院有限公司，湖南大学建筑学院

引言

历史志书文献与志图的识读，对于复原设计而言，是重要的参考依据。历史志书主要有府志县志一类地方志和地绅官员编撰的专志。地方志是中国古代地方政府以地区为主，综合记录该地自然和社会方面有关历史与现状的著作，也称“地志”或“地方志”。此外还有题咏诗词和楹联匾额等具有文学艺术加工性的史料，对于史迹复原设计来说，都是重要的参考依据。而志图更是将建筑形制、布局、细部等要素记录下来，可作为建筑复原的技术资料。

志书文献与复原设计

地方志

地方志记载的内容简略，但各版本志书相互印证，其信息具有较高真实度。与建筑相关的记载以城池、祭祀形制、名胜古迹的描述为主。长沙地区历代志书几乎都有记载贾谊故居，其中有代表性的志书有：明嘉靖《长沙府志》（1533）、明崇祯《长沙府志》（1639）、清乾隆《善化县志》（1747）、清光绪《湘城访古录》（1893）。分析整理志书中关于长沙城和贾谊故居的资料，可以得出关于贾谊故居历史视线和内部重要构成元素的复原设计依据。地方志的文献记载与专志文献、志图记载均可互相佐证。

贾谊故居相关历史志书记载对比

志 / 纪 / 章	明嘉靖《长沙府志》	明崇祯《长沙府志》	清乾隆《善化县志》	清光绪《湘城访古录》	分析
城池	长沙府城，旧志云，自汉至元，城仍旧址。元以前，筑以土墁，覆以甓。……趾之广三丈，颠仅四之一，高二丈四尺……	旧志云：自汉至元，城仍旧址。元以前，筑以土墁，覆以甓。……趾之广三丈，颠仅四之一，高二丈四尺	内广五里袤十里周围二千六百三十九丈有奇，元以前筑以土墁，覆以甓。明初守御指挥丘广乃垒址以石，上下完固……	城池修建始末，（通志）长沙府城汉长沙王吴芮迤宋俱仍旧址明洪武守御指挥邱广垒址以石，寻以上至女墙，巅以甓，址广三丈，颠四之一，高二丈四尺，周二千六百三十九丈五尺，计一十四里有奇，女墙四千六百七十九堞堞崇二尺……	城池城墙，长沙古城自明到清，有史料记载的具体城墙体量尺度均沿袭旧制，未做改动。址广三丈，颠四之一（城墙底下宽 10 米，顶部收分四分之一，即顶部宽为 7.5 米），高二丈四尺（即从基脚到顶部有 2 丈 4 尺高，约 7.98 米）

祭祀	汉贾太傅祠，在府治北。岁春、秋祭各一，牲用豕一、羊一	屈贾祠府治北，原贾太傅故居，有井，有石床，后增祀屈原。万历八年，兵道李天植重修，额曰屈贾二先生祠	屈贾祠，在大西门内春秋祭，并祀屈原。系贾太傅故宅内有贾公井	贾太傅祠，旧志载屈贾祠在太平街，系贾太傅故宅内有贾公井，后并祀屈子府丞贾仲儒施贾祀田四十三亩	由对祭祀的分析，明、清的记载里都对贾太傅故居里贾公井的存在进行了说明。明万历年间，曾在贾谊祠内增祀屈原，又称屈贾祠
名胜古迹	贾谊故宅，在府城中濯锦坊，旧有太傅井，并庙尚存	贾谊故宅，即贾公祠，有井，有石床。唐刘文房诗："三年谪宦此栖迟，万古惟留楚客悲"	贾太傅故宅，西北濯锦坊，今屈贾祠。贾太傅井，贾公祠内，成化知府钱澍复浚，上圆下大，状如壶	明成化间更拓基鼎建，历国朝屡有修葺。光绪元年粮储道夏献云募资重建，另祠屈子郡校左。仍就故宅专祠贾傅，兼祠屈子。祠旁曰清湘别墅，曲槛回阑，颇饶佳趣。有楼曰"大观"。麓山耸其侧，橘洲横其前，诚胜境也	清光绪年间才出现修建清湘别墅的记载。其记录中贾太傅祠等建筑均用重修字眼，可知，清湘别墅主体建筑的始建年代为光绪元年前后

根据地方志记载分析可知，至清代贾谊故居清湘别墅建成时，城池为城墙底宽 10 米，高度为 8 米，周长约为 8798 米。在明万历年间（1573—1620），在贾谊祠内增祀屈原，又称“屈贾祠”。清湘别墅主体建筑的始建年代为光绪元年（1875）前后，主要建筑有大观楼、回廊，大观楼朝西，面向湘江与岳麓书院，站在大观楼上视线可以越过城墙看到橘子洲。

《贾太傅祠志》

《贾太傅祠志》是长沙地方专志，光绪二年（1876），贾太傅祠重修竣工。夏献云（1824—1888）汇编成书于光绪四年（1878）刊刻于长沙。书中记述了各祠宇重修的缘起和经过，收录了各当事人、经历者撰写的诗文，而这些文字大多为他书所未载，是一本关于贾谊及其祠祀最完备的资料汇编，有重要的历史史料价值。

时任粮储道的夏献云在《重修贾太傅祠碑文》中记述：“……合祠已久，宜兼祀之。祠西向，为门二重，堂二进，规制仍旧。瓴甓榱桷黝垩之敝且夥者新之，增建怀忠书屋，上为忠雅楼，祀屈子。更上曰大观，可望麓山诸胜。循廊下为不系舟，又曰小沧浪馆。迤西为佩秋亭……”

童大畇在《清湘别墅即景分咏》中记述：

小沧浪馆

不须濯足凌扶桑，兴来随在有沧浪。

久闻唐宋两子美，分擅蜀吴一胜场。

绿槛绮疏凭曲沼，红蕖翠荇引清觞。

羡鱼欲作清湘钓，渔父骚情是此乡。

忠雅楼

登高作赋愧无能，醉蹑初桄第一层。

待叩九阍人已杳，抗怀千古酒难胜。

望中墟里孤烟上，暝后园林霁色澄。

径欲当前追屈贾，满墙骚句写吴绫。

大观楼

江城深闭大千秋，却喜登临豁远眸。

万叠晴岚趋岳麓，一川渔火绕湘洲。

清吟吊古情何限，扶醉凭栏兴未休。

拟逐云飞洞庭去，不须更上岳阳楼。

根据《贾太傅祠志》的描述可知，清湘别墅主体建筑竣工于光绪二年。主要建筑有大观楼、怀忠书屋、忠雅楼、小沧浪馆、寻秋草堂、佩秋亭、回廊等，大观楼在夜间城门关闭时，可登临远眺，视线可以越过城墙看到橘子洲与湘江渔火，与城内的定王台楼阁相望，是当时长沙城少有的登高观景楼阁建筑。

题咏诗词

题咏诗词是历朝历代文人墨客纪念歌咏叙述贾谊人生的感慨及寻访贾谊故居的经历见闻，具有文学艺术加工的成分，但其中对于建筑、植物、环境和景观的描述，可作为保护利用设计的依据。由于篇幅原因不在本文中列举，根据题咏诗词记载 [[1] 吴松庚 . 历代名流咏贾谊诗联集注 [M]. 长沙：岳麓书社 ,2013.]] 统计分析可知贾谊故居的历史情况为：

建筑：清湘别墅内的建筑有大观楼、佩秋亭、靓舫、忠雅楼、怀忠书屋、寻秋草堂、小沧浪馆、兰亭等。

植物：荷花、菱角、兰草、杜若、橘树、柚子树、竹子、黄梗木、楠木、杞木、梓木、棠梨、兰花、菊花、扶桑花。

环境：清湘别墅四周平坦的地方用连廊环绕一周，佩秋亭在方塘边，可在小沧浪馆内观赏荷花。庭院前有一排竹林和橘树相融合的绿化区。园林内部随处可见兰花和菊花。

景观：在大观楼上视线可以越过城墙，远眺岳麓山与橘子洲。

楹联匾额

《贾太傅祠志》中关于楹联匾额的记载如下。

怀忠书屋：长沙不久留才子，宣室求贤访逐臣——杨翰集唐句

臣言幸中汉七国， 知己难逢鲁两生——童大畇

寻秋草堂：汉策读遗编，掩卷犹闻长太息；湘滨寻胜迹，结庐还忆此栖迟——刘崛

佩秋亭：北渚生秋草，西风荐客蔽——夏献云集唐句

忠雅楼：碧草井边芜、 吊古每挥双涕泪；黄相霜后荐，合祠宜拜两先生——夏献云

天可间，从泽畔行， 偏逢渔父；神之来， 溯江流上，合祀骚人——杨翰

哀怨托离骚，生面独开诗赋祖；孤忠报宗国，余风波及汉湘人——廷桂

大观楼：俯长沙二万余户，不尽炊烟，还看草绿荒台，缅怀帝子；望洞庭八百平湖，无边秋水，每为兰芳空谷，凭吊骚人——夏献云

中国古典园林的楹联匾额是观景说明书，而清湘别墅中建筑的楹联仍是围绕贾谊生平和后世感悟为主。另一方面证实，清湘别墅古典园林是公共属性的祠庙附属园林。集历朝历代名诗句作楹联，是中国古建筑的传统做法，在佩秋亭和怀忠书屋的两副楹联中都出现。复原设计的建筑，如志图中未有明确命名的，可以采用集句的方式，命名并撰写楹联。

志图与复原设计

贾太傅祠志图

中国古代的先贤祭祀，是一种重要的祭祀类型，往往由先贤的重要活动及居住场所发展而来。祭祀建筑群一般由大门、前殿和正殿组成。规模更大的在两侧建厢房，后院建藏书楼或附属建筑。贾太傅祠是祭祀贾谊的建筑群，由贾谊故居演变而来，由于两侧空间受限，未做厢房，后院无藏书楼记载。

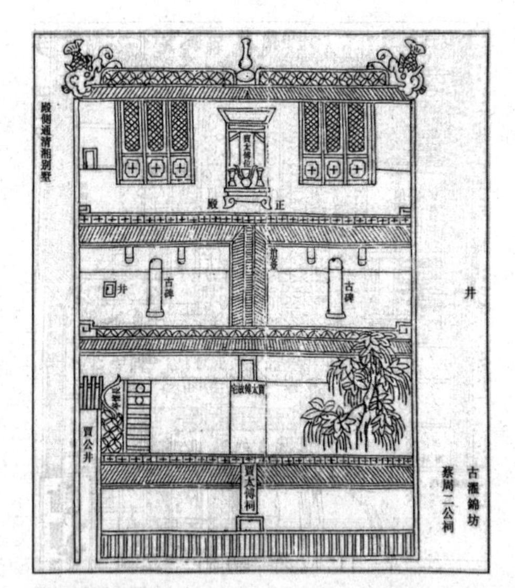

贾太傅祠志图

贾太傅祠正殿效果图

贾太傅祠格局形制：入口大门—长怀井—前殿（二门）—碑廊—治安堂—正殿

中国现存具有代表性的先贤祠堂，在规制上有一定的要求，这是保护的重要依据。正殿形制以单檐歇山为主，湖湘地区存在硬山屋顶的地方式做法 [[[] [德] 恩斯特 · 伯施曼 . 中国祠堂 [M]. 重庆 : 重庆出版社 ,2020.

]]。屋面瓦样式有小青瓦、灰筒瓦和琉璃瓦。

贾太傅祠正殿是贾太傅祠的核心殿堂建筑，由志图可知平面布局为五开间、副阶周匝式，正面菱形花心隔扇门，殿中供奉贾谊牌位。屋脊、翘角和吻兽等屋顶装饰构件均采用湖南地方传统样式，有鳌鱼吻兽、空花正脊、葫芦宝顶、卷草翘脚等。在规制等级上，贾太傅祠与左文襄公祠类似，屋顶样式采用单檐歇山顶，屋顶与檐口高度比例约为1 ：1，小青瓦屋面，棕色琉璃勾头滴水。室内陈设符合贾谊政论家思想家的身份。

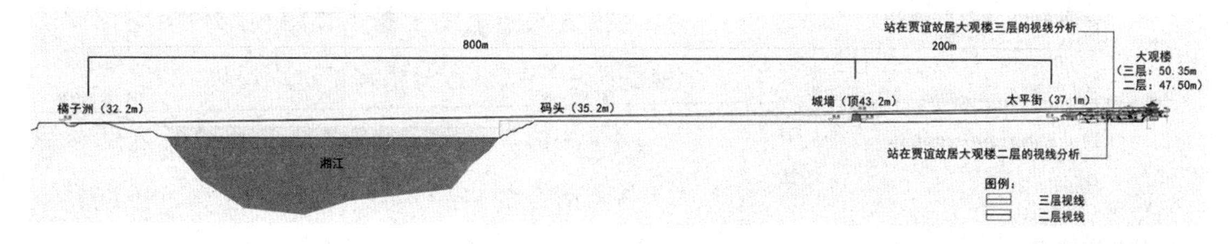

大观楼高度数据分析图

大观楼志图

根据大观楼志图，结合志书文字记载可知，大观楼可俯瞰城外山水。图中岳麓山、橘子洲、湘江、渔舟、城墙、城楼、城门、民居、园林，是长沙城标志的湘水洲城景观。

大观楼志图

志图所绘大观楼为三层歇山式楼阁建筑，首层与周边建筑围合成庭院，一侧有连廊连至二层。各层均有围廊，登大观楼可远眺湘江、橘子洲，并俯瞰全园。志图所描绘的场景与童大畊在《清湘别墅即景分咏》中记述的大观楼“江城深闭大千秋，却喜登临豁远眸……一川渔火绕湘洲”的场景一致。

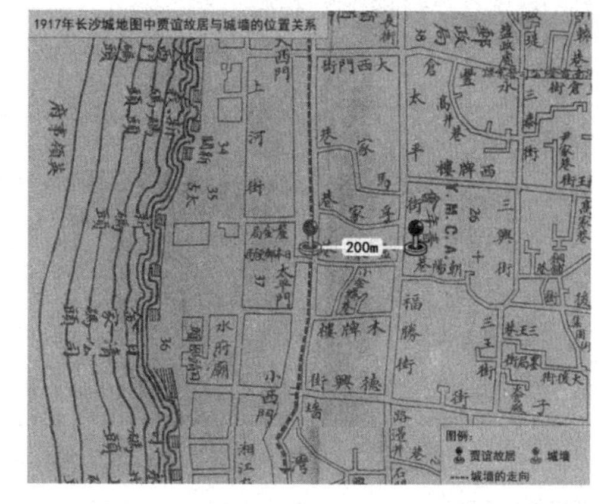

1917 年长沙地图

大观楼景观已知，但具体建筑高度的判定，需有准确的科学数据分析。1917 年测绘的长沙历史地图，是根据现代地理科学准确测绘出的城市地图，有精准的科学数据。通过历史地图中对贾谊故居、城墙、橘子洲、岳麓山的位置定位，对大观楼与他者的竖向关系做视线分析可知，二层楼阁的景观视线不足以越过城墙，只有三层的景观视线能越过城墙，观赏到橘子洲的景色。大观楼楼阁层数经科学分析，与记载一致，并得出准确的数字，三层观景高度应在距太平街地坪 13.25 米或以上处。因此，大观楼三层楼面距太平街地坪的高度应在 11.55 米或以上。

清湘别墅志图

根据清湘别墅志图可知，左侧建筑一层者为怀忠书屋，二层者为忠雅楼，三层者为大观楼。图中明确标明，大观楼可“西窗俯瞰城外山水”。大观楼志图即是大观楼高耸于城内，视线可越过城墙、远看橘子洲与湘江的画面。

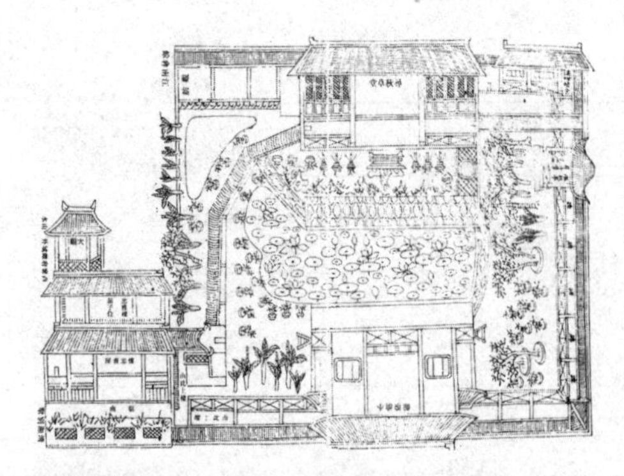
清湘别墅志图

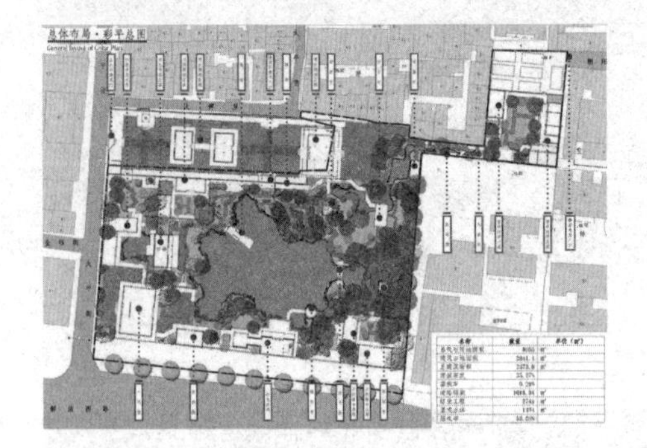
贾谊故居复原平面图

贾谊故居复原效果图

贾谊故居清湘别墅主体建筑均有历史依据，根据历史记载进行分析考证进而设计。

寻秋草堂，做成独立院落的形式，内部布置成书斋精舍的格局，小门楼、小屋舍、小连廊、小庭院，风格朴素而雅致。根据志书清湘别墅志图可见，寻秋草堂位于故居的北侧，为一座规模较大的建筑。历史上，寻秋草堂为一处纪念贾谊的场所，因唐刘长卿（约 726—786）“秋草独寻人去后，寒林空见日斜时”的诗句而得名，清以来一直为文人聚会、吟诗作赋之所，民国后又为讲书、品茶的公共场所。辛亥革命志士们曾在此进行革命活动。在故居的设计中，寻秋草堂位于故居北侧靠西的位置，为一栋正屋和一栋次屋及连廊组合的庭院式建筑群，正屋面阔三间，屋顶形式为卷棚歇山；次屋为传统的卷棚悬山屋面。院落南侧为入口门楼，茅草屋面，西侧由曲折的连廊串通，将门楼、屋舍、庭院连接起来，形成独立院落的布局，体现一种文人建筑的意境。

靓舫，按志图形制为一船形小屋，进深三间于水面上，位于贾谊故居的北部，沿湖而居，是一种特殊的景观建筑。其原型是江船，不仅可以追忆在江中游历的乐趣，同时可以寄托对家乡的思念之情，这种景观建筑在宋代很流行。建筑属于半封闭半敞开的空间布局，依水而建，是园林中最佳的亲水、听水场所。

佩秋亭，始建于清光绪三年（1877），亭内原陈列有贾太傅石床。北魏郦道元《水经注》中载：“湘州郡廨西有陶侃庙，云旧是贾谊宅地。中有一井……旁有一脚石床，才容一人坐，云谊宿所坐床。”该亭位于贾谊故居的东部，北临小沧浪馆，临水而建；建筑为一座六角重檐攒尖顶，木结构。亭内设有石桌及石凳，柱与柱之间设有美人靠，建筑沿湖而居，是一处较好的观景点。

补柑精舍，位于故居的东北角，西面为一片柑树林，这也是补柑精舍名字的由来。在整个故居的设计中，补柑精舍为一座院落式布局的建筑群组成，包含入口门厅、正屋、次屋以及连廊；正屋面阔三间，屋顶形式为悬山小青瓦样式；次屋为传统的卷棚悬山样式。院落北侧为入口门厅，与东侧连廊串通，正对面为正屋，西侧为次屋。

小结

恢复有史料记载的遗迹，需要参考分析整理文献和志图等多方史料，其中包括地方志、专志、题咏诗词、楹联匾额等，乃至于笔记、日记等文献资料，都是恢复的重要依据。虽然大多不会有关于具体建筑形式、体量和细节的记录，但从中可以提取很多历史和环境的真实信息。这些信息对于佐证和恢复整体环境有重要价值，值得深入分析。

恢复史迹存在较大争议，历史文化名城的历史在哪里？在史料文献里，在老人的口中，在数字信息投影中，固然没错。经过深入分析，有准确依据的恢复，既是对历史的尊重，也是给后人的交代。复原设计要抱着留存建筑文化遗产的心态来做。

参考文献：

[1] 吴松庚 . 历代名流咏贾谊诗联集注 [M]. 长沙 : 岳麓书社 ,2013.
[2] ［德］恩斯特 · 伯施曼 . 中国祠堂 [M]. 重庆 : 重庆出版社 ,2020.

四川《泸阳屈氏宗谱》宅院分布图的识读、定位与调研
——地名作为文献和实物的连接

江 攀

引言

2019 年，笔者参与同济大学常青教授主持的中国科学院科学技术部专项咨询项目“乡建中的风土建成遗产问题及应对策略”，团队于 6 月 29 日调研了位于四川泸县方洞镇的国家文物保护单位屈氏庄园、省级文物保护单位大坝庄园与屈垣子民居。屈氏庄园和大坝庄园所在的石牌坊村和宋田村分别于 2013 年和 2016 年入选第二批、第四批中国传统村落。

随后，笔者收集到《泸阳屈氏宗谱》（2012）[1]，其中翻印了 1935 年老谱上的《庐墓图》。该图展示了方洞镇（图中标为观音场）周围屈氏宅院、祠堂、寨堡和坟墓的分布情况。且族谱中标题为“居宅”的页面记录了从清初到 1935 年修谱时屈氏家族所建造和居住的 108 座宅院的权属变动情况。此外，泸县住建局提供了石牌坊村和宋田村两座传统村落的保护规划。通过这些文件，笔者了解到除上述三座文保单位，周围还有韩田铺、王坳、厅房、横房、小坝、酒精厂、大屋基、中坝、后嘴等九座宅院有部分遗存[2]，保护规划为它们划定了核心保护区和建设控制地带。这些宅院中，除了酒精厂、大屋基、中坝和后嘴[3]，其余八座在族谱中均有记载，包括韩田铺、王坳这两座明显冠以其他姓氏的宅院。这说明族谱中记载的屈宅信息是真实的，且有不少遗存。但剩下的 90 余座宅院情况如何？它们是否已被拆除？还是因为不在这两个传统村落的行政范围内未被调查[4]？这促使笔者对这张宅院图进行识读，并以此为线索展开建筑调查。

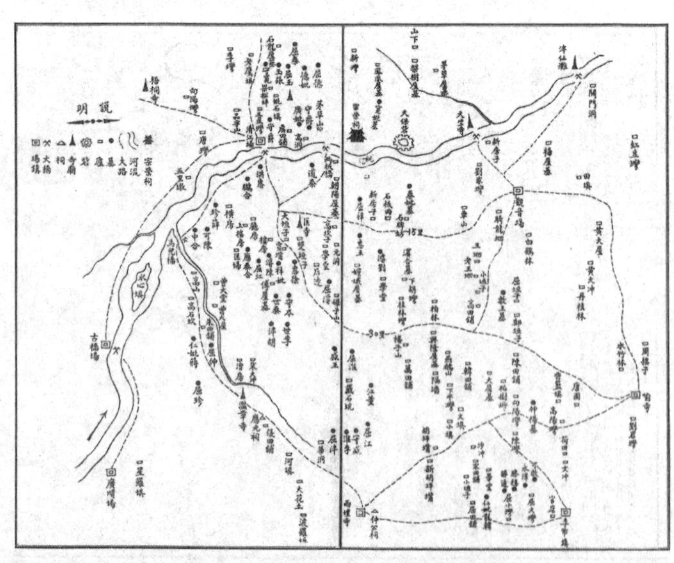

屈氏居宅分布图，《泸阳屈氏宗谱》（2012）第 80—81 页

屈旗星提供

识图之难：小地名的变化与新建筑的层叠

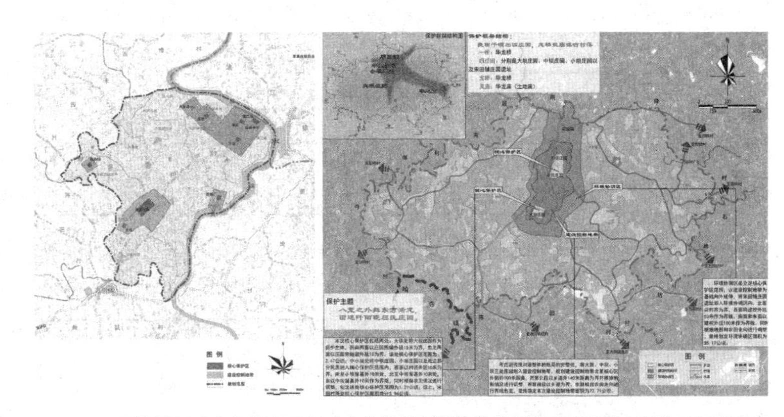

石牌坊村（左）和宋田村（右）传统村落保护规划中表示的核心保护区和建设控制地带，中国建筑设计研究院城镇规划设计研究院 2014 年编制，四川省村镇建设发展中心 2017 年编制

泸县住建局提供

族谱记载的 108 座屈氏宅院中，有 80 余座在分布图中标注为“庐”。但图示仅标识了这些房屋的相对位置，具体分布尚需要田野调查确定。定位的关键线索是这些宅名，它们或取自各宅院所在位置的地名。然而，这些地名在当前地图信息系统中已发生了巨大变化。根据收录地名信息最详细的国家地理信息公共服务平台（天地图）[5]，虽然有些地名与宗谱中的记录一致，但数量并不太多；且为数不多的一致的地名在现在地图中代表一个不小的区域，无法直接确定这个区域中具体哪栋建筑或遗址可能是族谱中标为此名的宅院。

此外，根据卫星影像反映的屋顶关系，从前的地主宅院经历过 1950 年土改后被分给数十户农民，这些建筑早在 2010 年[6]就经历了不同程度的拆除、改建和加建，近十几年

族谱中记载的屈氏宅院名称

序号	宅名	序号	宅名	序号	宅名	序号	宅名
1	屈大塆	19	朱田铺	37	大垣子	55	向阳塆
2	匡家场	20	韩田铺	38	大坝	56	刘家塆
3	屈小塆	21	朝阳屋基	39	小坝	57	王坳
4	山下	22	戴石坑	40	柏树塆	58	石龙屋基
5	官点	23	柏林	41	双垣子	59	梁松坪
6	文冲	24	宋田铺	42	红豆塆	60	陈塆
7	上楼房	25	袁洞	43	高阳塆	61	高山
8	屈垣子	26	宋大冲	44	陈田铺	62	关门洞
9	傅屋基	27	车山	45	小垣子	63	殷大屋
10	侯田铺	28	姚石坝	46	黄大屋	64	石板田
11	梨树屋基	29	石牌坊	47	燕鹅山	65	华洞
12	茅草屋基	30	唐垣	48	学堂山	66	星罗坝
13	后边	31	丹桂林	49	下胡塆	67	楼房
14	厅房	32	万田铺	50	兴隆屋基	68	田坝
15	贾嘴	33	张田铺	51	楼房塆	69	曾大塘
16	高洞	34	周楼子	52	老陈塆	70	香兰坝
17	屈田铺	35	湖坪嘴	53	宋大冲漕房	71	白鹤林
18	横房	36	蟾蛾屋基	54	龙井塆	72	黄大冲

序号	宅名	序号	宅名	序号	宅名	序号	宅名
73	老王坳	82	宋田铺学堂	91	凤凰屋基	100	何田
74	高田铺	83	新陈塝	92	三星塝	101	新屋基
75	两板桥漕房	84	向阳塝	93	李塝	102	杨屋基
76	穿城坝	85	小垣子	94	五里墩	103	骑龙坳
77	大麻柳树	86	河坝屋基	95	曾大屋	104	水心坝
78	大花土	87	袁洞学堂	96	刘岩塝	105	碾子山
79	楼子山	88	高坎子	97	郑垣子	106	龙井塝新房
80	桂林塝	89	品字山	98	唐塝	107	柏树塥
81	水竹林	90	老鹰坝	99	沙冲	109	高石坎

根据 1935 年《泸阳屈氏续修宗谱》第一卷第 37-42 页，屈智炳提供

来更是变化巨大。除了一些天井形态明显的宅院表明这里有传统民居的遗存；对于那些没有明显天井形态的新建建筑，难以直接从卫星照片判断它们是拆掉老建筑在原址修建还是完全觅新址修建，以及新建屋顶下是否还保留部分老的构架和材料。

2020 年 11 月，笔者在泸县进行了第二次调查，通过询问村民确认了郑垣子、新韩田铺、曾大屋等宅院的位置，并发现了部分遗存。这表明一些宅名仍被村民记得，可作为寻找宅院的线索。然而，尽管这些宅院主要分布在方洞镇，但该镇总面积达 69.3 平方千米[7]，想要仅仅依靠宅名在镇域范围内进行“地毯式”的访谈和排查犹如大海捞针。

识图之法：结合历史地图、卫星照片、访谈与调研

笔者在分析石牌坊传统村落的保护规划时发现，底图上有一些地名的标记，最终在泸县自然资源和规划局找到这张底图的原稿，它是四川省测绘局于 1977 年 6 月测绘、1980 年出版的该区域 1 : 10000 土地测绘图。该图标记的地名与族谱中记录的地名更加一致，排除了现在地图中近年新增和变更地名的干扰。其次，其标记密度较新地图大幅增加，尽管反映族谱所载地名仍不完全，但足以进一步缩小某个地名所包含的范围。

此外，通过 1978 年的卫星照片，可以看到该聚落在从 80 年代开始的大规模拆除和加建之前的状况。照片中屋顶为天井院落形态的房子基本都可以被确认为传统民居，它们代表了屈宅可能的位置，这减少了近半个世纪以来大量拆除和新建活动的干扰。

在较小的范围内访谈村民是可行的。通过访谈现住居民，尤其是一些老人——“这里有没得老房子？”“这些老房子以前叫啥子名字？”——基本可以确定某宅名所表示的宅院的准确位置。这些老房子几乎都经历了不同程度的拆建，但在现场总能发现一些老建筑或多或少的遗存，它们成为了这些宅名唯一的物质见证。

识图之果

通过该方法，笔者最终确定了 70 余座曾属于屈氏家族的宅院位置，并对其现状进行了记录。

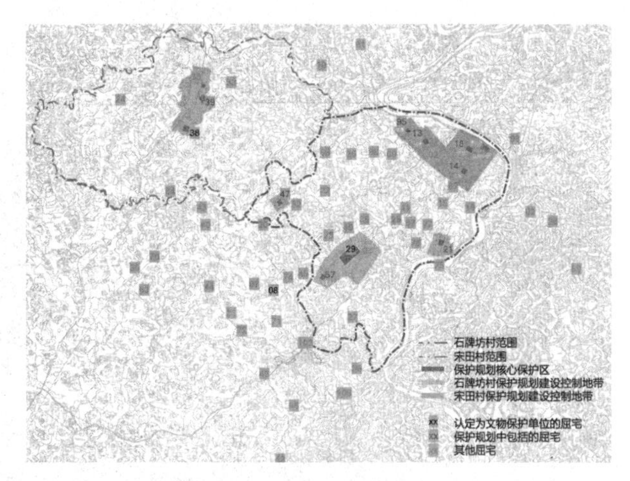

1980 年土地测绘图上屈宅的分布，序号代表宅名同表

底图由泸县自然资源和规划局提供

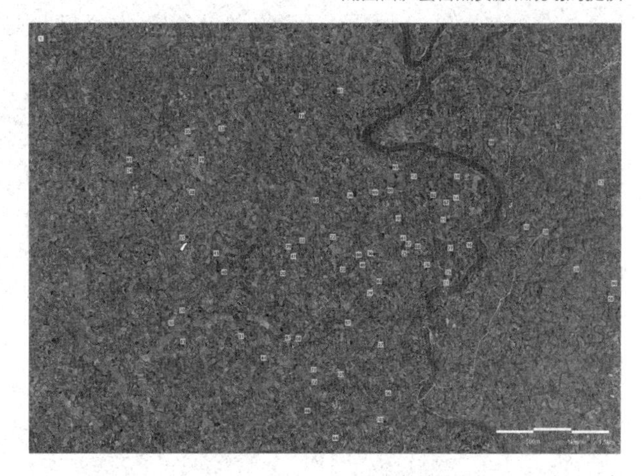

1978 年卫星影像图中屈宅的分布

在实地调查中，这些居民不仅帮助笔者确定了宅名所代表的宅院位置，还分享了许多引人入胜的故事：居住在屈大塆宅中堂屋右次间的张大爷展示了他检修屋面时发现的一片有刻字的瓦片[8]；居住在丹桂林宅的大叔分享了该宅已被拆除的院墙老照片；黄楼子的大爷讲述该宅碉楼部分被拆砖石被用来修建人民公社办公楼，另一大爷则说到该宅土改后被用作小学，80 年代上下堂屋被拆，1990 年华侨胡仲明先生捐资修建了三层教学楼；车山宅的居民回忆到从前正堂屋脊檩上的“道光某年”题字；天保寨的老爷爷讲述这座寨堡的历史：建于咸丰年间（1851—1861），曾经有七座碉楼，在 60 年代被拆除；石龙屋基的居民提及，这里曾经出过进士屈光烛[9]；楼房的老奶奶带我参观她家室内院墙上的一幅水墨壁画；还有新韩田铺宅的麒麟浮雕、匡寺的石狮、厅房上堂屋左右侧墙的门头和右路横堂屋左右侧墙上的对联，等等。尽管他们只是土改后分到这些宅院的新居民及其后代，但如今，他们已然成为这些宅院及其历史的见证者和守护者。

此外，在宋田铺宅，笔者还遇到屈氏后人智炳（第 13 代，以屈胜稳清初返川为第 1 代）。宋田铺自第 6 代屈伸（1758—1796）开始被屈氏居住、继承，一直到 1949 年。土改后，屈智炳的父亲屈义文分得右厢几间房屋，后传给智炳及胞兄智荣。智炳向笔者展示了家中阁楼所藏的道光年间所立屈伸和夫人杨氏神位和 1935 年编写的《泸阳屈氏续修宗谱》，这可视作以族谱为线索的建筑调查的回响。令人动容的是，尽管因“成分不好”，智炳并不识字，也未婚娶，但他能准确翻到族谱第四卷第 58 页，因为那里标有他父亲义文的名字。

屈大塆宅中堂屋

屈大塆宅张大爷检修屋面时发现的刻字瓦片

丹桂林宅居民展示手机中的院墙老照片

黄楼子碉楼顶部被拆改建成民房

黄楼子土改后被用作黄楼小学，1990 年新建了教学楼和校门

车山宅原上、中堂屋被拆新建了楼房，中堂屋前庭院铺地遗存

傅屋基被拆仅剩下堂屋构架

贾嘴外墙和石框门，门头有“三间世第”题字

楼房右路侧院院墙壁画

屈垣子外围墙一旁曾有一座碉楼，已被拆除

朝阳屋基上堂屋前天井

匡寺仅存大门前的一只石狮

红豆屋基下堂屋被新建建筑包围

厅房右路横堂屋墙上对联

黄大屋碉楼被拆剩的青砖用来修建侧院天井一侧的房间

后边宅碉楼被拆剩下的青石基础

王坳宅中堂屋被拆部分被辟为菜地

新韩田铺宅原嵌有麒麟浮雕的外墙现成为新建房间的内墙

屈智炳向笔者展示所藏祖先神位（左）和族谱（右）

讨论：地名作为文献和实物的连接

本研究基于宅名、地名信息，通过参考历史地图和卫星照片，进行口述访谈和实地调查，确定族谱所载宅院的实际空间位置。这些历史上形成的地名，因为既具备历史信息，又暗含地理信息，有效地连接了历史文献和实物材料。

首先，它们直接导致一些重要的物质遗存的发现。在本案例中，宅名作为重要线索定位了一些宅院的位置。进一步调查时，常常能发现一些建筑遗存，其中包括屈大塆、宋田铺、高山等三座极具历史价值但尚未被纳入保护规划的、可以追溯到明代的木构架。

其次，将地名置于真实的地理环境中，有助于理解先民对地理环境的认识。例如，屈宅的许多名称以“塆”“坳”“坝”“坪”“冲”“嘴”等地形结尾，但关于它们之间的差别（如塆和坳、坝和坪等），一些纯文字解释往往不够清晰[10]，但在对应的真实地景中会更加直观。

此外，宅名本身蕴含着丰富的历史信息。例如，一些屈氏宅院的名称冠以其他姓氏，如“韩田铺”“宋田铺”“黄楼子”“曾大屋”等，表明屈氏家族聚落的形成过程涉及不断购置其他姓氏的土地和资产。还有一些地名采用“姓 + 田”的命名方式（如“侯田铺”“万田铺”“张田铺”“陈田铺”等），说明地名的最初形成可能与土地产权有关，或许受到清初“湖广填四川”移民运动按户授田土地政策的影响[11]。

最后，这还有助于解读一些缺乏具体说明的历史材料。例如笔者将屈宅 mapping 到历史地图和卫星照片上，虽然这两份图像材料只是一个历史快照，但一旦确认了每座宅院的名称，其修建和居住的历史便有迹可循，使得这些快照有了时间的厚度和人文的温度。值得提出的是，

屈德富（右）和屈子文（左）
向笔者展示他们收集和影印的各时期屈氏族谱，并帮助笔者核对定位位置信息

笔者在调研中还访谈到正在负责编纂新谱的屈德富和屈子文，他们不仅帮助笔者核对和补充这些屈宅的位置信息，还对这些宅院的历史卫星照片非常感兴趣，认为它们体现屈氏家族曾经的繁荣，并提出将这个 mapping 成果编入他们新谱的想法，这是对笔者此次调查成果最大的认可。

自 20 世纪末以来，人类学的视角和方法被引入到中国传统建筑的研究之中。“在现场解读文献”是历史人类学研究的重要范式之一[12]，提倡将传统的文献材料与人种学式的田野调查相结合。在本文的案例中，通过口述访谈对地名的定位是联系文献材料和建筑物质遗存的重要锁钥。遗憾的是，在调查中，一些老地名已经不为年轻一代居民所知，与这些地名一同消失的是一段珍贵的地方历史和集体记忆。

致谢：感谢方洞镇村民帮助定位宅院以及口述历史，屈旗星、屈智炳、屈德富和屈子文提供族谱原件，泸县住房城乡建设局、文物保护中心、档案馆、自然资源和规划局和方洞镇政府提供相关材料并在调研中大力支持；特别感谢重庆大学建筑城规学院冷婕副教授和刘玉洁硕士，玉洁于 2023 年完成硕士论文《四川泸县屈氏庄园群落及建筑研究》，对其中 22 座宅院进行准定位和详实调研，是本研究的重要基础。

1 通过微信搜索功能以“泸县屈氏”为关键词检索到“三闾书香”公众号刊载的发表于 2019 年 9 月 28 日至 10 月 4 日的《四川屈氏的历史与现状》系列长文，并联系到作者，来自河南周口的屈旗星先生。他热衷研究屈氏宗族文化，收集了许多全国各地的屈氏族谱。全民网络时代，“云调研”成为收集“风土”信息的重要渠道。

2 这些房子在之前的调研中并未直接观察：一方面是因为该区域以浅丘为主要地貌，乡村住宅分散；二是因为这些传统建筑多经历较大程度的扩建，被新建筑掩盖。

3 后经调研和访谈，酒精厂原名“朝阳屋基“，大屋基即“曾大屋”，后嘴即“后边”，都曾是屈氏宅院。

4 根据 2012 年《住房城乡建设部等四部局关于开展传统村落调查的通知》，传统村落的调查对象原则上以行政村为单元。巴蜀地区乡村农宅分散，除了场镇，少有民居集聚形成的自然村，因而许多列入名录的传统村落实际上是行政范围内包含了一定数量传统民居的行政村。

5 https://www.tianditu.gov.cn/

6 根据这片区域 2010 年 3 月的历史卫星图。

7 国家统计局农村社会经济调查司编《中国县域统计年鉴（乡镇卷）2019》，中国统计出版社，2020 年，第 464 页。

8 笔者通过辨认和请教诸学友，初步辨别所刻文字为：天地明中定小鸟易子从见土不遗买七十乡 XXX 山人书；但仍语焉不详，盼学友指正。

9 笔者后来查到，屈光烛于光绪十二年（1886）参加殿试，被赐同进士出身。他的殿试卷被重庆图书馆收藏，编入《清代巴蜀籍考生殿试卷选粹》（重庆出版社，2017）。

10 周文德，罗琳《自贡地名用字考察》，《重庆师范大学学报》（哲学社会科学版），2021 年第 6 期，90-97 页。

11 可参考笔者拙文《巴蜀宗族散村聚落的形成与特征——兼论其遗产价值与保护问题》，《建筑师》待刊。

12 2024 年 3 月 28 日，厦门大学郑振满教授在深圳大学人文学院历史系进行题为《民间文献与田野调查——历史人类学的实践》的讲座，他概括历史人类学研究的学术范式为“从民间研究历史，在现场解读文献与跨学科学术视野”。

早期留日建筑师、湖南建筑教育开创者之一：蔡泽奉年表

蔡泽奉 (1888—1934)

留学日本毕业照，由东京工业大学校史馆提供

1888 年

10月出生于湖南省湘潭县淦田（今株洲市渌口区淦田镇宏图村）

蔡氏横头（宏图）保绥堂，父蔡光国，母钟氏，妻齐氏，兄蔡泽华，弟蔡泽濡

1896—1903年（8~15岁）

高小初中毕业

1903—1908 年（15 ~ 18 岁）

就读湖南省垣实业学堂预科，毕业，获优贡[1]

1908—1911 年（18 ~ 21 岁）

湖南官立高等实业学堂铁道建筑科（本科）就读

1912 年（24 岁）

生女蔡元贞（1934 年 2 月适蔺传新）

（蔡泽奉另有子三人：蔡永庚、蔡永清、蔡永绥，出生年月不详，皆早逝）

1912—1914 年（24 ~ 26 岁）

与李抱一[2]、唐秀深、张平子[3]、李晋康、娄绍铎等合办湖南通讯社

创办《湖南公报》

1913 年（25 岁）

考取官费留日资格[4]

1914 年（26 岁）

就读于东京高等工业学校（今东京工业大学）建筑科预科

1915 年（27 岁）

东京高等工业学校（今东京工业大学）建筑科预科毕业，开始本科学习[5]

加入东京高工学生同窗会

参与救国储金运动，7 月捐赠救国储金五元（银元）

1918 年（29 岁）

9 月东京高等工业学校（今东京工业大学）建筑科毕业

加入工业同志进行会，介绍人为李待琛[6]

1920 年（32 岁）

担任湖南省立第一甲种工业学校教员，与许推[7]、余衔同事

1922 年（34 岁）

与余衔设计湖南教育会图书馆（1923 年 3 月建成，1927 年更名为省立中山图书馆，1930 年 7 月毁于战火）

设计湖南私立大麓中学（今长沙市第九中学、天心区第一中学、雅礼书院中学前身）一期校舍建筑群（1925 年建成，毁于 1938 年）

担任湖南省教育会改建会场筹备处建筑工程师

与许推、余衔、熊瑞龄、余伯杰、石声灏等加入湖南工学会，捐会费四元（大洋）

与任凯楠、余衔、熊瑞龄等加入学术研究会湖南分会

1922—1926 年（34 ~ 38 岁）

担任湖南省第一职业学校教务主任

1923 年（35 岁）

1—4 月，捐助湖南工学会，月捐二元（大洋）

1925 年（37 岁）

《工业杂志》第 16 期发表《工厂建筑所当注意的事项》

监建哈尔滨第三中学南岗区校舍

捐助留日东京高等工业学校同窗会会志经费四元（国币）

1926 年（38 岁）

设计湖南省教育会中山纪念堂（1927 年建成，毁于 1930 年）

1926—1928 年（38 ~ 40 岁）

担任哈尔滨中东铁路许公学校建筑科主任教员、学监、副校长[8]

1928 年（40 岁）

经许推介绍，出任湖南第一纱厂建筑工程师

1929 年（41 岁）

与周凤九、余籍传等担任湖南大学工学院土木系兼任教授，在土木工程系开创“注重建筑”方向培养

9 月，设计湖南第一纱厂棉花栈

11 月，设计原湖南大学图书馆（1929 年 12 月动工，1933 年 9 月建成，1938 年 4 月遭炸毁）

经许推介绍，出任湖南机械厂建筑工程师

1929—1934 年（41 ~ 46 岁）

与许推等执教于长沙建筑工程学校

与许推、石声灏等执教于楚怡中等工业学校

湖南省第一职业学校任教务主任

1929—1930 年（41 ~ 42 岁）

设计恢复湖南省第一纺织厂的织布厂（1938 年毁于大火）

1930 年（42 岁）

参与欧阳淑为主设计的湖南省国货陈列馆（1931 年动工，1932 年 1 月建成，现存）

1 月设计湖南私立大麓中学（今长沙市第九中学、天心区第一中学、长沙市雅礼书院中学前身）科学馆（1930 年春季动工，1933 年建成，毁于 1938 年），并担任大麓中学校董

同月，土木系学生曹瑛、江寅宾毕业，在蔡泽奉处担任助理员

3 月，设计湖南第二纱厂附设织布厂锅炉房

3 月 27 日湖南大学理工两学院第一次联席会议，蔡泽奉因故缺席

5 月 12 日，湖大土木系三年级全体学生参观第一纺纱厂，由蔡泽奉接待

12 月，设计中山纪念堂修复项目（1932 年重修，1995 年 9 月拆除）

同年，与李大琮等设计湖南机械厂

1931 年（43 岁）

湖南大学土木工程系初创建筑组，蔡泽奉担任建筑方向负责人（1934 年土木工程系正式设立建筑组，柳士英负责）

2 月，完成中山图书馆修复设计（1933 年 9 月建成，20 世纪 70 年代拆除）

4 月，设计湖南大学第一舍三区外楼、第一舍二区室内添设走廊

11 月，设计广雅学校（今长沙市第七中学前身）校舍

同年，设计湖南大学选矿实习厂

作为工程司，完成湖南江华瑶族自治县中山堂建设规划（1943 年 4 月动工，1943 年 7 月建成，现存）

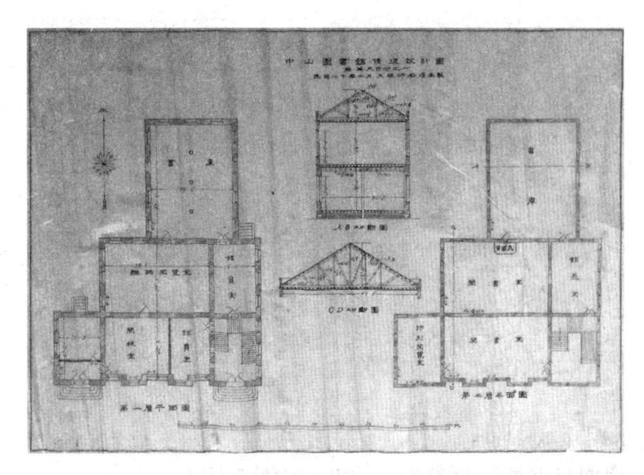

1931 年教育会（中山）图书馆各层平面图及剖面图

蔡泽奉手绘图

1932 年（44 岁）

1 月，设计湖南长沙国民党党部修复项目

3 月，设计国货陈列馆附属的民众娱乐场（1935 年建成，相继更名银宫戏院、新华电影院、银宫电影院，2014 年 6 月部分拆除，现存球类俱乐部）

5 月，设计湖南第一纺织厂哺乳室[9]

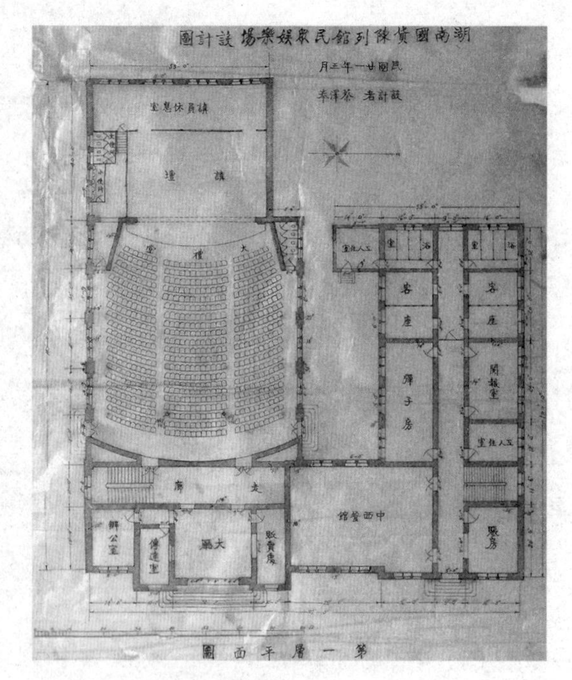

国货陈列馆民众娱乐场平面图

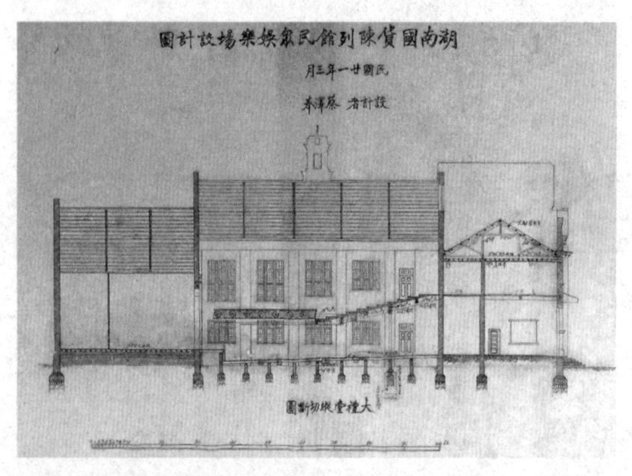

国货陈列馆民众娱乐场剖面图

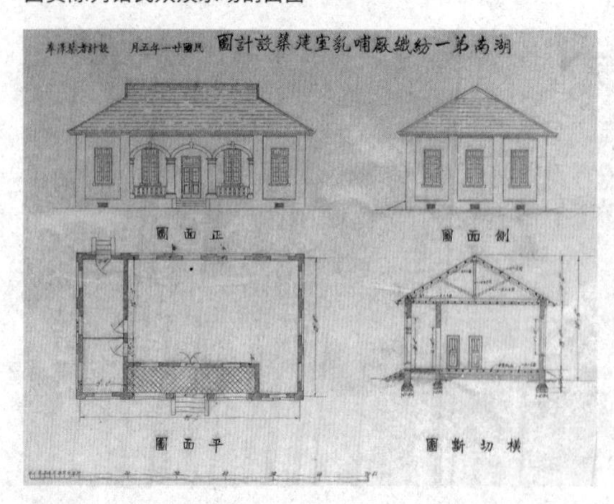

湖南第一纺织厂哺乳室建筑设计图

蔡泽奉手绘图

6 月，设计湖南省政府建设厅厅舍

7 月，设计湖南教育会坪演讲台平立剖、湖南省教育会全部平面图

8 月，设计湖南省教育会风泳亭、传达室及停车场

同月，设计湖南省立第一师范学校附属小学校舍

8 月 11 日，实业部令发蔡泽奉建筑科工业技师登记证

9 月，设计湖南省体育会游泳池

10 月，设计湖南省财政厅第五科办公厅

12 月，设计湖南大学学生寄宿舍

同年，设计湖南省政府建设厅厅舍、湖南省财政厅第五科办公厅、湖南省常德市津市扎花厂办公楼

1933 年（45 岁）

4 月，设计湖南大学机械厂增建、湖南大学地质陈列馆

6 月，设计湖南大学科学馆（1933 年 7 月动工，1935 年 6 月建成，1946 年柳士英加建一层，现湖南大学校机关办公楼）

同月，设计湖南私立兑泽中学校（今长沙市第六中学前身）教学楼

8 月，设计湖南私立明宪中学校（今长沙市第十五中学前身）大礼堂

10 月，在长沙与周凤九、周汝潜等 34 名专业技术人员组建迪新土木建筑公司

11 月，设计湖南国货陈列馆办公楼及其辅助用房

12 月，设计湖南大学选矿实习厂

同年，设计湖南省立第二中学校平面图

撰写《湖南大学科学馆建筑工程工作说明书》，刊载于湖南大学期刊 1933 年第 9 期

1934年（46岁）

1月，设计湖南私立群治学院校舍、教室、大礼堂

2月15日（民国二十三年甲戌正月初二卯时），因劳累过度，心肌梗死逝世，1947年迁葬于株洲市淦田镇宏图村老家狮镫坡蔡姓家族墓地

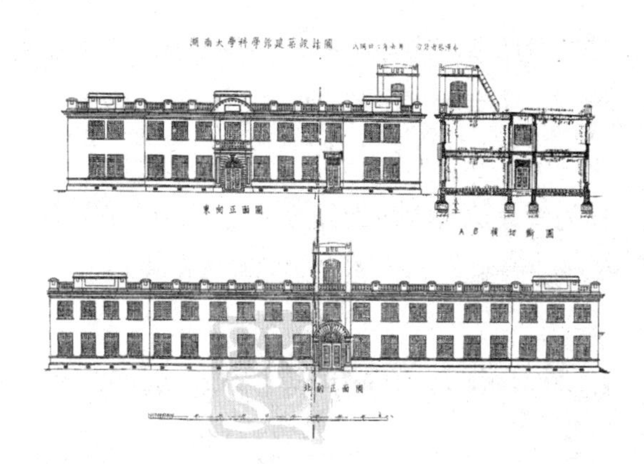

湖南大学科学馆立面图

科学馆最初建成时照片

补记：蔡泽奉在湖南实业学堂接受了扎实的理工课程，于东京高等工业学校深耕建筑学科，为他日后在国内开展的教育事业和建筑实践奠定了基础。其教育理念承袭了东高工建筑学教育体系，更注重建筑的实用性、技术成果的应用、讲求结构的科学理性，即重实用、轻形式。深受当地重视建筑功能性和工程性的教育环境影响，逐渐形成以建筑实用属性为主导的思想。为创立建筑院校、突破传统学院派课程体系、设立更具现代倾向的建筑学课程体系提供根本动力。

蔡泽奉建筑教学生涯一共培养了五届学生。其学生毕业后大部分进入教育领域，延续他的建筑教育理念和思想，包括蔺传新、陈士莹、许育仁、俞徽、王正本、杨大慰等。其中，1932年毕业生蔺传新，成为湖大教授，与柳士英一同筹建湖大辰溪校区，主持重修爱晚亭工程，同时对岳麓书院文庙修复作出巨大贡献。1933年毕业生张典，在湖大科学馆建筑工程处担任监工，后任本校建筑工程师，同样参与辰溪校区筹建。另有部分学生在建筑行业任职。蔡泽奉为家乡建设培养并输送了大量实用的建筑专业人才，满足了建筑行业的迫切需求。

“中国近代建筑师的西方古典在中国的实践要比中华古典在中国的实践来得早，始于20世纪10年代末，主要由当时留学归来的中国近代建筑师直接主动引入西方古典的设计方法与建筑式样，建成作品已达相当高的水平。”[10]

研究团队系统搜集了与蔡泽奉先生相关的各类历史文献、档案资料，还细致查阅报纸报道、家族族谱、个人回忆录、详尽的传记作品、珍贵的手稿以及精心保存的设计图纸。并对湖大建筑教育工作者及其后人进行了深入访谈：“蔡泽奉前期是一个完全的西洋古典主义者，不过最后有向现代主义转变的迹象。他将日本注重理论结合实践的教育模式融入湖南大学建筑学教育体系中。当时留学日本多为家庭优渥者，他凭靠自己的勤勉好学获取到官费留日资格，

并学有所成，实为不易。在生活中，性情温和，待人宽厚，热爱建筑，所有图纸均自己亲手绘制，实有大师风范。但是，我们对蔡泽奉了解过少，他对湖南大学建筑教育乃至湖南省建筑界的贡献极大。”[11]

作为湖大建筑学科的开拓者之一，在湖大建筑学科的黎明时分，蔡泽奉先生为之后湖大建筑学的办学和教育体系奠定了扎实的基础。

注：该年表由湖南大学建筑与规划学院袁朝晖、张东升、雷婕等 YZH 原筑建筑研究团队整理，并由蔡泽奉外孙媳李重林女士校对。

1 1903 年冬蔡泽奉考入省垣实业学堂，入甲班（矿科预科）就读，为学堂开设的第一个班级。首任监督梁焕奎制订学堂章程，规定学年、学期、授业时间、休息、入学、退学、考试、学费等内容。科目包括国文、伦理、历史、地理、外国语言文学、数学、博物、理化、图画、体操等，不仅涵盖传统的国文伦理，而且增加了西方教育体系的数学理化等工科科目与外国语科目，为其留学打下基础。根据《北洋关报》记载，蔡泽奉于 1908 年预科毕业。随着学堂申请升办高等、中等路矿本科（并更名湖南官立高等实业学堂），以中等本科的学历（预科毕业等同中等本科）继续学习。学堂为包括蔡泽奉等优秀学生颁发请奖折，可知其在国内学习成绩优异。

2 李抱一（1887—1936），名景侨，字嗣循，号抱一、莳竹、小知。湖南新化人，近代湖南最早的本土职业报人之一。4 岁起入家塾，15 岁入新化大同学堂，并参加科试县考。17 岁入读省城高等学堂预科，因成绩优异，清廷例奖拔贡。接念本科，1911 年秋毕业。1912 年，入职《湖南公报》，担任国内新闻编辑兼撰小说。曾任湖南《大公报》总编辑、《建设公报》编辑主任，上海《时事新报》通讯员，《国名日报》副刊及新闻编辑。1936 年因病辞世。

3 张平子（1885—1972），名启汉，湖南湘潭人。明德学堂第一班学生，后入读湖南高等学堂，同盟会会员。先后创办《公言》杂志、《湖南公报》、湖南《大公报》。1944 年，长沙、湘潭沦陷，《大公报》停刊，回老家任县立中学校长。中华人民共和国成立后，任湖南省人民政府参事、湖南省政协委员、湖南省文史研究馆馆员。

4 20 世纪初，清政府积极推动学子出国留学，并对官派留学生给予一定奖励，引发留学热潮。当时国内建筑学教育起步较晚，师资力量薄弱，且缺乏现代化的建筑设计教材与实践经验，日本东京高等工业学校等机构则拥有成熟的教育体系，能够提供高质量、专业化的建筑学教育，因此吸引了大量中国学子前往日本深造。《湖南教育杂志》第二年第六期中记载，1913 年湖南省经过考试选拔留学西洋、南洋共计 92 人，其中湘潭出身的就有罗正祺、蔡泽奉两人。

5 据《东京高等工业学校建筑科课表》得知，本科阶段核心课程为“西洋建筑制图”与“日本建筑制图”，这两门课在二、三年级时，每周时数均高达 20 小时以上，是建筑科训练课程的重心。从现在来看，这两门课较为接近现代意义上的“建筑设计”课程，介于“图学”与“设计”课程中间，强调的是西洋建筑风格与日本建筑风格的制图能力。

6 李待琛（1891—1959），字伯芹，号泉池，衡山人。湖南大学首任校长，长期从事和研究兵器制造，中国近代军工和教育的创新者。15 岁留学日本，就读于东京宏文书院，两年后毕业。后入东京帝国大学工学部造兵科，1919 年获工学士学位。曾任湖南铁工厂总工程师，1921 年赴美考察，1923 年获哈佛大学冶金学博士。1923 年任湖南铁工厂厂长，1926 年任湖南大学校长。1928 年 12 月，任兵工研究委员兼兵工署设计科科长；1933 年任兵工署资源司司长，后调任军政部兵工专门学校校长。著有《革命后之俄罗斯》（与刘宝书合编，上海太平洋书店，1927），《急须奖励之基本工业》（军政部，1930），编《李吟公纪念册》（衡山巩固商行，1944），《兵器计算》（1934），《军械制造》《金属材料》（上海商务印书馆《万有文库》本，并《工业小丛书》本，1933），《国防与工业》（军政部兵工署），编《嘤鸣录》（衡山巩固商行，1941），《海南岛之现状》（卜海世界书局吗，1947），《枪炮构造及理论》（军工部沈阳兵工厂，1949）。

7 许推（1879/1880—1959），字月川，晚号愁斋，亦号鞠霜楼主，长沙善化圭塘人，建筑教育家。自幼师从陈季军，1903 年入新成立的明德学堂，1905 年考取留学日本资格，与秋瑾、许馥东渡日本，入名古屋高等工业学校建筑科。1911 年毕业回国，修业学校校董、后任工业部部长，任湖南省政府财政司总工程师，设计湖南劝工厂、烈士祠、桃源女子师范学校等，监修湖南第一纺纱厂，扩建织布厂、湖南高等工业学校。1949 年后任省文史馆馆员。

8 蔡泽奉极为重视工业教育与实践相结合的教学模式。1926 年在哈尔滨许公职业学校任职，1929 年下半年从哈尔滨回到长沙，教授课程由工业类课程转向艺术倾向的建筑学课程。

9 湖南第一纺纱厂不同于当时全国一般的纱厂，还拥有自己的小学、哺乳室、体育场、剧台和电影院等配套生活设施，这些配套设施是在时下机械化程度较高的现代纺织企业才能提供的。

10 黄元炤《中国古典主义（上）：西方古典在中国的实践》，《世界建筑导报》2015 年第 3 期第 50 页。

11 根据与柳肃、蔡道馨、柳展辉、梁小进、陈先枢、李重林等老师的访谈资料整理。

马来西亚华人建筑师陈耀威年表[1、2]

陈　耀　威（Tan Yeow Wooi，1960.1—2021.11），摄于 2015 年

1960 年

1月23日出生于马来西亚槟城，父亲陈成志（Tan Sin Chee），母亲魏清珠（Gooi Cheng choo），祖籍中国广东番禺

1967—1973年（7 ~ 13岁）

马来西亚槟城亚依淡公民总校国民型华文小学，小学毕业

1973—1978（13 ~ 18岁）

马来西亚槟城钟灵中学，高中工科毕业（马来西亚教育文凭SPM）

1979年（19岁）

马来西亚槟城佛教义学，电子组修业一年毕业（First year electronic）

No.78278

Chung Ling High School
Penang, Malaysia.

This is to certify
That TAN YEOW WOOI
sat for Senior Middle School TECHNICAL
Course examination in November, 1978
& qualified for the award of a Diploma.

Ag. Principal
YEAP ENG HOE

畢業證書
學生陈耀威在本校高中工科
修業期滿考核成績及格准予畢
業此證
檳榔嶼鍾靈中學代理校長葉榮和
一九七八年十一月

1978 年，陈耀威毕业于槟城钟灵中学

1980—1981年（20 ~ 21岁）

马来西亚槟城韩江中学，大学先修班（中六）理科毕业（Upper VI Science）

1981—1982年（21 ~ 22岁）

马来西亚槟城《光华日报》，记者，办公地址为2 & 4, Chulia Street Ghaut, Penang, Malaysia

1983—1987年（23 ~ 27岁）

中国台湾成功大学建筑系，建筑学专业本科毕业，获建筑学士学位

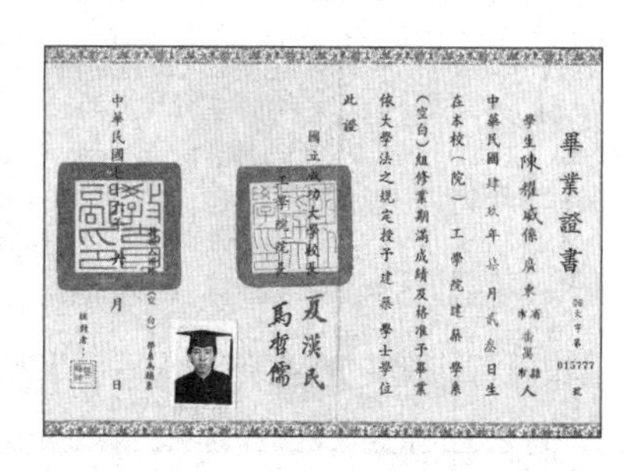

015777

畢業證書
學生陳耀威係廣東省番禺縣人
在本校（院）工學院建築學系
（空白）組修業期滿成績及格准予畢業
依大學法之規定授予建築學士學位
此證
國立成功大學校長 夏漢民
工學院院長 馬哲儒
中華民國　月　日

1987 年，陈耀威于中国台湾成功大学建筑学专业本科毕业

1987—1988年（27 ~ 28岁）

荣华工程顾问公司（P. E. C Prosperity Engineering Corp.），助理建筑师

1988年（28岁）

村庄建筑工作室（Trans Architecture Studio），建筑师

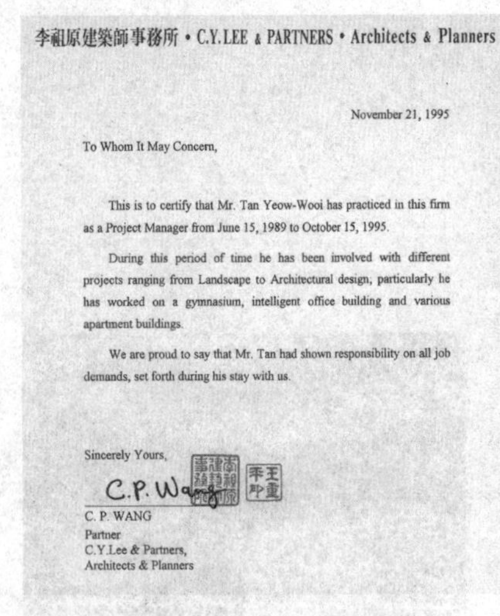

李祖原建築師事務所 • C.Y. LEE & PARTNERS • Architects & Planners

November 21, 1995

To Whom It May Concern,

This is to certify that Mr. Tan Yeow-Wooi has practiced in this firm as a Project Manager from June 15, 1989 to October 15, 1995.

During this period of time he has been involved with different projects ranging from Landscape to Architectural design, particularly he has worked on a gymnasium, intelligent office building and various apartment buildings.

We are proud to say that Mr. Tan had shown responsibility on all job demands, set forth during his stay with us.

Sincerely Yours,

C.P. Wang

C. P. WANG
Partner
C.Y.Lee & Partners,
Architects & Planners

1989—1995 年期间，陈耀威于李祖原建筑师事务所担任项目经理

1992 年，陈耀威先生参加李乾朗组织的闽粤民居建筑考察团（左三为陈耀威）

《海外华侨建筑文化遗产的坚守与传承——访谈马来西亚陈耀威建筑师》,116 页

1993 年，陈耀威先生于山西五台山佛光寺

1988—1989年（28～29岁）

台鼎建设（Tai Ting Developer Corp.），建筑师

1989—1995年（29～35岁）

李祖原建筑师事务所（C. Y. Lee Architect & Planners），项目经理

1992年（32岁）

2月，跟随中国台湾著名建筑史家李乾朗教授赴大陆考察粤闽民居建筑

1993年（33岁）

8月，跟随李乾朗教授赴大陆考察山西建筑

1995年（35岁）

8月，跟随李乾朗教授赴大陆考察新疆建筑，参加8月1—12日在新疆举办的第六届中国民居学术会议，会上发表《血脉与空间：马星华人街屋初探》。

1996年（36岁）

与黄木锦（Ooi Bok Kim）、朱志强（Choo Chee Keong）共同创立“南洋民间文化”社团

1997年（37岁）

创办陈耀威文史建筑研究室（Tan Yeow Wooi Culture & Heritage Research Studio）

受邀担任马来西亚马六甲青云亭修护顾问（1997—2001年）

10月，跟随李乾朗教授赴大陆考察闽西土楼建筑

1998年（38岁）

主持槟城天公坛第一期保护修缮项目

应李乾朗教授邀请，参与新加坡双林寺修护与增建项目

学术报告《中国佛教建筑的特色》，主办单位：彭亨佛教会（Pahang Buddhist Association）

学术报告《天宫梵刹庄严处：谈中国佛教建筑》，主办单位：沙捞越老越佛教会（Lawas Buddhist Association, Sarawak）

学术报告《海外客家移民的建筑与空间》，"1998跨世纪青年种子研讨会"，中国台湾

1999年（39岁）

受邀担任槟城邱公司龙山堂修护顾问（1999—2001年）

2000年（40岁）

9月与何晶晶女士结婚，于槟城亚依淡发林区（Bandar Baru Ayer Itam）主持槟城鲁班行保护修缮项目

9月9—10日学术报告《新马华人传统公共建筑的欣赏与修护》，"第17届全国华人文化节之华人历史，古迹研讨会"，柔佛新山南方学院（现南方大学学院）

2001—2008年（41～48岁）

参与槟城乔治市申请世界文化遗产工作

2001年（41岁）

主持槟城牛干冬街335—339号街屋保护修缮项目

学术报告《槟城华人传统建筑的认识与欣赏》，"槟州文化历史古迹研讨会暨展览会"，主办单位：槟州华人大会堂

2002年（42岁）

1997年，陈耀威先生于漳州市南靖县书洋镇河坑村土楼建筑群

1998年，陈耀威先生主持槟城天公坛第一期保护修缮项目

关晓曦航拍于马来西亚槟城

2000年，陈耀威先生于世界文化遗产马六甲青云亭大殿屋顶

《海外华侨建筑文化遗产的坚守与传承——访谈马来西亚陈耀威建筑师》，114页

2001 年，陈耀威先生主持槟城牛干冬街335—339 号街屋保护修缮项目

主持槟城大街83号清和社骑楼店屋保护修缮项目

学术报告《城中城：十九世纪乔治市华人城市的建构》，“槟榔屿华人事迹”学术研讨会，主办单位：槟城古迹信托会，1月5—6日

学术报告《马来西亚华人传统建筑保存概况》，“亚洲华族传统建筑及古迹保留国际研讨会”，主办单位：新加坡莲山双林寺，3月8—9日

学术报告《马六甲街屋与青云亭》，“历史科教师马六甲古迹考察及教学研习营”，主办单位：董教总与元生基金会，6月1—3日

2002 年，陈耀威先生主持槟城大街83 号清和社骑楼店屋保护修缮项目

2003年（43岁）

主持槟城潮州会馆韩江家庙保护修缮项目

主持槟城大街81号骑楼店屋保护修缮项目

主持槟城观音亭后34号骑楼店屋保护修缮项目

编著《槟城龙山堂邱公司：历史与建筑》，槟城龙山堂邱公司出版

6月13—25日，“面面相关：陈耀威‘槟城老街（大街与大伯公街）面目’”摄影展于清荷人文空间举办，83, China Street, 10200 Penang, Malaysia

2003 年，陈耀威先生主持槟城潮州会馆韩江家庙保护修缮项目

2004年（44岁）

主持槟城本头公巷（Armenian Street）福德正神庙保护修缮项目

主持槟城燕京旅社门楼保护修缮项目

2005年（45岁）

主持槟城潮州会馆办公楼保护修缮项目

8月12日，学术报告《新马庙宇的建筑特色》，主办单位：新加坡报业中心

10月15日，学术报告《新马华人寺庙的现况与未来》，主办单位：新加坡应和会馆

2004 年，陈耀威先生主持槟城本头公巷福德正神庙保护修缮项目

2006年（46岁）

主持的“槟城潮州会馆韩江家庙保护修缮”项目荣获“联合国教科文组织亚太区文化遗产保护优秀奖”

6月16日，“第一届马来西亚潮人文史研讨会”上做学术报告《马星潮人传统建筑概述》。

2007年（47岁）

编著《福庇众生：槟榔屿本头公巷福德正神庙修复竣工纪念特刊》，槟城：Areca Books出版

8月4日，学术报告《店屋的保存与再利用：乔治市可持续发展之路？》，“乔治市古迹产业的未来研讨会”，主办单位：马来西亚（北马）测量公会

2008年（48岁）

主持吉打双溪大年老街场585号保护修缮项目

主持槟城二奶巷7号骑楼店屋保护修缮项目

主持槟城打铜仔街81号骑楼店屋保护修缮项目

4月14日，学术报告《华社文化遗产的认识》，主办单位：森美兰中华大会堂

5月9日，学术报告《马来西亚文化资产保存现况：以槟城为例》，“华研人文沙龙”，主办单位：华社研究中心

2009年（49岁）

主持槟城二奶巷9、11号骑楼店屋保护修缮项目

1月14日，学术报告《槟城客家人与建筑》，“东南亚客家研究工作坊：槟城”，主办单位：“中央研究院”亚太区域专题中心“苗栗园区海外研究：东南亚客家研究先期计画”，于马来西亚槟城韩江学院MPH Ⅱ讲堂

2010年（50岁）

主持槟城爱情巷23号门楼保护修缮项目

主持槟城二奶巷17C号骑楼店屋保护修缮项目

主持槟城打铁巷仔42号骑楼店屋保护修缮项目

2011年（51岁）

乔治市世界文化遗产机构（George Town World Heritage Incorporated）咨询委员

2011年，陈耀威先生担任槟城乔治市世界文化遗产机构咨询委员（右一为陈耀威）

2012年（52岁）

主持槟城五条路24D号骑楼店屋保护修缮项目

纪录片拍摄与放映：《啰吔槟城1：街头巷尾·拜尪公·文化杂烩》（*Rojak Penang 1: On the Streets · Praying to Ang Kong · Crossing Cultures*），放映地点：槟城亚贵街（Ah Quee Street），7月6日（槟城入遗四周年庆典节目之一）

2013年（53岁）

编著《甲必丹郑景贵的慎之家塾与海记栈》，槟城：Pinang Peranakan Mansion Sdn. Bhd出版

主持槟城田仔街27、29号骑楼店屋保护修缮项目

主持槟城二奶巷5号骑楼店屋保护修缮项目

主持槟城南华医院街60号骑楼店屋保护修缮项目

主持槟城打铁街巷仔42号骑楼店屋保护修缮项目

3月30日，学术报告《槟城闽南寺庙的空间组织与发展》，“闽南庙宇和宗祠特色”工作坊，主办单位：槟城乔治市世界文化遗产机构

7月6日，纪录片拍摄与放映：《啰吔槟城2》（*Rojak Penang 2*），放映地点：槟城邱公司内（槟城入遗五周年庆典节目之一）

2012年，陈耀威先生影像记录华侨建筑的施工过程

2014年，陈耀威先生主持槟城南华医院街66号骑楼店屋保护修缮项目（右一为陈耀威）

槟城五条路24D号骑楼店屋修缮后作为住家使用

槟城南华医院街66号骑楼店屋修缮后作为住家使用

槟城台牛后街94号骑楼店屋修缮后作为住家使用

9月4日，学术报告《马来西亚槟城乔治市店屋的保存与利用》，“文创与保育”主题讲座，主办单位：香港文化创意业协会

2014年（54岁）

国际古迹遗址理事会（ICOMOS）马来西亚理事会会员

主持槟城台牛后街94号骑楼店屋保护修缮项目

主持槟城南华医院街66号骑楼店屋保护修缮项目

1月14日，学术报告Ornamentation

Techniques and Iconography in Traditional Shophouse，“彩绘的检测与修复”研讨会，主办单位：新加坡国立大学建筑系敦陈祯禄亚洲建筑与城市遗产研究中心（Tun Tan Cheng Lock Centre for Asian Architectural and Urban Heritage）

2015年（55岁）

马来西亚文化遗产部注册文化资产保存师

编著《槟城店屋：特征与材料手册》（*Penang Shophouses—A Handbook of Features and Materials*），槟城：陈耀威文史建筑研究室出版

主持槟城大伯公街福德祠保护修缮项目

主持槟城新街120号骑楼店屋保护修缮项目

9月25日，学术报告《青云亭建筑与设计》，“青云亭人文对话之南海飞来”研讨会，主办单位：马六甲青云亭

10月10—11日，学术报告《木屋：华人本土民居》，“第一届马来西亚华人民俗研究研讨会”，主办单位：新纪元学院陈六使研究所，于新纪元学院A座403讲堂

2016年（56岁）

主持槟城咸鱼巷11A号骑楼店屋保护修缮项目

编著《掰逆摄影》，槟城：陈耀威文史建筑研究室出版

主编《文思古建工程作品集》，槟城：文思古建有限公司出版

4月16—17日，学术报告《马来西亚华人寺庙：多元渊源与统一趋向》，“第一届东南亚华人研究国际会议：马来西亚华人的过去，现在与未来”，于吉隆坡拉曼大学双溪龙校区大礼堂

8月6—18日，“2016乔治市艺术：掰逆摄影作品展”，于槟城161号土库街举办

11月6—7日，学术报告《多元城市的叠影：槟城乔治市华人文化遗产》，“中华文明与东亚”论坛、学术研讨会暨影像展，主办单位：中国台湾师范大学所

2017年（57岁）

5月14日，学术报告《槟榔屿海珠屿大伯公庙：历史的再检讨》，世界大伯公节系列活动“福德文化国际研讨会”，于马来西亚砂拉越州诗巫

4月20日，学术报告《马六甲青云亭：东南亚闽南古寺》，建筑学院“建筑讲坛”，主办单位：华侨大学建筑学院，于华侨大学综合教学楼（厦门）

9月22—25日，学术报告《爪哇唐人镇深宅大院：拉森闽南居民初探》，“2017闽南文化学术研讨会”，主办单位：闽南师范大学、福建省闽南文化研究会，于福建漳浦

10月22—23日，学术报告《NGO与世遗保存：以槟城乔治市为例》，2017中国台湾新北市

聘　书

华大聘〔2018〕8号

敦聘　陈耀威
为华侨大学兼职教授

（聘请时间：二〇一八年六月——二〇二一年六月）

校长徐西鹏

华侨大学
二〇一八年五月

2018 年 6 月，陈耀威先生获聘担任（厦门）华侨大学兼职教授

“世界遗产保存与居民对话”国际研讨会，于中国台湾新北市立图书馆总馆3楼演讲厅

11月18—20日，学术报告《槟城乔治市历史文化街区的保护：入遗的好与坏》，“遗产与社区：历史街区保护与更新”国际学术研讨会，主办单位：华侨大学、厦门市鼓浪屿万石山风景名胜区管委会、日本京都府立大学，于厦门市鼓浪屿海上花园酒店大会议室

2018年（58岁）

6月，获聘担任（厦门）华侨大学兼职教授

5月21—6月2日，受邀担任华侨大学建筑学院主办的“闽南侨乡与海外华侨建筑研究生教学工作坊”的指导老师，于福建厦门

2018 年 6 月，陈耀威先生于华侨大学建筑学院（左起：陈志宏，陈耀威，高炳亮）

涂小锵提供

2018 年陈耀威先生在华侨大学建筑学院举办“闽南侨乡与海外华侨建筑”研究生教学工作坊（前排：左三陈耀威，左四：陈志宏）

涂小锵提供

4月1日，学术报告《山海遗村：美湖的聚落与房屋》，“槟城乡区的历史和文化工作坊”，主办单位：槟城研究院，于美湖民众会堂

7月27—29日，学术报告《槟城乔治市老屋的保存概况》，“都市保存国际交流讲座暨老屋欣力十年论坛”，主办单位：中国台湾成功大学建筑学系及古都保存再生文教基金会，于“文化部文化资产局”文化资产保存研究中心国际会议厅

8月18日，学术报告《华人文化遗产的修缮：以本头公巷福德正神庙和潮州会馆为例》，主办单位：马六甲青云亭，于马六甲青云亭亭主厅

9月14—15日，学术报告《谈建筑学对华人历史研究的补助》，“马来西亚华人史研究再出发：理论、方法、与实践论

坛”，主办单位：中国社会科学出版社历史与考古出版中心，于广东陆丰市丽景半岛酒店

10月20—21日，学术报告《槟城海墘姓氏桥：同乡移民再造的海上同姓村》，“2018新丝路和东南亚华人华侨：投资，新移民，跨国联系，文化认同”国际学术研讨会，主办单位：中国知网与泰国玛希隆大学中国研究中心，于泰国佛统府

2019年（59岁）

4月19日，获聘担任厦门市海沧区侨联第四届委员会海外顾问

9月，（厦门）华侨大学建筑学院2019级博士研究生

7月20—21日（乔治市艺术节），纪录片拍摄与放映：《啰吔槟城3》（*Rojak Penang 3*），放映地点：槟城乔治市土库街Whiteaways Arcade展览空间

7月7—13日，受邀担任“华夷风起：槟城文史研习营”的指导老师，主办单位：马来西亚拉曼大学中华研究院、台湾大学中国文学系、哈佛大学东亚语言与文明系与蒋经国国际学术交流基金会，于槟城

口述访谈文稿《陈忠日木匠谈马来西亚槟城华人木屋的营建》收录于《中国建筑口述史文库第二辑：建筑记忆与多元化历史》（上海：同济大学出版社，2019年）

2019 年，陈耀威先生获聘担任厦门市海沧区侨联第四届委员会海外顾问

4月1日，学术报告《宗源主乡：华人祖籍地的认识》，主办单位：拉曼大学金宝校区中文研究学会（中研会），于金宝校区

4月25日，学术报告《文化遗产概念：从地方到世界遗产》，主办单位：彭亨立碑东姑阿富珊师范学院

2019 年，陈耀威先生参加第二届中国建筑口述史学术研讨会并作学术报告

涂小锵提供

5月24—26日，学术报告《马来西亚华人木屋营造与匠师口述史记录》，“第二届中国建筑口述史学术研讨会暨华侨建筑研究工作坊”，主办单位：华侨大学建筑学院，于福建厦门

8月3日，学术报告《宗源祖乡华人祖籍地的认识》，主办单位：三清慈爱福利

会，于槟城Mano Plus 生活馆

6月4日，学术报告《文化资产保存经验分享：以槟城为列》，“Most台湾‘科技部南向华语与文化传译’计划”，于中国台湾高雄市盐埕猫手二手书店

6月6日，学术报告《交彩叠影：槟城文化地景影像记录》，“Most台湾‘科技部南向华语与文化传译’计划”，于中国台湾大学博雅教室311

11月2—3日，学术报告《槟城（槟岛）拿督公崇拜》，“史料与田野调查：拿督公研究研讨会”，主办单位：拉曼大学中华研究院，中华研究中心之马来西亚华人及文化研究组，于拉曼大学（金宝校区）

12月6—8日，学术报告《同庆社考察，槟城闽南人古老的拜神会组织》，“2019闽南文化国际学术研讨会”，主办单位：金门县文化局，于金门大学

2020年（60岁）

主持泉州西街旧馆驿149号传统民居保护修缮

2020 年，陈耀威先生主持泉州西街旧馆驿 149 号传统民居保护修缮项目（左二为陈耀威）

涂小锵提供

旧馆驿 149 号传统民居修复完成并对外开放

陈志宏拍摄

2015 年开始，陈耀威先生主持槟城大伯公街福德祠保护修缮项目

口述访谈文稿《马来西亚高巴三万的华人“做风水”：洪亚宝与李金兴造墓师访谈》与《闽南匠师与东南亚华侨建筑的保护修护——文思古建修复团队访谈记录》收录于《中国建筑口述史文库第三辑：融古汇今》（上海：同济大学出版社，2020年）

5月1日，线上学术报告《槟城乔治市店屋的保存与利用设计》，主办单位：华侨大学建筑学院

2021年（61岁）

主持的“槟城大伯公街福德祠保护修缮”项目，荣

获“联合国教科文组织亚太区文化遗产保护优秀奖”，乔治市世界遗产机构颁发的“古迹建筑维护及活化奖”

1月28日（大宝森节），纪录片拍摄与放映：《财宝森节》（*Chaipusam*），线上放映，主办单位：城视报、新新村、南洋民间文化与陈耀威文史建筑研究室

4月7日，纪录片拍摄与放映：《清明：各族各教扫墓的礼俗》，线上放映，主办单位：城视报、新新村、南洋民间文化与陈耀威文史建筑研究室

《马来西亚槟榔屿的拿督公崇拜》刊登于《华侨华人文献学刊》2021年第2期，207-234页

口述访谈文稿《客家传统土楼营造技艺：与漳州南靖塔下匠师张羡尧访谈记录》收录于《中国建筑口述史文库第四辑：地方记忆与社区营造》（上海：同济大学出版社，2021年）

遗作口述访谈文稿《马来西亚槟城华侨建筑墙壁抹灰工艺：与萧文思和陈清怀匠师访谈记录》收录于《中国建筑口述史文库第五辑：集体记忆与新精神》（上海：上海文化出版社，2022年），并在2023年第二届《中国建筑口述史文库》“文库奖”中荣获“特别奖”

11月28日，因癌症医治无效，在马来西亚槟城逝世，享年61岁，葬于槟城富贵山庄

2021 年，大伯公街福德祠修复设计荣获“2021 联合国教科文组织亚太区文化遗产保护优秀奖”（陈耀威先生为获奖建筑师）

《海外华侨建筑文化遗产的坚守与传承——访谈马来西亚陈耀威建筑师》，114 页

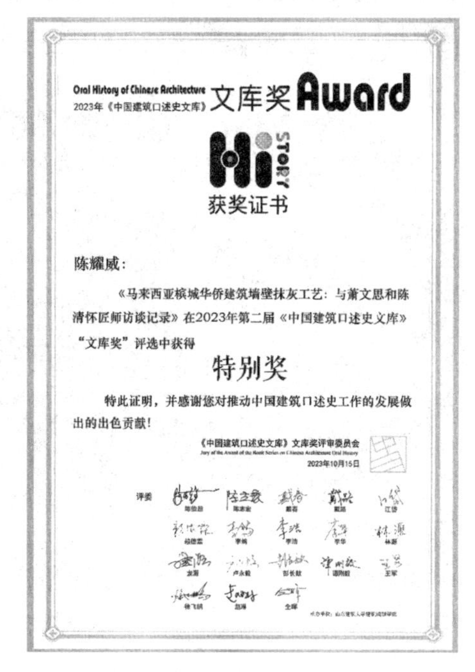

陈耀威：

《马来西亚槟城华侨建筑墙壁抹灰工艺：与萧文思和陈清怀匠师访谈记录》在2023年第二届《中国建筑口述史文库》“文库奖”评选中获得

特别奖

特此证明，并感谢您对推动中国建筑口述史工作的发展做出的出色贡献！

《中国建筑口述史文库》文库奖评审委员会

2023年10月15日

评委

陈耀威口述访谈文章在 2023 年第二届《中国建筑口述史文库》“文库奖”中荣获“特别奖”

陈耀威先生纪录片拍摄与放映
《啰吔槟城 1》街头放映，2012 年

陈耀威先生纪录片拍摄与放映
《啰吔槟城 2》街头放映，2013 年

陈耀威先生纪录片拍摄与放映
《啰吔槟城 3》街头放映，2019 年

陈耀威先生纪录片拍摄与放映
《财宝森节》线上放映，2021 年

1 该年表由华侨大学建筑学院陈志宏、涂小锵、关晓曦等华侨建筑研究团队整理，并由陈耀威遗孀何晶晶（Ho Chin Chin）女士及槟城华人建筑师陈泾霖（Tan Chin Ling）校对。特别感谢美国路易维尔大学摩根讲席教授赖德霖先生对初稿提出的宝贵建议。

2 国家自然科学基金面上项目：“闽南华侨在马六甲海峡沿线聚落的历史变迁及其保护传承研究”（项目编号：52078223）；“闽南近代华侨建筑文化东南亚传播交流的跨境比较研究”（项目编号：51578251）。

“

附录

”

附录一 中国建筑口述史研究大事记（2023 年 1 月—2024 年 10 月）

湖南大学建筑与规划学院李杨文昭、李雨薇（整理）

一、著作及期刊论文

【中国史】

由新中国外交重要人物——乔冠华口述，金冲及先生整理，对 1950—1975 年间周恩来总理领导的新中国外交工作进行细腻回顾，出版《乔冠华谈周恩来和新中国外交》，为研究新中国外交史提供了不可或缺的第一手资料。（生活 · 读书 · 新知三联书店有限公司，2024）

由香山革命纪念馆编，收录了 28 篇与香山革命历史有关的亲历者及革命后代的口述史文稿，出版《香山如磐红色永续: 香山革命历史口述文辑》，全面展现了中共中央在香山的革命历史。（中共党史出版社,2024）

由渡江胜利纪念馆编写，以该馆馆藏的渡江战役亲历者采访视频资料为基础，整理出相关口述资料 20 余篇，再现了渡江战役的宏大场景和历史细节，出版《渡江胜利纪念馆 . 渡江战役亲历者口述史》（南京出版社，2024）。

由杜丹主编，整理了各市县对脱贫攻坚有重要贡献的领导同志及先进典型人物的口述访谈资料，从多方面多视角全面呈现了我国脱贫攻坚工作的重要成就与经验，出版《脱贫攻坚口述史》系列丛书（中共党史出版社，2023）

【个人史】

由张建安根据中国工程院院士、同仁医院原院长韩德民的口述资料整理，讲述韩德民七十余载的命运变迁，以及其作为医生的普救仁心和作为管理者勇于担当、胸怀家国的情怀，出版《普救含灵：韩德民口述自传》（生活 · 读书 · 新知三联书店，2024）。

由梁漱溟先生与美国芝加哥大学艾恺教授于 1984 年、1986 年两度对谈的记录（1980 年初次访谈后，整理成书，侧重于梁漱溟在 20 世纪上半叶的经历，出版《这个世界会好吗？ 续编：梁漱溟晚年口述 1984—1986》（生活 · 读书 · 新知三联书店，2024）。

我国著名刑事诉讼法学家陈光中先生，通过深情回顾其九十多年人生经历，完成口述自传，并由陈夏红历经三年采写并整理完成《陈光中口述自传》（北京大学出版社，2024）。

【社会百态】

谢爱磊自 2013 年结合问卷调查与深度访谈，对“小镇做题家”的家庭背景、学业表现、社会适应、就业出路等情况作出客观全面的分析，完成《小镇做题家：出身、心态与象牙塔》（上海三联书店，2024）。

枕流公寓建于 1930 年，有“海上名楼”之称。赵令宾收集了其近 30 位居民和管理人员的口述史，多维度展现这些群体在枕流公寓的生活印记和为社会发展作出的贡献，出版《枕流之声：百年枕流公寓的口述史》（上海人民美术出版社，2024）。

房市众生相，亦为时代面相。刘青松通过对 16 位分布在北京、上海、广州、深圳、厦门、西安、苏州等地的资深房产经纪人的口述实录，折射出社会的病灶与生活的真义，出版《为房痴狂：16 位房产经纪人口述实录》（南京大学出版社 ,2024）。

【非物质文化遗产】

朱秀兰通过对莆仙戏台前幕后亲历者的口述资料进行抢救整理的策略研究，总结抢救、传承莆仙戏艺术的宝贵经验，探寻莆仙戏艺术传承、发展和人才成长的规律，出版《戏与人生：莆仙戏艺术家口述史研究》（人民出版社，2024）。

由万平、尹文钱主编，收录了 24 位获得“梅花奖”川剧表演艺术家的口述历史，用“实录”的方式，探讨川剧艺术发展创新的历史，总结戏曲表演艺术家成长成才的规律，汇集川剧表演艺术家的独特体验。出版《川剧艺术家口述史：梅花奖得主卷》（人民出版社，2024）。

田丹基于闽北手工艺传承人的口述史，分析闽北社会变迁中，手工艺传承人的传承谱系、核心工艺、从艺历程、生活感受等，出版《匠心守望：闽北社会变迁中民间手工艺与传承人群体研究》（厦门大学出版社，2024）。

徐峰、李杨文昭、邹业欣、李雨薇基于侗寨工匠口述访谈，及其与营建现场、建筑实物的互证，对侗族高步片工匠的鼓楼营造法则进行了参数化解析，发表《工匠逻辑下侗族鼓楼大木构架营建法则的参数化解析》（《建筑学报》,2024 年第 4 期 72-77 页）

【其他多学科文化】

〖语言学〗张宜通过对 20 位中国当代语言学家的访谈，采用口述历史的方法观察并研究中国当代语言学的发展史，出版《历史的回声：中国当代语言学家口述实录》（上海教育出版社，2024）。

〖文学〗王尧历二十余年，通过采访李子云、陆文夫、顾骧等 59 位作家、评论家、编辑家、文学活动家，做了数百人次的口述实录与书写整理，真实再现中国当代文学史，出版《“新时期文学”口述史》（生活 · 读书 · 新知三联书店有限公司 ,2024）。

〖医学〗由方小平著，董国强、干霖、王宜扬译，作者通过口述访谈和文字档案，还原特殊时空背景下医患群体的集体记忆，出版《赤脚医生与中国乡村的现代医学》（社会科学文献出版社，2024）。

【口述史研究方法】

何平作基于“非遗”代表性项目传承人的口述访谈与口述档案整理，进行了相关学术解读，并对口述记录工作的要义及当下口述记录工作的学术范式进行了阐述，出版《非遗口述记录工作的学术读解》（华南理工大学出版社，2023）

张世琦、沈丽萍、吴飞围绕世界文化遗产——苏州古典园林开展了相关口述项目，从项目实践出发，探讨口述档案对文化遗产记忆建构的作用，并提出口述档案参与建构文化遗产记忆的路径，发表《口述档案在建构世界文化遗产记忆中的作用及参与路径 ——以苏州古典园林口述档案采集为例》（《档案与建设》,2023 年第 4 期 70-72 页）

颜炳亮、丁艳丽、刘军瑞以访谈福建光泽县大木匠师毛景荣为例，从“术语”“打样”“篙尺”“手风”四个方面对访谈内容进行整理，在此基础上归纳其工匠思维，并试图提炼乡土营造调查中的口述方法及意义，以提供一些信息样本和工作参照，发表《乡土营造调查中的“口述史”方法实践——以访谈闽北大木匠师毛景荣为例》（《古建园林技术》,2024 年第 1 期 26-30 页）

二、口述史研究活动

2023 年 11 月 6—12 日，中国传媒大学崔永元口述历史研究中心举办以“回望 · 赓续——口述历史的时代担当”为主题举办“第九届中国口述历史国际周”。活动由口述历史国际研习营、年度纪录影像展映、国际口述历史项目展、年度国际口述历史项目分享和“口述历史在中国”国际研讨会等众多板块组成。其中，山东建筑大学建筑城规学院举办的“传薪计划 · 中国建筑口述史实践工作坊”打造口述史工作交流的学术平台，以安徽艺术学院纪录片（短视频）研究院制作的“安徽文艺名家口述史”等为代表的作品被崔永元口述史中心馆藏。

2024 年 7 月，南京大学当代中国研究院，举办（第十届）当代中国研究论坛——“口述史与当代中国研究”，对新中国成立 75 年来各领域发展变迁进行理解与反思。

2024 年 8 月，中国社会科学院历史理论研究所、中国现代文化学会口述历史专业委员会、中国历史研究院左玉河工作室与黑龙江大学历史文化旅游学院，举办“规范化与本土化：中国口述历史的再出发”国际学术研讨会，以庆祝中国现代文化学会口述历史专业委员会成立 20 周年，总结 40 多年来中国口述历史发展的经验，展现中国口述历史学家的理论思考及丰硕成果。

2024 年 9 月，沈阳大学师范学院举办“2024 年第六届全国体育口述历史学术研讨会（研习营）暨中国足球振兴论坛”，推动用口述历史记录中国体育，并成立“全国体育口述历史研究会辽宁分会成立”。

三、《中国建筑口述史文库》的学术研讨会与丛书

为推进中国建筑学的口述史研究，美国路易维尔大学赖德霖教授于 2018 年起，发动各高校建筑学院组织年度口述史工作研讨会，打造口述史工作交流的学术平台，并由江岱编辑及其团队，完成每年度文库出版。

1. 建筑口述史学术研讨会（工作坊）

2018 年 5 月于沈阳由沈阳建筑大学主办中国首届建筑口述史研讨会；

2019 年 5 月于厦门由华侨大学主办研讨会；

2020 年因世事未能组织线下研讨；

2021 年 6 月于青岛由青岛理工大学主办研讨会；

2022 年 5 月于武汉并及线上参与的方式，由华中科技大学举办研讨会，开始文库奖的评选工作，发布《关于广泛深入开展中国建筑口述史学术研究的倡议》；

第二届建筑口述史学术研讨会

第四届建筑口述史学术研讨会

第五届建筑口述史学术研讨会

第六届建筑口述史学术研讨会

2023 年 10 月于济南由山东建筑大学举办线下与线上研讨会，并且在稿件征集的过程中举办“传薪计划：中国建筑口述史实践工作坊”线上系列讲座；

第七辑主编湖南大学徐峰、肖灿、李雨薇，拟于 2024 年 11 月中旬在长沙召开研讨会。

2.《中国建筑口述史文库》丛书

第一辑《抢救记忆中的历史》（同

济大学出版社，2018），沈阳建筑大学陈伯超、刘思铎主编，群星璀璨，张钦楠回忆中国建筑的改革开放是如何起步的，罗小未、钟训正、高亦兰教授回顾同济大学、东南大学、清华大学的建筑教育，张镈、贝聿铭等先生谈建筑创作，莫宗江、邵俊仪先生回忆建筑考察的经历；

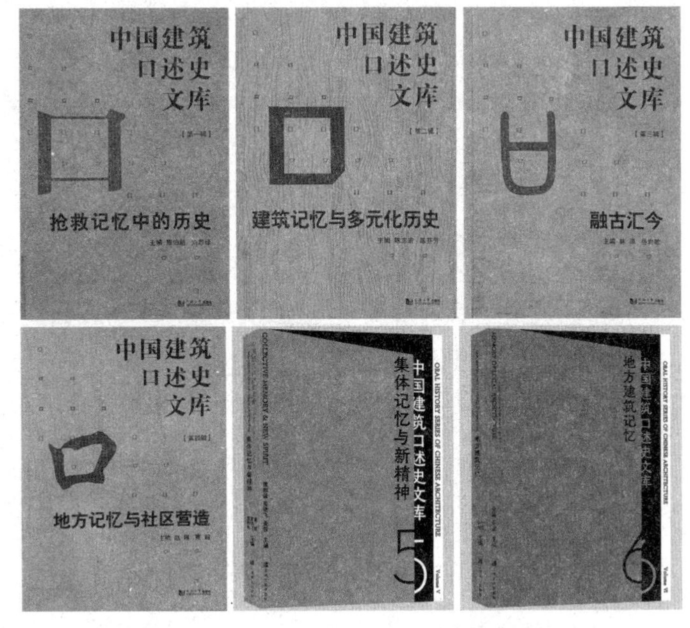

《中国建筑口述史文库》丛书

第二辑《建筑记忆与多元化历史》（同济大学出版社，2019），华侨大学陈志宏、陈芬芳主编，聚焦华侨建筑与传统匠作的口述，也新增口述史工作经验交流论文、历史照片识读两个专栏；

第三辑《融古汇今》（同济大学出版社，2020），西安建筑大学林原、岳岩敏主编，第一次有了从家人、学生、同事多视角访谈对伍子昂先生的回忆，也拓宽了专业领域，呈现陶瓷工艺匠师与结构工程师的访谈；

第四辑《地方记忆与社区营造》（同济大学出版社，2021），青岛理工大学赵琳、贾超主编，对 20 世纪 80 年代设计院工作的回顾，包括计算机的应用与程序开发、第一座现代办公楼、历史建筑保护与再利用、室内设计专业建制，以及三线建设、煤矿企业社区等，今天的日常在昨天都是一个个突破与创新的结果；

第五辑《集体记忆与新精神》（上海文化出版社，2022），华中科技大学谭刚毅、贾艳飞、董哲主编，书中林永祥先生回忆人民公社的规划设计，王明贤先生回忆中国实验建筑，龙炳颐先生回顾在香港的建筑实践，以及对武汉近代建筑营造厂的追忆等。

第六辑《地方建筑记忆》（上海文化出版社，2023），山东建筑大学仝晖、于涓主编，有于书典谈 1980 年代济南总规编制，黄中兴谈青岛四方试点住宅小区，邹德慈、沈阳、徐明松、陈永兴、林祺锦分别谈大陆与台湾的历史城市与建筑的保护，以及口述作为工作方法在广州柏园与济南战役指挥所保护中的贡献。

3. 文库奖获奖作品

【2022 年】

访谈奖

刘思铎、王晶莹《陈式桐先生谈中国建筑东北设计院几项重要工程》

王浩娱《郭敦礼先生谈圣约翰大学学习及在港开业经历》

赵芸《四川民居中的编壁墙研究：夹泥匠人李国锐师傅访谈 》

涂小锵、关晓曦《马来西亚华人建筑文化遗产保护：与建筑师陈耀威访谈记录》

钱锋《高亦兰教授谈清华大学 20 世纪 50 年代学习苏联时期的教学情况》

李萌《来增祥先生谈留学苏联》

论文奖

吴鼎航、郭皓琳《中国传统建筑营造中的口述传统风水术之“辨方正位”与“取‘尺’定‘寸’”》

朱莹、刘钰、武帅航《基于口述史方法的达斡尔族传统聚居文化研究》
刘军瑞《沟通儒匠：乡土建筑匠师口述史采访探析》
张向炜、戴路《邹德依教授谈 20 世纪 80 年代初中国现代建筑史调研中的口述访谈问题》
历史照片识读
张向炜《毛主席纪念堂设计团队合影》
王浩娱《东北大学建筑系师生合影》
龙灏《念念不忘，必有回响：记“国立重庆大学 1949 级毕业合影”的识读》
集体奖
沈阳建筑大学、华侨大学、西安建筑科技大学、青岛理工大学、华中科技大学、同济大学
大事记特别奖
王晶莹、孙鑫姝
【2023 年】
特别奖
陈耀威《马来西亚槟城华侨建筑墙壁抹灰工艺：与萧文思和陈清怀匠师访谈记录》
最佳访谈奖
戴路、李怡《荆其敏先生谈改革开放初期赴欧美院校访问经历》
李浩《陶宗震先生谈新中国初期富拉尔基的规划》
任丽娜《王明贤先生口述：我与中国当代实验建筑》
最佳论文奖
刘军瑞《乡土营造匠师口述史的两个重要问题探讨》

附录二 编者与采访者简介

（按姓氏拼音排序）

卞聪 男，1992 年生，江苏宜兴人，西安建筑科技大学建筑学博士研究生。

蔡凌 女，1972 年生，建筑学博士，广东省文物考古研究院古建筑保护研究所所长，研究馆员。长期从事建筑遗产保护与活化利用的研究与实践工作。

陈飞 男，1993 年生，工学学士，福建省建筑设计研究院有限公司工程师。

陈翚 湖南大学建筑与规划学院教授、博士生导师、建筑系主任，兼湖南省地方建筑科学与技术国际科技创新合作基地常务副主任、丘陵地区城乡人居环境科学湖南省重点实验室管理委员、砖石质文物智慧化保护利用技术湖南省重点实验室副主任。研究方向为建筑创作与理论、建筑历史与遗产保护研究，主讲“建筑设计”“特色小镇建设”“古村落与古镇保护与复兴”“建筑遗产保护与再利用”等课程。完成专著 4 部，教材 2 部，在国内外专业期刊上发表学术论文 40 余篇，主持或参与国家级、省部级等各类课题 20 余项，获得各类设计奖项 4 个、专利授权 10 余项。

陈平 男，湖南大学建筑学硕士。研究方向：近代建筑史、遗产保护。目前就职上海市历史建筑保护事务中心，从事优秀历史建筑保护管理工作。发表：《柳士英的都市经营理念与“苏州规划设想”》（《建筑学报》2024 年第 2 期）、《继苏工专：柳士英教育经历的补充研究》（《建筑师》2023 年第 10 期）、《柳士英与中华学艺社大楼：一位中国早期建筑师的现代性追求》（《新建筑》2022 年第 4 期）、《邓刚先生谈创办水石设计的经历和发展回顾》（《中国建筑口述史文库第四辑：地方记忆与社区营造》）、《柳士英的社会改良理想及其住宅救济主张与实践》《建筑师》2020 年第 10 期）等论文。

陈志宏 男，华侨大学建筑学院教授，博士生导师。教育部高等学校建筑学专业教学指导分委员会委员，中国建筑学会建筑史学分会常务理事，中国建筑学会民居建筑学术委员会委员，世界华人建筑师协会（WACA）副秘书长，福建省住房和城乡建设厅历史文化保护与传承专家委员会委员以及福建省第四次全国文物普查专家组成员。国家一级注册建筑师和注册城市规划师。主要聚焦于闽南近代华侨华人建筑文化及其在东南亚的传播与保护。主持国家自然科学基金面上项目 2 项，出版《闽南近代建筑》《马来西亚槟城华侨建筑》等著作。主持首批国家级一流本科课程“城市设计—澳门城市更新专题”；“基于历史文化保护传承的建筑类复合型人才跨境联合培养模式探索与实践”项目获得 2020 年福建省教学成果一等奖；“融入世界文化遗产保护实践的建筑历史研究生课程体系创新与建构”项目荣获福建省教学成果二等奖等。

邓靖凡 女，天津大学建筑学院，2023 级建筑学专业硕士研究生，研究方向：建筑历史与理论。

丁艳丽 女，博士，上海工艺美院建筑遗产传承中心研究员，工程师。

耿旭初 女，华中科技大学 2020 级建筑学专业博士研究生。研究方向：中国现代建筑历史与理论、建筑遗产保护与再利用，参与多项三线建设和工业遗产相关国家和省级课题。在《建筑学报》《新建筑》等核心期刊上发表论文 7 篇。

关晓曦 女，华侨大学建筑学院博士研究生。主要研究方向：东南亚华侨建筑文化遗产保护与传承。发表论文《越洋传播与跨境保护：马来西亚槟城华侨建筑遗产保护修缮模式研究》（《新建筑》2024 年第 2 期）；口述访谈成果《马来西亚华人建筑文化遗产保护：与建筑师陈耀威访谈记录》在 2022 年首届《中国建筑口述史文库》“文库奖”评选中获得访谈奖。

郭宁 男，1978 年 9 月生，博士，副教授，硕士生导师。就读于湖南大学建筑学专业，获得学士、硕士和博士学位。主要从事地域建筑与文化领域的教学和科研工作。

郭阳军 中南大学建筑与艺术学院硕士，研究方向为数字化遗产保护展示，数字技术的历史建筑遗产保护团队成员。

韩晓娟 女，湖南大学建筑与规划学院博士研究生。

何川 1987 年生，北京人，工学硕士，故宫博物院修缮技艺部高级工程师。研究方向：官式古建筑营造技艺保护传承与研究、明清官式建筑瓦石作营造技艺。

何可人 男，中央美术学院建筑学院教授，建筑历史与理论中心主任，国际交换工作室第 16 工作室导师。

何鸣 1991 年生，文物与博物馆学硕士，广东省文物考古研究院在编人员，馆员。从事文物保护和建筑考古领域的研究和工作。

黄庄巍 男，1980 年生，厦门大学建筑与土木工程学院教授、博导，国家一级注册建筑师，学术兼职中国建筑学会建筑史学分会理事、环境行为专委会学术委员、民居专委会学术委员，福建省历史文化保护与传承专家委员会委员、厦门市人民政府闽南文化保护与传承委员会委员等。长期致力于闽台建筑历史文化研究，近年来主持国家自然科学基金面上项目、省自然科学基金等多项相关研究项目，出版学术专著2部，在《建筑师》《新建筑》等期刊发表相关论文20余篇。

江攀 男，意大利米兰理工大学建筑遗产保护项目博士候选人，同济大学建筑学硕士，重庆大学建筑学学士。从事建筑历史与理论和遗产保护研究，涉及中国风土建筑、乡村景观和意大利现代主义建筑。在中外学术期刊以及专业学会等发表论文多篇。

蒋柏青 耒阳市纸博物馆文物保护股股长。

雷婕 女，湖南大学建筑与规划学院博士研究生。主要研究方向为历史城镇保护、流域文化景观研究。参与省级自然科学基金面上项目2项、教育部产学合作协同育人项目1项，参与著作撰写1部、参与多项村镇规划和建筑相关的工程项目设计，并获得省级优秀工程设计项目1项。

李海清 男，东南大学建筑学院，教授、博士生导师，中国建筑学会建筑史学分会常务理事、（原）近代建筑史学术委员会学术委员、工业建筑遗产学术委员会委员、国家文物局专家库成员、亚洲建造史网（ACHN）创始成员。主持完成与在研国家社会科学基金、国家自然科学基金与江苏省社会科学基金。发表中英文论文60余篇，主要著作：《中国建筑现代转型》（东南大学出版社，2004）、《再探现代转型：中国本土性现代建筑的技术史研究》（中国建筑工业出版社，2020），合著：*The Art of Architectural Integration of Chinese and Western*（中国建筑工业出版社，2015）、《一隅之耕》（中国建筑工业出版社，2016）等。

李俊 1993年生，建筑历史与理论硕士，广东省文物考古研究院古建筑保护研究所所员。

李念依 女，华南理工大学建筑学院2022级硕士生。

李雨薇 博士，毕业于湖南大学。现任湖南大学建筑与规划学院，建筑遗产保护技术实验室副主任，中国建筑学会建筑史分会第七届理事会理事。从事近代建筑史、地方建筑史与建筑遗产数字化保护研究。主持省级课题2项，参与国家级课题1项，发表学术论文近十篇，参编《湖湘文库：湖湘建筑》《中国古建筑丛书-湖南古建筑》等出版物，作为主要起草人编制文物保护地方标准1套、文物数字化保护技术专利1项。

李咨睿 男，1999年生，广东江门新会人，华南理工大学建筑学院2022级建筑历史与理论专业硕士研究生，研究方向：村落形态。

林源（1971—） 女，福建闽侯人，西安建筑科技大学建筑学院教授，博士生导师，研究方向为建筑遗产保护理论、建筑历史与理论、园林史等。

刘晖 男，华南理工大学建筑学院副教授、硕士研究生导师、注册城市规划师、一级注册建筑师、文物保护工程责任设计师，中国建筑学会建筑史学分会理事、工业建筑遗产学术委员会委员。1996 年湖南大学建筑学本科毕业，2005 年华南理工大学建筑历史与理论专业博士毕业，近年来主要从事历史文化遗产保护规划和工业遗产研究。发表学术论文 30 篇，专著译著 5 部。

刘静 女，1980 年生，厦门理工学院土木工程与建筑学院副教授、硕导，学术兼职中国建筑学会建筑教育分会理事，福建省历史文化保护与传承专家委员会委员，主要从事地域化乡村建设与城乡风貌保护实践研究，近年来主持省社科基金等多项相关研究项目。

柳司航 1990 年生，硕士毕业于湖南大学，建筑历史理论研究及设计方向。现就职于湖南大学设计研究院古建所，从事古建筑保护及设计工作 9 年。主要研究方向为古典园林及古建筑营造技艺。

柳肃 男，1956 年生，博士，毕业于日本国立鹿儿岛大学。湖南大学建筑学院教授、博士导师，岳麓书院首席顾问专家。

罗珞尘 湖南大学建筑与规划学院硕士研究生。

罗明 中南大学建筑与艺术学院副教授，硕士生导师，博士，教育部“基于数字化技术的历史建筑遗产保护实践基地”负责人。主要研究方向为建筑遗产保护与利用。中国建筑学会建筑史分会理事、湖南省文物局智库专家、湖南省建筑师协会理事、长沙市文物建筑保护专家库核心成员。主持 4 项省级纵向课题，参与 2 项国家自然科学基金，承担 20 余项文物保护单位的保护与利用设计；著《学宫与书院：湖南古代文教建筑》《潮宗建筑》等，在国内外会议及期刊发表学术论文 30 余篇；曾获得湖南省普通高校设计艺术作品评选教师作品一等奖、湖南省普通高校教师课堂教学竞赛二等奖、湖南省优秀勘察设计三等奖、茅以升教学奖等。

罗希 女，湖南大学建筑与规划学院城乡规划系 2022 级硕士研究生，研究方向：儿童友好城市理论与实践。参与会议发表《儿童健康视角下社区规划策略研究》（中国健康城市科学学术年会，沈瑶、罗希，2023），《国际儿童友好社区评估工具中健康板块的转译与应用》（儿童健康环境研究国际会议，沈瑶、罗希、张馨丹，2022）。

马小凤 女，华中科技大学建筑与城市规划学院，2020 级建筑学专业博士研究生，宁夏大学建筑学院建筑学系讲师，主要研究方向为建成遗产保护与再利用。

牛晓丽 女，湖南科技大学，建筑与艺术设计学院，在读硕士生。

蒲仪军 男，博士，上海工艺美院副教授，建筑遗产传承中心负责人。《建筑遗产》学刊组稿人，运营编辑；中国建筑学会工业遗产学术委员会委员；中国建筑学会建筑史分会理事。著有《都市演进的技术支撑：上海近代建筑设备特质及社会功能探析 1865—1955》（同济大学出版社，2017）、《布拉格建筑地图》（同济大学出版社，2022）等。

钱锋 女，同济大学建筑与城市规划学院建筑系副教授，同济大学建筑历史与理论方向博士。美国宾夕法尼亚大学访问学者。主要教学和研究方向为西方建筑历史理论和中国近现代建筑史。代表著作有：《中国现代建筑教育史（1920—1980）》（与伍江合著，2008），作品获"上海市第十届哲学社会科学优秀成果奖"二等奖；《一苇所如：同济建筑教育思想渊源与早期发展》；译著有《勒·柯布西耶：理念与形式》（与沈君承等，2020）；合编《谭垣纪念文集》《黄作燊纪念文集》《罗小未文集》，并参与五卷本《中国近代建筑史》（2016）的编写工作。负责承担两项国家自然科学基金项目。

覃立伟 湖南大学建筑与规划学院硕士研究生。

沈瑶 女，湖南大学建筑与规划学院城乡规划系教授，博士生导师，儿童友好城市研究室负责人，湖南省妇联智库专家，中国建筑学会地下空间学会理事，湖南省国土空间规划学会学术委员会委员。主要研究方向：儿童友好城乡（社区）规划理论与设计、住区规划与社区营造、地域空间的可识别性研究等。师从国际儿童友好城市理论早期奠基者之一、亚洲儿童友好城市规划领域第一人木下勇。2011 年回国后积极引入理论开展研究，是最早一批在规划建筑领域引入国际"儿童友好城市"理论的中国学者之一。结合当前少子老龄化和新型城镇化背景，积极探索国际理念的中国在地转译，常年带领学生服务社区基层，开展儿童友好社区公共空间营造科普活动与研究，深入探索新时期中国特色儿童友好城市建构理论与实践方案，并积极对外传播"中国经验"。作为首席专家推动长沙成为我国第一座儿童友好巡礼城市，推动长沙和岳阳成功申报国家儿童友好城市试点，受邀为深圳、北京等 20 余个城市开展专家咨询与培训。主持马栏山公共空间适儿化改造、白果园街区更新等多个标志性实践项目并落地实施。主持及参加主要纵向科研项目 9 项，代表性研究成果论文 30 余篇，发表学术报告十余次，著有《儿童友好社区规划与设计》（沈瑶、刘佳燕、吴楠，中国建筑工业出版社，2023）。

施润 女，天津大学建筑学院，2023 级建筑学专业博士研究生，研究方向：建筑历史。

苏晶 湖南大学设计研究院。

谭刚毅 男，华中科技大学教授、副院长，华中卓越学者，《新建筑》副主编。中国建筑学会民居建筑学术委员会秘书长，中国建筑学会建筑教育分会副理事长，中国民族建筑研究会民居建筑专业委员会副主任委员，湖北省历史建筑研究会副会长。武汉市第十四届十五届人大常委会委员，城环委副主任。香港大学和英国谢菲尔德大学访问学者。主要从事建筑历史理论研究、文化遗产保护和建筑设计等方面的研究。完成学术著作 8 本，境内外期刊和会议发表论文逾 80 篇，主持国家自然科学基金 4 项、英国国家学术院基金项目 1 项（中方负责人）。曾获全国优秀博士学位论文提名奖、联合国教科文组织亚太地区文化遗产保护奖第一名“杰出项目奖”、中国建筑学会建筑设计奖乡村建筑一等奖以及其他竞赛和设计奖项。获得 2019 宝钢教育基金全国优秀教师奖。多次指导学生在国内外设计竞赛和论文竞赛中获奖。

涂小锵 男，华侨大学建筑学院建筑历史与理论博士，土木与工程学院博士后。主要研究方向：海内外华侨建筑文化遗产保护。发表相关论文《马来西亚槟城福建五大姓华侨家族聚落空间研究》（《新建筑》2020 年第 3 期）；《海外传播与多元共生：马来西亚吉隆坡华侨聚落文化景观历史变迁》（《建筑学报》2023 年 S1 期）；《海外华侨建筑文化遗产的坚守与传承：访谈马来西亚陈耀威建筑师》（《建筑师》2024 年第 2 期）等。论文成果获得 2019 年 A+C Award 建筑与文化学术成果奖二等奖。口述访谈成果在 2022 年首届《中国建筑口述史文库》“文库奖”评选中获得访谈奖。

王晓婧 湖南大学建筑与规划学院 2020 级建筑学专业博士研究生，研究方向：建筑历史与理论、建筑遗产保护与再利用、乡土建筑遗产营建与保护。

吴浩铭 建筑历史与理论硕士，广东省文物考古研究院古建筑保护研究所所员。

夏湘宜 女，1999 年生，华南理工大学建筑学院建筑学 2022 级硕士。

肖毅强 男，1967 年 11 月出生，广东广州人。1989 年获华南理工大学建筑学专业工学学士，1992 年获华南理工大学建筑学系城市规划专业风景园林规划与设计方向硕士学位，后留校任教；1997—1999 年获德国 DAAD 奖学金赴德国慕尼黑工业大学进修；2009 年 6 月获华南理工大学建筑历史与理论工学博士。曾任华南理工大学建筑学院副院长。现任华南理工大学设计学院院长，华南理工大学建筑学院教授，博士生导师，亚热带建筑科学国家重点实验室之设计科学实验中心主任，全国高校建筑学专业教育指导委员会建筑数字技术教学工作委员会主任，《南方建筑》杂志副主编，国家一级注册建筑师。长期从事建筑设计、建筑设计结构选型、绿色建筑等方面教学工作，科研与设计实践关注绿色建筑、生态景观及城市设计。译著有《建筑形式的逻辑概念》。

谢丰 女，1977 年生，长沙人，湖南大学岳麓书院副研究馆员、院党委副书记，被访谈人谢辟庸先生二女儿。长期从事书院历史文化研究，目前专注于当代书院文化创新转化以及当代岳麓书院恢复发展和口述历史研究。

谢彦 女，1972 年生，长沙人，长沙银行股份有限公司长沙银行总行运营管理部一级顾问，被访谈人谢辟庸先生大女儿。

邢强 男，天津大学建筑学院，2023 级建筑学专业硕士研究生，研究方向：建筑历史与理论。

徐峰 男，湖南大学建筑与规划学院教授、博士生导师，现任建筑与规划学院院长。中国绿色建筑与节能委员会委员、中国建筑学会民居建筑学术委员会委员、湖南省绿色建筑专业委员会主任委员、湖南省建筑师学会理事、湖南大学学位评定委员会委员。主要研究方向为：绿色建筑设计方法及评价、村镇住宅设计集成、传统村落保护与更新、建筑遗产数字化、跨学科的可持续建筑教育研究。

杨菁 女，天津大学建筑学院副教授，建筑历史与理论研究所副所长，博士生导师，《古建园林技术》杂志编委，中国建筑学会建筑史学分会理事。主持参与多项国家自然科学基金、国家社会科学基金重大项目、国家社会科学基金艺术学重大项目。主要著作：《北京西山园林研究》《古建筑测绘大系 · 承德避暑山庄和外八庙》《古建筑测绘大系 · 景山》《文溯阁研究》《崇政殿研究》等。

袁朝晖 男，湖南大学建筑与规划学院教授、博士生导师、丘陵地区人居环境科学湖南省重点实验室副主任，德国卡尔斯鲁厄大学访问学者。主要研究方向为地域建筑现代性研究及创作、应变气候自适应及低能耗适宜生态技术集成研究、城市地下空间更新与设计研究、当代建筑教育。中国建筑学会地下空间专业委员会常务理事、环境行为专业委员会委员、中国建筑学会资深会员、湖南省建筑师学会理事，湖南、广西、江西、山东、河北及黑龙江省科技计划评审专家。承担国家、省部级纵向及横向科研项目 30 余项，含国家“十三五”重点研发计划项目 1 项，“十二五”科技支撑计划重大项目子课题及省级重大影响工程设计多项；在《建筑学报》等期刊及国际学术会议上发表学术论文 40 余篇。

张东升 男，湖南大学建筑与规划学院硕士研究生、国家一级注册建筑师。主要研究方向为建筑历史史学研究。参与教育部产学合作协同育人项目 1 项，参与著作撰写 1 部。

张祺 女，东南大学建筑学院，2022 级建筑学专业博士研究生，研究方向：建筑历史与理论，关注建筑教育史、机构史等领域。

张天 同济大学建筑学博士。

赵霖霖 女，同济大学建筑与城市规划学院硕士研究生，研究方向为外国近现代建筑史。

朱发文 男，华南理工大学建筑学院 2020 级建筑学专业博士研究生，研究方向：建筑技术史。发表《5000 人大会堂与 55 米跨度薄壳：从顺德人民礼堂看 20 世纪 50 年代钢筋混凝土壳体结构的技术流动》（《建筑史学刊》2022 年第 4 期）等论文。

图书在版编目（ＣＩＰ）数据

物质空间与人、情、事 / 徐峰，肖灿，李雨薇主编．
上海：上海文化出版社，2024. 11. --（中国建筑口述史文库）. -- ISBN 978-7-5535-3110-6

Ⅰ. TU-092

中国国家版本馆 CIP 数据核字第 2024UN1061 号

出 版 人　姜逸青

责任编辑　江岱

装帧设计　赵琦

书 名　物质空间与人、情、事
主 编　徐峰　肖灿　李雨薇
出 版　上海世纪出版集团 上海文化出版社
地 址　上海市闵行区号景路 159 弄 A 座 3 楼 201101
发 行　上海文艺出版社发行中心
地 址　上海市闵行区号景路 159 弄 A 座 2 楼 201101
印 刷　上海安枫印务有限公司
开 本　787mm × 1092mm 1/16
印 张　20.5
印 次　2024 年 12 月第 1 版　2024 年 12 月第 1 次印刷
书 号　ISBN 978-7-5535-3110-6/T.002
定 价　88.00 元